高等职业教育食品生物技术专业教材

啤酒生产技术

（第二版）

主编　▶ ▷黄亚东

中国轻工业出版社

图书在版编目（CIP）数据

啤酒生产技术/黄亚东主编. —2版. —北京：中国
轻工业出版社，2024.11

高等职业教育"十三五"规划教材

ISBN 978-7-5184-1808-4

Ⅰ.①啤…　Ⅱ.①黄…　Ⅲ.①啤酒酿造-高等职业教
育-教材　Ⅳ.①TS262.5

中国版本图书馆 CIP 数据核字（2017）第 318850 号

责任编辑：江　娟　　贺　娜

策划编辑：江　娟　　责任终审：唐是雯　　封面设计：锋尚设计

版式设计：王超男　　责任校对：吴大朋　　责任监印：张　可

出版发行：中国轻工业出版社（北京鲁谷东街 5 号，邮编：100040）

印　　刷：北京君升印刷有限公司

经　　销：各地新华书店

版　　次：2024 年 11 月第 2 版第 5 次印刷

开　　本：720×1000　1/16　印张：22.25

字　　数：449 千字

书　　号：ISBN 978-7-5184-1808-4　　定价：49.00 元

邮购电话：010-85119873

发行电话：010-85119832　　010-85119912

网　　址：http://www.chlip.com.cn

Email：club@chlip.com.cn

编写人员名单 ▶▶

主　编　黄亚东　江苏食品药品职业技术学院

参　编　黄　妍　江苏食品药品职业技术学院
　　　　　罗竹青　江苏食品药品职业技术学院
　　　　　刘连成　江苏食品药品职业技术学院
　　　　　杨　猛　江苏食品药品职业技术学院
　　　　　韩家亮　淮安纵横生物科技有限公司
　　　　　韩　群　淮阴工学院
　　　　　陈元营　青岛啤酒（徐州）彭城有限公司
　　　　　周红星　青岛啤酒（宿迁）有限公司
　　　　　刘秀强　青岛啤酒（宿迁）有限公司

前 言

▼

PREFACE

随着啤酒工业的发展、酿酒科技的进步及产业结构的变化，啤酒生产新技术、新工艺、新设备、新材料、新方法、新标准等不断涌现，麦芽生产、啤酒酿造行业对从业人员的要求越来越高，啤酒生产技术是高职高专院校食品加工、生物技术类专业开设的一门重要的专业技术课，主要面向啤酒生产企业关键技术岗位，培养适应生产、技术及管理需要的技术技能型人才。

《啤酒生产技术（第二版）》为校企合作开发的紧密结合生产实际的项目化教材，开发理念是以职业活动和工作过程为导向，以职业技能为核心，以典型工作任务为载体，集理论知识、操作技能和职业素养于一体，以"啤酒酿造工"国家职业标准为依据，按照典型啤酒生产企业相关职业岗位的任职要求构建教材体系，选择教学内容，突出培养学生的综合素质及职业能力，便于实现课程考核与职业技能鉴定"直通车"。

本教材阐述了啤酒概述、啤酒生产原辅材料及预处理技术、麦芽制造技术、麦汁制备技术、啤酒酵母分离选育及扩大培养技术、啤酒发酵技术、啤酒过滤技术、啤酒发酵技术、啤酒过滤与稳定性处理技术、啤酒的高浓稀释技术、成品啤酒质量控制技术、啤酒包装技术、啤酒清洁生产与副产物综合利用，具有很强的职业性、实践性和操作性，既可作为高职高专院校食品加工、生物技术类专业教材，也可供从事啤酒生产及科研开发工作的技术人员参考。

通过本教材的理论学习与技能训练，可使学生了解啤酒生产的基本原理、工艺过程、操作技术及质量控制方法，掌握典型设备的结构、工作原理、性能特点、操作要点、选用及保养方法，并能灵活运用所学知识和技能分析、解决啤酒生产中的一般性技术问题，同时培养学生的工程意识、职业意识和责任意识。

本教材涉及面广，针对性强，在使用过程中可根据培养目标及实习实训条件有针对性地进行教学。教学过程中注意深入浅出，注重应用，突出实践。为了便于教学，每个项目均以知识目标、技能目标、课前思考、认知解读等形式明确教学目标，并结合生产实际设计一定数量的习题供学生练习。

本教材编写得到了参编者所在单位领导的大力支持和帮助，书中引用和借鉴了一些已发表的文献资料，在此向相关作者和提供过帮助的同志表示感谢。

由于水平有限，书中不妥之处在所难免，敬请广大读者批评指正。

编者

2017 年 10 月

目　录

▼

CONTENTS

1

项目一

▼

啤 酒 概 述

教学目标

【知识目标】啤酒的定义；啤酒的化学成分；啤酒的营养及保健功能；啤酒的分类方法；常见啤酒产品的种类；我国啤酒工业的发展现状及发展趋势。

【技能目标】啤酒生产所用的原辅材料；典型的啤酒产品；典型的啤酒生产工艺流程；啤酒包装生产线的设备组成及操作技术。

【课前思考】啤酒的定义；啤酒的分类方法；啤酒生产工艺流程；影响啤酒生产的主要因素。

【认知解读】啤酒是以麦芽（大麦芽或小麦芽）为主要原料，以大米或其他谷物为辅助原料，经麦芽汁的制备，添加酒花煮沸，并经酵母发酵酿制而成的，含有 CO_2 的、起泡的、低酒精度的饮料酒。啤酒生产主要包括麦芽制造、麦汁制备、发酵、过滤、包装等过程。啤酒是世界上产量较大、酒精含量较低、营养非常丰富的酒种，有"液体面包"之称，生产历史悠久，发展趋势迅猛，市场前景广阔。

任务一

啤酒的起源及发展简史

一、啤酒的起源

啤酒酿造具有悠久的历史，据专家们推断，啤酒的生产大约有 9000 多年的历史。大约公元前 48 年以后，啤酒酿造技术从埃及传到了欧洲，并得以快速发展。当时的日耳曼人和克尔特人对欧洲啤酒的发展起到了很大的促进作用。经过欧洲人不断改进和发展，啤酒成为一种清新爽口的饮料，并传播到世界各地。但是，长期以来，由于人们互相保守秘密，啤酒生产发展缓慢，生产原料十分复杂，只到公元 8 世纪前后，德国人把大麦和啤酒花固定为啤酒酿造原料，啤酒酿造技术才实现了重大突破。随着人类科技的进步，如 1830 年发现酶对大麦发芽的作用，1865 年法国巴斯德灭菌方法的创立，1866 年发电机的问世，1870 年冷冻机的应用，1878 年丹麦科学家汉森对啤酒酵母的纯粹培养和分类研究，19 世纪中叶加热方法和蒸汽机的改进等，使啤酒酿造逐步进入工业化。

我国是世界上用粮食原料酿酒历史最悠久的国家之一。早在 5000 多年前，当时人们就已经能够酿造"醴酒"了，其所用的原料、发酵的方法、酿造的时间与世界公认的苏尔美人所酿啤酒非常相似，只不过由于这种"醴酒"糖分较高、酒精含量低、口味太淡，不利储存、容易变酸变质。由此可见中国也是啤酒的一个重要发源地。

二、中国啤酒工业的发展简史

1900—1949 年为初创期，年产量为 1→3 万吨，原材料大多依赖进口，生产技术由西方掌握，饮用者一般为在华外国人和上层华人；1949—1959 年为恢复期，年产量为 3→4 万吨，由日本引进二棱大麦，地板式发芽，麦芽自给，生产技术由自己掌握，17 家工厂主要分布在沿海大城市；1957—1966 年为独立发展期，年产量为 4→12 万吨，青岛、北京、新疆等地开始种植啤酒花，实现酒花自给，自行设计、装备一批小型（2000 吨/年）啤酒厂约 37 家；1970—1978 年为自发发展期，年产量为 12→41 万吨，在中、小城市建立一批小型啤酒厂（2000～5000t/年）约 100 家，饮用啤酒习惯在城市中开始普遍，啤酒专用装备开始定点生产；1979—1988 年为高速发展期，年产量为 41→656.40 万吨，全国出现"啤酒热"，啤酒建厂得到重视，引进大量西方啤酒装备及酿造技术，建厂规模 1 万～3 万吨/年全部国产化，大、中型厂开始现代化生产，每年啤酒生产递增率＞30％；1989—1992 年为相对稳定期，年产量为 623 万～1000 万吨，停止新建啤酒厂，啤酒市场出现竞争，小型啤酒厂面临倒闭，开始联合发展，主要通过挖潜改造，提高产品的产量、质量，实现产品多样化；1993 年超越德国，全国年产量跃居世界第二位；2002 年啤酒总产量超过美国达到 2386.83 万吨，居世界第一位，成为名副其实的啤酒大国。近年来，中国啤酒销量变化情况如图 1-1 所示。

2014 年部分国家啤酒年总产量见表 1-1。

表 1-1　　　　　　　　2014 年部分国家啤酒年总产量

国家	产量/万吨	国际排名	国家	产量/万吨	国际排名
中国	4493	1	俄罗斯	763	6
美国	2254	2	日本	546	7
巴西	1414	3	英国	412	8
德国	956	4	波兰	398	9
墨西哥	820	5	越南	389	10

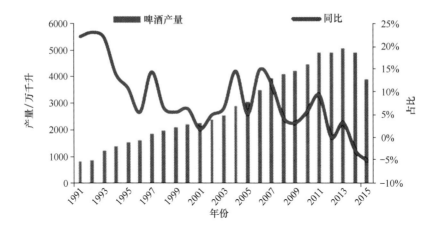

图 1-1　啤酒销量变化趋势

任务二
我国啤酒工业的现状及发展趋势

一、我国啤酒工业现状

经过数百年的发展，特别是改革开放 30 多年来的快速发展，我国的啤酒工业涌现出了一大批具有品牌、技术、装备、管理等综合优势的知名企业。由于啤酒的运输、保鲜等行业特点，加之存在地方保护主义，使中国啤酒工业形成了各自为政的局面。

目前，我国已成为全球最大的啤酒生产和消费国，部分啤酒企业已进入集团化、规模化发展之路，中国啤酒市场正在经历从完全竞争市场到寡头竞争市场，从分散市场到统一市场的变化，转化进程取决于各方面的配合，如基础设施的建设、运输状况的改善、啤酒口味的统一、全国性品牌的形成及行业集中度的提高等。

尽管我国啤酒总产量位居世界第一，但与国际啤酒大国及啤酒发达国家相比尚有一定的差距。国内啤酒行业产能从 2014 年底开始出现下降趋势，面临的压力主要来自低端消费不振以及价格竞争。过去啤酒行业竞争模式仍然以价格竞争为主，导致品牌溢价不显著，提价能力较弱。虽然啤酒行业年均价格增长幅度在 3%～4%，仍然保持增长趋势，但是仅能覆盖包括大麦、包材、人工等在内的成本上升，盈利水平并无显著变化。

二、我国啤酒工业的发展趋势

目前，我国啤酒生产及消费均已接近国际先进水平，同时也面临着严峻的挑战，主要呈以下趋势。

1. 啤酒生产市场"内"降"外"升

在结束 25 年连续增长之后，从 2014 年下半年开始，我国啤酒产量出现下滑趋势，首当其冲的是以低价啤酒为销售主力的国内啤酒大公司。与此同时，进口啤酒无论是品牌还是销量也在加剧蚕食中国啤酒市场的份额。如 2016 年 1～8 月，中国进口啤酒 45.91 万吨，同比增长 26.4%，而国内啤酒产量则继续呈现下降的趋势，2016 年 1～8 月，中国啤酒产量为 3275 万吨，同比减少 2.3%。

2. 啤酒消费量将进一步提高

虽然我国是啤酒生产大国，总产量已稳居世界第一，如 2014 年人均消费 34.2L，达到世界平均水平 33L，但与部分国家相比还存在一定的差距。我国又是世界上人口最多的国家，因此啤酒消费市场空间很大。2014 年部分国家啤酒人均消费量见表 1-2。

表 1-2   2014 年部分国家啤酒人均消费量

国家	人均消费量/L	国家	人均消费量/L
捷克	143	爱尔兰	93
德国	110	罗马尼亚	90
奥地利	108	立陶宛	89
爱沙尼亚	104	比利时	81
波兰	100	中国	34.2

3. 啤酒企业布局高端突围

虽然国内啤酒销量呈现持续下降的趋势，而中高端品牌啤酒的销量却持续增长，众多企业纷纷开始谋划高端产品以图自救，国内啤酒的高端化路线越演越烈。面对啤酒市场高端产品风起云涌的现状，未来啤酒产品的结构将从金字塔形向橄榄形过渡，低档萎缩、中档增加、高端部分继续拉长。因此啤酒企业必须提升高端产品研发能力。

4. 市场竞争趋于规范

面对啤酒市场的激烈竞争，市场竞争将由价格竞争转向品牌竞争和服务竞争。啤酒企业将更加注重品牌战略的实施，更加重视内部核心能力的培养。

5. 行业内的整合将进一步加快

啤酒企业以收购、兼并等方式进行规模扩张，向集团化、规模化发展。大型啤酒企业集团的地位将得到进一步巩固，逐步出现寡头垄断的局面。

6. 啤酒品种多样化

啤酒新品种趋向特色型、风味型、轻快型、保健型、清爽型等。不同功能的啤酒将满足不同年龄、不同层次的消费者需要。

7. 先进的技术和设备被广泛应用

纯生啤酒生产技术、膜过滤技术、微生物检测和控制技术、糖浆辅料的使用、PEF 包装的应用、啤酒错流过滤技术及 ISO 管理模式将在啤酒生产中得到广泛应用，啤酒质量将得到明显提高。

任务三
啤酒的成分及营养保健功能

一、啤酒的主要成分

啤酒是一种营养丰富的低酒精度的饮料酒，其化学成分非常复杂，也很难得出一个平均值。原辅材料组成、配比、水质、菌种及生产工艺不同，成品啤酒中的化学成分及其含量也有区别。其主要成分有酒精、碳水化合物、含氮物质、矿物质、维生素、有机酸、酒花油、苦味物质和 CO_2 等。啤酒中含有碳水化合物、蛋白质和脂肪，在体内完全氧化所释放出的能量见表 1-3。

表 1-3　　　　　　　　　　　三种产能营养物质的净能量系数

物质	净能量系数/(kJ/g)
碳水化合物	16.84
蛋白质	16.7
脂肪	37.56

啤酒中富含维生素，特别是 B 族维生素，见表 1-4。

表 1-4　　　　　　　　　　　啤酒中所含的维生素

成分	含量/(mg/L)
硫胺素(维生素 B_1)	0.005～0.15
核黄素(维生素 B_2)	0.3～1.3
吡哆素(维生素 B_6)	0.4～1.5
烟酰胺	5～20
泛酸	0.4～1.2
叶酸	0.1～0.13
生物素(维生素 H)	0.015～0.002
肌醇	约 60
胆碱	100～300

二、啤酒的营养及保健功能

啤酒的营养价值主要由糖类、蛋白质及其分解产物、维生素、无机盐等组成。啤酒作为国际公认的营养食品，具有三大特征：一是含有多种氨基酸和维生素；二是啤酒发热量高，1L 的 12°P 啤酒产生的热量高达 1779kJ，可与 250g 面包、5～6 个鸡蛋、500g 马铃薯或 0.75L 牛乳产生的热量相当，故啤酒有"液体面包"之美称；三是啤酒中含有的营养物质都是在酿造过程中由酶将原料中的淀粉和蛋白质分解成的糖类、肽和氨基酸等，这些营养物质容易被人体消化和吸收。通常 1 品脱（473mL）啤酒含热量大约 180cal，只要每天喝啤酒不超过 1 品脱，就不必担心身体发胖。

由于啤酒中含有丰富的 CO_2，且有一定的酸度、苦味，因此啤酒具有生津、消暑、帮助消化、消除疲劳、增进食欲等功能。啤酒中溶解的磷酸盐和无机盐类可维持人体的盐类平衡的渗透压。此外，适当饮用啤酒可提高肝脏解毒作用、利尿、促进胃液分泌、缓解紧张、引起兴奋、治疗结石等作用。

剧烈运动或重体力劳动后，不要马上喝冰镇啤酒，因为冰镇啤酒较人的体温低 20～30℃，大量饮用会使胃肠道急剧降温，影响消化，甚至引发腹痛和腹泻。空腹饮酒，易使血液中酒精含量升高得快，因此饮酒过多、过快，会加大心脏负担，发生乙醇中毒。所以，高血压、冠心病患者应少饮啤酒，肥胖症及糖尿病患者可适量饮用糖度低的干啤酒。

任务四

啤酒的分类

啤酒是世界上生产和消费量最大的酒种，啤酒的品种很多，一般可根据生产方式、产品浓度、啤酒的色泽、啤酒的消费对象、啤酒的包装容器、啤酒发酵所用的酵母菌种进行分类。

一、按啤酒的色泽分类

1. 淡色啤酒

淡色啤酒的色度为 3～14EBC 单位［由欧洲啤酒酿造协会（EBC）推荐采用的单位］，是产量最大的啤酒品种，约占 98%。色度在 7EBC 单位以下的为淡黄色啤酒；色度在 7～10EBC 单位的为金黄色啤酒；色度在 10～14EBC 单位的为棕黄色啤酒。

淡色啤酒的口感特点是：酒花香气突出，口味爽快、醇和。

2. 浓色啤酒

浓色啤酒的色度为 15～40EBC 单位，色泽呈红棕色或红褐色。色度为 15～25EBC 单位的为棕色啤酒；色度为 25～35EBC 单位的为红棕色啤酒；色度在 35～40EBC单位的为红褐色啤酒。

浓色啤酒的特点是：麦芽香气突出，口味醇厚，酒花苦味较轻。

3. 黑色啤酒

黑啤酒的色度大于 40EBC 单位，一般为 50～130EBC 单位，色泽呈深红褐色至黑褐色。

黑啤酒的特点是：原麦汁浓度较高、焦糖香味突出、口味醇厚、泡沫细腻、苦味较重。

4. 白啤酒

白啤酒是以小麦芽为主要原料生产的啤酒，酒液呈白色，清凉透明，酒花香气突出，泡沫持久。

二、按啤酒发酵结束时酵母是否沉降分类

1. 上面发酵啤酒

上面发酵啤酒是以"上面酵母"进行发酵的啤酒，发酵结束后酵母上升到发酵液的表面。麦芽汁的制备多采用浸出糖化法，啤酒的发酵温度较高。典型的有小麦啤酒、白啤酒。

2. 下面发酵啤酒

下面发酵啤酒是以"下面酵母"进行发酵的啤酒。发酵结束时酵母沉积于发酵容器的底部，形成紧密的酵母沉淀，其适宜的发酵温度比上面酵母低。目前国内市场上绝大多数啤酒都属于下面发酵啤酒。

三、按原麦汁浓度分类

1. 低浓度啤酒

低浓度啤酒的原麦汁浓度＜7°P。

2. 中浓度啤酒

中浓度啤酒原麦汁浓度为 7～11°P。

3. 全啤酒

全啤酒原麦汁浓度为 11～14°P。

4. 强烈啤酒

强烈啤酒原麦汁浓度＞16°P，多为浓色或黑色啤酒。

四、按啤酒是否杀菌分类

1. 鲜啤酒

啤酒包装后，不经过巴氏灭菌或高温瞬时灭菌的新鲜啤酒。

鲜啤酒因未经灭菌，保存期较短。鲜啤酒存放时间与酒的过滤效果、无菌条件及储存温度有关，在低温下一般可存放 7d 左右。

2. 纯生啤酒

啤酒包装后，不经过巴氏灭菌或高温瞬时灭菌，而采用物理过滤（微孔薄膜过滤）方法进行除菌及无菌灌装，从而达到一定生物、非生物和风味稳定性的啤酒，具有蔗糖转化酶活力。

纯生啤酒的特点是口味新鲜、纯正、淡爽、稳定性好，保持期可达到半年以上。

3. 熟啤酒

熟啤酒是指经过巴氏灭菌或高温瞬时灭菌的啤酒。包装形式多为瓶装和听装。

熟啤酒的保持期较长，可达到 6 个月左右。

五、按啤酒生产所使用的原料分类

1. 加辅料啤酒

生产所用原料除麦芽外，还可加入其他谷物作为辅助原料，生产出的啤酒成本较低，口味清爽，酒花香味突出。

2. 全麦芽啤酒

原料全部采用麦芽，不添加任何辅料。全麦芽啤酒成本较高，但麦芽香气突出。

3. 小麦啤酒

以小麦芽为主要原料（占总原料 40％以上），生产出的啤酒具有小麦啤酒特有的香味，泡沫丰富、细腻，苦味较轻。

六、特种啤酒

在原辅材料或生产工艺方面有某些重大改变，使其改变了上述原有啤酒的风味，成为独具风格的啤酒。

1. 干啤酒

干啤酒是指啤酒的真正发酵度在 72％以上的淡色啤酒。此啤酒发酵度高，残糖低，CO_2 含量高。故具有口味干爽、杀口力强的特点。干啤酒属于低糖、低热量啤酒，适宜于糖尿病患者饮用。

2. 低醇啤酒

酒精含量为 0.6％～2.5％（体积分数）的啤酒即为低醇啤酒。

3. 无醇啤酒

酒精含量低于 0.5％（体积分数）的啤酒为无醇啤酒。

4. 冰啤酒

冰啤酒是指在滤酒前经过冰晶化处理的啤酒。即将过滤前的啤酒经过专门的冷冻设备进行超冷冻处理（冷冻至冰点以下），使啤酒出现微小冰晶，然后经过过滤，将大冰晶过滤掉。通过冷冻处理可解决啤酒冷浑浊和氧化浑浊问题。处理后啤酒浓度和酒精度并未增加很多，但是酒液更加清亮、新鲜、柔和、醇厚，口味纯净，保质期浊度不大于 0.8EBC 单位。

任务五
啤酒生产工艺流程

啤酒生产可分为麦芽制造和啤酒酿造两大部分。早期建造的啤酒厂规模比较小，将麦芽制造作为啤酒厂的一个车间，即麦芽车间。随着建厂规模的扩大，新建啤酒厂往往不再建麦芽车间，而是由专门的麦芽厂商供应，这样可以降低生产成本，也便于管理。

1. 麦芽制造工艺流程

原料（大麦）→浸渍→发芽→干燥→除根。

2. 啤酒酿造工艺流程

啤酒生产工艺流程如图 1-2 所示。

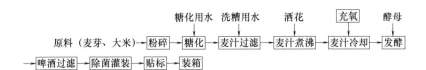

图 1-2 啤酒生产工艺流程

3. 啤酒酿造过程与啤酒质量的关系

啤酒生产的每一环节对啤酒的质量都有一定的影响。根据经验，如果以 100% 作为产品质量的最终目标，大麦质量对啤酒质量的影响约占 25%，麦芽制造过程对啤酒质量的影响约占 17%，麦汁制备过程对啤酒质量的影响约占 18%，啤酒主发酵过程对啤酒质量的影响约占 30%，啤酒后发酵、过滤、灌装过程对啤酒质量的影响约占 10%。啤酒酿造过程中各个环节对啤酒质量影响所占的比例如图 1-3 所示。

总之，啤酒产品的多样化是市场发展的需要，啤酒生产企业应主动地开拓市场，引导消费。随着啤酒生产企业装备水平的不断提升及酿造工艺的不断完善，我国啤酒工业在饮料行业中必将发挥更大的作用，为人们的饮食文化添加更多的色彩。

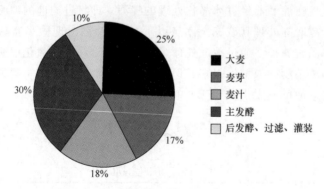

图 1-3　啤酒酿造各环节对啤酒质量影响

▶习题▶

一、解释题

啤酒　全麦啤酒　鲜啤酒　纯生啤酒　熟啤酒　干啤酒　浑浊啤酒

二、填空题

1. 啤酒是含_____、起泡、低_____的饮料酒。

2. 啤酒被称为"液体面包"，其主要原因是其中_____高。

3. 按《啤酒》国家标准规定，小麦用量占总投料量的_____%以上，才能称为小麦啤酒。

4. 无醇啤酒的酒精含量应不超过_____%（体积分数）；低醇啤酒的酒精含量应不超过_____%（体积分数）。

5. 优级淡色啤酒在保质期内的浊度应不超过_____EBC 单位。

6. 按 GB 4927—2008《啤酒》国家标准规定，色度在 3～14EBC 单位的啤酒为_____色啤酒；色度在 15～40EBC 单位的啤酒为_____色啤酒；色度等于或大于 41EBC 单位的啤酒为_____色啤酒。

7. 啤酒生产过程大致可分为_____、_____、_____、_____、_____、_____等工序。

8. 纯生啤酒中有_____活性。

9. 根据发酵结束时酵母是否沉降，啤酒可分为_____发酵啤酒和_____发酵啤酒。

10. 成品啤酒主要有_____、_____、_____等几种包装容器。

三、选择题

1. 我国最早的啤酒厂建于_____。

　　A. 大连　　　　B. 上海　　　　C. 青岛　　　　D. 哈尔滨

2. 我国最早的啤酒厂建于_____年。

    A. 1903   B. 1904   C. 1900   D. 1910

3. 浓色啤酒原麦汁色度一般为_____EBC 单位。

    A. 10   B. 12   C. 13   D. 15

4. 黑啤酒的色度一般在_____EBC 单位以上。

    A. 40   B. 35   C. 30   D. 25

5. 白啤酒酿造以_____为主要原料。

    A. 大麦芽   B. 小麦芽   C. 玉米   D. 大米

四、判断题

1. 啤酒是一种营养丰富的、低酒精度的饮料酒。　　　　　　　　　（　　）

2. 冰啤酒是结冰的啤酒。　　　　　　　　　　　　　　　　　　　（　　）

3. 熟啤酒不需要经过巴氏杀菌。　　　　　　　　　　　　　　　　（　　）

4. 剧烈运动后，马上喝冰镇啤酒对人体健康有益。　　　　　　　　（　　）

5. 干啤酒是指啤酒的真正发酵度为 72％以上的淡色啤酒。　　　　（　　）

6. 中浓度啤酒原麦芽汁浓度为 11～14°P。　　　　　　　　　　　（　　）

7. 喝啤酒者容易长"啤酒肚"。　　　　　　　　　　　　　　　　（　　）

8. 饮酒过多、过快，会加大人体心脏负担，甚至发生酒精中毒。　（　　）

9. 我国是世界上啤酒人均消费量最大的国家。　　　　　　　　　　（　　）

五、问答题

1. 什么是啤酒？

2. 简述啤酒的起源。

3. 啤酒有哪几种类型？目前我国主要生产什么类型的啤酒？

4. 简述啤酒生产工艺过程。

项目二

▼

啤酒生产原辅材料及预处理技术

教学目标

【知识目标】啤酒酿造主要原料、辅助原料的酿造特性；酒花的主要成分及其在啤酒酿造中的作用；酶制剂的运用。

【技能目标】原辅材料的选择；常用原、辅材料的预处理及使用方法；啤酒生产用水的处理。

【课前思考】如何运用原辅材料及添加剂最大程度地提高啤酒的品质。

【认知解读】大麦属于禾本科植物，共有30多个品种，可供食用、饲料用和酿造啤酒。由于大麦便于发芽，易于生长，并能适应各种气候，种植范围广，又不作为主粮，是啤酒酿造的主要原料。辅助原料、酒花、生产用水、添加剂等也是啤酒酿造非常重要的原料，其中辅料可分为两类：一类是未经发芽的谷物，如大米、玉米、小麦等，另一类是发酵所需的糖类物质，如蔗糖、糖浆等。

任务一

大麦的选择及质量控制

一、大麦的分类

1. 按照籽粒生长形态分类

大麦按籽粒在麦穗断面分布的形态，可分为二棱大麦、四棱大麦和六棱大麦。不同品种大麦穗的横断面如图2-1所示。

(1) 二棱大麦　　(2) 四棱大麦　　(3) 六棱大麦

图2-1　不同品种大麦穗的横断面

（1）二棱大麦　沿穗轴只有对称的两行籽粒，麦穗扁形，形成两行棱角。二棱大麦籽粒大而均匀整齐，谷皮较薄，淀粉含量相对较高，浸出物收得率高，发芽均匀，蛋白质含量适中，是酿造啤酒的最好原料。

（2）四棱大麦 有两对籽粒互为交错，麦穗断面呈四角形，在穗轴上形成四行籽粒。这种大麦粒小，蛋白质含量高，啤酒厂一般不用它酿造啤酒。

（3）六棱大麦 麦穗断面呈六角形，有六行麦粒围绕一根穗轴而生，其中只有中间对称的两行籽粒发育正常，其余四行籽粒发育迟缓，籽粒不够整齐，也比较小。

四棱大麦和六棱大麦蛋白质含量相对较高，淀粉含量相对较低，制成的麦芽含酶较丰富，可弥补二棱大麦含酶量的不足。

2. 按照外观色泽分类

大麦按照外观色泽可分为黄皮大麦、白皮大麦和紫皮大麦。

3. 按照种植季节分类

大麦按照种植季节可分为冬大麦和春大麦。

二、大麦籽粒的构造

1. 大麦籽粒的外部构造

大麦的籽粒的外部构造如图 2-2 所示。

2. 大麦籽粒的内部构造

大麦籽粒主要由胚、胚乳和皮层三部分组成，其内部结构如图 2-3 所示。

图 2-2 大麦籽粒外部构造
1—基部 2—麦芒 3—背部
4—尖部 5—腹沟 6—腹部

（1）胚 胚是大麦籽粒最重要的部分，位于麦粒背部的下端，由胚芽、胚根、盾状体及上皮层组成。胚中含有低分子糖类、脂肪、蛋白质、矿物质和维生素，是大麦开始发芽的营养物质。胚的质量为大麦干物质的 2%～5%。盾状体与胚乳衔接，其功能是将胚乳内积累的营养物质传递给生长的胚芽。

胚是大麦籽粒有生命力的部分，由胚中形成各种酶渗透到胚乳中使胚乳溶解，为胚芽生长提供营养物质。一旦胚组织受到破坏，大麦就失去发芽能力。

（2）胚乳 胚乳是胚的营养仓库，是胚进行一切生物化学反应的场所，胚乳质量为大麦干物质的 80%～85%。当胚有生命力的时候，胚乳内的物质不断分解和转化，一部分供胚作营养，一部分供呼吸时消耗，大部分作为低分子物质储存于麦粒中。

胚乳由储藏淀粉的细胞层和储藏脂肪的细胞层构成，储藏淀粉的细胞层是胚乳的核心。胚乳细胞嵌入由蛋白质和麦胶组成的"骨架"中。胚乳外部被一层细胞壁包围，称为糊分层，其细胞内含有蛋白质和脂肪。胚乳和胚之间有一层空间

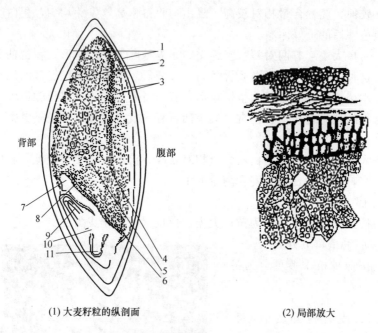

(1) 大麦籽粒的纵剖面   (2) 局部放大

图 2-3　大麦籽粒的内部结构

1—皮壳　2—果皮和种皮　3—腹沟　4—糊粉层　5—胚乳　6—细胞层
7—盾状体　8—上皮层　9—胚芽　10—营养部分　11—胚根

细胞称为细胞层。

（3）皮层　谷皮的最外层是皮壳，其质量为大麦干物质的 7%～13%。皮层由腹部的内皮和背部的外皮组成，外皮的延长部分即为麦芒。在皮壳的里面是果皮，果皮的里面是种皮。果皮的外表面有一层蜡质，它对赤霉酸和氧是不透性的，与大麦的休眠性质有关。种皮是一种半透明性的薄膜，能让纯水和一些离子通过，但一切高分子物质均不能通过，这对大麦的浸渍有一定意义。

皮壳层的作用是保护大麦籽粒，其组成物大都是非水溶性的纤维素，还含有硅酸、单宁、类脂和一定量的蛋白质，对啤酒的口味和稳定性不利，啤酒酿造过程中必须防止将其带入啤酒中。皮壳有一定的机械强度，在制备麦芽汁时，可作为自然过滤层而被利用。

三、大麦的化学组成

大麦的化学组成随品种、种植条件等不同而在一定范围内波动，大麦的主要成分是淀粉，其次是纤维素、蛋白质、脂肪等。大麦中一般含干物质 80%～88%，水分 12%～20%。某二棱大麦的化学组成见表 2-1。

（一）水分

大麦含水量一般为 12%～14%，若水分过高，则存在下列隐患：在储藏过程中易发酵、腐烂；呼吸作用强，储藏损失大；影响大麦的发芽力和大麦的质量。

表 2-1　　　　　　　　　　　　某二棱大麦的化学组成

成分名称	大麦中的含量(湿基)/%	成分名称	大麦中的含量(湿基)/%
水分	12	脂肪	2.5
淀粉	56	无机盐	2.6
纤维素	4.3	其他无氮浸出物	13.6
蛋白质	9		

新收获的大麦必须经过暴晒或人工干燥，使水分降至 12% 左右，方能进仓储藏。

（二）碳水化合物

大麦中的碳水化合物主要有淀粉、纤维素、半纤维素、麦胶物质及多糖的分解产物等。

1. 淀粉

（1）含量及存在形式　淀粉是大麦中最主要的碳水化合物，大麦中淀粉含量占总干物质的 58%～65%。大麦淀粉含量越高，可浸出物也越多，制备麦芽汁时收得率也越高。

大麦中的淀粉一般以颗粒状态存在于胚乳细胞内，大麦淀粉有大颗粒和小颗粒之分。大颗粒淀粉的直径一般为 20～40μm，颗粒数量占淀粉颗粒总数的 10%，质量占淀粉总质量的 90%；小颗粒淀粉的直径一般为 2～10μm，数量约占 90%，质量约占 10%。

小颗粒淀粉中的蛋白质含量比大颗粒淀粉中的高，其外部被很密的蛋白质所包围，不易受酶的作用，糊化、糖化比较困难。麦芽汁制备过程中，未分解的小颗粒淀粉与蛋白粉、半纤维素和麦胶物质聚合在一起，使麦芽汁黏度增大，易造成麦芽汁过滤困难。

（2）结构　纯淀粉是以葡萄糖为基本组成单位的高分子化合物，分子式为 $(C_6H_{10}O_5)_n$。大麦淀粉可分为直链淀粉和支链淀粉。小颗粒淀粉中含直链淀粉约 40%，含支链淀粉约 60%；大颗粒淀粉中含直链淀粉 17%～24%，含支链淀粉 76%～83%。大麦中小颗粒淀粉数量多，且含有较多的支链淀粉，因此麦汁制备时易产生较多的非发酵性糊精。

2. 纤维素

（1）含量　大麦中纤维素占干物质总量的 3.5%～7%。

（2）存在形式　纤维素主要存在于大麦的皮壳中，是构成谷皮细胞壁的主要物质，微量存在于胚、果皮及种皮中。

（3）结构　纤维素的最小组成单位是葡萄糖，葡萄糖单位之间以 β-1，4 葡萄糖苷键结合。纤维素对酶的作用有相当强的抵抗力，很难分解。纤维素不溶于水，在水中只是吸水膨胀。因此，在大麦发芽及麦芽汁制备过程中，纤维素不参与物质代谢，保留在大麦皮壳中，糖化醪液过滤时，皮壳形成滤饼层有利于麦汁分离。

3. 半纤维素和麦胶物质

（1）存在形式及含量　半纤维素是胚乳细胞壁的主要构成物质，也存在于皮壳中。大麦中半纤维素和麦胶物质的含量与大麦的成熟度、气候条件等有关，占大麦干物质的 $10\%\sim11\%$。

（2）组成　半纤维素和麦胶物质均由 β-葡萄糖和戊聚糖组成：谷皮半纤维素主要由戊聚糖、少量 β-葡萄糖和糖醛酸组成；胚乳半纤维素由 $80\%\sim90\%$ 的 β-葡萄糖和 $10\%\sim20\%$ 的戊聚糖组成。

（3）半纤维素和麦胶物质的区别　相对分子质量和溶解度不同。

麦胶物质是半纤维素的分解产物，相对分子质量低于纤维素，溶于热水中，溶于水的麦胶物质约占半纤维素的 20%。

半纤维素不溶于水，但易被热的稀酸和稀碱水解，产生五碳糖。发芽过程中半纤维素被半纤维素酶分解，因而增加了麦芽的易碎性，有利于各种水解酶进入细胞内，促进胚乳的溶解。

（4）对啤酒酿造过程及啤酒质量的影响

① 由于 β-葡聚糖分子组成不规则，直接影响到 β-葡萄聚酶对 β-葡聚糖的分解作用。

② 麦胶物质中的 β-葡聚糖相对分子质量较低，易溶于温水，在麦汁制备和啤酒生产中会产生很高的黏度。

③ 麦胶物质的含量与麦芽质量有密切关系。溶解良好的麦芽，所含 β-葡聚糖等半纤维素物质得到很好的溶解；溶解较差的麦芽，β-葡聚糖等半纤维素物质分解不完全，所制出的麦芽汁黏度很大，过滤困难，甚至导致啤酒的过滤困难，所酿出的啤酒口感不爽，但对啤酒泡持性有利。

④ 原大麦含 β-葡聚糖 $1.5\%\sim2.5\%$，如果用原大麦作糖化辅料，大麦中未分解的 β-葡聚糖会增加醪液的黏度，导致麦汁过滤困难。

4. 低分子糖

（1）种类　大麦中含有 2% 左右的低分子糖类，主要是蔗糖，还有少量的棉籽糖、葡二果糖、麦芽糖、葡萄糖和果糖。

（2）存在形式　蔗糖、棉籽糖和葡二果糖主要存在于胚和糊粉层中，供胚开始萌发的呼吸消耗；葡萄糖和果糖存在于胚乳中；麦芽糖集中在糊粉层中，那里有大量 β-淀粉酶存在。所以低糖对麦芽的生命活动有很大意义。

（三）蛋白质

大麦中的蛋白质含量及类型直接影响大麦的发芽力、酵母营养、啤酒风味，影响啤酒的泡持性、非生物稳定性、适口性等。因此选择蛋白质含量适中的大麦品种对啤酒酿造具有十分重要的意义。

1. 蛋白质的含量及存在形式

大麦中蛋白质主要存在于糊粉层中，制造啤酒麦芽的大麦中蛋白质含量一般为 9%～12%。我国大麦蛋白质含量略高些。

若蛋白质含量高，则淀粉含量低，浸出物下降。

小颗粒大麦比大颗粒大麦蛋白质含量高，玻璃质粒大麦比粉质粒大麦蛋白质含量高。

2. 蛋白质的作用

大麦中蛋白质的作用：提供酵母营养；使啤酒口感醇厚、圆润；丰富啤酒泡沫；使啤酒早期浑浊。

3. 蛋白质的含量对啤酒质量的影响

大麦中蛋白质含量过高：相应淀粉含量会降低；会形成玻璃质的硬麦；发芽过于迅速，温度不易控制；制成的麦芽会因溶解不足而使浸出物收得率降低，也会引起啤酒的浑浊；易导致啤酒中杂醇油含量高。

大麦中蛋白质含量过低：麦芽汁中酵母营养缺乏，易引起发酵缓慢；成品啤酒的泡持性差；啤酒口味淡薄。

一般认为，啤酒酿造大麦最适宜的蛋白质含量为 10.5% 左右。

近年来，由于辅料添加的比例增大，利用蛋白质含量在 11.5%～13.5% 的大麦制成高糖化力的麦芽也受到重视。

4. 蛋白质种类及特性

（1）清蛋白　清蛋白溶于水和稀中性盐溶液及酸、碱液中。在加热时，从 52℃ 开始，能由溶液中凝固析出，麦芽汁煮沸时，凝固加快，与单宁结合而沉淀。大麦清蛋白 pI 为 4.5 左右，相对分子质量为 7×10^4 左右。大麦中清蛋白占大麦蛋白质总量的 3%～4%。

（2）球蛋白　球蛋白的含量为大麦中蛋白质总含量的 31% 左右。球蛋白不溶于纯水，可溶于稀中性盐类的水溶液中，在 90℃ 左右高温下能凝固析出。

大麦球蛋白有 α、β、γ、δ 四种组分，其相对分子质量分别为 2.6×10^4、1.0×10^5、1.66×10^5、3.0×10^5，球蛋白的 pI 为 4.9～5.7。α-球蛋白和 β-球蛋白分布在糊粉层里。γ-球蛋白分布在胚里，当发芽时它会发生最大的变化。

在大麦发芽过程中，β-球蛋白的相对分子质量由 1.0×10^5 减小到 3.0×10^4，其裂解程度较小。

在麦芽汁煮沸时，β-球蛋白碎裂至原始大小的 1/3 左右，同时与麦芽汁中的单宁，尤其与酒花单宁相互作用，形成不溶解的纤细聚集物。

β-球蛋白的 pI 为 4.9，在麦汁制备过程中不能完全析出。在发酵过程中，随着 pH 下降，β-球蛋白会析出而引起啤酒浑浊。

β-球蛋白含硫量为 1.8%～2.0%，并以—SH 基活化状态存在。在空气氧化的条件下，β-球蛋白的—SH 氧化成二硫化合物，形成具有—S—S—键的更难溶解的硫化物，使啤酒变浑浊。

（3）醇溶蛋白　醇溶蛋白主要存在于麦粒糊粉层中，其含量为大麦蛋白质含量的 36％，相对分子质量为 2.75×10^4。醇溶蛋白不溶于纯水及盐溶液，只溶于 50％～90％的乙醇溶液。加热不凝固，pI 为 6.5。醇溶蛋白含有大量的谷氨酸与脯氨酸，是麦糟蛋白的主要构成部分。醇溶蛋白由 α、β、γ、δ、ε 五个组分组成，其中 δ 和 ε 组分是造成啤酒冷浑浊和氧化浑浊的重要成分。

（4）谷蛋白　谷蛋白含量为大麦蛋白质总含量的 29％。谷蛋白可溶于碱性溶液，不溶于中性溶剂和乙醇。谷蛋白也是由四种组分组成，它与醇溶蛋白构成麦糟蛋白的主要成分。

（四）脂肪

大麦中的脂肪主要存在于胚和糊粉层中，含量为大麦干物质的 2％～3％，其中 95％以上属于甘油三酸酯。大麦发芽时，部分脂肪由于呼吸作用而被消耗，部分经酶促反应分解成甘油和脂肪酸。麦芽干燥时，由于脂肪酶遭到破坏，因此麦芽中的脂肪在糖化过程中大部分留在麦糟中，很少部分进入麦芽汁中。脂类物质含量虽低，但它对啤酒的风味稳定性和泡沫稳定性都会产生不利的影响。

（五）磷酸盐

大麦中所含磷酸盐约 50％为植酸钙镁，约占大麦干物质的 0.9％。每 100g 大麦干物质含 260～350mg 磷。

有机磷酸盐在大麦发芽过程中水解，形成第一磷酸盐和大量缓冲物质，糖化时，进入麦芽汁中，对调节麦芽汁 pH 起很大作用。另外，磷酸盐是酵母发酵过程中不可缺少的物质，对啤酒发酵起着重要作用。

（六）无机盐

大麦中的无机盐含量为其干物质质量的 2.5％～3.5％，大部分存在于谷皮、胚和糊粉层中。这些无机盐对发芽、糖化和发酵有很大的影响。其主要成分是磷、钾、硅，其次是钠、钙、镁、铁、硫、氢和氯等。此外还有一些对微生物生理活动有影响的微量元素，如锌、锰、铜等。某大麦的灰分组成见表 2-2。

表 2-2　　　　　　　　　　　　　某大麦的灰分组成

项目	含量/%	项目	含量/%	项目	含量/%
P_2O_5	35.0	MgO	8.0	SO_3	2.0
K_2O	21.0	CaO	3.0	Fe_2O_3	1.5
SiO_2	26.0	Na_2O	2.5	Cl	1.0

啤酒发酵过程中，若缺乏无机盐，酵母的生长繁殖将会受到抑制，导致发酵缓慢。相反，若无机盐含量过高，又会使酵母的形态、数量及代谢发生变化，有时还会使啤酒出现浑浊现象。

在啤酒生产过程中，80%左右的无机盐来自麦芽和辅料，其余 20%左右来自酿造用水。

（七）维生素

大麦富含维生素，集中分布在胚和糊粉层等活性组织中。大麦中含有维生素 B_1、维生素 B_2、维生素 B_6、烟酸，都是酵母菌极为重要的生长素。此外，大麦中还含有维生素 C、维生素 H、泛酸、叶酸等多种维生素。某大麦中的主要维生素含量见表 2-3。

表 2-3　　　　　　　　每 100g 大麦干物质所含维生素量

维生素名称	含量/mg	维生素名称	含量/mg
维生素 B_1	0.12～0.74	维生素 B_6	0.30～0.40
维生素 B_2	0.10～0.37	烟酸	8～15

（八）多酚物质

多酚物质主要存在于麦壳和糊粉层中，占大麦干物质的 0.1%～0.3%。大麦中的多酚类物质含量与大麦品种及生长条件有关。一般蛋白质含量越低，多酚物质含量越高。大麦中酚类物质含量虽少，对啤酒的色泽、泡沫、风味及非生物稳定性等影响却很大。特别是麦壳中的多酚物质，对大麦发芽有抑制作用，浸麦时将其浸出，有利于发芽和啤酒风味。

在啤酒酿造过程中，花色苷、儿茶酸等物质经过缩合和氧化后，易与蛋白质起交联作用而沉淀出来，引起啤酒浑浊。

四、啤酒酿造对大麦的质量要求

酿造用大麦的质量检验主要包括感官检验、物理检验和化学检验三个方面。

（一）感官检验

1. 外观和色泽

（1）新鲜、干燥，皮壳薄而有皱纹，色泽淡黄而有光泽，籽粒饱满。

（2）若大麦带青绿色或微绿色，则说明大麦不成熟或未完全成熟。

（3）若大麦呈灰色、黑色、红色或蓝色，则是受微生物（如霉菌）污染或受过热的结果。

（4）若大麦呈白色或色泽非常浅，多数是玻璃质粒或熏硫所致，不宜用于酿造啤酒。

2. 气味和香味

（1）应具有新鲜的麦秆香味，放在嘴里咀嚼有淀粉味，并略带甜味。

（2）若有霉味，则是湿度大、污染霉菌所致。

3. 纯度

（1）大麦的品种、种植区、收获年份、蛋白质含量及水分含量等应尽可能一致。

（2）不应有或很少有燕麦、黑麦、小麦等杂谷；很少含草屑、泥沙等夹杂物。

4. 麦粒形态

（1）粒大饱满、短而粗的麦粒比长而细的麦粒谷皮含量低。

（2）粒型肥短的麦粒浸出物含量、蛋白质含量低，发芽较快，易溶解。

5. 皮壳特征

（1）皮薄的大麦有细密的痕纹，浸出物含量相对较高，适合酿造浅色啤酒。

（2）皮厚的大麦纹道粗糙、不明显、间隔不密，浸出物含量相对较低，同时还可能存在较多的有害物质（如鞣质和苦味物质），适合酿造深色啤酒。

（二）物理检验

1. 千粒质量

千粒质量即为 1000 颗大麦籽粒的质量。千粒质量高，则浸出物含量高；千粒质量低，则浸出物含量低。

2. 百升质量

百升质量表示 100L 大麦的质量。百升质量大的大麦籽粒比较饱满，浸出物含量也较高。

3. 大小及均匀度

麦粒的大小一般以腹径表示，大麦的大小和均匀度对大麦的质量有很大的影响，并直接影响麦芽的整个制造过程。大麦的大小和均匀度可用分级筛测量，其筛孔宽度分别为 2.8mm、2.5mm、2.2mm。腹径在 2.5mm 以上的麦粒占 80% 以上者为优级大麦；占 75%~80% 者为一级大麦；占 70%~75% 者为二级大麦。2.2mm 以下者，蛋白质含量高，浸出物含量低，不适用于酿造啤酒，一般用作饲料。

4. 胚乳的状态

（1）粉质粒、半玻璃质粒和玻璃质粒　将麦粒沿纵向或横向切开，麦粒的胚乳状态可分为粉质粒、半玻璃质粒和玻璃质粒。

① 粉质麦粒　胚乳状态（断面）呈软质白色。

② 玻璃质粒　断面致密、透明而有光泽。

③ 半玻璃质粒　断面呈部分透明、部分白色粉质。

（2）暂时玻璃粒和永久玻璃粒　玻璃粒又可分为暂时玻璃粒和永久玻璃粒两种。

① 暂时玻璃粒　大麦浸渍 24h 后进行缓慢干燥，玻璃粒就消失，变成粉质粒，并不影响大麦品质。

② 啤酒酿造要求大麦粉质粒达 80% 以上，且越多越好。

5. 发芽力和发芽率

大麦在发芽时，其中原有的酶才能活化和生成各种酶，才能使大麦中大分子物质适度溶解，转变成麦芽。

（1）发芽力　发芽力是大麦在适宜条件下发芽 3d 后，发芽麦粒占总麦粒的百分数。发芽力表示大麦发芽的均匀性。啤酒酿造中，一般要求大麦的发芽力不低于 85%，优级大麦的发芽力应不低于 95%。

（2）发芽率　发芽率是大麦在适宜条件下发芽 5d 后，发芽麦粒占总麦粒的百分数。发芽率表示大麦发芽的能力。

啤酒酿造中，要求大麦的发芽率不低于 90%，优级大麦的发芽率应不低于 97%。

6. 水敏感性

若大麦长时间水浸并不能提高含水量，则称为水敏感性。

（1）检验方法

分别取 100 粒大麦放于盛有 4mL 和 8mL 水的平皿中，于 19℃ 发芽 120h，计算发芽率差值：

$$水敏感性（\%）＝n_4－n_8$$

式中　n_4——4mL 水时的发芽率，%

n_8——8mL 水时的发芽率，%

（2）评价标准

大麦的水敏感性评价标准见表 2-4。

表 2-4　　　　　　　　　　　大麦的水敏感性评价标准

发芽率差值/%	水敏感性	发芽率差值/%	水敏感性
<10	很小	26~45	有
10~25	小	>45	很高

（三）化学检验

1. 水分

大麦含水量的高低对原料价格、原料储藏和生产过程中的物料衡算都有一定的意义。

若大麦含水分过高，则易霉烂；若大麦含水分过低，则不利于大麦的生理性能。大麦含水量一般控制在 12%~13%。若大麦含水量高于 15%，必须进行风干燥处理。

2. 淀粉含量和浸出物含量

啤酒酿造大麦的淀粉含量一般为 60%~65%。

浸出物是指大麦粉碎物经酶分解后溶解的内含物。

大麦淀粉含量与浸出物含量的关系见表 2-5。

表 2-5　　　　　　　　　　　大麦淀粉含量与浸出物含量的关系

淀粉含量/%	蛋白质含量/%	浸出物含量/%
61	12～13	75～76
62	11～12	76～77
63	10～11	77～78
64	9～10	78～79

由上表可知，大麦中淀粉含量越高，浸出物含量也越高，而蛋白质含量越低。

大麦的浸出物含量按干物质计，一般为 72%～80%，比淀粉含量高约 14.7%。因此，从浸出物含量可大致换算出该大麦的淀粉含量。

3. 蛋白质

大麦中蛋白质含量一般要求为 8%～13.5%，酿造大麦含蛋白质 9%～12%（以干物质计）。

不同类型的啤酒要求的大麦蛋白质含量不同，浅色啤酒一般为 11%～11.5%，深色啤酒一般为 11.5%～12%。

五、啤酒大麦的质量标准

我国啤酒工业大麦质量标准分为感官指标和理化指标，并将大麦分成三个等级。酿造大麦的感官指标见表 2-6。

表 2-6　　　　　　　　　　　酿造大麦的感官指标

类别	二棱、多棱大麦		
	优级	一级	二级
外观	淡黄色，具有光泽，有原大麦固有的香气，无病斑粒，无霉味和其他异味	淡黄色或黄色，稍有光泽，无病斑粒，无霉味和其他异味	黄色，无病斑粒，无霉味和其他异味

酿造大麦的理化指标见表 2-7。

表 2-7　　　　　　　　　　　酿造大麦的理化指标

类别		二棱大麦			多棱大麦		
		优级	一级	二级	优级	一级	二级
夹杂物/%	≤	1.0	1.5	2.0	1.0	1.5	2.0
破损率/%	≤	0.5	1.0	1.5	0.5	1.0	1.5
水分/%	≤	12.0	12.0	13.0	12.0	12.0	13.0
千粒质量（干基）/g	≥	36	32	28	37	34	32
发芽力/%	≥	95	92	85	95	92	85
发芽率/%	≥	97	95	90	97	95	90
蛋白质（干基）/%		10～12	9～12	9～13	10～12	9.5～12	9～13
选粒试验（2.5mm 以上）/%	≥	75	70	65	80	75	70
水敏感性/%	≤	10	10	10～25	10	10	10～25

任务二
啤酒生产辅助原料的选用及质量控制

啤酒生产中使用的辅助原料可分为两类：一类是未经发芽的谷物，如大米、玉米、小麦等，在糖化时的使用比例为 $20\%\sim30\%$；另一类是发酵所需的糖类物质，如蔗糖、糖浆等，在麦汁制备过程中直接加入到麦汁中，以增加麦汁中可发酵性糖的量，糖类物质的使用量一般为 $10\%\sim20\%$。

近年来，随着人们对啤酒生产辅助原料的研究，越来越多的物质可作为啤酒酿造辅料使用，既可降低啤酒的生产成本，又可丰富啤酒的品种。

一、添加辅助原料的目的

（1）降低原料成本　如采用价格低廉而富含淀粉的谷类作为麦芽的辅助原料，以提高麦芽汁收得率，可降低成本，并节约粮食。

（2）提高啤酒发酵度　如使用糖浆为辅助原料，调节麦芽汁中糖与非糖的比例，可提高啤酒的发酵度。

（3）增强啤酒某些特性　如使用某些辅助原料，可降低麦芽汁中蛋白质和易氧化的多酚物质的含量，从而降低啤酒色度，改善啤酒风味，提高啤酒的非生物稳定性。

（4）改善啤酒泡沫性能　如使用部分谷类原料，可增加啤酒中糖蛋白的含量，从而改进啤酒的泡沫性能。

（5）节省设备　如使用糖或糖浆为辅助原料，可节省糖化设备的容量。

二、辅助原料的种类

（一）未发芽的谷类

1. 大米

（1）种类　大米的种类很多，有粳米、籼米、糯米等，啤酒工业使用的大米要求比较严格，必须是精碾大米。

（2）化学成分　几种常用辅料大米的化学成分见表2-8。

（3）酿造特点　我国盛产大米，所以大米一直是我国啤酒生产最常用的辅料，其特点：价格低廉；淀粉含量高，可达到 $75\%\sim82\%$；浸出物含量高，无水浸出率高达 $90\%\sim93\%$；蛋白质含量较低，只有 $8\%\sim9\%$；多酚物质和脂肪的含量较低；可改善啤酒的风味和色泽，色泽浅，口味爽净；啤酒泡沫细腻；啤酒的非生物稳定性比较好。

（4）用量　一般为 $25\%\sim35\%$。若大米用量过多，麦芽汁中可溶性氮和矿物

表 2-8　　　　　　　　　　　　　大米的化学组成

成分	精糯米	精粳米	精籼米	杂碎米
水分/%	11.88	13.3	13	8.5
粗蛋白质/%	8.02	87.18	7.2～9.42	7
粗脂肪/%	1.96	0.026	0.2～1.49	0.6
碳水化合物/%	76.06	79.36	79.1～88.5	83.6
纤维素/%	0.93	0.20	0.3～0.4	0.5
无机盐/%	1.15	0.46	1	0.3

质含量不够，将使酵母繁殖性能衰退，发酵迟缓，因而必须经常更换强壮酵母。

（5）质量要求

大米的质量要求见表 2-9。

表 2-9　　　　　　　　　　　　　大米的质量要求

项　目	要　求
色泽	洁白，富有新鲜光泽，无黄色、棕色和青绿色不成熟粒、无霉烂
香味	有新鲜粮香，无异味
夹杂物	不超过 0.2%，不得含有米胚芽
蛋白质	10% 以下（无水物计）
浸出物	92% 以上（无水物计）
脂肪	1% 以下
水分	12.5% 以下

2. 玉米

（1）化学成分　玉米的主要化学成分见表 2-10。

表 2-10　　　　　　　　　　　　玉米的主要化学成分

成分	含量/%	成分	含量/%
水分	12～13	脱胚后蛋白质	7.5～8.0
浸出物	87～89	脂肪	1.5～3.0
淀粉	69～72	脱胚后脂肪	0.05～1
蛋白质	10	灰分	1.7

（2）酿造特点　玉米作为啤酒酿造的辅助原料，其优点：玉米所含的淀粉较易糊化和糖化；能赋予啤酒醇厚感，有特殊香味；玉米中不含易引起啤酒浑浊的花色苷；玉米的浸出率高达 90% 以上；价格低廉，取材方便。其缺点：脂肪含量高，增加了麦汁的非糖成分，降低啤酒的发酵度；脂肪含量高，容易氧化，对啤酒的泡沫、口味和风味会产生不良的影响，因此使用玉米作为辅料必须去胚。

（3）使用形式

① 玉米颗粒：将玉米脱皮，然后磨成细小颗粒。

② 玉米片：将粗玉米颗粒在高温滚筒间挤压成片状，挤压过程中淀粉被糊化。

③ 玉米淀粉：将玉米胚部和蛋白除去，仅保留玉米淀粉，因此容易分解。

④ 膨化玉米：用挤压机对不脱胚玉米进行挤压膨化处理，膨化玉米的无水浸出率较高，且脂肪含量较低。

（4）脱胚及脱皮　玉米的脂肪大部分集中在胚部，因此在使用前必须经过脱胚处理，脱胚后的玉米脂肪含量应不超过 1%。除脱胚外，还应对玉米进行脱皮处理，以减少玉米的苦味物质进入啤酒中。

3. 小麦

（1）用法及用量　小麦可通过发芽制成小麦芽，用于酿造小麦啤酒。小麦也可作为制造啤酒的辅助原料，一般使用比例为 15%～20%。

（2）酿造特点　小麦中蛋白质含量高，一般为 11.5%～13.8%，若糖化或麦汁煮沸时分解和凝固不好，易造成啤酒早期浑浊；糖蛋白含量高；成品啤酒泡沫细腻；花色苷含量低，有利于啤酒非生物稳定性；麦芽汁中含较多的可溶性氮，发酵速度快，啤酒的最终 pH 较低；小麦富含 α-淀粉酶和 β-淀粉酶，有利于采用快速糖化法。

4. 大麦

（1）基本要求　啤酒生产也可采用大麦作为辅助原料，使用的大麦应具备：气味正常；无霉菌、细菌污染；籽粒饱满。

（2）用量　一般用量为 15%～20%，制成的麦芽汁黏度稍高，但非生物稳定性较高。

如果糖化时添加由淀粉酶、肽酶、β-葡聚糖酶组成的复合酶，可将大麦的用量提高到 30%～40%。

（二）糖类和糖浆

在麦汁制备过程中，可以直接将糖或糖浆加入煮沸锅中，以提高麦汁浸出物中可发酵性糖的含量。

1. 种类

（1）蔗糖　啤酒酿造多使用白砂糖，白砂糖可全部被酵母利用。既可直接加入麦汁煮沸锅内，也可在下酒时添加，使后发酵旺盛。

（2）葡萄糖　用葡萄糖作为原料，优点是可降低麦汁中蛋白质含量和提高发酵度，缺点是啤酒口味比较淡薄。既可直接加入麦汁煮沸锅内，也可在下酒时添加。

（3）转化糖　转化糖是用 50%～60% 蔗糖溶液，加稀硫酸，在 82～93℃ 条件下转化而成。转化糖可全部被酵母利用，既可直接加入麦汁煮沸锅内，也可在下酒时添加。

（4）糖浆　糖浆的种类很多，不同的原料可制造出不同的糖浆。糖浆的添加量一般为 20%～30%，最高者达 50%。糖浆多在麦汁煮沸锅中直接添加。

（5）焦糖 焦糖一般用作调色，主要用于深色啤酒。

2. 作用

添加的糖或糖浆的作用：提高啤酒的发酵率，但含氮物质的浓度被稀释；生产出的啤酒具有非常浅的色泽和较高的发酵度；有利于提高啤酒的稳定性；啤酒口味较淡爽，特别符合生产浅色干啤酒的要求。

三、使用辅助原料应注意的问题

（1）添加辅料的品种和数量，应根据麦芽的具体情况和所制啤酒的类型而定。

（2）添加辅料后，如麦芽的酶活力不足以分解蛋白质、淀粉或 β-葡聚糖，应适当补充相应的酶制剂。

（3）若麦芽可同化的氮含量低，添加辅料后，需补加中性蛋白酶，降低蛋白质休止温度，延长蛋白质分解时间。

（4）添加辅料，不应造成麦汁或啤酒过滤困难。

（5）添加辅料，不应给啤酒带来异常风味或影响啤酒的泡沫或色泽。

不同的国家和地区使用辅助原料的情况也不相同，如德国，除制造出口啤酒外，其内销啤酒一般不允许使用辅助原料；在英国，由于采用浸出糖化法，多使用已经糊化预加工的大米片或玉米片为辅料；在澳大利亚，多采用蔗糖为辅料，添加量达 20% 以上。

任务三

酒花的选用及质量控制

在啤酒酿造过程中添加啤酒花（简称酒花）作为香料开始于 9 世纪，最早使用于德国。酒花现已成为啤酒酿造的重要原料，酒花的平均用量约为 1.4kg/t 啤酒。美国、德国、中国、捷克、俄罗斯和英国的酒花产量约占全球酒花总产量的 75%，其中德国和美国两个国家的酒花产量约占总产量的 50%。我国酒花主要产区在新疆、甘肃、宁夏、青海、辽宁、吉林和黑龙江等地。虽然我国人工种植酒花只有半个多世纪，但随着我国啤酒工业的快速发展，在新疆、甘肃等地已建立了酒花生产基地，酒花的产量和质量都得到了很大的提高，产品也从单一的压缩片状酒花向多种酒花制品发展。

一、酒花的植物性状

酒花的学名是蛇麻（Humulus Lupulus L.），又名忽布（Hop），为大麻科葎草属多年生蔓性草本植物。其地上的茎每年更替一次，茎长可达 10m，摘花后逐渐枯萎。酒花的根为宿根，深入土壤 1～3m，可生存 10～15 年之久。酒花叶对生，分 3 个或 5 个掌状裂片，小叶呈心脏形，不分裂，两面生毛，内面有逆刺，叶边缘呈锯齿形。酒花为雌雄异株，酒花也有雌花和雄花之分，啤酒酿造所用的酒花均为雌花，如图 2-4 所示。

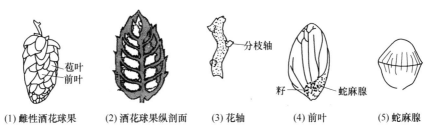

(1) 雌性酒花球果　　(2) 酒花球果纵剖面　　(3) 花轴　　(4) 前叶　　(5) 蛇麻腺

图 2-4　雌性酒花

雌花花体为绿色或黄绿色，呈松果状，长为 2～4cm，由 30～50 个花片被覆花轴上，优良的酒花具有较细的花轴和细致的波纹。花轴上有 8～10 个曲节，每个曲节上有 4 个分枝轴，每个分枝轴上生 1 片前叶，前叶下面有 2 片托叶状的苞叶。其基部有许多分泌树脂和酒花油的腺体，称为蛇麻腺。当酒花成熟时，由此所分泌的树脂和酒花油是啤酒酿造所需要的重要成分，能为啤酒提供香味、苦味、防腐力，并具有澄清麦汁的能力。

二、酒花的主要化学成分及其作用

在啤酒酿造过程中，添加酒花的主要作用：赋予啤酒爽口的苦味；赋予啤酒特有的酒花香气；酒花与麦汁共同煮沸，能促进蛋白质凝固，有利于麦汁的澄清，有利于提高啤酒的非生物稳定性；具有抑菌、防腐作用，可增强麦汁和啤酒的防腐能力；增强啤酒的泡沫稳定性。

酒花品种、种植地区、收获时间、加工和储存条件不同，酒花的化学成分也有差异。某干燥酒花的化学成分见表 2-11。

表 2-11　　　　　　　　　　　干燥酒花的主要化学成分

成分	含量/%	成分	含量/%
水分	10～11	氨基酸	0.1
总树脂	10～22	蛋白质	15
酒花油	0.4～2	脂质与蜡	2.9～3.1
多酚物质	4～10	无机盐	6～10
纤维素、木质素	10～16	单糖	2～4
果胶	2		

注：酒花总树脂的主要成分是葎草酮和蛇麻酮。葎草酮是酒花中第一个被鉴定出的成分，故名 α-酸；而后被鉴定出的是蛇麻酮，依次命名为 β-酸。

在酒花的化学组成中，对啤酒酿造具有重要作用的是酒花树脂、酒花油和多酚物质等，其他成分如蛋白质、碳水化合物、有机酸、矿物质等因其含量很小，对啤酒酿造影响甚微。

（一）水分

干酒花的含水量一般为 10％～11％，若大于 12％则不利于储藏。水分含量过高，易发热，易被微生物污染，酒花树脂及酒花油等易发生氧化、聚合等反应，影响酒花的质量。

（二）酒花树脂

酒花树脂是酒花的最重要成分，是啤酒苦味的主要来源，其成分非常复杂。酒花总树脂包括硬树脂和软树脂两部分，酒花中的苦味物质均来自软树脂。软树脂主要由 α-酸、β-酸及一些未定性的软树脂等组成。软树脂氧化后会变为硬树脂。

1. α-酸（即 α-苦味酸）

干酒花中 α-酸的含量为 3％～15％，是啤酒中苦味的主要成分。其性质及作用如下。

（1）α-酸不具有羧基，但因其具有烯醇基，故呈微酸性。

（2）α-酸在水中溶解度很小，但微溶于沸水，其溶解度随 pH 不同而有很大差异。pH 越高，溶解度越大，如麦汁 pH 为 6.0 时，其溶解度为 500mg/L ；当 pH 为 5.2 时，其溶解度只有 85mg/L。

（3）α-酸具有苦味，在弱碱溶液中易异构化，生成异 α-酸，异 α-酸为黄色油状，具有强烈的苦味，在麦汁中的溶解度远高于 α-酸，啤酒的苦味主要来自异 α-酸。

（4）α-酸有较强的防腐力。

（5）α-酸在热、酸、光等作用下变成异 α-酸，在麦汁煮沸过程中，α-酸异构率为 40％～60％。

（6）在麦汁煮沸过程中，α-酸可转化为无苦味的葎草酸或其他苦味不正常的衍生物，因此煮沸时间不宜过长。

（7）酒花中的 α-酸含量不稳定，在包装或储藏条件不良时，α-酸及 α-软树脂易发生氧化聚合作用，转变成硬树脂，失去其特有的苦味和防腐能力。

（8）α-酸遇醋酸铅溶液，形成浅黄色的 α-酸铅盐沉淀，据此可测知 α-酸的含量。

2. β-酸（即 β-苦味酸）

干酒花中 β-酸含量一般为 3％～6％。β-酸的性质及作用如下。

（1）β-酸在水中溶解度很低，但 β-酸的氧化物希鲁酮在麦汁和啤酒中具有较高的溶解度，且具有细致而强烈的苦味，此苦味可部分弥补 α-酸在储藏过程中因氧化而损失的苦味度。新鲜酒花中希鲁酮的含量仅 0.4％左右，在酒花储藏过程中，因 β-酸的氧化，希鲁酮含量可达 $3\%\sim4\%$。

（2）β-酸的酸性比 α-酸弱，在空气中的稳定性小于 α-酸。

（3）β-酸与醋酸铅不产生沉淀，利用此性质可将 α-酸和 β-酸分开。

（4）β-酸及 β-软树脂的苦味约为 α-酸的 $1/9$，但其苦味爽口。

（5）β-酸的防腐能力约为 α-酸的 $1/3$，能抑制革兰阳性菌。

（6）在高酸度下，β-酸也能抑制革兰阴性菌，在 pH $4.3\sim4.4$ 时的抑制能力最强。

（7）具有降低表面张力，改善啤酒泡沫稳定性的作用。

（8）酒花长期储藏后，β-酸的苦味、防腐力及溶解度降低。

（9）β-酸氧化后变成 β-软树脂。

（10）糖化时，极少量 β-酸与蛋白质作用而发生沉淀，大部分残留在麦糟中，所以 β-酸对啤酒酿造作用很小。

（三）酒花油

1. 酒花油的成分

干酒花中酒花油的含量为 $0.4\%\sim2.0\%$。酒花油的成分相当复杂，75% 为萜烯碳氢化合物，如萜烯、倍半萜烯，其中香叶烯（$C_{10}H_{15}$）与葎草烯（$C_{15}H_{24}$）等萜烯类是酒花油中较为重要的成分，25% 为含氧化合物，如酯、醛、酮、酸及醇等。酒花油能赋予啤酒特有的酒花香气。

2. 酒花油的性质

（1）酒花油为黄绿色至红棕色的油状液体。

（2）易挥发，在麦芽汁煮沸过程中大部分将发生挥发。

（3）具有特异香味。

（4）难溶于水和麦汁，溶于乙醚、酯及浓乙醇。

（5）易氧化。

（6）在储藏过程中，由于树脂化和聚合作用，香味逐渐消失。

（7）香型酒花的葎草酮和香叶烯之比一般大于苦型酒花。

（四）多酚物质

1. 多酚物质的组成

多酚物质主要由黄酮类、花色苷、单宁等物质组成，主要存在于酒花萼片及苞片中，其次是腺体中，少量存在于果轴及花柄中，干酒花中多酚物质的含量为 $4\%\sim10\%$。

2. 酒花中多酚物质的存在对啤酒酿造的影响

多酚物质是影响啤酒风味和引起啤酒浑浊的主要成分。

（1）在麦汁煮沸及随后的冷却过程中，都能与蛋白质结合产生凝固物沉淀，有利于提高啤酒的非生物稳定性。

（2）低分子多酚能赋予啤酒一定的醇厚性，但大分子物质氧化后会使啤酒口味变得很粗糙。

（3）多酚物质能与铁盐结合形成黑色化合物，使啤酒色泽加深。

（4）多酚物质在有氧的情况下能催化脂肪酸和高级醇氧化成醛类，使啤酒老化。

（五）蛋白质

酒花绝干物质中含有 12%～20% 的蛋白质，其中 30%～50% 可进入啤酒中。由于在啤酒酿造过程中酒花用量很小，因而酒花中蛋白质的含量对啤酒的品质影响极小。

三、酒花的分类

啤酒花按其典型性可分为香型酒花、苦型酒花、兼型酒花等。

1. 香型酒花

优质香型酒花为 α-酸含量低而香型好的酒花。酒花精油含量较高，一般为 2.0%～2.5%，α-酸含量比较低，一般为 4.5%～5.5%。α-酸：β-酸约为 1：1。

2. 苦型酒花

苦型酒花为 α-酸含量高而香型一般的酒花。优质苦型酒花的 α-酸含量较高，一般为 6%～9%，高的可达到 11%～14%。α-酸/β-酸为 1：（2.2～2.6）。

3. 兼型酒花

兼型酒花又称普通酒花，具有良好的香型和合理的 α-酸，或具有较高的 α-酸和较好的香型。此类酒花 α-酸含量为 5%～7%，α-酸：β-酸为 1：（1.2～2.3），酒花精油含量为 0.85%～1.6%。

四、国内外著名的酒花品种

1. 国内主要酒花品种

我国以前种植的酒花品种有青岛大花、青岛小花、一面披 3 号、长白 1 号等苦型酒花。近年来种植香型酒花，如斯巴顿、捷克 6 号、哈拉道尔；苦型酒花，如北酿、金酿。

2. 国际著名的酒花品种

国际著名的酒花品种见表 2-12。

五、酒花的储藏

新收酒花含水 75%～80%，必须经人工干燥至含水 6%～8%，使花梗脱落，然后回潮至含水 10% 左右再包装存放。水分过低，花片易碎。干燥温度宜在 50℃ 以下，以减少 α-酸损失。在储藏过程中，酒花的有效成分易氧化或挥发。

酒花的储藏要求：酒花压缩要紧，包装要严；低温储藏，以 0～2℃ 为宜；室内必须干燥，相对湿度在 60% 以下；室内光线要暗，以防酒花脱色；容器中充

表 2-12　　　　　　　　　　　国际著名的酒花品种

类别	中文名称	英文名称	来源	典型性
传统品种	萨士	Saaz	捷克	香型
	中早熟哈拉道	Hallertauer Mfr	德国	香型
	哥尔丁	Golding	英国	香型
	富格尔	Fuggle	英国	香型
	司派尔特	Spalter	德国	香型
	泰特昂	Tettnang	德国	香型
	海斯布鲁克	Hersbrucker	德国	香型
20世纪70年代品种	北酿	Northern Brewery	英国	苦型
	威诺次当	Wye Northdown	英国	苦型
	威柴伦支	Wye Challenger	英国	苦香兼型
	威塔盖特	Wye Target	英国	苦型
	威沙格桑	Wye Ssxon	美国	苦香兼型
	哥伦比亚	Columbia	美国	苦香兼型
	威拉米特	Willamete	美国	苦香兼型
	施韦静	Schwetzinger	德国	香型
	佩勒	Perle	德国	苦香兼型
	哈拉道金	Hallertauer Gold	德国	苦香兼型
20世纪80年代后新品种	盖伦纳	Galena	德国	苦型
	努盖特	Nugget	美国	苦型
	克拉斯泰	Cluster	美国	苦香兼型
	奥林匹克	Olympic	美国	苦型
	哈拉道传统	Hallertuer Tradition	德国	香型
	司派尔特选	Spalter Select	德国	香型
	申纳克	Chinook	美国	苦型
	卡斯盖德	Cascade	美国	香型

CO_2 或 N_2，或保持真空；酒花仓库内不得放置其他异味物品，以免串味；储藏的酒花应保持先进先用，防止因储存过久而导致酒花质量下降。

六、酒花的质量评价

（一）感官鉴定

（1）外观检查　花体应整齐、完整；优质酒花应呈黄绿色，有光泽；叶片内花粉应饱满，有光泽，呈金黄色；破碎的酒花，花粉受损，质量下降；色深褐、发暗的酒花一般是因干燥升温过高过急，干燥室内通风不良，或采摘后长时间放置，未及时干燥所引起；变色、变形的酒花，大部分是受病虫害或风侵袭所致。

（2）纯净度检查　优良的酒花应不含叶、梗及其他夹杂物。

（3）手感检查　干燥良好的酒花有弹性，用手搓擦有油腻的黏性感觉；干燥不完全的酒花缺乏弹性；过度干燥的酒花质脆易碎，缺乏黏性感觉。

（4）香味检查 采摘适时，干燥良好的酒花，用手搓揉后，有酒花特有的清香气味；有臭干酪味或其他异味者则为陈酒花。

（二）化学鉴定

（1）水分 应在10％以下。

（2）α-酸 香型酒花应在5％以上；苦型酒花应在8％以上。

（3）软树脂 香型酒花应在14％以上；苦型酒花应在16％以上。

七、酒花制品及使用方法

传统的酒花使用方法是在麦汁煮沸时以全酒花形式添加到麦汁中，存在诸多缺点：有效成分利用率较低，仅30％左右；酒花储存体积大，且要求低温储藏；酒花储藏过程中易发生氧化变质。

目前啤酒厂使用的都是各种酒花制品，酒花制品的生产及应用具有很多优点：酒花制品中的有效苦味成分α-酸含量高；在无氧、低温下储存，α-酸损失小，有的酒花制品可以常温储存；储运体积大大缩小，便于运输和长期储藏；酒花制品的质量容易控制；酒花有效成分利用率高；可减少麦芽汁损失；可较准确地控制苦味物质含量，提高酒花利用率；有利于推广回旋沉淀槽，简化糖化工艺。

（一）酒花粉

酒花粉加工是于45℃左右将酒花的水分干燥至7％～9％，再将其粉碎成粒度为1～5mm的粉末。粉碎后的酒花先在混合罐中进行匀质处理，再进行包装。普通酒花粉的α-酸含量与压缩片状酒花没有多大区别，而富集酒花粉的α酸含量可高达10％以上。酒花粉通常是在麦汁煮沸后0.5h添加，现在啤酒生产很少使用酒花粉。

（二）酒花浸膏

酒花浸膏的制备是利用有机溶剂将酒花苦味物质和酒花油从酒花中提取出来，然后再将有机溶剂蒸发，或用CO_2萃取。标准酒花浸膏总树脂含量约35％，α-酸含量为12％～16％。优级酒花浸膏总树脂含量达55％左右，α-酸含量达18％～25％。富集型酒花浸膏总树脂含量高于85％，α-酸含量达30％～40％。

酒花浸膏的优点：提高α-酸的利用率，可节约苦味物质20％左右；可以比较准确地控制酒花的使用量，保证成品啤酒苦味值的一致性；体积较小，便于运输和储藏。

世界酒花产量的25％～30％加工成了浸膏，目前酒花浸膏的生产主要采用有机溶剂萃取和CO_2萃取两种方法。

1. 异构化酒花浸膏

将普通酒花浸膏在碱性条件下加热，或在乙醇中于Ca^{2+}、Mg^{2+}等存在条件下加热，使α-酸异构化，再用甲苯、甲醇、二氯甲烷等溶剂将α-酸提纯。异构化酒花浸膏的特点是它只含有 α-酸的异构物，不含多酚物质和酒花精油，在啤酒中具有良好的溶解度。这种酒花浸膏使用不多，有时用于调整啤酒的苦味值。

2. 四氢异构酒花浸膏

四氢异构酒花浸膏是采用液态二氧化碳萃取酒花中的 α-酸，并将其异构化后用氢还原其中 2 个不稳定的双键而制得。四氢异构酒花浸膏通常在精滤前的清酒管道中添加，可提供纯净的苦味。若与低 α-酸酒花油配合使用，可取代 100％酒花，能使啤酒抗日光臭，并显著改善啤酒的泡沫性能。使用四氢异 α-酸的啤酒，可用无色透明的玻璃瓶包装。

（三）酒花精油

酒花精油提取方法是在真空条件下，20℃左右，用水蒸气蒸馏法蒸出酒花中的酒花油，一些低溶解度的碳氢化合物被残留在酒花中而未被蒸出，因此，这种蒸馏液的碳氢化合物含量相对较低，风味相对较好。

蒸馏液蒸出后，可直接与水混合，配成 1000～2000mg/kg 的乳化液，在储酒时或滤酒时添加，其用量为 1/4000～1/1000，相当于啤酒中含有 0.25～1mg/kg 的酒花油。

（四）β-酸酒花油

β-酸酒花油是用液态二氧化碳萃取酒花中的 β-酸和精油成分，含有 70％的 β-酸和它的衍生物，以及 20％的酒花精油。β-酸酒花油又可用来改善苦型酒花的风味，取代部分酒花或酒花标准型浸膏。

（五）颗粒酒花

1. 普通颗粒酒花

目前，颗粒酒花的应用较为广泛，其生产方法：使酒花于 55℃下将水分干燥至 5％～9％，使其易于被粉碎和均质；酒花被烘干后即以锤式粉碎机加以粉碎；粉碎后的酒花通过一定规格（1～10mm）的筛子筛出；在酒花粉末中添加约 20％的膨润土，在混合罐中均质；在将酒花粉送入颗粒压制机过程中，于 −40～−30℃，借助压力辊并通过铸模孔将酒花压制成直径 6mm 左右，长 15mm 左右的颗粒酒花，如图 2-5 所示；包装之前使其达到室温；包装时保持真空状态，或再次充入氮气或二氧化碳后常压包装；低于 20℃储存。

颗粒酒的优点：体积小，其体积比酒花减少 80％；可采用真空包装；便于运输和储藏；有效成分利用率比全酒花高 20％。缺点是造粒时易损失 α-酸。

2. 异构颗粒酒花

异构颗粒酒花是将原酒花中的 α-酸在一定的条件下异构化，异构率可达 55％左右。采用异构

图 2-5　颗粒酒花

颗粒酒花能提高酒花中苦味物质的利用率，酿造出的啤酒酒花香味突出。

3. 增富颗粒酒花

增富颗粒酒花商品分为90型、45型两种。增富颗粒酒花的加工方法：将干燥后酒花冷却到－35℃左右，使酒花中蛇麻腺变得坚硬而在刀式粉碎机中不至于被破碎。将粉碎的酒花粉通过筛选分成两组：细组分是含有蛇麻腺的酒花粉，最大颗粒250μm；粗组分含有残叶和粉碎的枝梗。按比例混合、造粒、冷却、密封包装。

90型增富颗粒酒花的特点：去除少量水分；有明显的酒花香气；有良好的口味稳定性；苦味物质节省3％～5％；回旋沉淀槽的负担较小；啤酒颜色很亮，浊度值低；单宁复合物的含量较低。

45型增富颗粒酒花的特点：已去除约50％的叶和茎；颗粒呈橄榄绿色；α-酸含量为10％～14％；酒花香味明显。

八、酒花及典型酒花制品的质量指标

1. 片状压缩酒花的质量标准

片状压缩酒花的质量指标参见表2-13。

表2-13　　　　　　　　　　　片状压缩酒花的质量标准

项目	等级	一级花	二级花	三级花
感官指标	色泽	花体呈黄绿色，有新鲜光泽，变色花片不大于2％	花体呈黄绿色，有新鲜光泽，变色花片不大于8％	花体呈黄绿色，褐色花片不大于15％
	香气	富有浓郁的酒花香气，无异杂气味	有明显的酒花香气，无异杂气味	有酒花香气，无异杂气味
	花体均匀度	花体完整，大小均匀，散碎花片不超过20％	花体完整，大小均匀，散碎花片不超过30％	散碎花片不超过40％
	夹杂物	花梗、花叶无害夹杂物不大于0.5％	花梗、花叶等无害夹杂物不大于0.7％	花梗、花叶等无害夹杂物不大于1.0％
理化标准	α-酸量/％（无水）	不小于6.54	不小于5.0	不小于4.0
	水分量/％	小于12.0	小于12.0	小于12.0
	包装密度/(kg/m³)	不小于350	不小于350	不小于350

2. 颗粒酒花的标准

我国颗粒酒花的标准（GB/T 20369—2006）参见表2-14。

　　　　　　　　　　　　颗粒酒花技术要求

项　目	一　级	二　级
色泽	浅黄绿色	
香气	富有浓郁的酒花香气	有明显的酒花香气,无异杂气味
匀整度/%	颗粒均匀,散碎颗粒少于 4	颗粒均匀,散碎颗粒少于 6
硬度/kg⩾	6.0	
崩解时间/s⩽	10	
水分/%	10.0～12.0	
α-酸(干态计)含量/%[①]⩾	7.0	6.0
β-酸(干态计)含量/%[②]⩾	2.0	

注：① 已正式定名的芳香型酒花制成的颗粒酒花,其 α-酸含量不受此要求限制。

　　② β-酸 2.0% 为推荐值。

任务四
啤酒生产用水的质量要求及处理方法

　　水是啤酒酿造非常重要的原料,啤酒工厂用水可分为酿造用水、酵母洗涤用水、稀释用水、冷却用水及洗涤用水。啤酒酿造用水主要包括糖化用水和洗糟用水。由于酿造用水直接参与啤酒生产的生物化学反应,也是麦汁和啤酒的组成成分,因此酿造用水的质量对啤酒酿造过程及啤酒质量有着十分重要的影响。

　　啤酒生产用水除要符合饮用水标准外,有的还要进行处理。啤酒工厂的水处理主要有三部分：糖化用水和洗糟用水的处理主要是降低硬度、改良酸度；酵母洗涤用水的处理主要是除菌,防止发酵醪液受到杂菌污染；稀释用水的处理除了去硬和杀菌外,还要脱氧、充 CO_2。

一、水的硬度

　　水中所含 Ca^{2+}、Mg^{2+} 与水中存在的 CO_3^{2-}、SO_4^{2-}、Cl^- 和 NO_3^- 等所形成盐类的浓度称为水的硬度。

(一) 水的硬度的分类

1. 碳酸盐硬度

　　碳酸盐硬度指水中的 Ca^{2+}、Mg^{2+} 与 HCO_3^- 形成的碳酸氢盐以及 Ca^{2+}、Mg^{2+} 与 CO_3^{2-} 形成的碳酸盐浓度。这类盐在加热煮沸时可以沉淀除去,所以又称为"暂时硬度"。

2. 非碳酸盐硬度

　　非碳酸盐硬度指 Ca^{2+}、Mg^{2+} 与 SO_4^{2-}、Cl^- 和 NO_3^- 形成的盐类的浓度。这

类盐通过煮沸也不会发生沉淀，水的硬度也不会发生变化，所以又称为"永久硬度"。

3. 总硬度

水中碳酸盐硬度与非碳酸盐硬度之和称为水的总硬度。

（二）水的硬度的表示方法

1L 水中含有 10mg 氧化钙为 1°d（德国度）。硬度的法定计量单位为 mmol/L，1mmol/L＝2.804°d。

（三）酿造用水的硬度等级划分

啤酒工业对酿造用水的硬度划分见表 2-15。

表 2-15　　　　　　　　　啤酒工业对酿造用水的硬度划分

硬度等级	最软水	软水	普通硬水	中等硬水	硬水	最硬水
总硬度/(mmol/L)	0～1.43	1.78～2.85	3.21～4.28	4.64～6.42	6.78～10.70	10.70

二、水的碱度

水的碱度是指溶解在水中能与强酸作用的盐类浓度。这些盐类主要是碱土金属的碳酸盐、碳酸氢盐和氢氧化物，其次是碱土金属的硼酸盐、磷酸盐、硅酸盐。

1. 总碱度（GA）

当水中不含 $NaHCO_3$ 时，水中的 HCO_3^- 主要与 Ca^{2+}、Mg^{2+} 结合成为相应的盐，此时，水的总碱度就是水的碳酸盐硬度（暂时硬度），两者表示方法相同，均以 mmol/L 表示。

2. 抵消碱度（AA）

抵消碱度是指 Ca^{2+}、Mg^{2+} 的增酸效应抵消碳酸氢盐降酸作用所形成的碱度。

抵消碱度为：AA ＝钙硬度/3.5＋镁硬度/7。

3. 残余碱度（RA）

总碱度与抵消碱度之差称为残余碱度。

因此，水的残余碱度为：RA＝GA－AA

利用残余碱度可以衡量水中增酸离子和降酸离子的作用，预测糖化醪和麦汁的 pH。

酿造不同的啤酒，对水的 RA 要求也不同：酿造淡色啤酒，水的 RA≤5°d；酿造深色啤酒，5°d＜RA≤10°d，酿造黑色啤酒，RA＞10°d。

4. 水中无机离子对 pH 的影响

（1）水中碳酸盐和碳酸氢盐的降酸作用　麦芽中的 K_2HPO_4 使麦芽醪液偏酸性，并与水中形成暂时硬度的碳酸氢盐反应，生成 K_2HPO_4，而使醪液酸度降低，pH 上升。

$$2KH_2PO_4 + Ca(HCO_3)_2 \longrightarrow CaHPO_4 + K_2HPO_4 + 2H_2O + 2CO_2 \uparrow$$

若有过量的 $Ca(HCO_3)_2$ 存在，上述反应则继续进行，形成 $Ca_3(PO_4)_2$ 沉淀。

$$4KH_2PO_4 + 3Ca(HCO_3)_2 \longrightarrow Ca_3(PO_4)_2 \downarrow + 2K_2HPO_4 + 6H_2O + 6CO_2 \uparrow$$

同理：

$$2KH_2PO_4 + Mg(HCO_3)_2 \longrightarrow MgHPO_4 + K_2HPO_4 + 2H_2O + 2CO_2 \uparrow$$

酿造水中，Mg^{2+} 含量一般较 Ca^{2+} 低，不易进行到 $Mg_3(PO_4)_2$，而只形成 $MgHPO_4$ 为止。$MgHPO_4$ 呈碱性，溶解于水，与碱性的 K_2HPO_4 共存，使醪液酸度降低，pH 上升。因此 $Mg(HCO_3)_2$ 降酸作用比 $Ca(HCO_3)_2$ 强。

水中的 $Ca(HCO_3)_2$、$Mg(HCO_3)_2$ 可使麦芽醪液中的磷酸二氢钾转变成磷酸氢二钾，使麦芽醪液酸度下降。酸度下降会给生产工艺带来许多不利，如影响酶的作用，糖化效果差，麦芽汁收得率降低，可发酵性糖降低，酒花苦味粗糙，发酵缓慢，发酵时间延长，发酵度降低。

（2）Ca^{2+}、Mg^{2+} 的增酸作用　K_2HPO_4 与形成永久硬度的硫酸盐（或氯化物）作用，使碱性的 K_2HPO_4 又恢复为酸性的 KH_2PO_4：

$$4K_2HPO_4 + 3CaSO_4 \longrightarrow Ca_3(PO_4)_2 \downarrow + 2KH_2PO_3 + 3K_2SO_4$$

同理：

$$4K_2HPO_4 + 3MgSO_4 \longrightarrow Mg_3(PO_4)_2 \downarrow + 2KH_2PO_4 + 3K_2SO_4$$

由于 $MgSO_4$ 形成的酸性 KH_2PO_4 比 $CaSO_4$ 少，Ca^{2+} 的增酸作用是 Mg^{2+} 的 2 倍，且 Mg^{2+} 风味欠佳，生产中一般采用 $CaSO_4$ 或 $CaCl_2$ 增酸，调节 pH。

三、水中无机离子对啤酒酿造的影响

1. Na^+、K^+ 的影响

啤酒中 Na^+、K^+ 主要来自原料，其次是酿造用水。啤酒中 Na^+、K^+ 含量过高容易使浅色啤酒变得粗糙，不柔和，一般啤酒中 Na^+：K^+ 为（1～2）：（6～8）。因此要求酿造用水中的 Na^+、K^+ 含量较低，若两者超过 100mg/L，则不适宜用于酿造浅色啤酒。

2. Fe^{2+}、Mn^{2+} 的影响

优质啤酒含 Fe^{2+} 应少于 0.1mg/L，若啤酒中含 $Fe^{2+} > 0.5mg/L$，会使啤酒泡沫不洁白，加速啤酒的氧化浑浊；若啤酒中含 $Fe^{2+} > 1mg/L$，会使啤酒着色，并具有铁腥味。

若 Mn^{2+} 含量超过 0.5mg/L，会干扰发酵，并使啤酒着色。酿造水中 Mn^{2+} 含量应低于 0.2mg/L。

3. Pb^{2+}、Sn^{2+}、Cr^{6+}、Zn^{2+} 等的影响

重金属离子会使酵母中的酶失活，导致啤酒浑浊。除 Zn^{2+} 以外的重金属离子在酿造水中的含量均应低于 0.05mg/L。

Zn^{2+} 是酵母生长必需的离子，如果麦芽汁含有 $0.1\sim0.5mg/L$ 的 Zn^{2+}，酵母能旺盛生长，发酵力强，同时还能增强啤酒泡沫的强度。

4. SO_4^{2-} 的影响

酿造用水中 SO_4^{2-} 可与 Ca^{2+} 结合，在酿造过程中能消除 HCO_3^- 引起的碱度和促进蛋白质絮凝，有利于麦芽汁的澄清。酿造浅色啤酒的水中 SO_4^{2-} 含量一般为 $50\sim70mg/L$，含量过高会引起啤酒干苦和不愉快味道，使啤酒中挥发性硫化物的含量增加。

5. Cl^- 的影响

Cl^- 对啤酒的澄清和胶体稳定性有着重要的影响。Cl^- 能赋予啤酒丰满的酒体、爽口、柔和的风味。酿造用水中 Cl^- 含量应在 $20\sim60mg/L$，最高不超过 $100mg/L$。当麦芽汁中 $Cl^->300mg/L$ 时，会引起酵母早衰、发酵不完全和啤酒苦味粗糙。在啤酒酿造用水改良时，常用 $CaCl_2$ 代替 $CaSO_4$，因为它不形成苦涩的 $MgSO_4$ 沉淀。

6. NO_2^-、NO_3^- 的影响

NO_2^- 是国际公认的致癌物质，也是酵母的强烈毒素，它会改变酵母的遗传和发酵性状，甚至抑制发酵过程的进行。糖化时 NO_2^- 会破坏酶蛋白，抑制糖化，还能给啤酒带来不愉快的气味，因此酿造用水中应不含有 NO_2^-。当水中 NO_2^- 含量 $>0.1mg/L$ 时，不得作为酿造用水。

NO_3^- 有害作用较小，饮用水的 NO_3^- 标准为 $<5.0mg/L$，与啤酒酿造用水的要求相近。

7. F^- 的影响

如果啤酒酿造用水中 F^- 含量大于 $10mg/L$，会抑制酵母生长，使发酵不正常。酿造用水应不含有 F^-。

8. SiO_3^{2-} 的影响

硅酸在糖化过程中会与蛋白质结合形成胶体浑浊，在发酵时也会形成胶团吸附在酵母上降低发酵度，并使啤酒过滤困难。因此高含量的硅酸是酿造用水的有害物质。一般认为 SiO_3^{2-} 的含量 $>50mg/L$ 的水不能用于酿造啤酒。

9. 余氯的影响

啤酒酿造用水中应绝对避免余氯的存在。因其是强烈的氧化剂，会破坏酶的活性，抑制酵母发酵。所以，用自来水或用氯消毒的水作酿造水时必须经过活性炭脱氯处理。

四、啤酒酿造用水的要求

啤酒酿造用水除必须符合饮用水标准外，还要满足啤酒生产的特殊要求。

1. 颜色与透明度

酿造用水应无色透明，无悬浮物、无沉淀物，否则将影响麦芽汁的浊度，啤

酒容易发生浑浊或沉淀。

2. 气味和口味

将水加热到 20～25℃，用口尝应有清爽的感觉，无异味、无异臭，如有咸味、苦味、涩味则不能采用。

3. 总溶解盐类

总溶解盐应在 150～200mg/L，含盐量过高会导致啤酒口味粗糙、苦涩。

4. pH

pH 应在 6.8～7.2，偏碱或偏酸都会造成糖化困难，使啤酒口味不佳。

5. 有机物

水中有机物的含量应在 3mg/L 以下，若超过 10mg/L，则说明水已受到严重污染。

6. 总硬度及残余碱度

生产淡色啤酒用水的总硬度应在 8°d 以下。若生产浓色啤酒，水的硬度可适当高些。

残余碱度 RA≤3 °d。

7. 铁盐

水中含铁量应在 0.3mg/L 以下，若含铁量超过 0.5mg/L，麦汁中的单宁与铁反应，使麦芽汁色泽变黑，并使成品啤酒中带有不愉快的铁腥味，还会影响酵母的生长繁殖和正常发酵。

8. 铵盐

水中不应有铵盐存在，以不超过 0.5mg/L 为限。

9. 硝酸盐

硝酸盐含量不得超过 5mg/L，亚硝酸盐含量不得超过 0.05mg/L，过高会影响酵母的生长繁殖和啤酒的口味。

10. 氯化物

水中氯化物的含量以 20～60mg/L 为宜，少量的氯能增加淀粉酶的活力，促进糖化作用，提高酵母活性，使啤酒口味柔和；若含量过高易引起酵母早衰，使啤酒带有咸味。

11. 硅酸盐

硅酸盐要求在 20mg/L 以下，若超过 50mg/L 则麦芽汁不澄清，发酵时形成胶团，影响酵母菌发酵和啤酒过滤，还能引起啤酒胶体浑浊，使啤酒口味粗糙。

12. 其他重金属离子

微量的铜和锌对啤酒酵母的代谢作用是有益的，微量的锌对降低啤酒中的双乙酰、醛类和挥发性酸类是有利的。但是重金属离子过量对酵母菌有毒性，会抑制酶活力，并易引起啤酒浑浊。

13. 细菌总数和大肠杆菌

水中的细菌总数和大肠杆菌数应符合生活饮用水标准。细菌总数＜100 个/mL，不得有大肠杆菌和八叠球菌。

五、啤酒酿造用水的处理方法

（一）加石灰水法

酿造淡色啤酒时，通常采用石灰水法处理碳酸盐硬度较高（8°d 以上）而永久硬度较低的酿造用水。处理方法是：当水中的镁硬度小于 3°d 时，通常采用石灰水一步法处理；若水中的碳酸盐硬度较高（8°d 以上）而永久硬度较低，且镁硬度较高，可采用石灰水二步法处理。

（二）加石膏法

1. 石膏的作用

（1）消除水中由 HCO_3^-、CO_3^{2-} 引起的碱度。

$$Ca^{2+} + 2HCO_3^- \longrightarrow CO_2 \uparrow + CaCO_3 \downarrow + H_2O$$

$$CaSO_4 + Na_2CO_3 \longrightarrow CaCO_3 \downarrow + Na_2SO_4$$

（2）消除 K_2HPO_4 的碱性　石膏可以使碱性磷酸氢二盐变成酸性磷酸二氢盐，但加入石膏会生成磷酸钙沉淀，损失部分可溶性的磷酸盐。反应式如下：

$$4K_2HPO_4 + 3CaSO_4 \longrightarrow Ca_3(PO_4)_2 \downarrow + 2KH_2PO_4 + 3K_2SO_4$$

（3）调整水中的钙离子浓度　当酿造水中钙离子浓度低于 30mg/L 时，可以加石膏调整。

2. 石膏的添加量

石膏使用量可按下式计算：

$$m = 3.07 \times 1.3yV$$

式中　m——石膏添加量，g/hL

　　　y——水的暂时硬度，°d

　　　V——被处理的水的体积，以百升计，hL

　3.07——每克氧化钙相应需要石膏的系数

　1.3——所需石膏的附加系数

一般情况下，永久硬度每增加 1°d，需要添加石膏 2.4g/hL。

3. 石膏添加注意事项

石膏添加法处理糖化用水时应注意：石膏要加到水中，不要加到麦芽汁中；含硫酸钙硬度高的水，应少加或不加；若含碳酸盐硬度太高，应首先软化至 1.07～1.43mmol/L，再加 50～80g 石膏/t 水，效果更好；20℃时，石膏的溶解度为 2.05mg/L，在 32～41℃溶解度最大；应选择溶解性能好，纯度高的石膏。

（三）加酸法

1. 加酸的作用

（1）将碳酸盐硬度转变为非碳酸盐硬度。

（2）消除碳酸氢盐所形成的碱度，使水的残余碱度降低。

（3）降低麦芽汁的 pH，使糖化操作能够顺利进行。

反应式：　　　　$Ca(HCO_3)_2 + 2H^+ \longrightarrow Ca^{2+} + 2H_2O + 2CO_2 \uparrow$

2. 糖化过程中 pH 的控制范围

在麦芽汁制备过程中，pH 不但影响每个阶段的反应速度，还会影响麦芽汁的组成。在麦芽糖化过程中，应尽可能满足各种酶对 pH 的需要。如糊化外加酶时，pH 控制在 6.0～6.5 或自然 pH；麦芽醪蛋白质休止时 pH 控制在 5.2～5.3；双醪混合糖化 pH 控制在 5.4～5.6；洗糟水 pH 控制在 5.3～5.4，麦芽汁煮沸 pH 控制在 5.2～5.3。

3. 酸的选择

常用的酸的种类有乳酸、磷酸、盐酸或硫酸，大部分工厂用乳酸调 pH。因为乳酸的口味比较醇和，也比较经济。用磷酸调 pH 效果也比较好，但磷酸价格较高，而且麦芽汁中已有足够的磷酸盐，无需额外添加。盐酸价格低廉，使用量少，但对设备有腐蚀作用。

生产上，常将食用磷酸与盐酸或硫酸结合使用，其中调节糖化、洗槽用水 pH 可添加盐酸或硫酸，调节煮沸锅麦芽汁 pH 可用磷酸或乳酸。

4. 加酸量的控制及添加方法

加酸量主要是根据所要控制的 pH 及定型麦芽汁的总酸含量。

酸可以直接添加到糖化锅或煮沸锅中，煮沸锅中加酸量一般为糖化锅加酸量的一半。

（四）离子交换法

离子交换法是利用离子交换树脂中所带的离子与水中溶解的一些带相同电荷的离子之间发生的交换作用，除去水中过高和不利于酿造的离子。采用离子交换法处理酿造用水，交换树脂的选择原则如下。

（1）根据原水中需除去离子的要求选择树脂。

（2）必须采用游离酸或碱型树脂，不选用钠型或氯型树脂。

（3）选择交换容量大的树脂。

（4）当需要除去钙、镁等吸附性强的离子时，应采用弱型树脂。

（5）如需除去水中交换吸附性弱的物质（如 H_2SiO_3、H_2S、$HClO$、HCN），应选用强型树脂。

（五）电渗析法

电渗析是利用阴、阳离子交换膜对水中离子具有选择性和通透性的特点，在外加直流电场的作用下，使原水中阴、阳离子分别通过阴离子交换膜和阳离子交换膜而达到除去离子的目的。在啤酒生产中，通过电渗析处理，既可降低水的硬度，也能使水的 pH 达到工艺要求。

（六）反渗透法

反渗透是利用反渗透膜只能选择性地透过水，对原水施加压力，使水通过反渗透膜而从原水中分离出来的过程。反渗透法可截留的相对分子质量小于500，过程简单，能耗低。

六、啤酒生产用水的消毒与杀菌

水的杀菌是指杀灭水中的致病菌，并非将所有微生物全部杀死。水杀菌的方法很多，目前常用的方法有氯杀菌、臭氧杀菌及紫外线杀菌等。

（一）氯杀菌

1. 氯杀菌机理

氯在水中生成次氯酸，然后产生原子氧。次氯酸及原子氧具有强烈的氧化作用，很容易扩散到微生物细胞膜内，使细胞组分氧化，破坏细胞内的酶和细胞的生理机能，可杀死营养体细胞和真菌，但不能杀死芽孢。由于液氯使用比较困难，常采用漂白粉代替。

2. 加氯方法

若原水水质差，含有机物多，一般在原水沉淀过滤前加氯，加氯量要多；若在原水沉淀和过滤后加氯，加氯量可减少。加氯后的余氯量，应保持在 $0.1\sim0.3mg/L$。

由于加氯杀菌后水有明显的气味，因此糖化用水、酵母洗涤和培养用水、啤酒过滤机用水及稀释啤酒用水不宜采用此法除菌。

（二）臭氧杀菌

1. 臭氧杀菌的机理

臭氧是一种强烈的氧化剂，具有极强的氧化能力，它能氧化水中的无机物、有机物，破坏微生物的原生质，进而杀死微生物，也能破坏微生物孢子和病毒。

3. 臭氧杀菌的特点

臭氧杀菌的优点：臭氧剂量小，$1m^3$ 过滤后的清水中加入臭氧 $0.1\sim1.0g$ 即可达到满意的杀菌效果；杀菌时间短，一般为 $10\sim15min$；杀菌效果好。其缺点：设备较复杂；成本较高；由于臭氧极不稳定，只能边制备边使用。

（三）紫外线杀菌

1. 紫外线杀菌的机理

微生物受紫外线照射后，细胞中的蛋白质和核酸吸收紫外光的能量易导致蛋白质变性，核酸结构破坏，引起微生物死亡。同时由于紫外线辐射能使空气中的氧电离成 [O]，再使氧气氧化成臭氧或使水氧化成过氧化氢，臭氧和过氧化氢均有杀菌作用。波长为 $260\sim295nm$ 的紫外光有杀菌能力，波长在 $260nm$ 时杀菌能力最强。紫外线对清洁透明的水有一定的穿透力，故能对水进行杀菌。酵母洗涤用水、啤酒稀释用水都可采用紫外线杀菌。

2. 紫外线杀菌的特点

紫外线法杀菌优点：杀菌速度快，杀菌时间短；杀菌能力强，效率高；不改变原水的物理性质和化学组成，也不增加水的气味；设备结构简单；便于自动控制。其缺点：没有持续杀菌作用；灯管使用寿命较短。

任务五
啤酒生产常用添加剂的选用及质量控制

随着啤酒生产工艺的改革与创新，生产中使用的食品添加剂种类越来越多，主要包括酶制剂、生物稳定剂、非生物稳定剂、抗氧化剂、风味稳定剂、增泡剂等。

一、添加剂的应用目的

在啤酒生产中，使用添加剂的目的主要有以下几个方面。

（1）提高啤酒生产中的辅料用量　如使用 α-淀粉酶，可使大米有效地发生液化和糖化，使大米用量提高到 40%～45%。应用 α-淀粉酶、中性蛋白酶、β-葡聚糖酶，以大麦替代 20%～40% 麦芽生产啤酒，可降低成本。

（2）提高啤酒稳定性　如使用木瓜蛋白酶、菠萝蛋白酶澄清啤酒，可延长保存期。

（3）弥补麦芽质量的缺陷　如使用溶解不良的麦芽，常出现糖化不完全、过滤困难、麦芽汁组成不理想、原料利用率低、发酵度低等问题。若综合应用蛋白酶、糖化酶、淀粉酶、β-葡聚糖酶等可改善麦芽汁组成，提高原料收得率。

（4）提高啤酒的发酵度　如使用淀粉葡萄糖苷酶、支链淀粉酶水解淀粉和糊精的 α-1,6 葡萄糖苷键，可提高啤酒的发酵度。

（5）调节物料成分及特性　如添加乳酸和石膏可调节麦芽汁的 pH 等。

二、几种常用的添加剂

根据作用不同，啤酒生产中常用添加剂可分为酶制剂、生物稳定剂、非生物稳定剂、泡沫稳定剂、啤酒澄清剂、酸度调节剂、无机盐等。

（一）酶制剂

酶的催化反应条件温和，催化效率高，催化作用具有专一性。在一定条件下，在一定时间内将一定量的底物转化为产物的酶量为 1 个酶活力单位，单位用 U 表示。酶量指每毫升或每克酶制剂中含有多少单位，单位为 U/mL 或 U/g。

1. 耐高温 α-淀粉酶

（1）作用　可将直链和支链淀粉中的 α-1,4 糖苷键水解，使淀粉迅速分解为可溶性的糊精和低聚糖，提高麦芽汁产量。由于活性高、添加量低，可提高辅料用量，降低生产成本。

（2）用法　最适 pH5.5～5.7，作用温度 92～95℃。

（3）用量　添加量一般为 0.3～0.35kg/t 辅料。

2. 真菌 α-淀粉酶

（1）作用　能水解淀粉和糊精中的 α-1,4 糖苷键，生成麦芽糖、麦芽三糖及葡萄糖。

（2）用法　最适 pH5～7，最适作用温度 50℃ 左右。

（3）用量　添加量一般为 0.3kg/t 原料或 20～30g/t 冷麦芽汁。

3. 支链淀粉酶

（1）作用　可将淀粉及低聚糖中的 α-1,6 糖苷键水解，增加可发酵性糖含量。

（2）用法　最适 pH4.5～5.5，最适温度 30～60℃。

（3）用量　酶活力为 400PUN/g，根据工艺需要适量添加。

4. 淀粉糖化酶

（1）作用　能水解麦芽汁中的低聚糖、糊精、淀粉中的 α-1,6 和 α-1,4 糖苷键生成葡萄糖。若与普鲁兰酶同时作用，可提高麦芽汁发酵度。

（2）用法　最适 pH5.2～6.4，最适温度 58℃。

（3）用量　酶活力一般为 300AGU/mL。一般糖化开始时加 1.0～2.0L/t 原料，或在麦芽汁冷却后加入 20～30mL/t 冷麦汁。

5. β-葡聚糖酶

（1）作用　能将麦芽和大麦 β-葡聚糖分解为 3～5 个葡萄糖苷基的低聚糖，降低麦芽汁黏度，使过滤速度提高，并可提高麦芽汁收得率。

（2）用法　最适 pH5.5～7，最适温度 50～60℃。

（3）用量　酶活力为 200BGU/g，一般在糖化投料后，加入 β-葡聚糖酶 0.5～1.0kg/t 麦芽，可提高过滤速度，改善麦芽汁组成，提高麦汁收得率。

6. 高活力复合酶

高活力复合酶是模拟麦芽天然酶组分，经复合精制而成。它在确保麦芽汁中 α-氨基氮等理化指标达到工艺要求的情况下，提高辅料比，降低成本，同时提高啤酒的非生物稳定性。如丹麦复合酶 Geremix 2XL，主要由 α-淀粉酶、β-葡聚糖酶、中性蛋白酶复合而成，可分解 β-葡聚糖，降低麦汁浓度，改善麦汁过滤性能，提高麦汁中氨基氮含量和麦汁收得率，最适 pH4.0～5.7，最适温度 25～50℃，添加量 0.5～1.0kg/t 麦芽。丹麦复合酶 Geremix Plus MG，由耐高温 α-细菌淀粉酶、中性蛋白酶、β-葡聚糖酶、戊聚糖酶和纤维素酶复合而成，具有较高的淀粉转化率，可提高麦芽汁中 α-氨基氮含量及总氮的含量，改善过滤性能及啤酒质量。

7. 木瓜蛋白酶

（1）作用　蛋白质分解剂，能分解酒中高分子蛋白质，提高啤酒胶体稳定性。

（2）用法　先以脱氧无菌水或啤酒溶解，在储酒时添加或加在过滤后的啤酒中。

（3）用量　0.1～0.4g/100L。

8. 菠萝蛋白酶

（1）作用　同木瓜蛋白酶。

（2）用法　一般在储酒时添加，也可加在过滤后的啤酒中。

（3）用量　酶活力为（35～40）×10^4U/g，添加量为 0.1～0.5g/100L。

9. 蛇麻香胶

（1）作用　蛋白质分解剂兼泡沫稳定剂。能分解高分子蛋白质，提高啤酒胶体稳定性，对啤酒泡沫也有所改善。

（2）用法　下酒时或封桶后 20d 分 2 次或 1 次加入。

（3）用量　0.5～10g/100L。

10. 霉菌酸性蛋白酶

（1）作用　蛋白质分解剂能分解高分子蛋白质，延长啤酒保存期。

（2）用法　储酒时加入，或滤酒后加入。

（3）用量　酶活力为 32×10^4U/g，添加量为 0.1g/100L。

11. a-乙酰乳酸脱羧酶

（1）作用　可显著降低双乙酰的形成量，缩短双乙酰的还原时间，缩短发酵周期，防止成品啤酒中双乙酰含量的回升。

（2）用法　可与冷麦汁一起加入发酵罐中。

（3）用量　10～15g/t 冷麦芽汁。

（二）生物稳定剂

为了克服热杀菌对啤酒风味的影响，有的企业采用化学杀菌剂（又称冷杀菌剂），既能保持啤酒的生物稳定性，又不影响啤酒的风味。

1. SO_2 杀菌剂

SO_2 既是还原剂，又是杀菌剂，通常以亚硫酸氢钠或焦亚硫酸氢钠的形式加入。欧洲共同体规定用量不超过 40mg/kg，英国规定不超过 70mg/kg。

2. 乳链菌肽保鲜剂

乳链菌肽又称乳酸链球菌素，是从乳酸链球菌中提取的一种多肽类抗生素，可以杀灭有害厌氧菌，在啤酒中溶解度高、稳定性好，对厌氧菌有很好的抑制和杀菌作用，对酵母菌无影响。

乳链菌肽的应用：用于酵母洗涤和酵母扩培，保证菌种不受污染；在纯生啤酒和鲜啤酒中使用，可延长保持期达 2 周以上；在瓶装啤酒中少量添加可减少

"杀菌味"。

（三）抗氧化剂

啤酒进入后酵，过多的氧易产生氧化味，促进花色苷与蛋白复合沉淀物的形成。因此加抗氧化剂能起到一定的抗氧效果。常用的抗氧化剂有维生素 C、SO_2 等。

1. 维生素 C

（1）作用　抗氧化，保持啤酒新鲜；延长保持期；去除由醛类形成的腐败异味。

（2）使用方法　在啤酒分离酵母后添加，也可在啤酒预过滤后或最后过滤前添加。

（3）用量　欧洲经济共同体规定维生素 C 用量为 50mg/kg，我国经验为 2～8g/100L。

2. 葡萄糖氧化酶（GOD）和亚硝酸盐复合去氧剂

（1）作用　葡萄糖氧化酶可除去啤酒中的溶解氧和瓶颈氧，阻止啤酒氧化变质；亚硝酸盐可消除氧自由基的影响。两种去氧剂配合使用可保持啤酒原有风味，防止老化味产生，延长啤酒保持期。

（2）使用方法　一般在灌装前把 GOD 加到清酒罐中，每吨啤酒加 GOD 40mL，加入清酒罐的 GOD 要混合均匀。固体去氧剂亚硝酸盐添加量为 10～15g/t 啤酒，在过滤前加入。两种去氧剂可协同起作用，使啤酒含氧量降到 $10\mu g/L$ 以下，啤酒稳定性高，口味纯正。

（四）非生物稳定剂

非生物稳定剂——多酚吸附剂 PVPP 是一种不溶性的以高分子交联的聚乙烯吡咯烷酮，内部有微孔，呈白色粉末状颗粒，能高度选择性地吸附与蛋白质交联的多酚，能吸附除去 40% 以上的儿茶酸类、花色素原和聚多酚等，可预防啤酒冷雾浊，推迟永久浑浊的出现。经 PVPP 处理的啤酒，非生物稳定性可延长 2～4 个月。另外，由于多酚物质的减少，也相应地减少了啤酒因多酚氧化而造成的老化味，有利于降低啤酒的色度。

（1）作用　吸附多酚。

（2）用法　先配成 10% 的浆料，使 PVPP 在脱氧水中吸水膨胀 1h 以上，而后同硅藻土一起混合加入过滤机中过滤，使之有充分时间吸附多酚。

（3）用量　15～50g/100L。

（五）泡沫稳定剂——丙二醇藻酸盐

（1）作用　增强泡沫的稳定性；抵消酒中消泡成分的作用，增强啤酒的泡持性。

（2）用法及用量　配成 1‰ 水溶液，在啤酒灌装前添加。

（六）啤酒澄清剂

1. 鱼胶

鱼胶主要由胶原蛋白组成，其分子是两性的，因此，既可与带负电荷的酵母菌结合，也可与带正电荷的蛋白质结合，促使酵母细胞及蛋白质颗粒沉淀，同时可改善啤酒的泡沫稳定性。鱼胶在过滤时被去除，因此包装啤酒中不会有鱼胶存在。

2. 硅胶

硅胶为多孔性物质，以氢键方式吸附与多酚物质交联的蛋白质，并可通过过滤去除。硅胶特别易于吸附脯氨酸含量高的蛋白质。

啤酒中引起浑浊的蛋白质一般都是脯氨酸含量很高的蛋白质，因此，硅胶是一种非常有效的稳定剂。硅胶不会除去形成泡沫的多肽，所以利用硅胶澄清啤酒，也有利于泡沫的稳定性。

生产中，将鱼胶和硅胶结合处理麦芽汁，成品啤酒的稳定性显著提高。操作时，可与硅藻土一起使用，先配成料浆，在第二次预涂时添加。

3. 卡拉胶

卡拉胶可快速吸附麦芽汁中的热凝固物，产生沉淀使麦芽汁澄清，提高啤酒的稳定性。使用时，可直接添加到麦汁煮沸锅中。

（七）酸度调节剂

1. 乳酸

乳酸为澄清无色或微黄的糖浆状液体，含量＞80%，氯化物≤0.002%，硫酸盐≤0.01%，铁≤0.001%，灼烧残渣≤0.1%。

2. 磷酸

磷酸为无色透明、稠状液体，含量≥85.0%，氟≤0.001%，砷≤0.0001%，重金属（以铅计）≤0.001%，硫酸盐≤0.005%，易氧化物≤0.012%。

3. 盐酸

盐酸为无色或淡黄色透明液体，总酸≥31%，铁≤0.005%，硫酸盐≤0.007%，灼烧残渣≤0.05%，重金属（pb 计）≤0.005%，砷≤0.0001%。

（八）无机盐

1. 石膏

（1）作用　增加糖化醪酸度，促进蛋白质沉淀，增加水中钙离子和硫酸根离子。

（2）质量要求　洁白细腻粉末，无可见杂质，不与酚酞呈碱性反应。

2. 氯化钙

（1）作用　当酿造用水氯离子含量低时，可代替石膏使用。

（2）质量要求　化学纯。

3. 酵母营养盐

（1）作用　促进酵母生长繁殖，缩短发酵时间，增加酵母使用系数，增强酵母凝聚性，可弥补辅料用量大，麦芽汁含量低的不足。

（2）质量要求　符合食品添加剂要求。

习题▶

一、解释题

千粒质量　百升质量　水敏感性　发芽力　发芽率　暂时硬度

永久硬度　总硬度　　水的碱度

二、填空题

1. 水的硬度我国习惯用德国度表示，即 1 升水中含有 10mg _____ 为 1 度（°d）。

2. 酿造用水如硬度太高，软化处理的方法有 _____、_____、_____、_____ 等。

3. 啤酒生产用水需进行消毒和灭菌，常用的物理方法有 _____、_____ 等。

4. 运用物理手段制备脱氧水的方法有 _____、_____、_____ 等。

5. 用大麦糖浆或玉米糖浆作辅料时，可以直接加在 _____ 中。

6. 对辅料粉碎的要求是粉碎得越 _____ 越好，玉米则要求脱胚后再粉碎。

7. 啤酒酿造用水主要包括 _____ 用水和 _____ 用水。

8. 评估酒花储藏过程中的陈化、α-酸、β-酸损失的指标称为 _____，其数值比新鲜酒花低。

9. 酿造啤酒的辅料主要是富含 _____ 和 _____ 的物质。

10. 使用 PVPP，主要是为了除去啤酒中不稳定的 _____，以提高啤酒的非生物稳定性。

11. 啤酒大麦依其生长形态可分为 ____ 大麦和 ____ 大麦，依其播种季节可分为 ____ 大麦和 ____ 大麦。

三、选择题

1. 碳酸氢盐硬度是指由碳酸氢钙和碳酸氢镁引起的硬度，又可称 _____ 硬度。

    A. 总硬度　　　B. 永久硬度　　　C. 暂时硬度

2. 啤酒成分中 _____ 左右都是水，因此水的质量对啤酒的口味影响很大。

    A. 50%　　　B. 70%　　　C. 90%

3. 啤酒厂的水源优先采用 _____。

    A. 地下水　　　B. 地表水　　　C. 外购水

4. 水中的含盐量对啤酒酿造过程影响很大，常规指标中影响最大的是 _____。

　　　A. 总硬度　　　　　B. 残余碱度　　　　C. 镁硬度

5. 酒花应隔绝空气、避光及防潮储藏，储藏温度一般为_____。

　　　A. 10℃以下　　　B. 0～2℃　　　　C. 0℃以下

6. 酒花能赋予啤酒苦味，其苦味主要和酒花中的_____有关。

　　　A. α-酸　　　　　　B. β-酸　　　　　　C. 硬树脂

7. 啤酒酿造过程中，谷类辅料使用量一般占总原料的_____。

　　　A. 10%～15%　B. 20%～30%　　C. 40%～50%　　D. 50%以上

8. 麦粒的胚乳状态呈软质白色为_____。

　　　A. 玻璃质粒　　　B. 粉质粒　　　　　C. 半玻璃质粒　　　D. 半粉质粒

9. 若麦粒的断面呈透明状则为_____。

　　　A. 玻璃质粒　　　B. 粉质粒　　　　　C. 半玻璃质粒　　　D. 半粉质粒

10. _____多的大麦是优质大麦。

　　　A. 玻璃质粒　　　B. 粉质粒　　　　　C. 半玻璃质粒　　　D. 半粉质粒

11. 大麦在适宜条件下发芽 3d，发芽麦粒占总麦粒的百分数称为_____。

　　　A. 发芽率　　　　　B. 发芽力　　　　　C. 发芽数　　　　　D. 发芽度

12. 大麦在适宜条件下发芽 5 天，发芽麦粒占总麦粒的百分数为_____。

　　　A. 发芽率　　　　　B. 发芽力　　　　　C. 发芽数　　　　　D. 发芽度

四、判断题

1. 吸水速度快的大麦比吸水速度慢的大麦溶解性差。　　　　　　　　　（　　）

2. 若大麦中蛋白质含量高，发芽时蛋白质分解较差，易形成玻璃质粒。

　　　　　　　　　　　　　　　　　　　　　　　　　　　　　　　（　　）

3. 啤酒的酿造用水必须是纯净水。　　　　　　　　　　　　　　　　（　　）

4. 酒花中含有的酒花油和酒花树脂能赋予啤酒独特的香味。　　　　　（　　）

5. 酒花油能赋予啤酒特有的苦味。　　　　　　　　　　　　　　　　（　　）

6. 水处理时加入石膏能防止麦芽醪酸度的上升。　　　　　　　　　　（　　）

7. 酒花的压榨与包装主要是为了防氧化，容器中最好充氮气、二氧化碳或抽真空。　　　　　　　　　　　　　　　　　　　　　　　　　　　　（　　）

8. 我国的啤酒花主要种植在新疆等气候干燥的高纬度地区。　　　　　（　　）

9. 颗粒酒花不经过粉碎，而直接采用造粒机压制而成。　　　　　　　（　　）

五、问答题

1. 酿造用水的处理方法有哪几种？

2. 简述制备无菌水的常用方法。

3. 简述啤酒高浓稀释时稀释用水的质量要求。

4. 酶的催化反应与一般非生物催化剂相比有何特点？

5. 在啤酒工业上使用酶制剂能取得哪些良好的效果？

6. 啤酒生产中使用辅助原料有何意义？

7. 从原辅材料的质量角度考虑，应采取哪些措施防止啤酒的风味老化？

8. 啤酒酿造过程中，脱氧水可用于哪些生产环节？

9. 简述酒花储藏过程中的变化。储藏时应注意哪些事项？

10. 目前有哪些酒花制品可供使用？

11. 啤酒酿造中使用酒花制品有何意义？

项目三

▼

麦芽制造技术

教学目标

【知识目标】固体物料输送方法及特点；大麦储藏条件；大麦粗选、精选、分级、浸渍、发芽的目的及基本要求；麦芽干燥、除根、储存的目的及要求；大麦浸渍、发芽及麦芽干燥操作工艺条件；浸渍、发芽、干燥过程中的主要物质变化；大麦浸渍过程中常用的化学添加剂及作用；特种麦芽的种类及作用；成品麦芽的质量指标。

【技能目标】麦芽制造工艺流程的确定；大麦粗选和精选设备及操作要求；大麦发芽工艺技术条件的制定；大麦粗选、精选、分级、浸渍、发芽设备操作及维护保养方法；麦芽干燥、除根设备操作及维护保养方法；特种麦芽的生产方法及技术要求；成品麦芽的质量评价。

【课前思考】传统工艺是用麦芽作为制造啤酒的主要原料，若直接采用大麦作原料能否行得通？采取何种方法能使大麦产生我们所需要的酶？

【认知解读】酿造用大麦经过一系列加工制成麦芽的过程称为麦芽制造，麦芽制造包括大麦的输送、储存、粗选、精选、分级、浸泡、发芽、麦芽干燥、麦芽除根等过程。麦芽制造的目的是使大麦吸收一定的水分，在一定的条件下进行发芽，产生一系列的酶，以便在后续生产过程中使大分子物质溶解或分解。绿麦芽通过干燥和焙焦，可除去多余的水分，去除绿麦芽的生青味，并赋予啤酒特有的色、香、味成分，从而满足啤酒对色泽、香气、口味、泡沫等的特殊要求。制成的麦芽经过除根，可使麦芽的成分稳定，便于长期储存。

▼

任务一

大麦的输送及预处理

一、大麦的输送

大麦发芽后成为绿麦芽，绿麦芽经干燥和焙焦成为干麦芽。麦芽厂需要输送的固体物料主要有大麦、绿麦芽和干燥麦芽，输送方式主要有气流输送和机械输送两大类。

（一）气流输送

1. 吸引式气流输送

（1）流程　吸引式气流输送流程如图3-1所示。

（2）特点　适用于含粉尘多的固体物料；适用于将不同地点的物料向同一卸料点输送；风机安装在系统的尾部，从管路中抽气，使管路系统内处于负压状态，粉尘不至于外漏，不易产生粉尘飞扬；系统内压力差有限，操作推动力小。

2. 压送式气流流输送

（1）流程　压送式气流输送流程如图3-2所示。

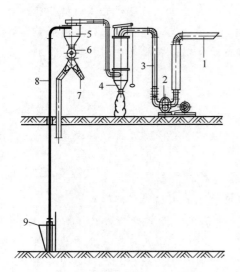
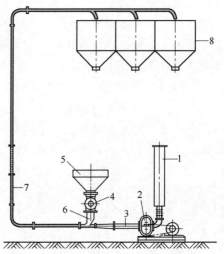

图3-1　吸引式气流输送流程
1—排风管　2—风机　3—风管
4—除尘器　5—卸料器　6—闭风器
7—下料管　8—升料管　9—吸嘴

图3-2　压送式气流输送流程
1—进风管　2—空气压缩机　3—压力空气管
4—闭风器　5—料斗　6—压力喷嘴
7—料管　8—料箱（浸麦槽）

（2）特点　可用于输送潮湿的物料，不适宜输送含粉尘较多的物料；适用于从一个加料点向几个不同的卸料点输送物料；风机安装在系统的前端，管路系统内处于正压状态，易产生粉尘飞扬，造成环境污染；输送量相同时，压送式比吸引式可采用较细的管道；系统内空气压力差大，可用于长距离输送。

（二）机械输送

1. 带式运输机

（1）结构　带式运输机主要由输送带、托架、鼓轮、传动装置、张紧装置、加料装置和卸料装置等组成。结构如图3-3所示。

（2）特点　带式运输机的优点是结构比较简单；运行可靠；输送能力大；动

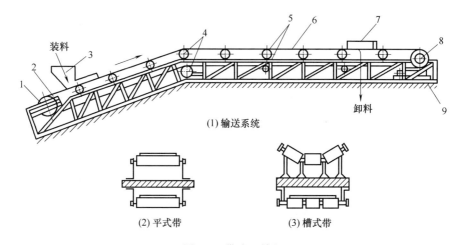

(1)输送系统

(2)平式带　　　　　(3)槽式带

图 3-3　带式运输机

1—张紧辊　2—张紧装置　3—装料斗　4—改向辊　5—托辊　6—输送带

7—卸料装置　8—驱动辊　9—驱动装置

力消耗低；适用范围广；既可进行水平输送，也可进行倾斜输送。其缺点是造价较高；若改向输送需多台输送机联合使用。

2. 螺旋输送机

（1）构造　螺旋输送机又称绞龙，主要由机槽、旋转的螺旋和传动装置等组成。结构如图 3-4 所示。螺旋在传动装置驱动下旋转，将物料向前推移，最后从出料口排出。螺旋的转速一般为 20～140r/min。

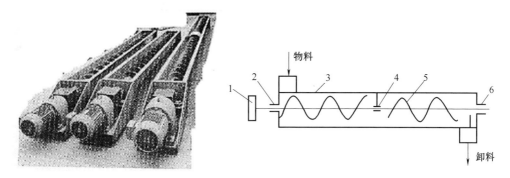

图 3-4　螺旋输送机

1—皮带轮　2—轴承　3—机槽　4—吊架　5—螺旋　6—轴承

（2）特点　螺旋输送机的优点是结构简单、紧凑；外形尺寸小；便于进行密封及中间卸料；特别适于输送有毒和粉状物料；既可用于短距离的水平输送，也可用于角度不大（小于 20°）的倾斜输送。其缺点是能量消耗较大；槽壁与螺旋的磨损大；对物料有研磨作用。

3. 斗式提升机

（1）结构及工作原理　斗式提升机主要由主动轮、从动轮（张紧轮）、环形牵引件、料斗、机壳、加料装置和卸料装置等组成。结构如图 3-5 所示。用胶带或链条作牵引件，将一个个料斗按照一定间距固定在牵引件上，牵引件由上、下鼓轮张紧并带动运行。从向上运行一侧的下部加料斗进料，料斗口朝上，当运行到顶部时绕主动轮转到另一侧，料斗口朝下，物料便从斗内卸出，从而达到将低处物料输送至高处的目的。

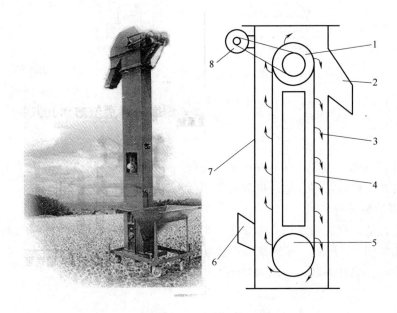

图 3-5　斗式提升机

1—主动轮　2—卸料口　3—料斗　4—输料带　5—从动轮　6—进料口　7—外壳　8—电动机

（2）特点　斗式提升机的优点：它是一种垂直（也可倾斜）提升松散颗粒状物料的连续输送机械，可广泛应用于大麦、小麦、大米等物料的升送；横断面上的外形尺寸小；有可能将物料提升到很高的地方；运行部件均装在机壳内，可防止粉尘飞出；生产能力范围大。其缺点：动力消耗较大。

二、大麦的储存及后熟

新收获的大麦有休眠期，种皮的透水性、透气性较差，并有水敏感性，发芽率低，往往需要经过 60～70d 的后熟，使种皮的性能受到温度、水分、氧气等外界因素的影响而发生改变，以提高大麦的发芽率。

1. 大麦的储存条件

在储存期间，大麦的生命活动及呼吸作用仍在继续，有氧呼吸和无氧呼吸同时存在。当通风状况良好时，以有氧呼吸为主；当长期密闭时，以无氧呼吸为主，此时会产生醛类、醇类等对细胞有毒性作用的物质。

大麦的呼吸强度与水分、温度成正比，当大麦水分超过 15%，温度超过 18℃时，呼吸消耗急剧增加；当大麦水分在 12.5% 以下，温度低于 15℃ 时，呼吸作用较弱，在此条件下大麦可保存 1 年。因此要严格控制储存水分和温度。否则呼吸消耗会急剧上升，也会严重损坏大麦的发芽力，甚至会造成微生物的污染。

除水分、温度外，储存大麦还应按时通风，以利于排出大麦因呼吸而产生的 CO_2、水和热量，并提供 O_2，避免大麦粒窒息和因缺氧呼吸而产生醇、醛、酸等抑制大麦发芽的物质，导致大麦的发芽率降低。

新收获的大麦水分高，必须经过自然干燥或人工干燥使其水分降至 12% 以下，方可储存。

2. 大麦的储存方法

大麦的储存方法有袋装、散装和立仓储存等形式。

散装堆放储存的特点：占地面积大；损耗大；不易管理；适用于小型麦芽厂。

袋装储存的特点：堆放高度以 10～12 层为宜，堆高不超过 3m；每平方米可存放大麦 2000～2400kg；适用于中小型麦芽厂。

立仓储存的特点：占地面积小；储存量大；机械化程度高，节省劳动力；不易遭受虫害；倒仓方便；清洗杀菌方便；造价高；储存技术要求高；适用于大型麦芽厂。

3. 大麦储存技术控制措施

（1）避免大麦品种间的机械混杂或掺入其他杂质。

（2）对入仓大麦，要求不得带入虫害和霉变的杂质。

（3）进仓大麦的水分需降低到 11.5%～12%，温度需降至 20℃ 以下。每天检查麦温，严格防潮。若超温则需通风冷却或倒仓，并注意通冷风时的温差不得太大。

（4）尽量在低温、干燥的季节进货，进货数量应小于安全储存期内的使用量。

（5）注意防潮、防虫、防鼠、防霉变。如发现潮湿、虫害、霉变等，应及时处理，倒仓。

（6）对储存的大麦品种、数量及日期，应及时做好记录。不同品种、不同等级的大麦要分别存放，确保先进先出，避免部分大麦的储存时间过长。

（7）注意防尘、防水、防火、防爆。

（8）在喷洒药物杀虫时，要防止中毒，注意药物残留量，一般用磷化铝杀虫，用量为 3g/t 大麦。

（9）储仓每年要用 SO_2 等药剂进行一次彻底杀菌。

三、大麦的粗选

原料大麦一般含有各种杂质，如砂石、尘土、铁屑、杂谷、杂草、草籽、秸秆、麦芒、破粒大麦等，均有害于制麦工艺，影响麦芽的质量和啤酒的风味，影响制麦设备的安全运转，因此在投料前必须进行预处理。利用粗选机除去各种杂物和铁，再经大麦精选机除去半粒麦以及与大麦横截面大小相近的杂谷。

（一）大麦粗选的目的

大麦粗选的主要目的：除去较大杂质；除去其他谷物种子；除去细小杂质；除去铁类杂质。

（二）大麦粗选的方法

大麦粗选的方法主要是风选、筛选、磁吸和滚打。

（1）风选　利用风力作用将灰尘及轻微杂质除去。

（2）筛选　利用筛孔大小不同，分离粗大的和细小的夹杂物。

（3）磁吸　用磁力除铁器，让大麦流经永久性磁铁或电磁铁以除去铁类杂质。

（4）滚打　分离麦芒及附着在大麦颗粒表面的泥块。

（三）大麦粗选设备

大麦粗选设备包括去杂、集尘、除铁、除芒等机械。

1. 除铁设备

大麦中，常混有小铁块、铁丁等磁性金属杂质。这些金属杂质若不清除，随着原料进入高速运转的粉碎机或精选机中，将会对机器造成损伤，所以必须利用磁铁分离器分离出夹杂在大麦中的金属杂质。

磁力除铁器可由永久磁铁或电磁铁组成。永久磁铁的优点：结构简单；使用与维护方便；不消耗电能。其缺点：磁力较弱；磁性容易退化。

电磁铁的优点：磁力稳定；除铁性能可靠。其缺点：需一定的电流强度；结构比较复杂。

常用的磁铁分离器有平板式和旋转式两种。

（1）平板式磁铁分离器　平板式磁铁分离器的结构如图 3-6 所示，由若干块磁铁排成一排，镶在木槽中，磁极露在物料通过的倾斜平面上，倾角 30°～40°。工作时让物料薄而均匀地通过磁极，磁性物体将被磁极吸住。停止使用时，可用铁板将两个磁极盖住，以保存磁性。

平板式磁铁分离器的优点：结构简单；操作方便。其缺点：除杂效果较差；被磁极吸住的铁块必须用人工取下；必须定期对磁极表面进行清理。

（2）旋转式磁铁分离器　旋转式磁铁分离器的结构如图 3-7 所示，它是由半圆形磁铁芯与旋转滚筒组成。工作过程中，磁芯固定不动，滚筒旋转。磁铁芯可以是永久磁铁，也可以是电磁铁。

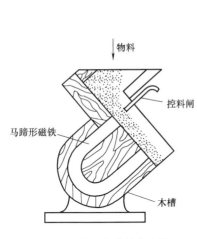

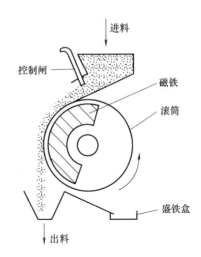

图 3-6　平板式磁铁分离器　　　　　　图 3-7　旋转式磁铁分离器

旋转式磁铁分离器的特点：采用固定的半圆形磁芯和非导磁滚筒组合，被吸留住的磁性杂质无须人工清理；除杂效率高；特别适用于清除颗粒物料中的磁性杂质。

2. 除芒机

（1）除芒的意义　便于分离杂质：麦芒的存在，难以选择适当的筛孔进行筛理，致使杂质筛理不净；便于分级：麦芒的存在将使该通过筛面的小粒大麦不能通过，导致分级困难；便于输送及加工：带麦芒的大麦在各种设备的进料机构中因流动不畅导致阻塞；有利于提高麦芽的质量和啤酒的风味。

（2）结构及工作原理　大麦除芒机是一种利用滚打、搅拌、撞击、摩擦等作用进行除芒的设备，其结构如图 3-8 所示，主要由工作圆筒、臂式打板（或称翼板）、通风机、卸料装置等组成。

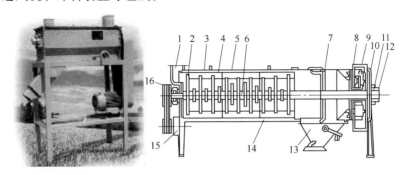

图 3-8　除芒机的结构

1—进料口　2—打板　3—上盖　4—齿板　5—光板　6—主轴　7—筛板　8—调节风门　9—风机
10—墙板　11—轴承　12—轴承座　13—卸料口　14—底槽　15—电动机　16—三角带轮

工作圆筒由半圆形的铁皮上盖与底槽组成，圆筒内壁用螺丝固定白口铁（或不锈钢）衬板，便于磨损后更换。衬板有齿板和光板两种，齿板的多少决定对麦粒摩擦作用的强弱，齿板的齿角为 70°/20°。齿的纯面对着打板的旋转方向，以缓和对麦粒的打击作用。

在旋转的主轴上装有臂式打板，打板线速度为 10～15m/s。打板与轴的垂直面成 12°～16°，每两副打板为一组，两副打板互相垂直，每组打板方向各错开 11°15′，使整个打板成螺旋形，以便对物料起推进和打击作用。打板与筛筒距离不大于 20mm，可适当调节。通风机在进料的另一端，用来吸取麦芒等轻杂质，风速用调节风门控制。

在工作圆筒与通风机之间，装有两个半圆形组合的冲孔筛板，筛孔为 2mm×16mm 的矩形孔，以防麦粒被吸入风机。

卸料斗设在冲孔筛板的下部，卸料斗内装有压力门，可通过调节重锤的位置控制大麦的流量。

（3）除芒过程　大麦由进料口进入工作圆筒内，受到高速的打板摩擦打击，麦粒与齿形工作面产生撞击和摩擦，麦粒之间也产生相互摩擦，使麦粒擦离，泥块等杂质被击碎，这些轻杂质被吸入低压区，穿过冲孔筛板进入通风机；经过除芒的大麦，被打板推向卸料斗，经过压力门后落入出口处，又受到一次较强的吸风，吸去大麦中残留的杂质，通风机将吸出的轻杂质排出到外接集尘器沉降。

（4）特点　除芒机的优点：结构紧凑，自带风机，机内处于负压状态，灰尘不易外扬；白口铁衬板耐磨性能好，拆装维修方便；单位面积处理量大，动力消耗较少。其缺点：噪声较大；上盖较重，装拆费力。

3. SZ 型自衡振动筛

（1）结构　SZ 型自衡振动筛主要由沉降室、筛体、机架、自衡振动器、风机、减振器等组成，如图 3-9 所示。它是一种风、筛结合，以筛为主的大麦清理设备。

（2）工作过程　大麦由进料口进入，通过挡板后以自身重力压开进料压力门呈均匀麦层下落，通过前吸风道时，穿过吸入的气流被吸走部分轻杂质，其中较重部分在前沉降室内沉降，并自动压开阻风门落入轻杂溜管排出，而较轻部分则经出风口排出。大麦经第一次吸风除杂后落入第一层筛面上，筛理出的大杂质进入大杂溜管排出，大麦则穿过筛孔到第二层筛面上继续筛理，筛面上的杂质进入中杂溜管排出。穿过筛孔的大麦则落到第三层筛面上进行小杂质清理。小于大麦的杂质穿过筛孔由小杂溜管排出，筛面上的大麦进入后吸风道压开出料压力门，被第二次吸入空气穿过，吸走轻杂质，其中较重部分在后沉降室内沉降，并自动压开阻风门落入轻杂溜管排出，较轻部分经出风口离机，清净大麦通过后吸风道出口流出机外。

（3）操作要点

① 严禁在筛体晃动时启动，否则会使筛体剧烈震动而造成机件损坏。

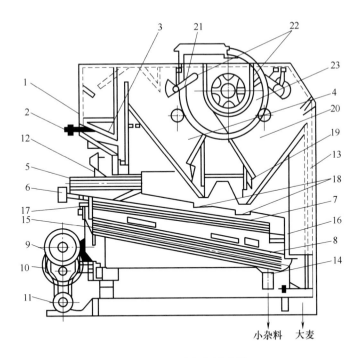

图 3-9　SZ 型自衡振动筛

1—进料口　2—进料压力门　3—前吸风道　4—前沉降室　5—第一层筛面　6—大杂溜管
7—第二层筛面　8—第三层筛面　9—自衡振动机构　10—弹簧减振器　11—电动机　12—吊杆
13—后吸风道　14—小杂溜管　15—橡皮球清理装置　16—中杂溜管　17—筛体
18—轻杂溜管　19—后吸风道　20—后沉降室　21—观察孔　22—调节风门　23—通风机

② 工作筛面必须均匀地张紧在筛框上，横向与纵向张紧程度要一致，不允许筛面有凹凸不平的现象。若发现筛面破损或变形，应及时更换或整修。若清理用的橡皮球受损严重或丧失弹性，应及时更换。

③ 工作时，沉降室必须严格密闭。观察窗应关严，沉降室下部的活门应启闭灵活，连接用的帆布如有损坏应予以更换。

④ 经常检查轴承是否发热，传动件运转是否平稳，发现问题应及时解决。

⑤ 通风机不应有振动、噪声，如有这类现象应检查叶轮是否松动，重新校正叶轮平衡。

⑥ 定期检查各紧固螺栓、螺母，防止松动。

⑦ 定期清除积灰和杂质，以保证调节活门和沉降室活门启闭灵活。

四、大麦的精选

(一) 精选的目的

大麦精选的目的是去除与麦粒腹径大小相同的杂质，包括荞麦、野豌豆、草籽、半粒麦等。

（二）大麦精选设备

1. 碟片式精选机

（1）结构　碟片式精选机的结构如图 3-10 所示，由机壳、装有碟片的轴和螺旋输送机等组成，传动轮先传动绞龙，然后通过链轮和链条使轴和碟片转动。

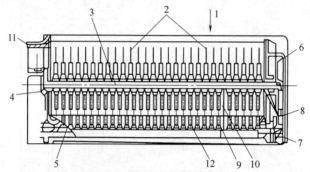

图 3-10　碟片式精选机的结构
1—进料口　2—碟片　3—轴　4—轴承　5—绞龙　6—大链轮　7—小链轮
8—链条　9—隔板　10—孔　11—长粒物料出口　12—淌板

碟片式精选机的主要构件是一组同轴安装的圆环形铸铁碟片，如图 3-11 所示，在碟片的两侧工作面上有许多特殊形状的袋孔，孔的大小和形状依杂质的特性而定。

（2）工作原理　精选机工作时，碟片在颗粒物料中转动，短小的颗粒嵌入袋孔，由于孔底逐步向下倾斜，短粒物料受自身的重力作用而从袋孔中倒出，落入收集槽中。长粒物料因长度较袋孔长，虽能进入袋孔，但其重心仍在袋孔之外，当碟片还未带到一定高度，即从袋孔中滑落，使长粒物料和短粒物料分离。

（3）特点　碟片式精选机的优点：工作面积大，转速高，产量大；可在同一台机器上安装不同袋孔的碟片，同时分离不同品种、规格的物料；碟片损坏可以部分更换。其缺点：袋孔易磨损；功率消耗大。

2. 滚筒式精选机

（1）结构　滚筒式精选机的结构如图 3-12 所示，由转筒、蝶形收集槽和螺旋输送机等组成。其主要构件是一个内表面开有袋孔的旋转圆筒。

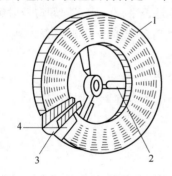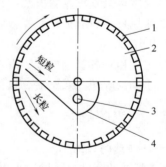

图 3-11　碟片的工作状况　　　图 3-12　滚筒式精选机的工作原理
1—碟片　2—叶片　3—短粒出口　4—盛物槽　　1—滚筒　2—袋孔　3—绞龙　4—收集槽

（2）特点　滚筒式精选机的优点：除杂效果好；性能稳定；操作维修方便。其缺点：袋孔的利用系数低，生产能力较低；工作面磨损大，且磨损后难以修复。

五、大麦的分级

（一）分级的目的

（1）保证浸麦过程的均匀性　颗粒大小影响吸水速度，颗粒均匀的大麦能够保证浸麦一致性。

（2）保证发芽过程的均匀性　大麦颗粒大小不同，其化学组成也有区别，颗粒均匀的大麦能够保证发芽的整齐性。

（3）保证麦芽粉碎物粗细粉均匀　大麦颗粒整齐，成品麦芽在粉碎后能获得粗细均匀的麦芽粉。

（4）提高麦芽的浸出率　大麦分级后，去除了瘪粒，使麦芽浸出率提高。

（二）分级的原理

大麦的分级是将经粗选、精选后的大麦，按大麦腹径大小用分级筛加以分级。

（三）分级的标准

用不同规格的筛子将大麦分成几部分，其标准见表3-1。

表 3-1　　　　　　　　　　　　　大麦分级的标准

分级标准	筛孔规格/mm	麦粒腹径/mm	用途
1号大麦	25×2.5	2.5以上	制麦
2号大麦	25×2.2	2.2～2.5	制麦
3号大麦	25×2.0	2.2以下	制麦
等外大麦	筛底	<2.0	饲料

进口大麦颗粒较大，一般将其分为三级，1号、2号大麦（>2.2mm）用于制麦，3号大麦（<2.2mm）用作饲料；国产大麦颗粒较为瘦小，腹径在2.0～2.5mm的3号大麦也用于制麦，腹径<2.0mm的大麦用于生产饲料。

（四）分级设备

1. 圆筒分级筛

（1）结构　圆筒分级筛是用厚1.5～2.0mm的钢板冲孔后卷成筒状，安装时筛筒的倾斜角度为4°～10°，圆周速度小于0.7m/s，结构如图3-13所示。根据大麦的分级要求，整个圆筒往往分成几个筒筛，布置不同孔径的筛面，筛筒之间用角钢连接作加强圈，圆筒用托轮支承在机架上，圆筒一般以齿轮传动。筛分出的两个级别的大麦由分设在下部的两个螺旋输送机分别送出，未筛出的从最末端卸出。一般安装矩形孔25mm×2.5mm和25mm×2.2mm两种筛面，可以将大麦按照腹径不同分成2.5mm以上、2.2～2.5mm、2.2mm以下三个等级。前两种用于制造麦芽，后者作饲料用。

有时根据具体情况可以多增加一种筛板，如原大麦颗粒较大，可增设矩形孔 25mm×2.8mm；如原大麦颗粒比较瘦小，可增设矩形孔 25mm×2.0mm，将大麦分成四级。

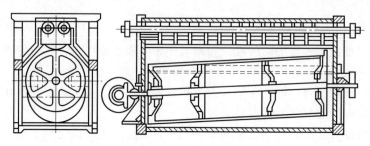

图 3-13　圆筒分级筛

（2）分级原理　麦流先经 2.2mm 筛面，筛下小于 2.2mm 的粒麦，再经 2.5mm 筛面，筛下 2.2～2.5mm 的麦粒，末筛出的麦流从机端流出，即是 2.5mm 以上的麦粒。为了防止腹径与筛孔宽度相同的麦粒被筛孔卡住，滚筒内安装一个活动的滚筒刷，用以清理筛孔。

（3）特点　圆筒分级筛的优点：筛筒内无传动轴承，所以不致产生线状物缠绕和卡塞现象；结构简单；无振动；筛面磨损小；分离效率高。其缺点：筛面利用率小，仅为整个筛面的五分之一；不能超载，否则分离效率下降。

2. 平板分级筛

（1）结构　平板分级筛的结构如图 3-14 所示，由 8～12 层厚度为 1mm 的正方形或矩形筛板平行排列在一起，一根偏心距为 45mm，转速为 120～130r/min 的偏心轴转动，使筛面处于振动状态，确保大麦均匀地分布于筛面上。

平板分级筛一般分为三组，各组筛孔的宽度不同：

第一组（上）：4 块孔型为 25mm×2.5mm 的筛板；

第二组（中）：2 块孔型为 25mm×2.2mm 的筛板；

第三组（下）：2 块孔型为 25mm×2.8mm 的筛板。

（2）分级原理　麦流先经上层 2.5mm 筛，筛上物流入下层 2.8mm 筛（分别为 2.8mm 以上的麦粒和 2.5mm 以上的麦粒），2.5mm 筛下物流入中层 2.2mm 筛（分为小粒麦和 2.2mm 以上的麦粒）。

（3）特点　平板分级筛的优点：分离效率高；占地面积小；能耗低。其缺点：构造较复杂；零件较易磨损；拆装比较困难。

六、精选大麦的质量控制

1. 大麦的精选率

大麦精选率是指原大麦中选出的可用于制麦的精选大麦质量占原大麦质量的百分比，大麦的精选率一般为 85％～90％。

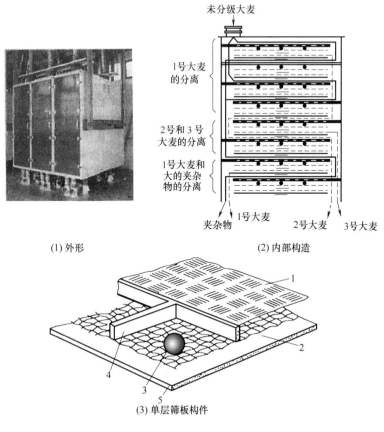

(1) 外形　　　　　　　　　　(2) 内部构造

(3) 单层筛板构件

图 3-14 平板分级筛

1—筛板　2—筛球　3—橡皮球　4—球筛框　5—收集板

2. 大麦的整齐度

大麦的整齐度是指分级大麦中某一规格范围的麦粒所占的质量分数，在国内一般指麦粒腹径在 2.2mm 以上者所占的质量百分率。精选大麦的整齐度一般在 93％以上。整齐度高的大麦浸渍、发芽均匀，粗细粉差小。

3. 杂质含量

分级后大麦中夹杂物含量应低于 0.15％，杂质中不应含有整粒合格大麦。

4. 精选大麦的质量控制方法

（1）精选前，先要进行原料分析，掌握质量状况，提出各工序的质量要求，指导车间生产。

（2）对大麦按地区、品种不同，分别进行精选、分级，不得混合。

（3）经常检查分级大麦整齐度，调节进料闸门开启程度。

（4）经常检查分级筛板，保持平整、通畅，无凹凸不平、堵孔等现象。

（5）当精选机袋孔因摩擦变得圆滑时，应减慢进料速度，否则会影响分离效果。

（6）原料大麦为多棱大麦时，可用筛孔规格为 25mm×2.0mm 的筛板代替 25mm×2.2mm 筛板，2.0mm 以下的麦粒作为饲料大麦。对二棱大麦，2.2mm 以下的麦粒称为小粒麦，可作为饲料。

七、大麦精选和分级设备的管理和维护

（1）每班结束时要清扫干净，定期出灰。
（2）发现声音异常，应停车检查，待排除后方可开车。
（3）定期擦洗所有驱动设备上的轴承和润滑装置，每班要加油。
（4）应保持各层筛板的平整、畅通，定期更换筛板，定期清理筛板和毛刷。
（5）经常检查各连接部件是否松动，定期更换易损零件。

任务二
大麦的浸渍

经过精选、分级的大麦，在一定的条件下用水浸泡，使其达到一定的含水量（浸麦度）的过程称为大麦的浸渍，简称浸麦。

一、大麦浸渍的目的

（1）提高大麦的含水量，以利于发芽、产酶及物质的溶解。麦粒含水 25%～35%，即可均匀发芽。但对酿造用大麦，要使胚乳充分溶解，含水量必须达到 43%～48%。

（2）对大麦进行洗涤、杀菌，除去麦粒表面的灰尘、杂质及微生物。清选后的大麦仍混有很多杂质，通过浸麦过程中的翻拌、换水等操作，可将大麦清洗干净，并将漂浮在水面的麦壳捞出。

（3）浸出麦壳中的有害物质，有利于发芽。麦壳中含有发芽抑制剂，浸麦时必须将其洗出并分离。在浸麦水中添加适当的 $CaSO_4$、Na_2CO_3、NaOH、KOH、HCHO 等化学药物，可加速麦皮中的酚类物质、苦味物质等的浸出，提高发芽速度，降低麦芽的色泽。

二、大麦浸渍的条件

（一）大麦浸渍时的吸水

1. 大麦的水敏感性

大麦吸收水分到某一程度发芽即受到抑制，吸水率稍高发芽率反而下降的现象，即为水敏感性。遇有水敏感性的大麦，可采取以下措施：①断水通风，适当

延长第一次、第二次断水时间（12～16h）；②适当降低浸麦度（38％～40％），浸麦度在32％～35％时，进行长时间空气休止；③将大麦加热至40～45℃，保持1～2周；④浸泡时添加0.1％的H_2O_2或适量的$KMnO_4$；⑤分离皮壳、果皮和种皮。

2. 大麦的吸水力

大麦的吸水力是指大麦在（14±0.1）℃，72h条件下的吸水能力。大麦吸水力的判断方法如下：

若大麦的吸水力小于45％，表示大麦的吸水力"弱"；若大麦的吸水力为45％～47％，表示大麦的吸水力"好"；若大麦的吸水力为47.6％～50％，表示大麦的吸水力"良好"；若大麦的吸水力在50％以上，表示大麦的吸水力为"优秀"。

大麦吸水力越强，酶的含量越丰富，酶活力越强，胚乳粉状越好。

3. 大麦的吸水过程

正常浸麦水温为12～18℃，大麦的吸水过程大致分为三个阶段。

第一阶段：浸麦6～10h，此阶段吸水迅速，可吸收总吸水量的60％，麦粒含水量由12％～14％上升至30％～35％。但6h后若继续浸渍而不换水，或不使麦粒与空气接触，会导致酶活力下降。

第二阶段：浸麦从10～20h，麦粒吸水平缓，几乎处于停滞状态。只有胚和盾状体吸收少量的水，吸入的水渗入胚乳中使淀粉膨胀。

第三阶段：浸麦20h以后，在供氧充足情况下，吸水量与浸麦时间成正比例关系，麦粒水分由35％增加到40％～48％。此时整个麦粒各部分吸水缓慢而均匀。

4. 麦粒不同部位的吸水速度

大麦颗粒的不同部位，吸收水分的快慢是不同的。浸麦开始1h，除皮壳外，吸水最快的是胚轴，其次是盾状体，胚乳吸水最慢。浸麦期间麦粒不同部位的含水量见表3-2。

表 3-2　　　　　　　　　　　浸麦期间麦粒不同部位的含水量

含水量/％　　　　　浸麦时间/h	2	4	6	24
盾状体	18.5	36.8	50.0	57.9
胚轴	33.0	43.6	51.3	57.9
果皮、种皮、糊粉层	11.4	15.6	26.8	36.4
胚乳	10.0	12.5	21.6	35.0
麦壳	40.5	43.1	44.9	47.1
整粒	21.6	25.9	28.6	38.4

5. 影响麦粒吸水速度的主要因素

（1）浸麦时间　浸麦开始，吸水很快，然后吸水速度逐渐减慢。

（2）浸麦温度　浸麦水温对大麦的吸水速度影响很大。水温越高，麦粒吸水越快，吸水越不均匀，越容易染菌和发生霉烂。水温越低，麦粒吸水越慢，浸麦时间长。若原大麦水分为 12.4%，以 20℃水浸泡 48h，水分可达到 44.1%；若以 5℃水浸泡，则要长达 120h。因此，要求浸麦水温为 10～20℃，最好在 13～15℃。水温与浸麦时间的关系见表 3-3。

表 3-3　　　　　　　　　　　　水温与浸麦时间的关系

水温/℃	浸麦时间/h		
	浸麦度 40%	浸麦度 43%	浸麦度 46%
9	47.5	78	101
13	34	54	78.5
17	30	46.5	73
21	21	28	44.5

（3）麦粒大小　大而饱满的颗粒吸水速度较慢，小而瘪的颗粒吸水较快。如腹径为 2.9mm 的大麦欲达到 42.4%浸麦度，需要浸渍 74h；腹径为 2.1mm 的大麦，欲达到 42.4%浸麦度，只需要 24h。因此，为了达到相同的浸麦度，必须对原大麦进行分级。否则浸麦不均，发芽不齐，溶解不一致。

（4）蛋白质含量　蛋白质含量越高，淀粉含量越低，颗粒的吸水速度越慢。

（5）胚乳的状态　胚乳状态有粉质、玻璃质之分，在相同的浸麦温度和浸麦时间内，粉质粒比玻璃质粒吸水速度快。

（6）通风　通风供氧可增强麦粒的呼吸和代谢作用，从而加快吸水速度，促进麦粒提前萌发。

（二）大麦浸渍时的通风

1. 通风的作用

通风的作用主要是供氧、排除 CO_2、翻拌。大麦浸渍后，水分增加，呼吸强度激增，需消耗大量的氧，胚芽才能发育，而水中溶解氧在浸麦近 1h 就几乎全部耗尽，远不能满足正常呼吸的需要。如通风不良或操作不当，会造成水中的溶解氧耗尽或麦层中 CO_2 过多，使麦粒长时间缺氧，导致分子内呼吸，产生醇、醛、酸、酯、CO_2 等，最终将破坏胚的生命力。因此，在浸麦过程中，需通入足够的空气。

2. 通风的方式

（1）浸水通风　浸麦过程中通入压缩空气，把槽底部的麦粒翻到上部，使麦粒均匀接触氧气。

（2）倒槽　将浸渍大麦从一个浸麦槽导入另一浸麦槽，在浸麦槽上方有一伞状分配器，可使大麦与空气充分接触。

（3）空气休止　大麦浸渍一段时间后，将水排掉，使麦粒接触空气，并定时通风供氧，以排除麦层中的CO_2，提供氧气。

（4）喷淋　在麦粒浸渍断水期间，向麦层中喷淋水雾，水雾夹带着吸收的氧气进入麦层，使麦粒既接触氧气又吸收水分，同时带走麦粒呼吸时产生的热量和CO_2。

（5）冲洗　在麦粒浸渍断水进行空气休止后，再进行短时间的浸水，在供氧的同时，冲洗掉麦粒呼吸时产生的热量和CO_2。

（6）吸出CO_2　将吸风机的吸嘴伸入浸麦槽下部的物料中，在空气休止期间吸出产生的CO_2，同时新鲜空气被吸入物料中。

（三）浸麦用水量及水质要求

1. 浸麦用水量

一般浸麦加水量为大麦质量的3～9倍，不合理的用水，将会提高生产成本，浪费水资源，增加排污负荷。

2. 浸麦用水的质量要求

浸麦用水的质量必须符合饮用水标准。

（四）浸麦时常用的添加剂

1. 石灰

（1）用法及用量　先配成饱和石灰乳，在洗麦后的第一次浸麦水中添加，用量为1～2kg/t大麦。

（2）作用　有利于杀菌；浸出麦皮中的多酚物质、苦味物质；降低麦芽和成品啤酒的色泽；改善啤酒的风味；提高啤酒的非生物稳定性。

2. NaOH

（1）用法及用量　在第一次浸麦水中添加，用量为浸麦用水量的0.05％～0.1％。

（2）作用　有利于浸出麦皮中的多酚物质、苦味物质及蛋白质等酸性物质；改善啤酒的风味和色泽；提高啤酒的非生物稳定性。

3. H_2O_2

（1）用法及用量　1.5kg/m^3水。

（2）作用　强烈的氧化灭菌作用；使大麦提前萌发；促进麦芽的溶解。

4. 漂白粉

（1）用法及用量　0.5～1kg/t大麦，加量不可过多，否则会影响麦芽中酶的活力。

（2）作用　杀灭藻类和真菌；浸出麦皮中的色素及多酚物质。

5. 赤霉素

（1）用法及用量　在最后一次浸麦水中加入，用量为0.05～0.15g/t大麦。

（2）作用　刺激发芽；促进酶的形成；促进蛋白质的溶解；缩短发芽周期1～2d。

6. 高锰酸钾

（1）用量及用量　第一次浸麦水中添加，用量为 0.2kg/t 大麦。

（2）作用　杀菌消毒；促进麦粒露头，均匀整齐。

7. 甲醛

（1）用法及用量　用量为 1.5kg/t 大麦，一般不提倡使用。

（2）作用　杀菌、防腐作用；浸出花色苷；提高啤酒非生物稳定性；抑制根芽生长，降低制麦损失。

（五）浸麦度及测定方法

1. 浸麦度

浸麦度是指大麦浸渍后的含水率，一般为 43%～48%。

2. 浸麦度的测定方法

（1）朋氏测定器测定法　测定器为多孔的金属圆锥筒，测定时先将 100g 大麦样品装入测定器内，然后放入浸麦槽中，与生产大麦一同浸渍。

浸渍结束时，取出测定器内大麦，擦干大麦外表水分，称其质量，按下式计算：

$$浸麦度(\%)=\frac{浸麦后质量-(原大麦质量-原大麦含水量)}{浸麦后质量}\times100\%$$

（2）生产中常用的检查方法

① 浸麦度适宜的大麦握在手中软且有弹性。如果水分不够，则硬而弹性小；如果浸渍过度，手感过软无弹性。

② 用手指捻开胚乳，浸渍适中的大麦有省力、润滑感觉，中心尚有一白点，皮壳易脱离。浸渍不足的大麦，皮壳不易剥下，胚乳白点过大，咬嚼费力。浸渍过度的大麦，胚乳呈泥浆状，微黄色。

③ 观察浸渍大麦的萌芽率。萌芽率又称露点率。表示麦粒开始萌发而露出根芽的百分数。

检测方法：在浸麦槽中任取浸渍大麦 200～300 粒，分开露点麦粒和不露点麦粒，计算出露点麦粒的百分数，重复测定 2～3 次，求其平均值。萌芽率 70% 以上为浸渍良好。

三、浸麦方法与操作技术

（一）浸麦方法

1. 浸水断水交替法

大麦每浸渍一定时间就断水，使麦粒接触空气，浸水和断水交替地进行，直至达到工艺要求的浸麦度。在浸水和断水期间均需通风供氧。浸水断水的时间可根据室温、水温、大麦的性质和品种等具体情况而定。常采用的方式有：浸 2 断 6、浸 4 断 4、浸 2 断 8、浸 3 断 9 等。对于水敏感性大麦，适当延长第一次断水时间非常必要。

现以浸 2 断 6 为例说明浸水断水交替法的操作要点，如图 3-15 所示。

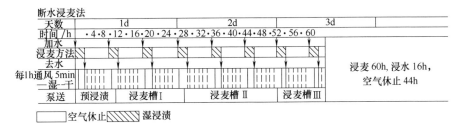

图 3-15 浸 2 断 6 浸麦法图解

（1）在浸麦槽中先放入 12～16℃清水至 2/3 左右，然后由分配器将称量好的精选大麦投入浸麦槽，同时将浸麦度测定器放入，并用压缩空气加强搅拌，即边投麦、边上水、边通风，使浮麦和杂质浮于水面并与污水一道从侧方溢流槽排除。不断通过槽底上清水，待水清为止。此过程一般需要 2h，然后加入 0.1%～0.2%的饱和石灰水溶液或 0.05%～0.1%的 NaOH 溶液。

（2）浸水时，每隔 0.5～1h 通风一次，每次通风 5～10min。

（3）浸水 2h 后放水，断水 6h，此后交替进行，直至达到要求的浸麦度。

（4）放水时要通风搅拌，使麦层表面呈"V"字形，断水期间每小时通风 10～15min，并定时抽吸 CO_2。

（5）当浸麦度达到要求，萌芽率达 70% 以上时，浸麦结束。此时应注意浸麦度与萌芽率的一致性。如萌芽率滞后应延长断水时间，反之，应延长浸水时间。

2. 喷雾浸麦法

喷雾浸麦法是浸麦断水期间，用水雾对麦粒淋洗，既能提供氧气和水分，又可及时带走麦粒呼吸产生的热量和 CO_2。由于水雾含氧量高，通风供氧效果明显，可显著缩短浸麦时间，节省浸麦用水，减轻污水处理的负担。

此法由于水雾不断对麦粒进行淋洗，使麦粒表面始终保持必要的水分，接触更多的空气，故可提前萌发，缩短浸麦时间，全过程只需 48h，即可达到要求的浸麦度。喷雾浸麦法的操作要点如图 3-16 所示。

（1）洗麦过程与浸断交替法相同，浸水 2～4h，每隔 1～2h 通风 10～20min。

（2）断水喷雾 18h 左右，每隔 1h 通风 10min。

（3）浸水 2h，通风搅拌 20min。每次浸水，均通风搅拌 10～20min，去除漂浮物。

（4）断水喷雾 8～12h，每隔 1～2h 通风 10～20min。

（5）浸水 2h，通风搅拌 20min。

（6）断水喷雾 8h，每隔 1h 通风 10～20min。

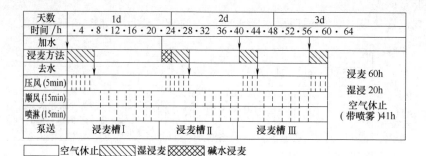

图 3-16　喷雾浸麦法图解

（7）停止喷雾，控水 2h 后出槽。

（二）浸麦操作要点

1. 掌握大麦的质量及特性

（1）了解大麦的产地、品种及特性　大麦的产地、品种不同，其质量和特性也不同。即使是同一品种，由于种植气候、种植条件、收获季节、收获时间及保管条件不同，大麦的质量和特性也存在差异。

（2）分析大麦的质量　对原料大麦进行严格的质量分析，并与出售单位提供的化验结果进行比较，以确定相应的制麦工艺条件。

2. 掌握浸水和断水的依据

（1）浸水和断水条件应根据室温、水温、大麦特性等条件决定。

（2）断水有利于麦粒接触空气，使麦粒早期萌发。

（3）断水后喷淋，可促进麦粒吸水和吸氧。此时应控制麦层上下温差不超过 2℃，麦层表面不干燥。如麦层升温过快，麦温达 22～25℃，应立即进水降温，通风搅拌，补充水中的溶解氧，使麦粒吸水、吸氧。正常浸麦水温下，水中的饱和溶氧量约为 13mg/L，经过 0.5～1h 即可耗尽。

（4）无论浸水还是断水，都需定时通风供氧，适时换水，保持麦粒表面有必需的水分。避免水中 CO_2 增多，水温偏高，出现缺氧呼吸，而阻碍麦粒萌发。

3. 调节通风供氧

大麦在浸渍过程中，随着水分的不断吸入，呼吸作用也在不断增强，耗氧增加，代谢速度加快，CO_2 的含量也随之增加，如果供氧不足，麦层中 CO_2 的含量过高，会使麦粒窒息。因此，浸麦时要定时通风，提高水中的溶解氧，并使麦层翻拌，浸渍均匀。断水时要通风或抽吸 CO_2，及时供给大麦呼吸所需要的氧气，利于麦粒的萌发。

对发芽力弱的大麦要增加通风次数，要求每小时通风 10～20min，并延长通风时间。通常前期通风量为 50m³/(t·h)，后期通风量为 100～120m³/(t·h)。

4. 控制水温

浸麦水温可根据季节、大麦特性及设备等情况而定，适宜的温度范围为12~16℃，这一温度范围，有利于大麦的新陈代谢，保证正常酶反应。浸麦温度一般不超过20℃，若水温过高，水中溶解氧低，呼吸过快，麦层含氧量降低，换水次数增加，浸麦时间缩短，麦粒溶出物增多，制麦损失增大，麦皮表面的微生物繁殖加快，部分麦粒的发芽力会因此受到损伤，降低萌发率和酶活力。如水温过低，又会延长浸麦时间，降低设备利用率，提高生产成本。

5. 控制浸麦度

（1）大麦吸水30%~35%即可萌发，水分为38%可均匀发芽。欲使胚乳充分溶解，水分为43%~48%。因此，出槽时浸麦度控制在43%~48%。

（2）国产大麦的蛋白质含量为12%~13.5%，浸麦度控制在45%~48%。

（3）制造淡色麦芽，浸麦度控制在43%~46%。

（4）制造浓色麦芽，浸麦度控制在45%~48%。

（5）水敏感性大麦的浸麦度控制应低一些，不足的水分在发芽的前期补充至要求的含水量。

（6）为缩短发芽时间，提高麦芽质量，可采用"增湿出槽"。出槽时，浸麦度控制在38%~41%，不足的水分，在发芽箱中逐步增湿，补充至规定值。增湿出槽的优点：避免受到大麦水敏感性的影响；防止白地霉等杂菌繁殖，减少霉粒点；适用于湿式输麦；有利于大规模生产，但要求发芽箱装有均匀的喷水装置。

（7）浸麦度高，发芽呼吸旺盛，麦层温度高，成品麦芽酶活力和α-氨基氮水平较高，但麦芽浸出率低，色度高。

（8）浸麦度过低，所制成的麦芽溶解性差，麦芽的玻璃质和半玻璃质增多。

四、浸麦设备的结构及特点

1. 柱锥形浸麦槽

传统的柱锥形浸麦槽如图3-17所示。一般柱体高1.2~1.5m，锥角45°，麦层厚度为2~2.5m。这类浸麦槽多用钢板制成，槽体设有可调节的溢流装置、清洗喷射系统。槽底部有较大的滤筛锥体，配有供新鲜水的附件、沥水的附件、排料滑板、CO_2抽吸系统和压力通气系统等。常用的容积有30m³、60m³、80m³、110m³等。

2. 平底浸麦槽

新型的平底浸麦槽如图3-18所示，直径为17m，大麦投料量为250t，设有通风、抽引CO_2、水温调节、喷雾系统等。大麦在浸渍之前先经过螺旋形预清洗器清洗。

平底浸麦槽的主要特点：直径远大于高度，一般高度为3m，直径达5~

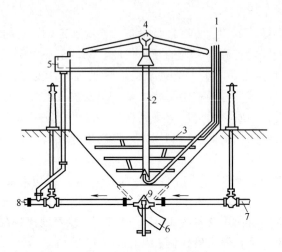

图 3-17　柱锥形浸麦槽

1—压缩空气进口　2—升溢管（中心洗麦管）　3—多孔环形通风管　4—旋转式喷料管

5—溢流口（浮麦收集槽）　6—已浸大麦出口　7—新鲜水进口　8—废水出口　9—假底（滤筛锥体）

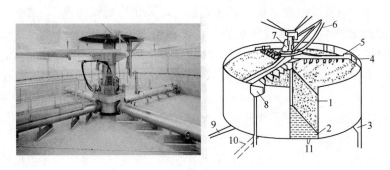

图 3-18　平底浸麦槽

1—麦层　2—多孔平底　3—浸渍麦出口　4—溢流口　5—旋转清洗机　6—下料喷水口

7—电动机　8—排水口　9—进水口　10—废水出口　11—通风管

20m；进出料用三臂的、可上下移动的特种翼片搅拌器协助分料、拌料和卸料；槽底部为可通风的筛板；适用于大批量浸麦；具有发芽箱的特征；麦层通风均匀，供氧、供水及时，排除 CO_2 彻底，有利于麦粒提早萌发，浸麦度均匀。

3. 浸麦设备管理和保养

（1）在生产中，要保持通风机、抽 CO_2 风机、喷雾泵等设备运转正常，无异常声响。

（2）浸麦槽通风喷嘴或通风管吹风眼、喷雾器上喷嘴等应保持畅通。

（3）各阀门在开关操作时不可用力过大，以免损伤阀和杆。

（4）每次用完后，将槽内、外刷洗干净。

（5）浮麦下水管路应防止堵塞，避免溢水。

（6）停产检修时，应对鼓风机、抽风机、泵拆修清洗，更换易损件。

4. 浸麦车间设备流程

现代化浸麦车间流程如图 3-19 所示。

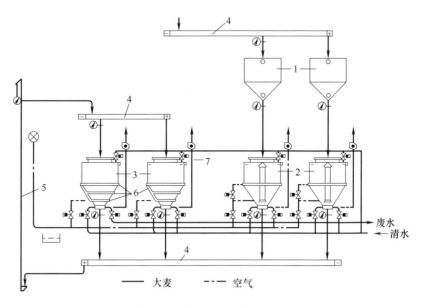

图 3-19　浸麦车间设备流程

1—投料立仓　2—带中心洗麦管的预浸泡槽　3—主浸麦槽　4—螺旋输送机
5—斗式提升机　6—通风管　7—CO_2 抽出管

任务三

大麦的发芽

大麦经过浸渍，在适当的水分、温度、氧气等条件下，生理生化反应加快，生成适合啤酒酿造需要的绿麦芽的过程称为大麦的发芽。

一、大麦发芽的目的

（1）激活原有的酶　未发芽的大麦，含酶量很少，多数是以酶原状态存在，通过发芽，使这些酶游离，从而将其激活。

（2）生成新的酶　麦芽中绝大多数酶是在发芽过程中产生的。

（3）物质转变　随着大麦中酶的激活和生成，颗粒内含物在这些酶的作用下发生转变，如胚乳中的淀粉、蛋白质、半纤维素等高分子物质在酶的作用下被分解成低分子物质，使麦粒达到适当的溶解度，满足糖化的需要。

二、大麦发芽过程中颗粒形态的变化

1. 颗粒吸水膨胀

大麦发芽所需的水分相对较少，一般为 35%～40%，最适水分为 38%，而酶的形成与物质转化需要较高的水分，一般为 45%～48%。颗粒吸水后膨胀，体积增大约 40%。1t 大麦的体积为 $1.42m^3$，浸渍后体积约为 $2m^3$。

发芽开始后，胚乳内的淀粉质在紧靠盾状体的一端开始崩解，细胞层开始溶解，并逐渐扩展到胚乳，直至麦粒尖端。麦粒由坚硬富有弹性变成松软，用手捻时，感觉松软、润滑，出现湿润白浆。

2. 根芽和叶芽生长

（1）根芽生长　大麦颗粒发育过程如图 3-20 所示。大麦达到适宜的浸麦度后，颗粒开始萌发。首先是根芽生长，主根冲破果皮、种皮及皮壳，见到根芽白点时称为"露点"，然后长出一些须根。根芽应茁壮、新鲜、均匀，这是发芽旺盛和麦粒溶解均匀的标志。

浅色麦芽根芽的长度为麦粒的 1～1.5倍，根芽数目约为 5 根；深色麦芽的根芽长为麦粒的 2～2.5 倍。

若根芽生长过长、过多，是由于浸麦度高、空气湿度大、发芽温度过高、旺盛期翻麦次数少而造成的，将使麦粒溶解过度，麦芽制成率低，物质消耗过大；若根芽生长过短，则是由于水分不足、翻麦过勤、麦温过低或麦层中 CO_2 浓度高所致，根芽会过早凋萎或发霉。

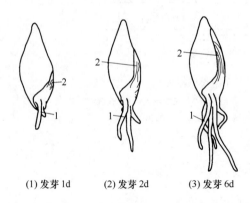

(1) 发芽 1d　(2) 发芽 2d　(3) 发芽 6d

图 3-20　大麦颗粒发育过程
1—根芽　2—叶芽

（2）叶芽生长　叶芽冲破果皮和种皮后，沿着大麦颗粒背部在果皮、种皮与背部之间朝着尖部生长。叶芽生长在麦粒的背部，果皮和种皮的内部。

浅色麦芽的叶芽平均长度相当于麦粒长度的 0.7 左右，2/3～3/4 者占 75% 左右；深色麦芽的叶芽平均长度相当于麦粒长度的 0.8 以上，3/4～1 者占 75% 以上。

若叶芽长度不足，则麦芽溶解度低，发芽不均匀，酶活力低，粉状粒少；若叶芽过长，则酶活性高，麦芽溶解过低，制麦损失大，麦芽浸出率低。

如果叶芽生长不均，可能是由于：品种混杂；精选不良；浸麦时间太短；通风不足；发芽温度过低，发芽时间不足，发芽水分低等。

发芽时可由人工控制根芽和叶芽的长度，并将叶芽长度作为判断发芽进度的重要指标。

三、胚乳的溶解

（1）胚乳的溶解　大麦发芽时，胚乳所含的高分子物质在各种水解酶的作用下生成低分子的可溶性物质，并使坚韧的胚乳变得疏松的现象，称为胚乳的溶解。

（2）胚乳溶解的目的　使胚乳结构发生变化，变得疏松，在糖化阶段容易被利用，提高麦芽的浸出率，以便为酵母创造适宜的发酵基质，从而生产出优质的啤酒。

（3）胚乳溶解的机理　发芽开始后，由糊粉层所分泌的蛋白酶首先溶解联结胚乳细胞的蛋白质薄膜使胚乳细胞分离，并使胚乳细胞壁暴露出来，而与半纤维素酶接触。在半纤维素酶分解了胚乳细胞壁后，蛋白酶进一步分解包围淀粉颗粒的蛋白质支撑物，使淀粉颗粒得以与淀粉酶接触而被分解。

所以发芽开始后，首先要分解蛋白质，使胚乳细胞壁暴露出来，然后分解半纤维素，再分解淀粉。

靠近胚的部位酶含量比尖部多，酶活性高，所以胚乳是从靠近胚部开始溶解，然后沿上皮层逐渐向麦尖发展。接近胚的下半部比接近麦尖的上半部溶解得快，麦粒的背部比腹部溶解得快，如图 3-21 所示。

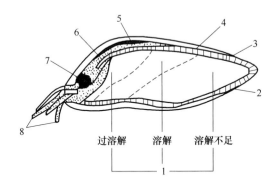

图 3-21　麦粒溶解

1—胚乳　2—果皮和种皮　3—皮壳　4—糊粉层　5—叶芽　6—盾状体　7—基部　8—根芽

（4）影响胚乳溶解的因素　发芽时胚乳中各种物质变化决定于物质的组成、酶的活化和形成的种类及数量、发芽的条件。

四、发芽过程中酶的变化

在大麦发芽过程中，酶原被激活，并形成大量的新酶。产生各种水解酶的部位是麦粒的糊粉层。大麦发芽开始时，利用胚中有限的营养，生长出幼芽，并释放出赤霉酸（GA）进入糊粉层。在赤霉酸的催化作用下，各种水解酶在糊粉层被合成与释放，如图3-22所示。

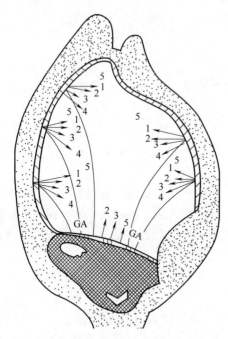

图3-22　发芽过程中酶的形成过程
1—内-β-葡聚糖酶　2—α-淀粉酶　3—蛋白酶
4—磷酸酯酶　5—β-淀粉酶　GA—赤霉酸

当酶进入胚乳后，胚乳内的淀粉、蛋白质、半纤维素等营养物质被酶分解，使胚乳溶解。这些水解酶主要有淀粉酶、半纤维素酶、蛋白质分解酶、磷酸酯酶、氧化还原酶等。

（一）淀粉酶

1. α-淀粉酶

（1）来源　在原料大麦中，几乎不含α-淀粉酶。发芽后，由于赤霉酸的催化诱导，在糊粉层处产生大量的α-淀粉酶，并向胚乳部分分泌。麦芽中大约93%的α-淀粉酶分散在胚乳中，7%分散在胚中。

（2）影响因素　麦芽水分越高，通风情况越好，麦层中CO_2浓度越低，越有利于α-淀粉酶的形成；发芽温度高（17℃），α-淀粉酶形成的速度快，但最终的酶活力不及低温者（13℃）高，适宜的形成条件是先高温后低温（17℃/13℃）。发芽工艺条件对α-淀粉酶活力的影响见表3-4。

表3-4　　　　　　　　　　发芽工艺条件对α-淀粉酶活力的影响

酶活力	浸麦度/%			发芽温度/℃				发芽时间/d				3d后CO_2含量/%		
	40	43	46	13	15	17	17/13	1	3	5	7	0	10	20
α-淀粉酶/ASBC	58	63	92	68.5	69	62.5	76.5	0	24	50	63	74	65	62

（3）作用形式　α-淀粉酶对热水溶液作用迅速，能使淀粉分子迅速液化，产生较小分子的糊精，故α-淀粉酶被称为液化型淀粉酶。此酶作用于淀粉分子内的α-1,4键，故又称为内淀粉酶。

α-淀粉酶作用于直链淀粉，分解产物为6～7个葡萄糖单位的短链糊精及少量的麦芽糖和葡萄糖，糊精还可进一步被缓慢地水解为α-麦芽糖和葡萄糖。

（4）作用条件　α-淀粉酶对纯淀粉溶液的最适pH为5.6～5.8，最适温度为60～65℃，失活温度为70℃。作用于未煮沸的糖化醪，其最适pH为5.6～5.8，最适温度为70～75℃，失活温度为80℃。

2. β-淀粉酶

（1）来源　大麦中含有相当数量的活化和未活化的 β-淀粉酶，活化部分可溶于稀盐溶液，位于糊粉层，发芽后向胚乳部分分泌。未活化部分位于胚乳，与不溶性的蛋白质以双硫键结合。发芽后，由于蛋白酶的作用，双硫键被切断，未活化的 β-淀粉酶得以活化，大麦发芽后的淀粉酶活力一般为 60～2000°WK。

（2）影响因素　发芽后的 2～5d 内，β-淀粉酶的活力增长最快；低温（13～15℃）发芽与蛋白质的溶解情况符合；发芽水分尽可能高一些，但超过 43%，酶活力的增长即不明显；若麦层中 CO_2 的浓度高，对 β-淀粉酶活力的增长有利。发芽条件对 β-淀粉酶活力的影响见表 3-5。

表 3-5　　　　　　　　　　　发芽条件对 β-淀粉酶活力的影响

酶活力	浸麦度/%			发芽温度/℃			发芽时间/d				3d 后 CO_2 含量/%		
	40	43	46	13	15	17	1	3	5	7	0	10	20
β-淀粉酶/°WK	322	366	361	251	263	230	120	247	347	366	316	320	331

（3）作用形式　β-淀粉酶作用于淀粉的非还原性末端，依次水解 1 分子麦芽糖，只能作用 α-1,4 键，不能水解 α-1,6 键，是一种耐热性较差、作用速度较慢的糖化型淀粉酶。作用于直链淀粉产生麦芽糖，作用于支链淀粉产生大量麦芽糖和少量界限糊精。

β-淀粉酶只有在 α-淀粉酶的协同作用下，产生大量的糊精，并提供多种非还原性末端，才能实现快速糖化的目的。

（4）作用条件　对纯淀粉溶液，β-淀粉酶作用的最适 pH 为 4.6，最适温度为 40～45℃，失活温度为 60℃。对糖化醪的最适 pH 为 5.4～5.6，最适温度为 60～65℃，失活温度为 70℃。

3. 支链淀粉酶

支链淀粉酶又称 R-酶、界限糊精酶或脱支酶。主要起降低支链糊精的作用。大麦中此酶活力很低，发芽 3d 后酶活力快速增长。发芽 7d 后，酶活力增长约 20 倍，干燥后，酶活力下降很少。

（二）蛋白质分解酶

未发芽的大麦中蛋白质分解酶的含量极低，随发芽的进行而逐渐增加，5d 后酶活力达到最高值，其最适的增长温度为 13～17℃。

蛋白质分解酶是分解蛋白质肽键的一类酶的总称，按其对基质的作用方式不同，可分为内肽酶和外肽酶。内肽酶从蛋白质分子内部肽键分解，外肽酶根据其分解肽键的不同，又分为氨肽酶、羧肽酶和二肽酶。

1. 内肽酶

（1）内肽酶是从蛋白质分子内部肽键分解，形成无数的多肽和寡肽。

（2）在未发芽大麦中已有内肽酶，其中 40% 为盐溶性，60% 为水溶性。

（3）发芽过程中，内肽酶活力增加 5～6 倍。

（4）影响内肽酶形成的主要因素：大麦的品种；大麦的生长时间，生长时间越长，酶活力越高；发芽水分，以 43% 左右为宜，水分过高或过低对内肽酶的形成都不利；发芽时间，在发芽的 2～4d，酶的增长最快，直至发芽完毕，酶活力仍不断增长。

（5）内肽酶的最适 pH 为 4.7，最适温度为 40℃，失活温度为 70℃。

（6）糖化醪的最适 pH 为 5.0～5.2，最适温度为 40～60℃，失活温度 80℃。

2. 氨肽酶

（1）氨肽酶存在于原大麦中，但酶活力只相当于绿麦芽的 40%。

（2）氨肽酶的最适 pH 为 7.2 和 5.8～6.5。

3. 羧肽酶

（1）原大麦中含有羧肽酶，其活力相当于绿麦芽的 20%～25%。

（2）浸麦 24h 内酶活力即开始增长，通风浸麦 48h，酶活力可增长 1 倍。

（3）在 40% 的发芽水分下，酶活力增长速度较快，但 3d 后即不增长。

（4）当发芽水分达 48% 时，酶活力随发芽时间的延长而增长，直至发芽完毕。

（5）羧肽酶增长最适宜的发芽温度为 15℃，12℃酶活力的形成较慢，18℃酶活力开始形成很快，但 3d 后即不增长。

（6）羧肽酶的最适温度为 50～60℃，70℃以上很快失活。

4. 二肽酶

（1）原大麦中含有二肽酶，主要存在于胚部，发芽后 2～3d，酶活力快速增长。

（2）长时间的空气休止有利于二肽酶的形成。

（3）发芽时喷雾增湿，有利于二肽酶的形成。

（4）降温发芽，不利于酶活力的提高。

（5）二肽酶的最适 pH 为 8～9，最适温度为 40～50℃。

（三）半纤维素酶

（1）半纤维素酶在原大麦中含量很少，主要在发芽过程中产生，一般在发芽 4～5d 酶活性达到最高。

（2）添加 GA 可显著增加半纤维素酶的活力，发芽终了此酶活力增加 3～5 倍。

（3）半纤维素酶不耐热，在干燥过程中大部分被破坏，所以成品麦芽中半纤维素酶含量极少。

（4）β-葡聚糖酶属于半纤维素酶，可分解 β-葡聚糖，降低麦芽汁及成品啤酒的黏度，加快过滤速度，提高成品啤酒的稳定性。大麦经发芽后，β-葡聚糖酶的活力可增长近 10 倍。

（四）磷酸酯酶

磷酸酯酶是分解磷酸酯为有机质和无机磷酸盐的一类酶。

（1）磷酸酯酶在原大麦中的酶活力为绿麦芽中的 $1/6 \sim 1/4$。

（2）磷酸酯酶在原大麦中的酶活力与制造麦芽的温度有关，低温发芽比高温发芽容易生成。

（3）磷酸酯酶的最适生成温度为 16°C。浸麦时，酶活力稍有下降，在发芽 $1 \sim 2d$ 后迅速增长，$5 \sim 7d$ 达到最高值。

（4）高温干燥时，酶活性随温度升高而迅速下降，因此浅色麦芽中的酶活力较深色麦芽的酶活力高。

（五）氧化还原酶

氧化还原酶包括过氧化氢酶、过氧化物酶、多酚氧化酶等，影响啤酒的色泽、风味和非生物稳定性。

1. 过氧化氢酶

（1）大麦中含有过氧化氢酶。

（2）过氧化氢酶的形成与发芽条件有关。水分越大，温度越高，酶活力增长越快，酶活力最高时的水分为 44% 左右，温度为 15°C 左右。先高温后低温的发芽方法对此酶的形成有利。

（3）过氧化氢酶不耐热，在麦芽干燥后大部分将遭到破坏。

2. 过氧化物酶

（1）过氧化物酶在大麦中含量甚微。

（2）过氧化酶主要存在于发芽大麦的叶芽和根芽中，胚乳中此酶的增长与 α-淀粉酶的增长有密切关系。

（3）发芽过程中，水分越高，酶活力增长越快。

（4）温度在 $15 \sim 18^\circ\text{C}$ 时，过氧化物酶的活力最高。

3. 多酚氧化酶

（1）多酚氧化酶在大麦中有较高的活力，与大麦的品种和种植条件有关。

（2）多酚氧化酶在发芽开始后的第二天、第三天增长最快，水分越高，增长越快，最终形成的酶活力越高。

（3）多酚氧化酶能促使多酚物质氧化，对啤酒的色、香、味和啤酒的非生物稳定性影响极大。

五、发芽过程中的物质转化

（一）淀粉的变化

（1）淀粉是胚乳中的主要物质，一部分淀粉在发芽期间受淀粉酶的作用逐步分解成低分子糊精和糖类，分解量为 18% 左右，其分解产物一部分供根芽、叶芽生长需要，另一部分供麦粒呼吸消耗，剩余部分仍存在于胚乳中。

（2）发芽过程中部分未分解的淀粉，受 α-淀粉酶的作用，朝着有利于糖化的方向进行。

（3）发芽后直链淀粉的含量增加 3%～4%，支链淀粉的含量则降低。

（4）麦芽中所含的蔗糖、葡萄糖、果糖和麦芽糖的含量均有增加。

（二）蛋白质的变化

在制麦过程中，蛋白质的变化直接影响麦芽质量，关系到酵母的发酵和成品啤酒的风味、泡沫及啤酒的稳定性。

（1）一部分蛋白质在蛋白酶的作用下，分解成为胨、陈、肽和氨基酸。

（2）蛋白质分解产物分泌给胚，合成新的蛋白质组分。因此，分解和合成是同时进行的，以分解为主。

（3）蛋白质的分解程度常用蛋白质溶解度表示，即麦芽中可溶性氮与麦芽总氮之比，又称库尔巴哈（Kolbach）值。

（4）蛋白质溶解度在 35%～45% 为合格。若蛋白质的溶解度＞41%，则蛋白质的分解程度为"优"；若蛋白质的溶解度为 38%～41%，则蛋白质的分解程度为"良好"；若蛋白质溶解度在 35%～38%，则蛋白质的分解程度为"满意"；若蛋白质溶解度＜35%，则蛋白质的分解程度为"一般"。

（5）α-氨基氮含量在 120～160mg/100g 干麦芽为"合格"。若 α-氨基氮含量＞150mg/100g 干麦芽，发芽过程中蛋白质的变化为"优"；若 α-氨基酸含量在 135～150mg/100g 干麦芽，则蛋白质的变化为"良好"；若 α-氨基酸含量在 120～135mg/100g 干麦芽，则蛋白质的变化为"满意"；若 α-氨基酸含量＜120mg/100g 干麦芽，则蛋白质的变化"不佳"。

（三）半纤维素和麦胶物质的变化

β-葡聚糖和戊聚糖是半纤维素和麦胶物质的主要成分，也是构成细胞壁的成分，均为高黏度物质，它们的降解对胚乳的溶解和浸出物黏度的降低影响很大。溶解良好的麦粒 β-葡聚糖分解完全，制成的麦芽汁黏度低。麦芽粗细粉浸出物差和麦汁黏度可反映细胞壁溶解和 β-葡聚糖的分解程度。麦芽粗细粉差值和黏度越小，则细胞溶解越好。一般认为：若浸出物差＜1.3%，则麦芽溶解度较好；若浸出物差＜2.7%，则认为麦芽溶解度较低。

1. β-葡聚糖的变化

β-葡聚糖的相对分子质量较小，易溶于水成黏性溶液。麦粒发芽后，随着胚乳的不断溶解，β-葡聚糖被不断地分解，其浸出物溶液的黏度也不断降低。溶解良好的麦芽，β-葡聚糖的降解较完全，用手指捻呈粉状散开；溶解不良的麦芽，用手指捻呈胶团状，犹如弹性橡皮一样的感觉。

2. 戊聚糖的变化

戊聚糖分布于谷皮、胚和胚乳中。胚乳中含有一部分低分子可溶性戊聚糖，其他均为不溶性戊聚糖。

发芽过程中戊聚糖总量几乎不变。谷皮中的戊聚糖含量不变，胚乳中的戊聚糖受酶分解，输送至胚部，合成新物质，再度成为不溶性戊聚糖。

（四）酸度的变化

1. 发芽过程中生酸

大麦发芽后，滴定酸度有所增加。发芽过程中的生酸，对各种酶的活化有积极意义。生酸的主要原因：磷酸酯酶分解有机磷酸酯，生成磷酸及酸性磷酸盐；在缺氧的情况下，糖类的氧化生成有机酸；氨基酸的碱性氨基被利用，生成相应的有机酸；麦粒中的硫化物转化成少量的硫酸和酸性硫酸盐。

2. 麦芽中酸的种类

麦芽中的酸主要有磷酸、其次还有甲酸、乙酸、丙酸、苹果酸、柠檬酸、琥珀酸、草酸、硫酸、丙酮酸、乳酸、高级脂肪酸和各种氨基酸等。深色麦芽较浅色麦芽的酸度高，溶解度高的麦芽，其酸度相对也高。

3. 麦芽产酸异常的原因

麦芽产酸异常可能是：通风不足；浸麦过度；发芽温度过高；翻拌不及时；麦粒霉变。

（五）多酚物质的变化

多酚类物质如花色苷和儿茶酸主要存在于谷皮和糊粉层中，少数存于胚乳中。随着胚乳的不断溶解，可溶性多酚物质也不断增加。

发芽条件与麦芽中多酚物质和花色苷的含量有关。若发芽水分越大，温度越高，麦层中的 CO_2 含量越高，则单宁物质和花色苷的含量也越高。

（六）二甲基硫的变化

二甲基硫（DMS）是一种挥发性的硫醚化合物，大麦发芽时会形成一种非活性的、热稳定性较差的 DMS 前体物质，在麦芽干燥时会转化为活性的 DMS 前体物质，并分解产生游离的 DMS，使啤酒产生青草味。因此，发芽过程中应尽量避免 DMS 前体物质的形成及其转化。

控制 DMS 前体物质的形成措施：控制低浸麦度；采用低发芽温度；控制低麦芽溶解度。

六、发芽工艺条件

发芽工艺条件主要包括：发芽水分、发芽温度、通风供氧、发芽时间、光线等。

（一）麦芽水分

麦芽的水分对麦粒的溶解影响较大，它由浸麦度和整个发芽期间吸收的水分所决定。只有麦粒的水分达到一定程度才会发芽。制造浅色麦芽，浸渍以后大麦的含水量通常控制在 43％～46％；制造深色麦芽，大麦浸渍后的含水量控制在 45％～48％。

为了保持麦粒应有的水分，发芽室必须保持较高的相对湿度，并及时给麦粒提供水分。通风发芽法水分散失较大，更需要注意保持水分。通过调温、调湿，通入饱和的湿空气，发芽室内空气的湿度要求在95％以上。

实际生产中，为了缩短生产周期，发芽开始时麦粒含水量可控制在38％～41％，不足的水分，在进入发芽箱后继续喷水增湿，并通风搅拌均匀，最终麦粒含水量控制在43％～46％。

（二）发芽温度

发芽温度影响发芽速度和麦粒溶解程度。生产淡色麦芽，发芽温度控制在13～18℃。生产浓色麦芽，发芽温度控制在24℃左右。发芽方法一般分为低温发芽、高温发芽和低高温结合发芽三种。

1. 低温发芽

低温（12～16℃）发芽的特点：叶芽、根芽生长缓慢，生长均匀；呼吸缓慢，麦层温升幅度小，生产容易控制；麦粒的生长和细胞的溶解一致；酶活力比较高；制麦损失小；适宜制造浅色麦芽。

2. 高温发芽

高温（18～22℃）发芽的特点：根芽、叶芽生长迅速，呼吸旺盛；酶活力开始形成较快，而后期不及低温发芽的高；麦粒生长不均匀；制麦损耗大，浸出率低；细胞溶解较好，但蛋白质溶解度低，易导致麦芽汁过滤性能变差、收得率偏低；色泽偏高，适宜制造深色麦芽。

3. 低高温结合发芽

为了制得溶解良好、酶活力高的麦芽，对蛋白质、永久性玻璃质含量高的大麦，应采用低高温结合发芽。温度控制方法：

（1）先低温后高温　开始3～4d麦温保持12～16℃，后期维持18～20℃。

（2）先高温后低温　先高温17～20℃，后低温13～17℃。

（3）低温—高温—低温　前1～2d控制在14～16℃，然后升温至18～20℃，极限温度为22℃，后期绿麦芽凋萎自然降温至12～14℃。

（三）通风供氧

1. 通风量

麦粒的呼吸作用离不开氧气，所以大麦发芽过程必须提供足够的新鲜空气。尤其发芽初期的麦粒呼吸旺盛，品温上升快，CO_2浓度大，需通入大量新鲜空气，以利于麦粒生长和酶的形成。若通风过度，麦粒内容物消耗过多，发芽损失增加；如果通风不足，麦堆中CO_2不能被及时排出，也会抑制麦粒呼吸作用。特别要防止因麦粒内、分子间呼吸，造成麦粒内容物的损失，或产生毒性物质使麦粒窒息。在发芽后期，麦层中应减少通风，使CO_2在麦堆中适度积累，浓度达到5％～8％，以抑制根芽和叶芽生长，抑制麦粒呼吸强度，有利于β-淀粉酶的形成，有利于麦粒的溶解，提高麦粒中低分子氮的含量，减少制麦损失。

2. 通风方式

（1）间歇式通风　定时向麦层中通入一定温度的饱和湿空气；风速快、风量大；风温与麦温的温差大，易引起麦层发干和温度忽高忽低等现象。

（2）连续通风　进风量小，风速低；风温与麦温的温差小，进风温度比麦温低 1～2℃；麦层失水少；麦粒萌发快，有利于麦粒的旺盛生长和酶的形成。

（3）循环通风　将麦层中排出的空气不完全当作废气排放，而是取其一部分与新鲜空气按一定比例混合，回入送风机；可节约能源；通过控制回流空气和新鲜空气的比例，可使麦层中保持一定的 CO_2 浓度，减少空气用量，减轻增湿装置的负荷。

（四）发芽时间

发芽温度越低，水分越少，麦层含氧越低，麦粒生长便越慢，发芽时间越长。发芽时间还与大麦品种和所制麦芽类型有关，难溶的大麦发芽时间长，制造深色麦芽的发芽时间较长。

通常浅色麦芽的发芽时间控制在 6d 左右，深色麦芽为 8d。近年来，人们通过改进浸麦方法、改良大麦品种、添加赤霉酸等，已使发芽时间缩短至4～5d。

（五）光线

发芽过程中必须避免阳光直射，以免因叶绿素的形成而损害啤酒的风味。

七、发芽设备及操作技术

发芽的方式主要有地板式发芽和通风式发芽两种。古老的地板式发芽由于劳动强度大、占地面积大、受外界温度影响大等缺点，已被淘汰。现在普遍采用通风式发芽，通风式发芽麦层较厚，采用机械强制方式向麦层通入用于调温、调湿的空气以控制发芽的温度、湿度及氧气与 CO_2 的比例。通风方式有连续通风、间歇通风、加压通风和吸引通风等。

常用的通风式发芽设备有萨拉丁发芽箱、劳斯曼发芽箱、麦堆移动式发芽箱、矩形发芽-干燥两用箱、塔式发芽系统、罐式发芽系统等。

（一）萨拉丁发芽箱

萨拉丁发芽箱是我国目前普遍使用的发芽设备，主要由箱体、翻麦机和空气调节系统等组成，如图 3-23 所示。

1. 结构及主要技术参数

（1）箱体　箱体呈矩形，长宽比例为（5～7）∶1，由砖砌成或用钢板制成。壁高 1～2m，壁厚 16～20cm，两端面内壁呈半圆形，与翻麦机的形状相适应。筛板与箱底之间的空间作为风道，箱底倾斜角度为 20°，以利排水。距箱底 0.6～2m 处有一层筛板（假底）用于支撑物料、送入空气及排水，筛孔规格为（1.7～1.8）mm×20mm，开孔率为 23%～26%，筛板由不锈钢板制成，厚度为 2～3mm。从筛板向上，侧壁高度为 1.2～1.8m。两侧壁上方设供翻麦机运行的

(1) 发芽箱

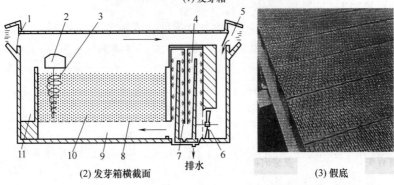

(2) 发芽箱横截面　　　　(3) 假底

图 3-23　萨拉丁发芽箱

1—排风口　2—翻麦机　3—螺旋　4—喷水室　5—进风口
6—鼓风机　7—喷水管　8—筛板（假底）　9—风道　10—麦层　11—人行过道

导轨及齿条。

（2）翻麦机　翻麦机为一套立式螺旋搅拌机，相邻搅拌机螺旋的转向相反。每组螺旋可单配小电机直接驱动，以控制不同的转速。翻麦机的机架行车由电机通过行星齿轮减速带动齿轮沿导轨运行，导轨两端装设行程开关，翻麦机行至箱端碰到触点即自动停机。螺旋叶与箱壁间距为 10～20mm，螺旋叶末端装橡胶皮并与筛板接触。翻麦机应附有喷水装置，以补充水分。

（3）发芽室　发芽室高度为 2.3～2.5m，天棚呈拱形，以防冷凝水滴入发芽箱，引起局部麦粒结块或根芽生长过度。

（4）空气调节系统

① 空气调节技术参数：进风量一般为 500～600m³/(t·h)，通入空气的相对湿度要求在 95% 以上，增湿量为 0.5kg/(t·h)，风温比麦温低 2～3℃，进风温度为 12～16℃，送风速度为 2.0～2.5m/s。通入麦层的新鲜空气一般混合 10%～15% 的室内回收空气，回风温度为 16～20℃，相对湿度在 93% 以上。

② 空气调节装置：集中空调是所有的发芽箱都使用同一套空气调节装置，集中处理空气，分散使用。其特点：风道长，阻力大；易失水，难以保持所需空

气的温、湿度；常需在进入发芽箱前再喷水增湿。

分散空调是每个发芽箱都设有单独的空气调节装置，其优点：风道短而平直，不会引起空气温、湿度的变化；通风风速适当、均匀、柔和。缺点：功率消耗大；设备复杂，造价高。

2. 发芽箱的布置形式

通常每间发芽室布置一个发芽箱，每个发芽箱配备一台风机和空调室，可根据发芽阶段不同单独控制工艺条件，特别是温度和空气中 CO_2 的比例。为便于操作，在发芽箱一侧设一过道。也有的将数个发芽箱布置在一间发芽室内，并且共用一套空调系统。不同发芽箱中物料所处的发芽阶段不同，所要求的温度和新鲜空气的比例也不同，最好每个发芽箱单设空调系统，如图3-24所示。

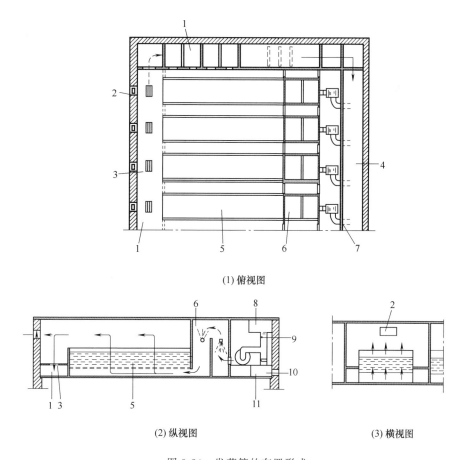

(1) 俯视图

(2) 纵视图   (3) 横视图

图 3-24 发芽箱的布置形式

1—回风汇集通道　2—废气挡板　3—回风格栅　4—回风及新鲜空气分配通道
5—发芽箱　6—增湿器　7—空压机　8—回风分配通道　9—调节挡板
10—新鲜空气进口　11—新鲜空气分配通道

3. 操作要点及注意事项

（1）进料 进料也称"下麦"，通常利用大麦的自重，大麦和水一起从浸麦槽自由下落进入发芽箱。在发芽箱上方有一根长管，管子上每隔约 2.5m 开一出料口，如图 3-25 所示。装料量为 300～600kg/m²。

图 3-25 发芽箱的进料方式

（2）摊平 大麦进入发芽箱后，物料呈堆状，利用翻麦机将麦堆摊平，麦层厚度为 0.8～1.5m。

（3）喷水 在翻麦机横梁上装有喷水管，随着翻麦机的移动，将水均匀地喷洒在麦层中。喷水的作用是：保持麦芽表面湿润，防止颗粒表面干皱；补充水分，有的工艺要求在浸麦时的浸度较低，剩余水分必须在发芽箱中补足。

（4）通风

① 连续通风：保持麦芽温度稳定；麦层上下温差小；风压小而均匀；绿麦芽水分损失较小；发芽快、均匀；麦层中 CO_2 含量低；翻麦次数少。

② 空气调节：如图 3-26 所示，使空气入口温度低于品温 2～3℃，相对湿度在 95% 以上。空气降温增湿是在空调室喷洒冷水，当空气通过空调室时吸收水分，既增加了湿度又降低了温度，必要时应添加制冷设备。部分废气通过回风管与新鲜空气混合进入风机。

③ 废气循环：发芽过程中不同阶段通入的空气中 CO_2 浓度不同，即新鲜空气与循环空气的比例不同。发芽开始时应通入新鲜空气，供给麦层充足的氧，加速发芽；

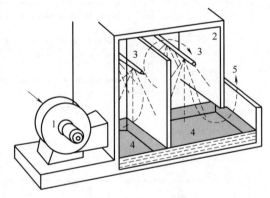

图 3-26 空气调节室
1—风机 2—增湿室 3—喷水管
4—水收集槽 5—去发芽箱

随着时间的推移，逐渐增加循环空气的比例；发芽后期，绝大部分是循环空气，甚至能达到 100%，控制麦层中 CO_2 含量在 5%～8%。利用循环空气的意义：提高麦层中 CO_2 浓度，抑制呼吸，降低制麦损失；有利于 β-淀粉酶的形成和蛋白质的溶解；节约能源。

（5）翻麦 翻麦的目的是均衡麦温，减小温差，并解开根芽的缠绕。螺旋翻麦机沿轨道从一端运行到另一端即为翻麦一次，如图 3-27 所示。运行速度为

0.4～0.6m/min，螺旋转速为 8～9r/min。发芽开始及发芽后期，翻麦次数少，每隔 8～12h 翻拌 1 次；发芽旺盛时期翻麦次数多，每隔 6～8h 翻拌 1 次；连续通风每天翻麦 2 次；萎凋期应停止通风和搅拌。

图 3-27　螺旋翻麦机

（6）控制温度及时间

① 第一天，通干空气，排出麦粒表面多余的水分，进风温度应根据大麦品种、特性和生产季节的不同进行调节，一般控制在 13～15℃。而后通入 12～14℃的饱和湿空气，用以调节麦层温度。

② 第二、第三天，适当通入 12～14℃湿空气调节麦温，麦层温度逐渐增高，控制麦温每天上升 1℃，麦芽最高温度控制在 18～20℃，以后保持此温度或逐步下降。

③ 第四、第五天，麦温达 18～20℃，保持此温度或逐步下降。发芽旺盛，控制品温不超过 20℃，如麦层温度超过 20℃，需增加通风次数和延长通风时间。

当颗粒呼吸微弱，品温降低到一定程度保持不变，根芽和叶芽生长到一定长度时，发芽基本结束。发芽时间：夏季 4.5～5d，冬季 5～7d。

（7）出料　发芽结束后，将绿麦芽送入干燥箱。出料时螺旋停止旋转，翻麦机以 10m/min 的速度每次将部分绿麦芽推至发芽箱一端的出口，再利用其他方式送至干燥箱，如图 3-28 所示。

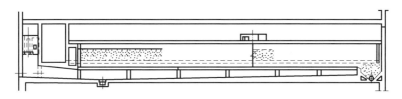

图 3-28　螺旋翻麦机出料操作

4. 绿麦芽的质量要求

（1）发芽率　发芽率必须在 90％以上。

（2）叶芽长度　浅色麦芽的叶芽长度相当于麦粒长度的 2/3～3/4 者占 70％以上；浓色麦芽的叶芽长度相当于麦粒长度 3/4～1 者占 75％以上。

（3）麦芽水分　绿麦芽的水分通常在 41％～43％。

（4）糖化力　3000°WK 以上。

（5）总甲醛氮　190mg/100g 以上。

（6）α-氨基氮　150mg/100g 以上。

（7）手感　手捻易碎且润滑的麦粒应占 80％以上，浮肿粒占 3％以下。

（8）感官　绿麦芽应有弹性、松软和新鲜感，具有绿麦芽特有的香气。

（二）劳斯曼发芽箱

1. 结构

劳斯曼制麦芽生产线是一条把六个发芽箱和一个干燥炉布置在同一平面上的直线式麦芽生产线。如图 3-29 所示。

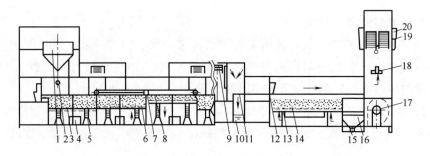

图 3-29　劳斯曼发芽箱

1—浸麦槽　2—卸料和摊平装置　3—发芽箱底　4—温度测量点　5—升降装置　6—喷水装置
7—喷淋装置　8—移动式刮板翻麦机　9、19—空气挡板　10—通风机　11—冷却装置　12—干燥炉门
13—干燥箱底提升装置　14—干燥箱底　15—成品麦芽排卸装置　16—成品麦芽储仓　17—热风机
18—加热装置　20—热能回收装置（热交换器）

2. 操作要点

（1）浸渍好的大麦，由第二浸麦槽经放料绞龙和布麦机放入第一发芽箱。

（2）开动刮麦机，利用刮麦机的叶板将大麦摊平。

（3）启动发芽箱空气室的通风机，向麦层小风量连续通风 24h。发芽箱中，麦层上下温差一般要求为 2℃左右。如果麦层温差大于 2℃，需使用大风量的一挡；如果温度差在 2℃左右，则使用小风量的一挡（二挡风量一般是一挡风量的 67％～70％）。

（4）发芽箱风机吹入麦层的是经过调温调湿后的风。调节后空气的相对湿度接近 100％。发芽过程中，在使用新鲜空气的同时，也可使用一部分回风。

（5）第一发芽箱，发芽大麦的品温控制在16℃左右，通风温度在14℃左右。

（6）发芽24h后，将第一发芽箱的发芽大麦倒入第二发芽箱。大麦的倒箱过程同时也是翻麦、加水的过程。

（7）倒箱完毕将大麦摊平，立即通风发芽。24h后再依次倒入第三发芽箱。

（8）劳斯曼发芽箱大麦发芽时间共需6d，按上述方法依次每天向后倒一个发芽箱，到第七天即由第六发芽箱把发芽完毕的绿麦芽送入干燥炉干燥。

（9）大麦在由第一发芽箱倒入第二发芽箱和由第二发芽箱倒入第三发芽箱时（即第二、第三天），要用刮麦机强喷水喷头给发芽大麦喷水，边倒边喷直到全部倒完为止。强喷水喷头可使倒麦后大麦含水量提高5％左右。发芽进行到第四至第六天时，只用弱喷头雾湿大麦，弱喷头喷出的水为雾状，能使大麦水分增加1.5％左右，主要用于平衡连续通风时带走的一部分水分。

3. 特点

将翻麦和输送相结合，既节水又节能。

（三）麦堆移动式发芽箱

1. 结构

麦堆移动式发芽箱是一种半连续式制麦设备，其结构如图3-30所示。相当于6～7个萨拉丁发芽箱首尾相连而成的一个整体，整个发芽床只设1～2台通风装置和冷却装置，一台翻麦机和一套输送系统，发芽床和干燥炉直接相连，不需绿麦芽输送设备，直接用翻麦机上炉。

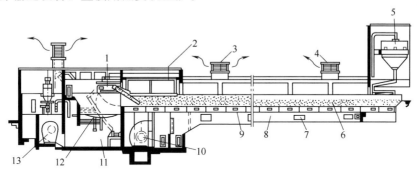

图 3-30　麦堆移动式发芽箱

1—环形输送机　2—翻麦机移动台　3、4—排风筒　5—浸麦槽　6—麦层　7—混合空气风道
8—风道　9—隔舱　10—发芽鼓风机　11—单层干燥炉　12—倾翻式烘床　13—干燥鼓风机

2. 操作要点

（1）浸渍结束的大麦送到第一隔舱，静置使之沥干水分，12h后进行翻麦。

（2）发芽大麦的翻拌和推进采用大型螺旋式翻麦机。翻麦时，从麦芽作业线的末端开始，将麦芽向机后抛出，逐渐向前移动，直至运行到发芽作业线的开端为止，使发芽的大麦向翻麦机移动的相反方向推进。这种翻麦方式能使大麦与空气充分接触，而不受损伤。

当翻麦机推进至开始发芽的顶端后即扬起，高过麦粒表面，以 8 倍于翻麦时的速度，返回原始位置，重新翻起，每批大麦在 6d 内即可发芽完毕。

（3）当麦层运行至第二天，利用发芽床面上部装有的喷水设施，向麦层中补充水分。

（4）发芽结束时，将螺旋式翻麦机运行到发芽作业线的末端，由翻麦机将绿麦芽直接输送至相连的单层高效干燥炉中进行干燥，上炉时间约 0.5h。为了节约能源，干燥炉也可分为平行的 2 间，每间干燥 12h，24h 干燥完毕。

（5）发芽箱每隔 6d 停止投料 1d，将筛板空出的部分洗净。如果筛板下面的隔舱能增加 2 个备用，便可每天进行彻底清洗而不需停止投料。

（6）每条（或每 2 条）发芽作业线上设置两台送风机，按需要送入新鲜空气和回风空气，或将两者按一定比例混合后再送入箱内。空气在进入箱之前，需经调温和增湿处理。

（7）如果选用斗式翻麦机，箱宽不宜超过 5m，日产量只能达到 15t 左右。如果选用螺旋式翻麦机，箱身可以加宽，日产量可提高到 60t 左右。

（8）翻麦机将麦芽移动前进时，要求移动幅度大，而前后麦粒的混杂率不应超过 5%。

3. 主要技术参数

麦堆移动式发芽法的主要技术参数见表 3-6。

表 3-6　　　　　　　　麦堆移动式发芽的主要技术参数

项　　目	技术参数
箱长/m	40～50
箱宽/m　采用斗式翻麦机	5 左右
采用螺旋翻麦机	5 以上
翻麦机移动速度/(m/min)	0.3 左右
麦层最高温度/℃	17～18
上下麦层温差/℃	1.5～2.0
麦层 CO_2 含量/%（体积分数）	1 左右
单位投料量/(kg/m²)	450～550
通风量/[m³/(t·h)]	475～525
增湿量/[kg/(t·h)]	0.5
冷却量:耗水/[m³/(t·h)]	0.30～0.35
耗冷/[kJ/(t·h)]	5862～7536

4. 特点

附属设备少，操作简单，便于自动控制。

（四）圆形塔式制麦设备

1. 结构

圆形塔式制麦系统如图 3-31 所示，共有 15 层，包括 1 层预浸麦层、12 层浸麦-发芽床和 2 层干燥床。在预浸麦层中设有普通浸麦槽所具有的装置，以保证进料、洗麦、空气休止、通风和排除 CO_2。浸麦-发芽床每层面积一般为 $27.5m^2$，相应投料量为 14.5t。床面分割成若干部分，每部分可绕中心轴翻转，物料自由落到下一层。采用普通发芽方法时，物料在每一层的停留时间为 12h。每层浸麦-发芽床单独通风，风的温度、湿度和通风量与各发芽阶段相适应。通风时，风由上而下穿过麦层从底部排出。

2. 操作要点

（1）大麦在预浸麦层中水浸 4h 和空气休止 5h 后，进入第一层浸麦-发芽床。

（2）空气休止 17h 后，进行第二次水浸，使浸麦度达到颗粒萌发的水分含量（约 38%）。

（3）18℃发芽，这期间按时进入下一层。

（4）当颗粒根芽均匀分叉时，第三次加水，温度为 18℃，浸麦度可达到 50%。

（5）在温度 13～14℃下继续发芽 50～55h，浸麦和发芽时间共 117h，足以使细胞壁溶解。

3. 特点

占地面积小；便于自动控制；对大规模生产而言，投资比较节省。

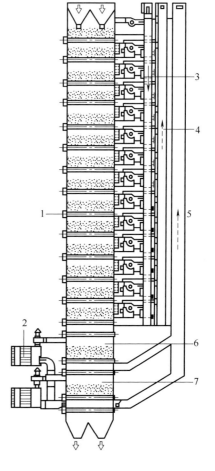

图 3-31　圆形塔式制麦系统
1—床面转动动力　2—换热器　3—新鲜空气
4—发芽废气　5—干燥废气　6—前期干燥
7—后期干燥

八、发芽设备的维护与保养

（1）每年大修，全面检查，拆修或更新损耗部件。

（2）发芽室的墙和顶部涂刷防霉涂料或贴瓷砖。

（3）日常做到勤检查、勤加油、勤调节，无油渗漏现象。

（4）启动各种电动机时，操作人员应等运转正常，电流稳定后，方可离开。

（5）设备运转过程中应注意有无异常声响，行程开关等是否有效。如发现问题，应立即停车检修。

（6）传动部件要定期加油，并防止油箱漏油。

（7）电气连锁装置应符合操作要求，以防操作失误而造成碰撞。

任务四
绿麦芽的干燥

一、绿麦芽干燥的目的

绿麦芽含水分高，不利于储存，也不能直接进入糖化工序，必须经过干燥。利用热空气对绿麦芽强制通风进行去湿和焙焦的过程即为干燥。绿麦芽干燥的目的如下。

（1）除去绿麦芽中多余的水分，使麦芽水分降低到 5% 以下，以利于储存。

（2）停止绿麦芽的生长和酶的分解，终止化学-生物化学变化，最大限度地保持酶的活力。

（3）经过加热，分解并挥发出 DMS 的前体物质，有利于改善啤酒的风味。

（4）经过焙焦，除去绿麦芽的生青味，使麦芽产生特有的色、香、味。

（5）干燥后，麦芽易于除根。麦根吸湿性强，不利于麦芽储存，有苦涩味并且容易使啤酒浑浊。

（6）干燥后，麦芽易于粉碎。

二、绿麦芽干燥过程中的变化

1. 水分

绿麦芽含水分在 45% 左右，通过干燥，使淡色麦芽的水分降至 3.5%～4.0%，浓色麦芽的水分降至 1.5%～3.5%。根据脱水的难易程度，麦芽干燥过程可分为三个阶段。

（1）凋萎阶段　麦芽水分从 41%～45% 降至 18% 左右，凋萎阶段属于等速干燥阶段。在此阶段，物料内部水分扩散速率大于表面汽化速率，因此干燥速度为表面汽化速度所决定。在凋萎阶段，干燥介质温度不宜过高，因为麦芽含水分高，酶的耐热性差，极易造成酶失活。加之，绿麦芽中溶解的蛋白质在水分、温度高时，极易与水结合形成玻璃质粒。因而，凋萎阶段干燥介质温度要低，一般为 40～65℃，通风量要大。

（2）干燥阶段　麦芽水分从 18% 降至 6%。

（3）焙焦阶段　也称焙燥阶段，麦芽水分从 6% 降至 3%～5%（淡色麦芽）或 2%（浓色麦芽）。

干燥及焙燥阶段为降速干燥阶段，物料内部水分扩散速度小于物料表面水分汽化速度，干燥速度为麦芽内部水分向外扩散速度所决定。在降速干燥阶段，水分的去除比较困难，若表面汽化速度过大，将制成溶解度差的玻璃质麦芽，因此只能在缓和条件下进行干燥，直到最后数小时，方可将温度升到规定的焙焦温度80～85℃（淡色麦芽）或95～105℃（浓色麦芽），增加其色、香、味。

2. 酶

在麦芽干燥过程中，若通风量大、温度高，则水分蒸发快。麦芽中酶的活性对热很敏感，温度越高，酶的活性损失越大。酶对热的抵抗能力还与麦芽的含水量有关，若麦芽含水量越小，酶的抗热能力越强，因此麦芽在干燥前期采用低温脱水，干燥后期采用高温焙焦。大部分酶在温度较低、水分较高时，活性提高，随着温度的升高和水分的降低，酶活力损失，有的酶活力低于绿麦芽水平。

（1）淀粉酶　在干燥前期，淀粉酶的活力继续增长，如50℃、12h凋萎期间，α-淀粉酶活力明显提高。当温度超过70℃，酶活力迅速下降，α-淀粉酶活力较β-淀粉酶下降更为显著。干燥后淡色麦芽的糖化力残存60%～80%，浓色麦芽的糖化力残存30%～50%。

（2）蛋白酶　在凋萎过程中，所有蛋白酶活力升高都非常强烈。内肽酶对温度有抗性，即使高温焙焦其活力仍有所提高；氨肽酶活力在凋萎期间提高5倍，80℃焙焦后活力仍为绿麦芽的3.35倍；羧肽酶在70℃焙焦时活力仍有所提高，超过80℃损害随之增大。二肽酶对温度比较敏感，焙焦后酶活力低于绿麦芽。在干燥后期，蛋白酶的活力迅速下降。

在整个干燥过程中，淡色麦芽中蛋白酶活力残存量为80%～90%，浓色麦芽中蛋白酶活力残存量为30%～40%。

（3）半纤维素酶　在干燥过程中，半纤维素酶活力下降，超过60℃时，酶活力迅速下降，干燥后残存量为20%左右。

（4）麦芽糖酶　干燥前期继续增长，干燥后期残存量为90%～95%。

（5）脂肪酶的变化　在凋萎8h后脂肪酶活力达到最小值，而后又提高，直至凋萎结束。焙焦对脂肪酶活力有破坏作用，最终接近绿麦芽酶活性。

（6）磷酸酯酶　干燥过程中磷酸酯酶的活力一直在下降，开始采用较低的凋萎温度有利于保留磷酸酯酶的活力，干燥后麦芽酶活力约为绿麦芽的1/3。

（7）过氧化氢酶　过氧化氢酶对温度最敏感，在凋萎过程中活力缓慢降低，在焙焦阶段丧失大部分活力，干燥麦芽中只剩下不到10%。

（8）过氧化物酶　过氧化物酶在干燥过程中的变化与过氧化氢酶类似，只是干燥麦芽中保留的酶活力略高些。

（9）多酚氧化酶　多酚氧化酶的热稳定性最强，在凋萎后1/3时间活力降低很迅速，焙焦阶段变化不大。

焙焦温度对酶活力的影响见表3-7。

表 3-7　　焙焦温度对酶活力的影响（相当于绿麦芽酶活力的百分数）　　单位：%

焙焦温度/℃	70	80	90	100
内 β-葡聚糖酶	99	96	80	55
外 β-葡聚糖酶	45.6	40.1	30.9	27.4
纤维二糖酶	68	68	60	58
脂肪酶	98	92	86	81
磷酸酯酶	38.8	35.5	30.9	24.5
过氧化氢酶	16.0	6.8	2.4	0.2
过氧化物酶	24.1	18.9	11.2	7.5
多酚氧化酶	73.9	71.2	72.0	68.0

3. 糖类

（1）麦芽干燥前期，温度在 60℃ 以下，水分达到 15% 以前，淀粉继续分解，主要产物是葡萄糖、麦芽糖、果糖和蔗糖。

（2）当温度继续升高，水分降低到 15% 以下时，淀粉水解趋于停止。但由于类黑素的形成消耗了一部分可发酵性糖，使转化糖含量有所降低，只有蔗糖的含量继续增加。

（3）在干燥过程中，β-葡聚糖和戊聚糖将继续被酶分解为低分子物质，有利于麦芽汁黏度的降低，改进麦芽汁及啤酒的过滤性能。

（4）干燥麦芽中，β-葡聚糖和戊聚糖的含量较凋萎麦芽相对减少。

4. 蛋白质

（1）干燥前期，蛋白质在酶的作用下被继续分解。

（2）当温度继续升高时，麦芽中的可溶性氮和甲醛滴定氮因形成类黑素而显著下降。

（3）干燥过程中，除蛋白质的分解外，尚有少量蛋白质受热凝固，使麦芽中凝固性氮含量有所降低。深色麦芽较浅色麦芽降低的幅度大。

5. 类黑素

（1）类黑素是褐色至黑色的胶体物质，是淀粉分解所产生的低分子糖类和蛋白质分解产物氨基酸或简单含氮物质在较高温度下相互作用而形成的。

（2）麦芽中含有低分子糖和氨基酸等简单含氮物的量越大，水分和温度越高，形成的类黑素就越多，色泽越深，香味越大。

（3）类黑素在 80～90℃ 时已开始少量形成，类黑素形成的最适温度为 100～110℃，但水分应不低于 5%。

（4）类黑素的形成与 pH 也有关系，pH 为 5 时有利于类黑素的形成。

（5）类黑素的形成对啤酒的质量影响：麦芽中的香味主要来自甘氨酸形成的类黑素；麦芽的色泽主要取决于类黑素；对啤酒的起泡性和泡持性有利；类黑素是一种还原性物质，在啤酒中带负电荷，对啤酒的非生物稳定性有好处；类黑素在啤酒中呈酸性，有利于改善啤酒的风味。

6. 二甲基硫

二甲基硫（DMS）的前体物质有两种：一种是 S-甲基蛋氨酸（SMM），另一种为二甲基亚砜（DMSO）。

在大麦发芽时，SMM 由蛋白质分解而产生。SMM 不耐热，受热分解形成 DMS。但麦芽中不是所有的 SMM 都能生成 DMS，部分残留在麦芽中的 SMM，继续受热分解形成 DMS，而部分在麦芽干燥时形成的 DMS，在麦芽汁煮沸时受热氧化而形成 DMSO，在发酵时，经酵母吸收代谢还原为 DMS。

DMS 是影响啤酒风味的重要物质，其口味阈值为 $30\mu g/L$，超过此值会给啤酒带来不愉快的煮玉米味。

但 DMS 很容易挥发，其沸点是 38℃，可见 DMS 的形成与干燥温度有关，温度越高，麦芽中的残留量越少；糖化过程中，通过加热，麦汁及成品啤酒中所含的 DMS 也很少。

7. 酸度

在麦芽干燥过程中，酸度升高。其原因：由于生酸酶的作用，使酸性磷酸盐释放出来；磷酸盐相互间的作用；类黑素及其前驱体的形成。

在低温凋萎期间，物料含水量越高，酸度变化越大。随着焙焦温度的升高，pH 降低，色素增加，色泽加深。干燥温度对麦汁 pH 的影响见表 3-8。

表 3-8　　　　　　　　　　干燥温度对麦汁 pH 的影响

干燥温度/℃	50	60	70	80	90	100
pH	5.91	5.90	5.96	5.83	5.80	5.71

8. 多酚物质

（1）在凋萎阶段，氧化酶仍具有较高的活性。由于氧化酶的作用，花色苷含量有所下降。

（2）多酚物质氧化后生成二羰基化合物，二羰基化合物与氨基酸缩合和聚合而形成类黑素。

（3）进入焙焦阶段，随着温度的升高，多酚物质和花色苷含量增加，但总多酚物质与花色苷比值降低，还原力增强，着色力增加。

9. 浸出物

随着干燥温度的升高，麦汁浸出物稍有降低，其原因：凝固性氮析出越多，干燥温度越高，形成部分不溶性的类黑素；干燥温度越高，对酶的破坏性越大，可溶性物质越少，浸出物越低。

干燥温度对麦芽浸出物及色度的影响见表 3-9。

表 3-9　　　　　　　　　　干燥温度对麦芽浸出物及色度的影响

干燥温度/℃	70	85	100
无水浸出物/%	82.0	81.7	80.6
色度/EBC 单位	3.0	5.5	17.0

三、麦芽干燥设备及操作技术

（一）水平式单层高效干燥炉

1. 结构

水平式单层高效干燥炉的结构如图 3-32 所示。

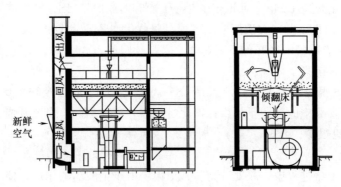

图 3-32　水平式单层高效干燥炉

（1）烘床　烘床的形式如同箅子，筛板用来承载绿麦芽。麦层厚度为 0.6～1.0m，单位负荷为 250～400kg/m²。烘床的自由流通面积为 30%～40%。有的烘床可以翻转，便于出料。

（2）通风装置　采用离心式鼓风机，设有新鲜空气、循环空气及废气通道，并用挡板调节。浅色麦芽在凋萎期间通风量为 4000～5500m³/（t·h），焙焦时风量减半。

（3）加热装置　加热介质在换热器中与干燥介质空气进行热交换。

单层高效干燥炉的主要性能参数见表 3-10。

表 3-10　　　　　　　　　　单层高效干燥炉的性能参数

项　目	技术参数	项　目	技术参数
干燥时间/h	18～20	加热介质热水温度/℃	
麦层厚度/m	0.6～1.0	凋萎阶段	110
烘床单位面积负荷/(kg/m²)	250～400	焙焦阶段	160
通风量/[m³/(t·h)]		电能消耗/(kW·h/t)	33～48
凋萎阶段	4000～5500	热能消耗/(kJ/t)	(4.40～5.02)×10⁶
焙焦阶段	2000～2750		
加热介质蒸汽压力/MPa			
凋萎阶段	0.15～0.20		
焙焦阶段	0.5		

2. 操作要点

（1）选择较低的起始干燥温度。起始温度的高低影响麦芽的容量、松脆性和色度，一般选择 45～55℃。

（2）凋萎过程中需要低温大风量通风。凋萎过程中必须尽快降低水分，以终止颗粒的生长和酶的作用。水分低时麦芽中的酶对温度的耐受性比较强，因此在升温之前必须将水分降到足够低，以免过多地破坏酶的活力。

（3）凋萎阶段分段进行升温。凋萎阶段温度一般控制在 40～65℃，可按照 50℃、55℃、60℃、65℃分段进行升温，升温过程中，一直维持某中间温度将物料水分降低到一定程度方可升温。若升温过早，表皮容易干皱，颗粒内部水分蒸发困难。一般以烘床下面的热空气温度与物料上空的废气温度的差值来衡量，温差一般在 20～25℃。

（4）中间温度一般为 60～65℃，当物料上空废气温度达到 40～45℃时开始升温。此时上层物料含水量下降至 18%～20%，下层物料含水量下降至 6%～7%。

（5）在加热至焙焦温度的过程中可以分段升温，如在 70℃、75℃维持一段时间，也可以持续升温至焙焦温度。

（6）焙焦温度的高低和时间的长短直接影响麦芽的色度和香味，随着焙焦温度的提高和时间的延长，色泽加深，香味变浓。因此，浅色麦芽的焙焦温度略低（80～85℃），深色麦芽的焙焦温度较高（100～105℃）。

某单层高效干燥炉干燥浅色麦芽的工艺条件见表 3-11。

表 3-11　　　　　　　　单层高效干燥炉的操作工艺条件

干燥过程	温度/℃	干燥时间/h	水分含量/%
凋萎阶段	40～50	10～12	45→10
	60～65	—	10→6～7
干燥阶段	65～80	3～4	6～7→5
焙焦阶段	80～85	3～4	4 以下

单层高效干燥炉操作过程中，空气温度、湿度及通风量变化曲线如图 3-33 所示。

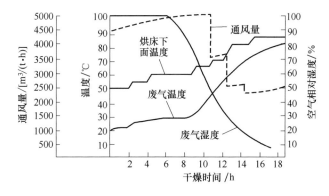

图 3-33　单层高效干燥炉操作参数变化曲线

3. 特点

水平式单层高效干燥炉的特点：干燥设备中只有一层烘床；麦层厚，投料量大；可以自动装料和出料。

（二）水平式双层干燥炉

1. 物料倒床的水平式双层麦芽干燥炉

（1）结构　将上下两层烘床水平平行安装，并在底部设一套加热通风装置，如图 3-34 所示。

（2）通风方式　通风方式如图 3-35 所示。

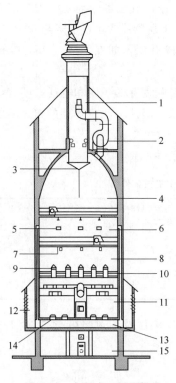

图 3-34　水平式双层干燥炉

1—排风筒　2—风机　3—灰尘收集器　4—上层烘床
5—上层烘床冷风入口　6—下层烘床　7—根芽挡板
8—根芽室　9—热风入口　10—冷却层
11—空气加热器　12—新鲜空气进风道
13—空气室　14—新鲜空气喷嘴
15—蒸汽室（或燃烧室）

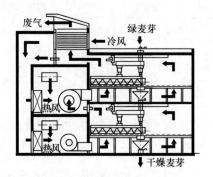

图 3-35　物料倒床的水平式
双层麦芽干燥炉的通风方式

（3）操作要点

① 物料在每层烘床停留时间一般为 12h，总干燥时间为 24h。

② 两层烘床的投料时间相差 1/2 周期，即第一层烘床投料后经过 12h 的凋

萎阶段进入下一层烘床，第一层烘床再重新投入绿麦芽。

③ 第二层烘床的麦芽由于进入了干燥和焙焦阶段，穿过麦层后的空气温度比较高，可作为加热空气引入第一层烘床上的物料中。这样，热空气进行二次利用，可回收部分余热，节约能源。

④ 低温凋萎期间要迅速去水，在 12h 内将麦芽含水量从 45% 左右降低到 10%～12%，因此烘床单位面积投料量不能太多。

⑤ 凋萎麦芽刚进入第二层烘床时，干燥温度与上层烘床温度相吻合。约 4h 后升温至 70℃，维持 2～3h，然后在 1h 之内升温至焙焦温度 80℃，并维持 3～4h。

（4）干燥工艺条件 水平式双层干燥炉干燥工艺条件见表 3-12。

表 3-12 水平式双层干燥炉干燥工艺条件（浅色麦芽）

烘床	干燥阶段	温度/℃	时间/h	水分/%
上层	凋萎	35～40	6	43～45→30
		50～60	6	30→10
下层	干燥	45～70	8～9	10→6
	焙焦	80～85	3～4	4 以下

（5）特点 能够充分利用余热。

2. 物料不倒床的水平式双层麦芽干燥炉

（1）结构 两层烘床各自有单独的通风加热装置，上下层的风机与各自的通风量相匹配，下层又与上层的气室相通，下层焙焦阶段排出的热空气进入上层气室，利用上层的风机通入处于凋萎阶段的麦层。两套通风装置既可独立操作，又能结合使用。

（2）通风方式 如图 3-36 所示。

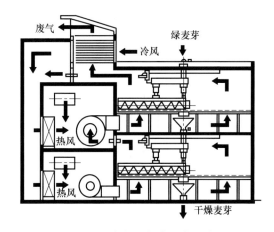

图 3-36 物料不倒床的水平式双层麦芽干燥炉的通风方式

（三）三层垂直式干燥炉

1. 结构

该设备为一组由成对筛壁、宽 200～250mm 的垂直式烘床组成，各筛壁之间有宽 600～800mm 的空气通道，垂直式烘床与空气通道的横截面均呈长方形。整个烘床在不同高度处用活动隔板将其隔成三层，隔板上设有空气通道及调节阀以调节空气量，如图 3-37 所示。

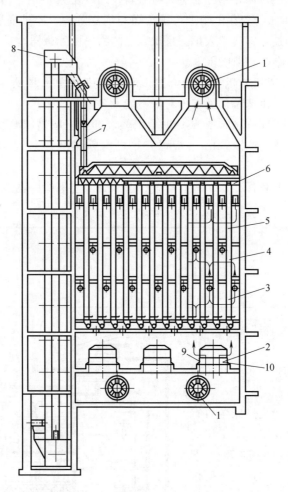

图 3-37　三层垂直式麦芽干燥炉

1—抽风机　2—空气、蒸汽加热器　3—下床　4—中床　5—上床　6—进料螺旋机
7—远视管　8—提升机　9—蒸汽管道　10—冷凝水管道

2. 干燥原理

在垂直烘床上投放 20cm 厚的麦芽，在空气通道底部装有空气喷嘴，让热空气通过喷嘴进入麦芽中。热空气变换方向后沿水平方向穿过麦层。每个烘床间的麦层高度与空气通道高度相同。打开闸门，上层烘床的麦芽靠重力作用落入下层烘床，或落入输送装置中被排出。

3. 加热方式

干燥麦芽用的热空气以蒸汽为热源，利用干燥炉下部的空气加热器对空气进行加热，热风进入空气混合室，经通道以水平方向进入下部绿麦芽层，经空气通道调节阀升入第二层，再折向仍以水平方向穿过麦芽层，然后升入第三层，横穿上层麦芽，最后经鼓风机排出。

在每对垂直烘床之间的下面有螺旋输送器，用以卸料。

4. 物料输送方式

麦芽在各段烘床间的排送十分方便，下层麦芽完成干燥时，只要关闭下层与中层之间的阀门，将卸料器上部的阀门打开，即可用螺旋输送器将烘干的麦芽很快地卸入储仓。下层麦芽卸完，则关闭卸料器，开启中层与下层间的阀门，中层麦芽即落入下层。同样，使上层麦芽落入中层，上层放空，即开始投入新的绿麦芽。

5. 特点

采用垂直炉，绿麦芽不须翻拌；每隔4～6h，利用调节阀的启闭，改变空气流向，可使麦芽干燥均匀；干燥空间的利用合理，热效率高；进料、卸料操作方便，操作时间短。

6. 主要技术参数

垂直干燥炉的主要技术参数见表3-13。

表 3-13   **垂直干燥炉的主要技术参数**

项　　目	技术参数
筛壁钢板厚度/mm	3～5
筛壁通风孔/mm	(20～30)×(0.4～0.7)
隔板空隙/mm	(20～30)×(0.4～0.7)
通风面积百分比/%	15～20
干燥炉床高度/m	3～3.5
干燥炉床麦层厚度/mm	200～250
每对炉床间的距离/mm	600～800
空气混合室高度/mm	1.5～2.0
湿空气排出筒高度/mm	4.0～6.0
排风量/(m³/100kg 麦芽)	9000～15000
干燥炉床单位时间产量/(kg/24h)	200～250
加热面积占炉床面积的百分比/%	20～25
空气混合室温度/℃（浅色麦芽）	90～100
（深色麦芽）	110～120
干燥时间/h （浅色麦芽）	24（上、中、下段各8）
（深色麦芽）	36（上、中、下段各12）
麦层温度/℃ （上段）	25～30(浅色麦芽)30～35(深色麦芽)
（中段）	30～55(浅色麦芽)50～65(深色麦芽)
（下段）	50～80(浅色麦芽)60～105(深色麦芽)
（焙焦 3h）	80～85(浅色麦芽)95～105(深色麦芽)

（四）发芽-干燥两用箱

1. 构造

发芽-干燥两用箱的构造如图 3-38 所示。发芽和干燥在同一个箱中进行，发芽与干燥所需风量相差很大，最好分别设置发芽和干燥两种通风设备，分别置于箱的两端，但一套干燥通风设备可供 3~4 个两用箱使用。干燥通风量相当于发芽通风量的 6~8 倍，发芽通风量为 500~600m³/(t·h)，干燥通风量为 3800~5000m³/(t·h)，所以假底与箱底之间的空气室大小应以干燥通风为准，相应增设一组翅片式空气加热器，利用蒸汽对空气进行加热。箱体多用 4mm 厚的不锈钢板制成，四周用保温材料隔热，也可采用钢筋混凝土建造。箱宽与长之比为 1:(6~7)，假底由不锈钢筛板拼成，每块筛板 1m×1m，放在用角钢制成的篦子架上，筛孔规格为 1.6mm×15mm，开孔率为 26% 左右。假底下面的风道为砖砌混凝土结构，风道高约 1m，风道底部与水平面的倾斜角为 1°20′，便于均匀通风，便于排水。

由于发芽时空气要求低温高湿，而干燥时要求高温低湿，因此两用箱室墙壁、箱底均要有保温层和防水隔热层。

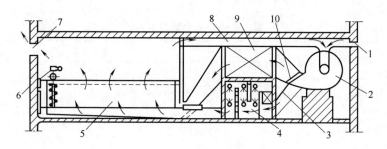

图 3-38　发芽与干燥两用箱布置图

1—冷空气进口　2—鼓风机　3—风调加热器　4—空调室　5—麦芽层　6—搅拌器
7—空气出口　8—回风道　9—干燥加热器　10—发芽与干燥控制风门

2. 操作要点

（1）浸麦 24~28h，浸麦度达 38% 时送入发芽-干燥两用箱。

（2）发芽 5d 左右，颗粒溶解良好，结束发芽，通入 30℃ 左右的热风 12~16h，使绿麦芽凋萎。

（3）通入 40~50℃ 的热风，使麦温逐步升高，定时开动搅拌机使上下麦层温度一致。

（4）当麦温达到 50℃，麦芽水分降至 10% 时，逐渐关小通风量，使麦层温度迅速上升。

（5）当麦温达到 75℃ 时，麦芽水分最好控制在 5% 左右，关掉排风机，开启回风阀进行回风，使麦温升到 82℃ 左右，焙焦 2h。

（6）在升温过程中，应不停地搅拌，保持上下温度一致。

（7）对已干燥的麦芽，通干燥空气降温，以便出箱除根。

（8）为避免设备和厂房冷热负荷过度，干燥后的麦芽不要快速冷却。

（9）干燥总时间一般为 31～33h。

3. 特点

发芽-干燥两用箱的优点：建筑面积小，无需长距离运送，免去绿麦芽输送设备；节约劳动力，劳动强度低；发芽与干燥两道工序在同一设备中完成，投资费用小；单位烘床面积产量高；便于实现自动化和集中控制；浸渍后的大麦进入仍有余热的发芽间，利用增湿的空气加温物料，能使颗粒快速萌发。其缺点：发芽和干燥温差大，耗热量大，能源利用不够合理；发芽床负荷宜小一些，否则干燥时间过长，麦层温度不易控制，温差大，影响麦芽质量；干燥时间较长；箱底风温均匀性较差；建筑物同时受到干、湿的影响，容易损坏；对设备及厂房保温、防潮要求高。

4. 干燥工艺参数

干燥工艺参数见表 3-14。

表 3-14　　　　　　　　发芽干燥两用箱的干燥工艺参数

干燥过程	温度/℃	时间/h
凋萎阶段	50	4
	55	4
	60	10
	65	至尾气温度 32℃
加热阶段	65→80	4
焙焦阶段	80～85	5

四、干燥设备的维护与保养

（1）干燥操作时，先检查干燥炉的排风口是否打开，回风口是否关闭，进料阀门及下料的管路阀门是否关闭，蒸汽散热的新风口是否关闭，门是否关闭以及风扇是否开启。

（2）使用蒸汽加热器时，应经常检查其散热效果以及是否有漏汽或杂质附着现象，视具体情况决定是否酸洗，要求疏水器灵活，以便及时排除冷凝水。

（3）烘床的机器设备、风机要定时检查和加油，发现问题及时修理。各风道的调节阀门应灵活，无漏风现象，便于空气状态的调整。

（4）在生产中，需经常对连续装卸料系统或翻麦机或刮麦车进行严格检查，自控系统要灵活、有效。

（5）烘床筛板要一次一清理，保持网孔畅通。对翻板传动配件要严格检查，发现问题及时更换。

（6）经常检查各电动机，注意轴承温度，按时加油。

任务五

干麦芽的处理和储存

一、干麦芽的处理

干麦芽的处理包括麦芽的除根、冷却以及麦芽的磨光。

（一）除根

1. 除根的目的

（1）麦根的吸湿性很强，除根后易于储存。

（2）麦根中含有杂质及不良苦味，色泽很深，会影响啤酒的口味、色泽以及啤酒的非生物稳定性。

（3）除根的同时，麦芽受到冷却作用，便于入仓保存。

2. 除根的要求

（1）出炉后的干麦芽在24h内除根完毕。

（2）除根后的麦芽中不得含有麦根。

（3）麦根中碎麦粒和整粒麦芽不得超过0.5%。

（4）除根后的麦芽应冷却到室温。

3. 除根设备

（1）结构　麦芽除根机为卧式圆筒筛，如图3-39所示。它是利用转动的带筛孔的金属圆筒与圆筒内装有的叶片搅刀以不同的速度进行旋转，麦根靠麦粒间相互碰撞和麦粒与滚筒壁的撞击、摩擦等作用而脱落，然后通过筛孔排出。

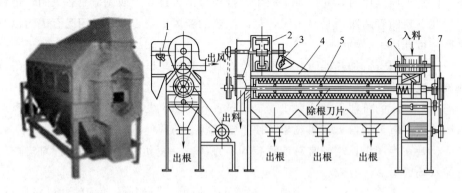

图 3-39　麦芽除根机

1，3—调节门　2—抽风装置　4—机架　5—除根装置
6—打散装置　7—传动装置

（2）除根过程　待除根的麦芽先经打散装置将麦芽松散，防止麦根缠结。打散的麦芽由螺旋进料槽送至缓慢转动的筛筒装置，沿轴向推进，麦芽从一端进入，另一端卸出，因刀片的转速比筛筒的转速快，所以当除根刀转动时，刀片与筛筒作相对运动，摩擦麦芽而使麦根脱落。筛筒由 6 块 1.5mm×20mm 矩形孔筛板组成，脱落的麦根从孔内筛出，机身上部装有抽风装置，吸入空气一方面吹冷麦芽，一方面把灰尘及轻杂质吸去。除根的麦芽要求冷却到 20℃ 左右，防止温度过高入仓，致使酶的失活和色泽变深，造成啤酒的不良味道。

（3）技术参数　麦芽除根机技术参数见表 3-15。

表 3-15　　　　　　　　　　麦芽除根机的技术参数

项 目 名 称	技术参数
生产能力/（t/h）	2.5
圆筒筛直径/mm	600
圆筒筛转速/（r/min）	20
除根刀直径/mm	585
除根刀轴转速/（r/min）	257
打散机转速/（r/min）	76
风机转速/（r/min）	795
风量/（m³/h）	1800
电机功率/kW	5.5
外形尺寸/mm	2581×1693×2515

（二）冷却

干燥后的麦芽温度为 80℃ 左右，尚不能进行储藏，因而必须尽快冷却，以防酶的破坏，致使色度上升和香味变化。常用的冷却方法有：

（1）通入低温新鲜空气，将麦温降至 20℃ 左右。

（2）在低温的冷却容器中进行。

（3）通过调节除根速度对麦芽进行冷却。

（三）磨光

1. 磨光的目的

对麦芽进行磨光处理的目的是利用磨光机除去附着在麦芽表面的水锈、灰尘及破碎的麦皮，提高麦芽的外观质量。

2. 磨光设备

（1）结构　麦芽磨光机主要由两层倾斜筛面组成。磨光机附有鼓风机，以排除细小杂质。第一层筛去大粒杂质，第二层筛去细小杂质，倾斜筛上方飞扬的灰尘被旋风除尘器吸出。

（2）工作原理　麦芽磨光机的工作原理是经过筛选后的麦芽落入急速旋转的

带刷转筒内，被波形板面抛掷，使麦芽受到刷擦、撞击，达到清洁除杂的目的。

（3）技术参数　麦芽磨光机的主要技术参数见表 3-16。

表 3-16　　　　　　　　　　麦芽磨光机的主要技术参数

项　目	技术参数
刷子圆周速度/(m/s)	6～7
转筒转速/(r/min)	400～450
处理能力/[kg/(m² 刷子面积·h)]	300
功率消耗/[kW/(t·h)]	0.75
麦芽的磨光损失比例	0.5%～1%

二、干燥麦芽的储存

除根后的麦芽，一般需要经过 6～8 周的储存方可投入使用。

（一）储存目的

（1）由于干燥操作不当而产生的玻璃质麦芽，经过储存，胚乳的性质可得到适当改善。

（2）新干燥的麦芽中的酶处于不活泼状态，需要一个低温恢复过程，否则会影响糖化。经过储存，蛋白酶、淀粉酶等活力得到恢复，有利于提高麦芽的糖化力及浸出率，有利于改善啤酒的胶体稳定性。

（3）提高麦芽的酸度，有利于糖化。

（4）麦芽在储存期间吸收少量水分，麦皮失去原有的脆性，粉碎时破而不碎，有利于麦汁过滤。胚乳失去原有的脆性，质地得到显著改善。

（二）储存要求

（1）麦芽除根后冷却至室温左右，不要超过 20℃，方可进仓储存，以防麦芽温度过高，发霉变质。

（2）按质量等级分别储存。

（3）避免空气和潮气渗入。

（4）按时检查麦芽温度和水分变化。

（5）干麦芽储存回潮水分控制在 5%～7%，不宜超过 9%。

（6）具备防治虫害的措施。

（三）储存方法及特点

（1）袋装储存　采用袋装储存，应下置垫板，四周离墙 1m 左右，堆高不超过 3m。此法与空气接触面积大，容易吸收水分，所以储存期不宜过长。

（2）立仓储存　立仓储存麦芽，麦层高可达 20m 以上，表面积较小，所以吸水的可能性较小，储存期较长。

任务六

成品麦芽的质量控制

一、感官品评

1. 纯度

除根干净，不含杂草、杂谷、尘埃、霉粒、伤残粒及未发芽颗粒。

2. 色泽

淡黄色而有光泽。绿色、黑色或红斑色为发霉麦芽。

3. 香味

香味纯正，具有麦芽香。应与麦芽类型相符合，浅色麦芽香味弱些；深色麦芽香味浓些，并有类似面包味道。不得有霉味、酸味、潮湿味和烟熏味。

二、物理分析

1. 千粒质量

麦芽溶解越好，则千粒重越低，制麦损失也越大。麦芽千粒质量一般为 28～38g（含水）或 25～35g（绝干）。

2. 百升质量

百升质量可反映麦芽松脆程度和溶解好坏，一般为 46～60kg。若麦芽溶解和干燥良好，则百升质量低于 55kg，短麦芽和尖麦芽为 60kg 左右。

3. 筛分试验

筛分试验主要是检验颗粒是否均匀，特别是啤酒厂购买商品麦芽时更有必要进行筛分试验。大小不一的颗粒不宜超过 0.5%。

4. 沉浮试验

沉浮试验是衡量麦芽溶解好坏的一项重要指标。麦芽溶解越好，相对密度越小，沉降部分就越少，因为溶解好的麦芽体积大、孔隙多，不易沉淀，玻璃质粒则相反。沉浮试验的评价方法：若沉降部分＜10%，对麦芽质量评价为"很好"；若沉降部分为 25%～50%，对麦芽质量评价为"满意"；若沉降部分为 10%～25%，对麦芽质量评价为"好"；若沉降部分＞50%，对麦芽质量评价为"不好"。

5. 切断试验

取 200 粒麦芽，沿麦粒纵向切开，观察胚乳状态。若麦芽溶解得好，则粉质粒多，相反则玻璃质粒多。评价方法：若玻璃质粒含量＜2.5%，对麦芽质量评价为"很好"；若玻璃质粒含量为 5%～7.5%，对麦芽质量评价为"满意"；若玻璃质粒含量为 2.5%～5%，对麦芽质量评价为"好"；若玻璃质粒含量＞7.5%，对麦芽质量评价为"不好"。

6. 脆度试验

多采用脆度仪进行测定，脆度仪的主要部件是一环形筛和橡胶辊，麦芽在筛和辊之间被碾轧。溶解良好的松脆性颗粒被碾成粉末而漏于筛下，硬粒保持不变或成半粒停留在筛中。旋转 8min 后将筛中物称重，并挑出整粒再称重，计算出玻璃质粒比例。脆度试验评价标准见表 3-17。

表 3-17　　　　　　　　　　麦芽脆度试验评价标准（浅色麦芽）

筛中物质量百分比/%	整粒质量百分比/%	松脆性评价
>81	<1.0	很好
78~81	1.0~2.0	好
75~78	2.0~3.0	满意
<75	>3.0	不好

三、化学分析

1. 水分

麦芽在储藏过程中吸收水分 0.5%~1.0%，麦芽质量标准规定含水量低于 5.0%，所以麦芽干燥后浅色麦芽水分应低于 4.0%，深色麦芽水分应低于 2.0%。

2. 标准协定法麦汁制备及其测定项目

麦芽的很多化学分析指标是在标准协定法麦汁的基础上进行的，标准协定法麦汁的制备方法是欧洲酿造协会（EBC）制定的实验室统一的方法，为世界所公认。

标准协定法麦汁即将麦芽粉碎物（细粉碎）加水搅拌均匀后，在 45℃糖化 30min，然后升温至 70℃糖化 1h，冷却后过滤所制得的麦汁。标准协定法全自动糖化仪如图 3-40 所示。

（1）浸出率　浸出率是指从麦芽中浸出并溶解于水的干物质占麦芽干物质的百分比。浸出率高，收得率即高。浅色麦芽浸出率一般为 79%~82%（无水），深色麦芽为 75%~78%（无水）。

（2）糖化时间　糖化时间是间接测定淀粉酶活力的一项指标。当标准协定法糖化温度达到 70℃并维持 10min 后，用玻璃棒滴一滴糖化醪于搪瓷板上，然后滴入一滴碘液，观察颜色，每隔 5min 检查一次，直到呈纯黄色。评价方法

图 3-40　标准协定法全自动糖化仪

以 5min 间隔为准，即＜10min，10～15min，15～20min，糖化时间越短，淀粉酶活力越强。优良的浅色麦芽糖化时间应低于 10min，深色麦芽低于 30min。

（3）pH 标准协定法麦汁过滤 30min 后测定 pH。正常麦芽标准协定法麦汁的 pH 为 5.80～6.10。

（4）色度 用色度仪测定标准协定法麦汁的色度，标准色度盘的刻度在色度低于 10EBC 时以 0.5EBC 为间隔单位，高于 10EBC 单位时取整数。正常浅色麦芽色度为 2.5～4.5EBC 单位，深色麦芽色度为 9.5～15EBC 单位，有的达到 21EBC 单位。

（5）粗细粉浸出物差 调节粉碎机磨齿间距，将麦芽粉碎成两种类型：一种是细粉碎，细粉含量约占 90%；一种是粗粉碎，细粉含量约占 25%（Miag 粉碎机）或 32%（EBC 粉碎机）。分别采用标准协定法糖化并测定浸出物含量，然后计算两种粉碎物的浸出物差值。粗细粉浸出物差是衡量麦芽溶解情况的一项重要指标，由此可以判断胚乳的通透性和酶活力的高低。粗细粉浸出物差越小，麦芽溶解越好，评价标准见表 3-18。

表 3-18　　　　　　　　　　　　粗细粉浸出物差评价标准

Miag 粉碎粗细粉浸出物差/%	EBC 粉碎粗细粉浸出物差/%	评价意见
＜2.0	＜1.5	很好
2.0～2.9	1.6～2.2	好
3.0～3.9	2.3～2.7	满意
4.0～4.9	2.8～3.2	不佳
＞4.9	＞3.2	很差

（6）黏度 黏度的测定一般采用落球式黏度计，如图 3-41 所示，计玻璃球下落时间（s），然后根据公式计算出黏度。标准协定法麦汁要换算成 8.6°P 的麦汁黏度，大生产麦汁要换算成 12°P 的麦汁黏度。麦汁黏度是衡量细胞壁分解状况的一项指标，黏度越低，表明半纤维素和麦胶物质分解得越好。若黏度高，表明麦芽溶解不好，糖化过程中内含物浸出少，收得率低，麦汁过滤缓慢。黏度与粗细粉浸出物差有关，随着粗细粉浸出物差的增大，黏度提高。

图 3-41　落球式黏度计

标准协定法麦汁黏度的评价标准见表 3-19。

表 3-19　　　　　　　　　　　　标准协定法麦汁黏度评价标准

黏度/mPa·s	评价意见
＜1.3	很好
1.3～1.61	好
1.61～1.67	一般
＞1.67	很差

（7）蛋白质溶解度　可溶性氮与总氮之比称为蛋白质溶解度，标准协定法麦汁中的含氮量为可溶性氮，麦芽中的含氮量为总氮。成品麦芽蛋白质溶解度评价方法见表 3-20。

表 3-20　　　　　　　　　蛋白质溶解度评价标准

蛋白质溶解度/%	评价意见
>41	很好
38～41	好
35～38	一般
<35	很差

（8）氮区分　按照隆丁区分法可将蛋白质分为三部分，即高分子氮（A区）、中分子氮（B区）和低分子氮（C区）。高分子氮影响啤酒的非生物稳定性，中分子氮有利于啤酒的泡沫，低分子氮作为酵母的营养物质，各部分比较适宜的比例见表 3-21。

表 3-21　　　　　　　　　麦芽中氮区分比例

氮区分	相对分子质量	各区分适宜比例/%
A 区	$>6\times10^4$	15
B 区	$(1.2\sim6)\times10^4$	25
C 区	$<1.2\times10^4$	60

若 A 区分太高，表示麦芽蛋白质溶解不完全或麦汁中的高分子蛋白量太多，有可能影响啤酒的胶体稳定性；C 区分是氨基酸、二肽类，是酵母营养物质，若 C 区分太低表示麦芽溶解不足，太高则说明麦芽溶解过度；B 区分蛋白质和啤酒泡沫有关，希望能相对高一些。

（9）甲醛氮　甲醛氮测定的是蛋白质的分解产物，包括氨基酸、低分子肽类。甲醛氮的评价标准见表 3-22。

表 3-22　　　　　　　　　甲醛氮的评价标准

甲醛氮/（mg/100g 麦芽干物质）	评价意见
>220	很好
200～220	好
180～200	满意
<180	不佳

（10）α-氨基氮　酵母只能利用氨基酸作为氮源，若 α-氨基酸含量下降 15%，发酵时间需延长 20%～30%。α-氨基酸含量低于甲醛氮，约为甲醛氮的 2/3。甲醛氮的评价标准见表 3-23。

表 3-23	α-氨基氮的评价标准
α-氨基氮含量/(mg/100g 麦芽干物质)	评价意见
>150	很好
135~150	好
120~135	满意
<120	不佳

（11）α-淀粉酶活力　一般为 40~70ASBC。

（12）糖化力　浅色麦芽的糖化力为 200~2500°WK，深色麦芽的糖化力约为 1000°WK。

（13）最终发酵度　若淀粉分解良好，则可发酵性糖含量高，发酵度也高。正常麦芽标准协定法麦汁的发酵度应在 80% 以下。

（14）糖与非糖比　浅色麦芽的糖与非糖化比为 1∶(0.4~0.5)，深色麦芽为 1∶(0.5~0.7)。

（15）哈同值　哈同值是鉴定麦芽综合溶解度的指标。将含细粉为 90% 的干麦芽粉在 4 个不同温度（20℃、45℃、65℃、80℃）下保温糖化 1h 测定浸出物含量，分别与标准协定糖化麦汁的浸出物含量相比较，分别得到四个温度下的相应比值 VZ_x，其意义分别是：

VZ_{20}——麦芽在制麦过程中已形成的可溶性物质。

VZ_{45}——蛋白酶及其他低温酶的作用形成的可溶性浸出物。

VZ_{65}——在 α-淀粉酶、β-淀粉酶作用下形成的可溶性浸出物。

VZ_{80}——仅在耐高温 α-淀粉酶作用下形成的可溶性浸出物。

从以上说明可以看出，哈同值主要用于鉴定酶类的活力，同时可反映麦芽的溶解度。麦芽哈同值的评价见表 3-24。

表 3-24	麦芽哈同值的评价
哈同值	评价意见
0~3.5	溶解不足
4~4.5	一般
5	满意
5.5~6.5	溶解良好
6.6~10	过度溶解

四、麦芽的酿造性能

通过对麦芽在糖化、酿造过程的表现以及成品啤酒的品评，可确定麦芽是否适合酿造啤酒。表 3-25 为麦芽的品评标准。

表 3-25 　　　　　　　　　　　　　　　　麦芽的品评标准

等级	评分标准	评价意见
一等	麦芽香气突出，无异杂味，口感纯净，协调，清亮	很好
二等	麦芽香气好，口感纯净，比较协调，清亮	好
三等	麦芽香气一般，轻微异杂味，口感较纯净，轻微浑浊	较好
四等	麦芽香气一般，异杂味，口感不纯净，浑浊	可接受
五等	麦芽香气差，明显异杂味，口感不纯净，明显浑浊	不可接受

五、麦芽的质量标准

1. 感官要求

淡色麦芽：淡黄色、有光泽，具有麦芽香味，无异味、无霉粒。

浓（着）色、黑色麦芽：具有麦芽香味及焦香味，无异味、无霉粒。

2. 理化指标

理化指标分为三个等级，每个等级又分为三类，见表 3-26。

表 3-26 　　　　　　　　　　　　　　　　麦芽理化指标

项目		优等品 A	优等品 B	优等品 C	一等品 A	一等品 B	一等品 C	合格品 A	合格品 B	合格品 C
夹杂物含量/% ≤		—	0.5	—	—	0.8	—	—	1.0	—
水分/% ≤		—	5.0	—	—	5.0	—	—	5.0	—
转化时间/min(淡色) ≤		—	10	—	—	15	—	—	20	—
色度/EBC 单位	淡色	—	2.5～3.5	—	—	2.5～4.5	—	—	2.5～5.0	—
	浓色	9.0～13.0	—	—	9.0～13.0	—	—	9.0～13.0	—	—
	黑色	130	—	—	130	—	—	130	—	—
煮沸色度/EBC 单位(淡色) ≤		—	8.0	—	—	10.0	—	—	—	10.0
浸出物含量/%(烘干)	淡色	79.0	—	—	76.0	—	—	73.0	—	—
	浓色	60.0	—	—	60.0	—	—	60.0	—	—
	黑色	55.0	—	—	55.0	—	—	55.0	—	—
粗细粉差/%(淡色)		—	2.0	—	—	—	3.0	—	—	4.0
黏度/mPa·s(淡色)		—	—	1.60	—	—	1.65	—	—	1.70
α-氨基氮含量/(mg/100g)(淡色)		—	150	—	140	—	—	140	—	—
库尔巴哈值/%	淡色	39～44	—	—	—	38～47	—	—	—	36～49
	浓色	25～46	—	—	—	25～47	—	—	—	25～49
	黑色	20～46	—	—	—	20～47	—	—	—	20～49
糖化力/°WK(淡色) ≥		250	—	—	220	—	—	200	—	—

任务七
制麦损失与控制措施

精选后的大麦经浸泡、发芽、干燥、除根等过程所造成的物质损失称为制麦损失。

一、制麦损失及表示方法

1. 麦芽收得率

在麦芽制造过程中，原料大麦的投入量与制成的麦芽量并不相等。制成麦芽的质量占投入原料大麦质量的百分比称为麦芽收得率。制造浅色麦芽收得率一般为80%左右。生产中多采用大麦精选率和麦芽生成率分步计算而得出麦芽收得率。

$$大麦精选率(\%)=\frac{精选大麦质量(kg)}{原料大麦质量(kg)}\times100\%$$

$$麦芽生成率(\%)=\frac{烘干除根后的制成质量(kg)}{浸渍时使用的精选大麦质量(kg)}\times100\%$$

$$麦芽收得率(\%)=大麦精选率\times麦芽生成率$$

2. 制麦损失

麦芽收得率与100%的差值称为制麦损失。

$$制麦损失=100\%-麦芽收得率/\%$$

麦芽收得率越高，制麦损失越小。

二、制麦损失的原因

制麦过程中各部分的物质损失见表3-27。

表 3-27 　　　　　　　　　制麦过程中各部分的物质损失

项目	浅色麦芽/%	深色麦芽/%
浮麦损失	0.2～1.0	0.2～1.0
大麦浸渍时物质溶解损失	0.5～1.3	0.8～1.5
大麦发芽时的呼吸损失	5～8	8～10
麦芽除根损失	2～3.5	3.5～5
水分损失	10～12	10～12
总损失	17.7～25.8	22.5～29.5

由表3-27可知，除水分外，制麦损失最大的部分是发芽过程中的呼吸损失，

深色麦芽比浅色麦芽损失大。因此，浸麦度高、发芽温度高、发芽时间长、物料中 CO_2 含量低，呼吸损失增加。

三、降低制麦损失的可行性措施

造成制麦损失的原因主要是麦粒的呼吸和根芽的生长，所以降低制麦损失的措施主要集中在发芽过程中。

1. 缩短制麦时间

从浸麦开始第二天，水分含量达到 $39\%\sim40\%$，大麦的根芽刚露出白点即停止发芽，这种麦芽称为尖麦芽。大麦含水量达到 43%，露点后在 15℃发芽 2 天停止发芽，这种麦芽根芽短，故称为短麦芽。

尖麦芽和短麦芽发芽时间短，根芽生长短，呼吸损失小，可降低制麦损失。由于这两种麦芽酶活力低、物质溶解度差，所以糖化时只能部分添加，尖麦芽添加量为 $10\%\sim20\%$，短麦芽添加量为 $1/3\sim1/2$。

2. CO_2 的应用

发芽物料所处空气中的 CO_2 能抑制麦粒呼吸，特别是在发芽后期使用循环空气，能降低制麦损失。如控制回风的 CO_2 浓度为 $4\%\sim8\%$，可降低制麦损失 $1.0\%\sim1.5\%$。

3. 重浸法

采用两次或多次浸麦法，可抑制根芽生长，减少呼吸损耗，降低制麦损失 $3.0\%\sim4.0\%$。

4. 降温发芽

发芽开始温度控制在 $16\sim18$℃，后期降至 $10\sim14$℃，可降低制麦损失 $1.0\%\sim1.5\%$。

5. 添加赤霉酸

制麦利用的生长素主要为赤霉酸，添加赤霉酸有利于大麦萌发，促进酶的形成和麦粒溶解，因而可缩短发芽周期。随着赤霉酸添加量的提高，呼吸损失增加，但发芽总损失降低。赤霉酸的添加量控制在 $0.08\sim0.15mg/kg$。若将赤霉酸与溴酸钾或氨水结合使用，效果更好。

6. 擦破皮法

若通过机械处理，将大麦谷皮擦破，相应部位果皮的蜡质层被破坏，赤霉酸即可由擦破处进入糊粉层内，加速胚乳的溶解，可缩短发芽时间 $40\%\sim50\%$，提高麦芽浸出率及酶活力，降低制麦损失。

7. 乙烯处理法

乙烯是植物体内的生长激素，能增强 α-淀粉酶的活力，并能抑制根芽生长。在大麦发芽通风时，通入微量的乙烯可降低制麦损失。

任务八
特种麦芽的制造

我国啤酒生产以淡色麦芽为主，浓色麦芽使用较少。此外，还有为满足特殊类型啤酒需要的麦芽，即特种麦芽。特种麦芽的应用主要有两个方面：用于酿造特殊的啤酒品种；作为酿造普通啤酒的添加剂，用以改善啤酒的色、香、味、体及稳定性等。

一、焦香麦芽

根据颜色的不同，焦香麦芽可分为深色焦香麦芽、浅色焦香麦芽、低色焦香麦芽。

1. 作用
（1）调节啤酒的酒体，提高啤酒的醇厚性和麦芽香。
（2）改善啤酒的泡沫性能。
（3）赋予啤酒的苦味。
（4）调节啤酒的色泽。
（5）弥补淡爽型啤酒、低浓度啤酒的口味缺陷。

2. 性质
焦香麦芽的性质见表 3-28。

表 3-28　　　　　　　　　　　　　焦香麦芽的性质

项目	浅色焦香麦芽	深色焦香麦芽
色度/EBC 单位	40～70	100～200
外观	麦粒膨胀饱满,麦皮呈黄色至淡琥珀色	麦皮呈黄褐色至深琥珀色
香味	甜味与焦香味	甜味、较浓的焦香味
浸出物/%	77～78	76～77
pH	5.5	6.3
可溶性氮/(mg/100g)	比干麦芽减少 70～100	比干麦芽减少 70～100
还原糖/%	30～50	30～50

3. 制造方法
焦香麦芽的生产原理是将高水分含量的绿麦芽升温至 β-淀粉酶的适宜温度，使麦芽中的淀粉转化为糖类物质。然后利用高温焙焦，使糖发生焦化，同时加速美拉德反应的进行，促进类黑素的形成。焦香麦芽的制造方法有以下几种。

（1）当深色麦芽发芽到 5～6d 时，洒水，使其水分达到 48%～50%，上面覆盖麻袋，让其缓慢升温至 60～65℃，保持 10h 左右，使之充分糖化，而后进行干燥。焙焦温度控制在110℃，保持2～3h。

（2）将已充分溶解的绿麦芽置于干燥炉内，洒水，使其水分达45％以上，用油布覆盖，不通风，缓慢升温至60～75℃保持0.5～1h，以加速糖化。然后移去油布，升温至焙焦温度。浅色焦香麦芽在100～120℃保持0.5～1h，深色焦香麦芽在130～150℃保持1～2h。

（3）用成品浅色麦芽制造焦香麦芽。先将麦芽浸渍6～16h，捞出阴干后进入焙焦炉，慢慢升温至60～75℃保持1.5～2h充分糖化，然后在5～6h内缓慢升温至焙焦温度150℃，并保持1～2h。

二、黑色麦芽

1. 作用

黑色麦芽主要用于生产浓色啤酒和黑色啤酒，以增加啤酒色度和焦香味，用量为1％～3％。

2. 性质

黑色麦芽的性质见表3-29。

表 3-29　　　　　　　　　　　　　　黑麦芽的性质

项　目	性　质
外观	麦皮呈深褐色，有光泽
香味	有浓的焦苦味和麦香味，不得有焦臭或酸涩味
切断试验	胚乳呈褐色至深褐色粉状，部分为半玻璃质状
色度/EBC 单位	1300～1600
无水浸出物含量/％	60～70
酶活力	全部破坏

3. 制造方法

黑色麦芽的制造方法主要有两种。

（1）当干燥麦芽水分达6％～8％时，去除麦根（浅色），放入炒麦机，逐渐升温去水，在30～60min内升温至200～215℃，保持30min，当出现焦香后再升至220～230℃，保持10～20min，使麦芽呈深棕色，但不焦化，然后取出冷却。

（2）用成品浅色麦芽在60℃热水中浸渍6～10h，取出阴干后放入炒麦机，缓慢升温至50～55℃，保持30～60min，使蛋白质分解，再升温至65～68℃，保持30～60min，使麦粒内容物进一步糖化，并除去多余水分。然后在30min内升至160～175℃，使之产生美拉德反应。当出现白烟后，升温至200～215℃保持30min，出现浓香后升至220～230℃取出放冷。

三、乳酸麦芽

1. 作用

（1）可用于改进偏碱性的糖化用水。

（2）降低糖化醪液的 pH，将糖化醪的 pH 调节至 5.5～5.6，能促进酶的作用。

（3）投料时加入乳酸麦芽，可使麦汁色度有所降低。

（4）蛋白质溶解强烈，特别是 α-氨基氮和甲醛氮提高，还原性物质增加，使啤酒的稳定性有所改善。

（5）改善啤酒的口味。

（6）提高啤酒的泡持性。

2. 乳酸麦芽的性质

乳酸麦芽的性质见表 3-30。

表 3-30　　　　　　　　　　　　乳酸麦芽的性质

项目	性质	项目	性质
外观	麦芽呈淡黄色	总氮量/%	1.529
气味	微有乳酸味	永久性可溶性氮量/%	0.954
水分/%	5.0左右	永久性可溶性氮:总氮/%	60.0
色度/EBC 单位	3～6	氨基氮:永久性可溶性氮/%	60.6
无水浸出物含量/%	70左右	麦芽中乳酸含量/%	1.5～2.5

3. 制造方法

乳酸麦芽的制造主要有以下几种方法。

（1）发芽 4～5d 后，用 0.8%～1.0%乳酸麦芽汁喷洒麦芽（乳酸麦芽汁用量为3～4L/100kg原料），然后继续发芽 3d，使之发生酸化，再用常规法干燥即得乳酸麦芽。通过凋萎和焙焦，使乳酸浓缩，最终成品麦芽中乳酸含量可达3%～4%。

乳酸麦芽汁的制备是以普通麦汁接种乳杆菌，在 45℃条件下培养 2～4d，制成乳酸麦芽汁，其乳酸含量为 1%～3%。

（2）在发芽的第 4、第 5 天用 0.4%～0.6%乳酸水溶液喷洒（用量为 3L/100kg原料），继续发芽至结束后，将绿麦芽浸于 1%～2%乳酸水溶液中 10～17h，取出，用常规法干燥。

（3）将浅色出炉麦芽浸泡于 47℃左右的水中 24～30h，使麦芽所附的乳酸短杆菌繁殖产生乳酸，直至乳酸浓度达 0.7%～1.2%后弃去废液，将麦芽在 60℃的温度下干燥，使麦芽中的乳酸量达到 2%～4%。

四、小麦麦芽

以小麦为原料，经过浸渍、发芽、干燥等过程制成的麦芽为小麦麦芽。

1. 作用

（1）作为主要原料生产上面发酵啤酒，如白啤酒。

（2）作为下面发酵啤酒的添加剂，大麦芽中掺入一定比例的小麦芽，以提高啤酒的醇厚性和泡持性。

（3）50％的小麦麦芽与大麦麦芽混合使用，生产小麦啤酒。

2. 制麦特点

（1）小麦蛋白质的含量比大麦高，会给制麦带来一定的困难，也影响到啤酒的稳定性。

（2）小麦胚乳中的半纤维素含量较高，不利于制麦分解。

（3）小麦中的氧化酶可迅速氧化酚类物质，难以控制色度。

（4）小麦属于裸麦，糖化时麦汁的过滤比较困难。

3. 选麦原则

（1）发芽性能好，发芽率＞97％。

（2）蛋白质含量适当，一般小于12％。

（3）白皮小麦。

（4）粉状粒＞80％。

（5）千粒重＞40g。

4. 制造方法

（1）小麦的预处理　主要是除去泥土、沙石、草屑、杂谷等杂物。小麦腹径较均匀，一般不需要分级。

（2）浸麦　由于小麦为裸麦，不带皮壳，吸水速度快，宜采用浸断喷淋浸麦法，水温控制在15～20℃，并加强通风供氧。为防止浸渍过度，导致根芽及叶芽生产不均等现象，浸麦度应控制低一些，以37％～38％为宜。在发芽中喷淋增湿，以促进溶解。浸渍时间为40～50h。

小麦无外壳，容易受到污染，浸泡时可加甲醛杀菌，甲醛添加量为0.005％～0.01％。

（3）发芽　小麦麦层透气性差，发芽过程中要加强通风供氧，勤翻拌；小麦发芽易发热，宜采用薄层低温发芽法；由于小麦的根芽、叶芽无麦皮保护，所以要慢速翻拌，翻拌的次数宜少，一般每10h翻拌一次，以防根芽、叶芽脱落；发芽前期通入湿空气，中后期加强通风排热，驱除CO_2；采用升温发芽工艺，进入发芽箱后，通入12～16℃，相对湿度95％以上的湿空气，控制发芽温度12～15℃；发芽第二天每8h喷水一次，使水分达42％～43％；在发芽最后一天，将麦温升高至17～20℃，促进细胞溶解；总发芽时间为5d左右。

（4）干燥　小麦芽干燥脱水速度比大麦芽快，因此干燥温度不宜过高。初期应在大量通风的条件下，先以35～40℃的低温干燥至水分20％～25％，然后在45℃干燥至水分10％～15％，再以4℃/h的速度升温至75℃左右，焙焦1.5～2h，最后在80℃焙焦至水分5.5％～6.0％。

（5）除根　小麦芽的除根与大麦芽的除根方法相同。

5. 质量指标

小麦芽的质量指标分析见表3-31。

表 3-31   小麦芽的质量指标分析

项　　目	进口品种 A	进口品种 B	进口品种 C	国产品种 D
无水浸出物/%	84.8	81.9	83.3	81.8
粗细粉差/%	1.7	1.5	1.4	1.6
黏度/mPa·s	1.56	1.50	1.60	1.70
蛋白质(无水)/%	13.3	14.9	13.8	12.10
蛋白质溶解度/%	40.6	35.1	36.4	30.4
可溶性氮/(mg/100g)	864	842	805	763
α-氨基氮/(mg/100g)	136	148	136	132
糖化力/°WK	395	290	310	226
色度/EBC 单位	5.1	5.0	4.2	4.7

习题 ▶

一、解释题

麦芽制造　大麦吸水力　大麦精选率　大麦的整齐度　大麦的浸渍
大麦的吸水力　浸麦度　麦芽溶解　麦芽收得率　制麦损失

二、填空题

1. 大麦粗选的目的是_____、_____、_____、_____等，粗选方法主要有____和_____等。

2. 溶解良好的麦芽，其库尔巴哈值在_____% 以上，一般超过_____%为过度溶解，低于_____%为溶解不良。

3. 大麦精选的目的是_____，常用的精选设备有_____、_____等。

4. 大麦分级的目的是_____、_____、_____、_____等，常用的分级设备主要有_____、_____等。

5. 用于判断麦芽溶解度的指标主要有_____、_____、_____、_____、_____等。

6. 大麦浸渍目的是_____、_____、_____等。

7. 大麦发芽的目的是_____、_____等。

8. 大麦发芽工艺条件主要包括_____、_____、_____、_____等。

9. 麦芽干燥的目的是_____、_____、_____等，常用的麦芽干燥设备有_____、_____等。

10. 干燥麦芽除根的目的是_____、_____、_____

_____等。

三、选择题

1. 麦芽垂直输送应选_____。

    A. 螺旋输送机　　　B. 斗式提升机　　　C. 刮板输送机　　　D. 带式运输机

2. 麦粒的溶解是从麦粒的_____部位开始的。

    A. 种皮　　　　　　B. 根　　　　　　　C. 皮层　　　　　　D. 胚

3. 通常浸麦度要控制在_____。

    A. 30%～35%　　B. 43%～48%　　C. 35%～40%　　D. 50%～55%

4. 发芽前大麦中几乎不存在的酶是_____。

    A. 淀粉酶　　　　　B. 淀粉酶　　　　　C. 界限糊精酶　　　D. 葡萄糖苷酶

5. 麦芽的溶解是指发芽时期_____的溶解。

    A. 胚根　　　　　　B. 胚芽　　　　　　C. 胚乳　　　　　　D. 胚

6. 生产淡色麦芽时，大麦含水量可控制在_____。

    A. 43%～46%　　B. 30%～35%　　C. 50%～55%　　D. 25%～30%

7. 大麦发芽的最适温度为_____。

    A. 4～5℃　　　　B. 35～40℃　　　C. 13～18℃　　　D. 28～32℃

8. 深色麦芽的发芽时间一般控制在_____ d。

    A. 3～4　　　　　B. 5～6　　　　　C. 8～9　　　　　D. 11～12

9. 淡色麦芽的发芽时间一般控制在_____ d。

    A. 3～4　　　　　B. 6～7　　　　　C. 8～9　　　　　D. 10～11

10. 浅色芽的色度在_____，适合于酿造淡色啤酒。

    A. 2.5EBC 以下　B. 2.5～5.0EBC　C. 5.0～10EBC　D. 10～15EBC

11. 干燥麦芽的色泽和香味主要取决于_____。

    A. 水分含量的高低　　　　　　　B. 蛋白质的分解程度

    C. 类黑素的形成　　　　　　　　D. 酶的活力

12. 浅色根芽的长度为麦粒长度的_____倍。

    A. 0.5　　　　　　B. 1～1.5　　　　C. 1.5～2　　　　D. 2～2.5

13. 麦层厚度可比传统的高 1 倍的干燥设备是_____。

    A. 水平式单层炉　　　　　　　　B. 水平式双层炉

    C. 垂直式炉　　　　　　　　　　D. 单层高效干燥炉

14. 出炉麦芽必须在_____ h内进行除根。

    A. 12　　　　　　　B. 24　　　　　　　C. 48　　　　　　　D. 72

15. 干麦芽储存回潮的水分一般为_____。

    A. 5%～7%　　　B. 9%～10%　　　C. 10%～12%　　D. 2%～4%

16. 深色麦芽的根芽长度是麦粒的_____倍。

    A. 0.5　　　　　　B. 1～1.5　　　　C. 1.5～2　　　　D. 2～2.5

17. 优质麦芽的颜色应是_____。

　　A. 绿色　　　　　　B. 黑色　　　　　　C. 黄色　　　　　　D. 红色

18. 造成制麦损失的原因主要有_____。

　　A. 麦粒呼吸和根芽生长　　　　　　B. 除杂

　　C. 除根　　　　　　　　　　　　　D. 干燥水分的散失。

19. 在发芽的后期应尽量_____。

　　A. 不通风　　　　B. 循环大量通风　　C. 加大通风　　　　D. 减少通风

20. 为了得到颗粒整齐的麦芽，大麦需要经过_____。

　　A. 粗选　　　　　　B. 精选　　　　　　C. 分级　　　　　　D. 风选

21. 大麦淀粉的含量约占总干物质量的_____。

　　A. 58%～65%　　B. 50%～52%　　C. 65%～75%　　D. 70%～80%

22. 大麦中蛋白质的含量一般在_____。

　　A. 20%～22%　　B. 18%～20%　　C. 7%～8%　　　D. 9%～12%

23. 淡色麦芽的酶活力比深色麦芽_____。

　　A. 低　　　　　　　B. 高　　　　　　　C. 相同　　　　　　D. 不一定

24. 干麦芽储藏时间至少为_____。

　　A. 一周　　　　　　B. 二周　　　　　　C. 三周　　　　　　D. 四周

25. 正常浸麦水温为_____。

　　A. 20～30℃　　　B. 18～24℃　　　C. 10～12℃　　　D. 12～18℃

26. 一旦大麦中的_____组织破坏，大麦就失去发芽能力。

　　A. 麦芒　　　　　　B. 皮层　　　　　　C. 胚　　　　　　　D. 胚乳

27. 为了刺激发芽，促进酶的形成，通常喷入一定量的_____。

　　A. 甲醛　　　　　　B. 石灰乳　　　　　C. 赤霉酸　　　　　D. 高锰酸钾

四、判断题

1. 大麦的水敏感性是大麦吸收较多水分后，加快发芽的现象。　　　　　　（　　）

2. 因为用了麦皮较厚的麦芽，啤酒中的多酚含量偏高，可使用单宁处理。

　　　　　　　　　　　　　　　　　　　　　　　　　　　　　　　（　　）

3. 使用制麦车间新生产出来的麦芽，有利于糖化操作和麦汁质量。　　（　　）

4. 麦芽糖化力和α-淀粉酶活力高者，糖化时间短。　　　　　　　　　（　　）

5. 麦汁中的α-氨基氮过高，酵母易衰老，对啤酒风味也有影响。　　　（　　）

6. 麦汁中的α-氨基氮太低，会影响酵母活性，延缓双乙酰还原，影响啤酒质量。　　　　　　　　　　　　　　　　　　　　　　　　　　　　　　（　　）

7. 麦芽溶解良好，酶活力高，下料温度可适当高些。　　　　　　　　（　　）

8. 麦芽干燥的目的就是为了便于运输和储藏。　　　　　　　　　　　（　　）

9. 如果麦芽立即投入生产，就没有必要除根。　　　　　　　　　　　（　　）

10. 麦芽经过储藏可使活力钝化的酶重新恢复活力。　　　　　　　　（　　）

11. 为促使大麦发芽，每天应适当进行阳光照射。 （　）

12. 大麦中胚是胚乳的营养大本营。 （　）

13. 因为胚芽嫩绿，所以啤酒生产中新鲜麦芽又称"绿麦芽"。 （　）

14. 大麦后熟可增进皮壳透水性，提高大麦发芽率。 （　）

15. 吸水速度快的大麦比吸水速度慢的大麦溶解性差。 （　）

五、问答题

1. 简述麦芽（麦汁）隆丁区分指标的意义。

2. 优质淡色麦芽应达到什么条件？

3. 麦芽的感官质量应从哪几个方面进行鉴别？

4. 麦芽的主要理化指标有哪些？

5. 简述麦芽的粗细粉差指标及其意义。

6. 简述麦芽的脆度指标及其意义。

7. 麦芽、麦汁和啤酒中的 α-氨基氮指标有何意义？

8. 哈同值反映了麦芽的什么质量？有何意义？

9. 刚生产出来的麦芽为什么要储存一段时间才能使用？

10. 麦芽干燥过程先后经历哪几个阶段？各有何特征？

11. 简述制麦损失的原因，并提出降低制麦损失的可行性措施。

项目四

▼

麦汁制备技术

教学目标

【知识目标】糖化的目的；麦汁制备工艺流程；原辅材料粉碎的目的与要求；糖化过程中主要的物质变化；常用的糖化方法及特点；典型的糊化、糖化设备的构造及操作要点；常用过滤设备的结构、工作原理、特点及操作要点；麦汁煮沸的作用；麦汁煮沸设备的构造、特点及操作要点；酒花的作用；回旋沉淀槽的结构、分离原理、特点及操作要点；麦汁冷却设备的构造、原理、特点及操作要点；麦汁充氧的目的。

【技能目标】麦芽粉碎及质量控制；大米粉碎及质量控制；糖化方法的选择及糖化工艺的确定；糖化操作过程及技术参数的控制；糖化过程中物质变化及影响因素；麦汁过滤操作及质量控制；酒花的化学成分及其在啤酒酿造中的作用；酒花添加方法及添加量的确定；酒花添加操作；麦汁冷却操作过程及参数控制；麦汁充氧过程及参数控制。

【课前思考】糖化工艺过程及参数控制；酒花的种类及添加方法；热、冷凝固物的分离方法；麦汁冷却方法。

【认知解读】大麦经过发芽过程，虽然内含物有了一定程度的溶解和分解，但是还远远不够，因为酵母生长繁殖和发酵所需的营养物质都是低分子的。麦汁制备就是将固体的原辅材料通过粉碎、糖化、过滤得到清亮的麦芽汁，再经过煮沸、后处理等过程使之成为具有一定组成的成品麦汁。

麦汁制备工艺流程如下：

```
                            水        酒花  热凝固物   氧气
                            ↓         ↓      ↓        ↓
麦芽→|粉碎|→麦芽粉→麦芽醪→|糖化|→|过滤|→|煮沸|→|回旋沉淀|→|冷却|→冷麦汁→|发酵|
                            ↑
大米→|粉碎|→大米粉→|糊化|→水
```

123

任务一

原辅材料的粉碎

一、麦芽粉碎

（一）麦芽粉碎的目的

麦芽粉碎的目的是使麦芽表皮破裂，有利于糖化时内含物与水充分接触；增加麦芽的比表面积，有利于原料吸水膨胀；使麦芽颗粒物质更易溶解，促进可溶性物质溶解，提高糖化效率；促进难溶物质溶解；糖化时可溶性物质容易浸出，有利于酶的作用。

（二）麦芽粉碎的要求

（1）麦皮应破而不碎　麦皮应尽量避免过分破碎，麦皮中含有苦味物质、色素、单宁等，如果麦皮粉得太碎，这些物质会过多地进入麦汁中，使啤酒色泽加深，口味变差；麦皮在过滤时作为自然过滤介质，过分粉碎会使过滤困难，影响过滤速度及麦汁收得率。

（2）胚乳部分应细而均匀　对于溶解不良的麦芽，胚乳部分更应粉得细一些，便于酶的作用。一般要求粗粒与细粒的比例为1：2.5以上。细粉比例过大，会影响麦汁过滤。

（三）麦芽粉碎方法

20世纪60年代以前，麦芽粉碎都采用辊式干法粉碎。20世纪60年代以后，相继出现增湿粉碎和湿法粉碎。20世纪80年代以后，又推出连续浸渍增湿粉碎。

1. 干法粉碎

干法粉碎是传统的粉碎方法，要求麦芽水分在6%～8%，其缺点是粉尘飞扬严重，麦皮易碎。常用的干式麦芽粉碎机有对辊式粉碎机、四辊式粉碎机、五辊式粉碎机、六辊式粉碎机等。

（1）对辊式粉碎机　对辊式粉碎机的结构如图4-1所示。主要由一对直径相同、转向相反、水平平行安装的

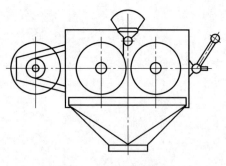

图4-1　对辊式粉碎机

拉丝辊组成，运行时两辊以不同转速转动，通过挤压和剪切作用将麦芽粉碎。由于麦芽只经过一次粉碎，因此对辊式粉碎机存在着粉碎度较难控制的缺点。

（2）四辊式粉碎机　四辊式粉碎机的结构如图 4-2 所示，主要由两对辊组成，第一对辊对麦芽起着预磨作用，转速为 210～230r/min，粉碎较粗，其中谷皮约占 30％，粒占 50％，粉占 20％，预磨后的粉碎物在两对辊之间的振动筛上进行分离，较粗的粉碎物进入第二对辊中进行粉碎，第二对辊起复磨作用，转速为 260～280r/min。如果麦芽溶解良好，预粉碎调节准确，麦皮的粉碎程度可得到控制。

（3）五辊式粉碎机　五辊式粉碎机的结构如图 4-3 所示，该粉碎机前三个辊为平面辊，组成两对对辊，第三对辊为拉丝辊。麦芽共经过三道粉碎，麦芽经过第一对辊粗磨，过筛后细粉进入料仓，麦皮和较粗颗粒经过第二辊辊轧，再经过筛分，麦皮和细粉进入料仓，粗粒及第二对辊后的粗粒一起进入第三对辊重新粉碎。如果粉碎机调节适当，可得到符合要求的麦芽粉碎物。

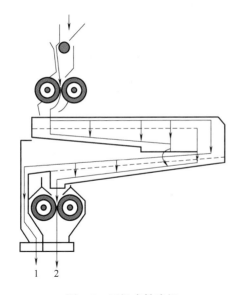

图 4-2　四辊式粉碎机

1—麦壳　2—粉和粒

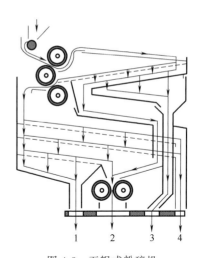

图 4-3　五辊式粉碎机

1、3—细粉　2—粒　4—麦壳

（4）六辊式粉碎机　六辊式粉碎机的结构如图 4-4 所示，前两对辊为平面辊，第三对辊为拉丝辊。每对辊之间都有两层筛子，将已粉碎的麦芽过筛，细粒及粉末不再粉碎，较大的谷皮再经第二对辊粉碎，粗粒则经第三对辊粉碎。

2．回潮粉碎

回潮粉碎又称增湿粉碎，回潮粉碎机的结构如图 4-5 所示。在粉碎之前将麦芽用水雾或蒸汽进行增湿处理，使麦皮水分提高，增加其柔韧性，粉碎时达到破而不碎的目的。增湿方法一般有两种。

（1）蒸汽增湿　麦芽经过增湿装置时，用 0.05MPa 蒸汽处理 30～40s，麦皮增湿 1.2% 左右。蒸汽增湿时，应控制麦芽品温在 50℃ 以下，以免引起酶的失活。

（2）水雾增湿　麦芽经过增湿装置时，用水雾向麦芽喷雾 90～120s，增湿 1%～2%，可达到麦皮破而不碎的目的。

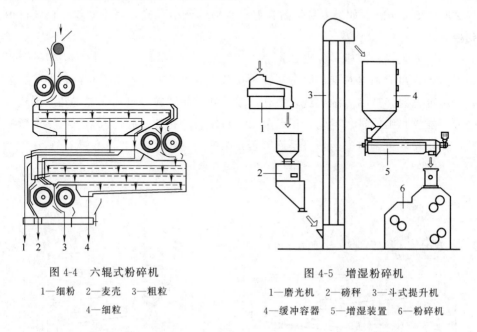

图 4-4　六辊式粉碎机

1—细粉　2—麦壳　3—粗粒
4—细粒

图 4-5　增湿粉碎机

1—磨光机　2—磅秤　3—斗式提升机
4—缓冲容器　5—增湿装置　6—粉碎机

3. 湿法粉碎

湿法粉碎过程如图 4-6 所示。先将麦芽用 30～50℃ 水浸泡 15～20min，使麦芽含水量达到 25%～30%，再用湿式粉碎机粉碎，并立即加入 30～40℃ 水调浆，用泵送入糖化锅。湿法粉碎的优点：麦皮较完整；后序糖化效果好；过滤时间

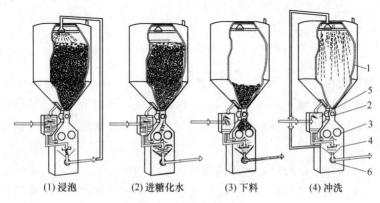

（1）浸泡　　（2）进糖化水　　（3）下料　　（4）冲洗

图 4-6　湿法粉碎过程

1—麦芽储槽　2—喂料辊　3—粉碎辊　4—糖化醪混合槽　5—水自动调节系统　6—糖化醪泵

短；麦汁清亮；对溶解不良的麦芽，可提高浸出率 1%～2%。湿法粉碎的缺点是动力消耗大。

4. 连续浸渍湿法粉碎

20 世纪 80 年代后德国又推出改进型湿法粉碎机，即连续浸渍湿法粉碎机。它结合了回潮粉碎和湿法粉碎的特点，在麦芽料箱与粉碎辊之间设置一个浸渍调节装置，结构如图4-7 所示。麦芽在粉碎之前首先进入浸渍调节装置，麦芽在60～70s 内被 60～80℃的热水连续而均匀浸湿，使麦芽水分增至 20%～25%，增加的水分几乎全部被麦皮所吸收，使麦皮变得有弹性，而胚乳则变化较小；然后经喂料辊进入粉碎辊，边喷水边粉碎，麦皮保持完整，而胚乳则被磨成浆状，最后用泵送入糖化锅。

连续浸渍湿法粉碎的特点：边粉碎边进料，可避免湿法粉碎的一次投料需全部同时浸渍的弊端；麦皮保持完整，过滤速度快，麦汁收得率提高；可减少麦皮中多酚物质的溶出，减少成品啤酒中的苦涩味；使啤酒口味更加柔和，并可使色度降低。

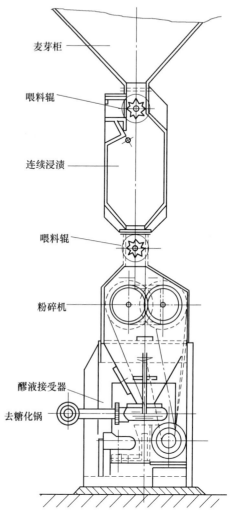

图 4-7　连续浸渍湿法粉碎机

（四）麦芽粉碎的技术要求

1. 麦芽水分的要求

（1）粉碎时要求仓储麦芽水分在 5%～8%。若麦芽水分在 8% 以上，麦芽只能被扎成薄片而不能全粉碎，麦皮上的粗粒在糖化过程中将不会被完全溶解和糖化，造成麦糟损失增加。

（2）若麦芽含水量在 4% 以下，麦皮极易被粉碎成小片，使麦汁质量下降。

2. 麦芽溶解度的要求

（1）溶解良好的麦芽，胚乳质地疏松，仅含少量坚硬的或玻璃质的部分，易于被粉碎，因此可以粉碎得粗一些。

（2）溶解不良的麦芽，胚乳质地坚硬，含有较多玻璃质部分，糖化时溶解困难，因此必须将其进行更细的粉碎。

3. 粉碎度的要求

麦芽粉碎时，其粗细粉的比例一般以 1：（2.5～3.0）为宜。

（1）粉碎度　粉碎度是指麦芽或辅助原料的粉碎程度，通常是以谷皮、粗粒、细粒及细粉的各部分所占料粉的质量分数表示。

（2）粉碎度调节　麦芽及辅料的粉碎度可通过投产麦芽的性质、糖化方法、糖化收得率、过滤时间、麦汁浊度以及碘液颜色反应的分析检验结果来调节。

（3）调节方法　操作时，可用厚薄规和调节手柄调整辊的间距，并通过取样，感观检查麦皮的粗粒和细粉的比例，判断粉碎的程度。

4. 麦芽粉碎度与麦汁过滤设备的关系

麦芽粉碎度与麦汁过滤设备关系密切，采用过滤槽时，要利用麦糟作滤层，谷皮不能粉碎过细，否则会影响过滤速度和麦芽浸出率；采用压滤机时，由于使用滤布过滤，谷皮碎些，影响不大。

（五）麦芽粉碎设备操作要点及有关注意事项

（1）麦芽粉碎机要安装平衡，操作时无震动现象。

（2）辊式粉碎机启动时应空机启动，开机时辊间距应调整为最大，启动后加料量逐渐增大。

（3）麦芽粉碎机辊间距应根据所采用的麦汁过滤系统和麦芽性质做相应的调整。

（4）定期检查和校正辊筒的平行度和间隙。

（5）在粉碎进行时，要检查进料辊进料的均匀度，麦芽要分布均匀，不能集中在一处进料。

（6）在粉碎过程中，每隔 10min 检查麦芽粉碎度是否达到要求。取样时应在对辊下部取样。

（7）粉碎完毕，检查振动筛有无堵塞和弹簧有无折断现象。若有，应及时处理。

（8）麦芽粉碎机排出的物料不应残留或堵塞在出口处，以免残留的麦粉变酸。

二、辅料粉碎

辅料大米的粉碎应越细越好，以提高浸出物的收得率。辅料粉碎多采用对辊式粉碎机。

任务二

糖　化

糖化是指利用麦芽本身所含有的各种水解酶（或外加酶制剂），在适宜的条件（温度、pH、时间等）下，将麦芽和辅助原料中的不溶性高分子物质（淀粉、蛋白质、半纤维素等）分解成可溶性的低分子物质（如寡糖、糊精、氨基酸、肽类等）的过程。由此制得的液体即为麦汁。

麦汁中溶解于水的干物质称为浸出物，麦芽汁中的浸出物含量与原料中所有干物质的质量之比称为无水浸出率。

一、糖化的目的

糖化的目的是将原料和辅料中的可溶性物质萃取出来；创造有利于各种酶作用的条件；使高分子的不溶性物质在酶的作用下尽可能多地分解为低分子的可溶性物质；制成符合生产要求的麦汁。

二、糖化过程中主要的物质变化

麦芽中可溶性物质很少，占麦芽干物质的 $18\%\sim19\%$，如蔗糖、果糖、葡萄糖、麦芽糖等糖类和蛋白胨、氨基酸、果胶质及各种无机盐等。麦芽中不溶性和难溶性物质占绝大多数，如淀粉、蛋白质、β-葡聚糖等。辅助原料中的可溶性物质更少。麦芽和辅料在糖化过程中的物质变化主要有以下几个方面。

（一）淀粉的分解

1. 麦芽淀粉的性质

麦芽的淀粉含量占其干物质的 $58\%\sim60\%$，略低于大麦的淀粉含量。辅料大米的淀粉含量较高，为干物质的 80% 左右。

麦芽淀粉的性质与大麦淀粉的性质基本一致，只是麦芽淀粉颗粒在发芽过程中，因受酶的作用，其外围蛋白质层和细胞壁的半纤维素物质已逐步水解，更容易受酶的作用而水解。

2. 麦芽中淀粉水解酶及其作用

麦芽中淀粉水解酶主要有 α-淀粉酶、β-淀粉酶、界限糊精酶、脱支酶、麦芽糖酶和 α-葡萄糖苷酶。通过这些酶的作用，淀粉不断降解为麦芽糖、麦芽三糖、葡萄糖等可发酵性糖和低分子糊精，可发酵性糖含量不断增加，碘反应由蓝色逐步消失至无色。糖化时主要淀粉水解酶作用的最适 pH、温度见表 4-1。

表 4-1　　　　　　　　糖化时主要淀粉水解酶作用的最适 pH、温度

酶	最适 pH	最适温度/℃	失活温度/℃
α-淀粉酶	5.6～5.8	70～75	80
β-淀粉酶	5.4～5.6	60～65	70
麦芽糖酶	6.0	35～40	＞40
界限糊精酶	5.1	55～60	＞65
脱支酶	5.3	40	＞70

3. 淀粉的糊化、液化和糖化

（1）淀粉的糊化　胚乳细胞在一定温度下吸水膨胀、破裂，淀粉分子溶出，呈胶体状态分布于水中而形成糊状物的过程称为糊化，达到糊化过程的温度称为糊化温度。糊化时添加淀粉酶，糊化温度可降低 20℃左右，这是在辅料中添加少量麦芽粉或淀粉酶的原因之一。在糊化温度下，作用时间越长，醪液煮沸越强烈，则糊化程度越彻底。

（2）淀粉的液化　经糊化的淀粉，在 α-淀粉酶的作用下，将淀粉长链分子水解为短链的低分子的 α-糊精，并使黏度迅速降低的过程称为液化。啤酒生产过程中，糊化与液化两个过程几乎是同时发生的。

（3）淀粉的糖化　糖化是指辅料的糊化醪和麦芽中的淀粉受到淀粉酶的作用，产生以麦芽糖为主的可发酵性糖和以低聚糊精为主的非发酵性糖的过程。

可发酵性糖是指麦汁中能被啤酒酵母发酵的糖类，如果糖、葡萄糖、蔗糖、麦芽糖、麦芽三糖和棉籽糖等。非发酵性糖是指麦汁中不能被啤酒酵母发酵的糖类，如低聚糊精、异麦芽糖、戊糖等。

4. 淀粉水解程度的控制

淀粉的水解产物是构成麦芽浸出物的主要部分（90％以上），淀粉分解程度对麦芽浸出物的收得率和啤酒的发酵度影响很大。在发酵过程中，酵母利用麦汁中的可发酵性糖，通过繁殖和代谢，形成酒精及具有各种风味的代谢产物。对于非发酵性糖，虽然不能被酵母利用，但它们对啤酒的风味、黏稠性、泡沫的持久性及酒体等均起着重要的作用。因此，对淀粉分解程度应进行控制和检查，具体方法如下。

（1）碘液反应　在麦汁制备过程中，淀粉必须水解至与碘液不发生显色反应为止。在成品麦汁中，绝不允许有淀粉和高分子糊精存在，因为它们容易引起啤酒的淀粉性浑浊。

（2）糖与非糖之比　在淀粉水解时，应控制好麦汁中可发酵性糖与非发酵性糖的比例。一般浓色啤酒可发酵性糖与非发酵性糖之比应控制在 1：（0.5～0.7），浅色啤酒控制在 1：（0.23～0.35）。

糖与非糖之比的表示的方法：麦芽浸出物含量为 12％，测得还原糖含量为 9.0％（以麦芽糖表示），则该麦汁的糖与非糖之比为 9％：（12％－9％）＝

1∶0.33。

（3）麦汁的最终发酵度　麦汁的最终发酵度应与所要求的啤酒类型相一致，要在麦汁糖化工艺中进行调整，以达到麦汁极限发酵度的要求。对于浅色啤酒，最终发酵度一般为78%～85%；对于浓色啤酒，最终发酵度一般为68%～75%。

（二）蛋白质的水解

糖化时蛋白质的水解也称蛋白质休止。蛋白质的分解与淀粉水解不同，主要水解过程是在制麦过程中进行的。在糖化过程中，麦芽蛋白质继续分解，但分解的程度远不及制麦时分解得多。麦汁中所含的总可溶性氮和氨基氮主要来自麦芽。

糖化时，对蛋白质的分解作用要进行合理控制，只有将麦汁中高分子、中分子和低分子蛋白质比例控制在合理的范围内，才能使生产出的啤酒具有一定的泡持性、风味和非生物稳定性。

1. 蛋白质水解酶

蛋白质水解酶类及最适作用条件见表4-2。

表 4-2　　　　　　　　糖化时主要蛋白质水解酶作用的最适 pH、温度

酶	最适 pH	最适温度/℃	失活温度/℃
内肽酶	5.0～5.2	50～60	80
羧肽酶	5.2	50～60	70
氨肽酶	7.2～8.0	40～45	＞50
二肽酶	7.8～8.2	40～50	＞50

从表中可以看出，氨肽酶和二肽酶适宜在偏碱性条件下作用，而糖化醪液的pH 是偏酸性的，因此，在糖化时这两种酶的活性很难发挥作用。糖化时对蛋白质水解起主要作用的酶是内肽酶和羧肽酶。糖化时产生的游离氨基氮，80%是通过羧肽酶产生的。

2. 蛋白质水解程度的控制

（1）隆丁（Lundin）区分法　隆丁区分法可将蛋白质区分为三部分，即高分子含氮物质（A 组分）、中分子含氮物质（B 组分）、低分子含氮物质（C 组分）。麦汁中能够被单宁沉淀的部分为高分子含氮物质，低分子含氮物质不能沉淀磷钼酸盐，总氮物质中除去高分子、低分子含氮物质即为中分子含氮物质。高分子含氮物质过高，煮沸时凝固不彻底，极易引起啤酒早期沉淀；中分子含氮物质过低，啤酒泡沫性能不良，过高也会引起啤酒浑浊或沉淀；低分子含氮物质过高，啤酒口味淡薄，过低则酵母的营养不足，影响酵母的繁殖。因此麦汁中高、中、低分子含氮物质组分要保持一定的比例。

隆丁区分法区分标准：高分子含氮物质（A 组分）：25%左右；中分子含氮物质（B 组分）：15%左右；低分子含氮物质（C 组分）：60%左右。

应当指出的是，这个比例随大麦种类不同而有所变动。对溶解良好的麦芽，蛋白质水解时间可短一些；对溶解不良的麦芽，蛋白质水解时间应延长一些，特

别是增加辅料用量时，更需要加强蛋白质的水解程度的控制。

（2）库尔巴哈指数（Kolbach Index）　库尔巴哈指数又称蛋白质水解强度，是指生产现场的麦汁可溶性氮含量与实验室标准协定法麦汁可溶性氮含量之比的百分数。此值一般为 85%～120%。

分级标准：库尔巴哈指数超过 110%，蛋白质水解程度过高；库尔巴哈指数 100%～110%，蛋白质水解程度适中；库尔巴哈指数低于 100%，蛋白质水解不足。

（3）甲醛滴定氮与可溶性氮之比　测定麦汁中的甲醛滴定氮和可溶性氮，求出甲醛滴定氮与可溶性氮之比的百分数。

分级标准：甲醛滴定氮与可溶性氮之比为 35%～40%，蛋白质水解适中；比值过高为水解过分；比值过低为水解不足。

（4）α-氨基氮的含量　麦汁中 α-氨基氮的含量，不仅关系到酵母的营养问题，也关系到啤酒中一些酵母代谢产物的变化。若 α-氨基氮的含量过低，啤酒中双乙酰的含量就会增高；若 α-氨基氮的含量过低或过高，都会通过脱氨脱羧形成高级醇。

分级标准：在浓度为 12% 的麦芽汁中，α-氨基氮含量应保持在 180～200mg/L；过高为水解过度；过低为水解不足。添加辅料的麦汁，氨基酸的含量往往达不到全麦芽麦汁的含量，在此情况下，应选择 α-氨基氮含量高的麦芽，并强化糖化时蛋白质的水解过程，进行调整，使最终麦汁 α-氨基氮含量保持在 180mg/L 以上。

（三）β-葡聚糖的水解

麦芽中的 β-葡聚糖是胚乳细胞壁的重要组成部分，根据其相对分子质量的大小，可将其分为不溶性和可溶性两部分。β-葡聚糖水溶液的黏度极高，随着其不断降解，黏度逐步下降。

在制麦过程中，已有 80% 左右的 β-葡聚糖被水解，但在麦芽中，特别是在溶解不良的麦芽中仍有相当数量的高分子 β-葡聚糖未被分解，在糖化过程中，它们在 35～50℃ 时溶出，会提高麦芽汁的黏度，增加过滤难度。因此，糖化时要创造条件，通过麦芽中 β-葡聚糖分解酶的作用，促进 β-葡聚糖降解为糊精和低分子葡聚糖。糖化过程中，控制醪液 pH 在 5.6 以下，37～45℃ 休止，都有利于促进 β-葡聚糖的分解和降低麦芽汁的黏度。当然，β-葡聚糖不可能、也不需要完全被水解，适量的 β-葡聚糖也是构成啤酒酒体和泡沫的主要成分。β-葡聚糖分解的酶类及最适作用条件见表 4-3。

表 4-3　　　　　　　　　　β-葡聚糖水解酶类及最适作用条件

酶	最适 pH	最适温度/℃	失活温度/℃
内 β-葡聚糖酶	4.5～5.0	40～45	＞55
外 β-葡聚糖酶	4.5～5.0	27～30	＞40
β-葡聚糖溶解酶	6.6～7.0	60～65	72

（四）酸的形成

糖化醪液的 pH 与麦芽中酶的作用密切相关。糖化时，由于麦芽所含的有机磷酸盐（植酸钙镁）的分解和蛋白质水解形成的氨基酸等缓冲物质的溶解，使醪液的 pH 下降。在正常残留碱度的酿造用水条件下，糖化醪的 pH 一般为 5.8 左右。由于麦芽中大多数酶的最适 pH 低于 5.8。因此，在糖化开始时，也可先进行调酸（添加乳酸、盐酸、磷酸）或添加乳酸麦芽，使 pH 降至 5.2～5.4，使其更有利于蛋白质和多糖的水解。

（五）多酚类物质的变化

溶解良好的麦芽中游离的多酚物质较多，在糖化时溶出的多酚也多。在糖化过程中，多酚物质通过游离、沉淀、氧化和聚合等形式不断地变化。游离出的多酚在较高温度（50℃以上）下，易与高分子蛋白质结合而形成沉淀；在某些多酚氧化酶的作用下，多酚物质不断氧化和聚合，也容易与蛋白质形成不溶性的复合物而沉淀下来。因此，在糖化操作中，减少麦汁与氧的接触，适当调酸降低 pH，让麦汁适当的煮沸使多酚与蛋白质结合形成沉淀等，都有利于提高啤酒的非生物稳定性。

三、糖化方法

根据是否分出部分糖化醪进行蒸煮，糖化方法可分为煮出糖化法和浸出糖化法；使用辅助原料时，要将辅助原料配成醪液，与麦芽醪一起糖化，称为双醪糖化方法；按照双醪混合后是否分出部分浓醪进行蒸煮又分为双醪煮出糖化法和双醪浸出糖化法。

（一）煮出糖化法

煮出糖化法是兼用生化作用和物理作用进行糖化的方法，其特点：将糖化醪液的一部分分批地加热到沸点，然后与其余未煮沸的醪液混合；按照不同酶分解所需要的温度，使全部醪液分阶段地进行分解，最后上升到糖化终了温度。煮出糖化法能够弥补一些麦芽溶解不良的缺陷。

根据醪液的煮沸次数，煮出糖化法可分为一次、二次和三次煮出糖化法，以及快速煮出法等。糖化方法是很灵活的，从传统的煮出法和浸出法，还可以衍生出许多新的糖化方法。现列举几例予以说明。

1. 三次煮出糖化法

（1）糖化过程　三次煮出糖化法是最为著名的糖化方法。它将所有酶的生化作用与部分煮沸醪液的物理溶解有效地结合在一起。它是生产典型的深色啤酒常用方法，其他煮出糖化法都是由此法衍生而来。其糖化曲线如图 4-8 所示。

（2）操作要点

① 糖化下料于 35～37℃进行，从底部取出第一部分浓醪（约 1/3）加入糊化锅缓慢升温（1℃/min）至糊化温度，维持 20min，而后加热至沸。煮沸时间

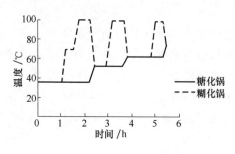

图4-8　三次煮出糖化法糖化曲线图

对于深色啤酒为30～45min，对于浅色啤酒为10～20min。约2/3剩余醪液在糖化锅中继续保温进行酶解和酸解。

②将煮沸后的糖化醪液泵回糖化锅进行第一次兑醪，在煮沸结束前10min，要开启糖化锅中的搅拌器。第一次兑醪后混合温度为50～53℃，蛋白休止30min。兑醪后10min关闭搅拌。

③从底部分出第二部分浓醪（约1/3）加入糊化锅煮沸10～20min。剩余醪液在糖化锅中继续保温进行蛋白质休止，第二次兑醪前10min开启搅拌。第二次兑醪混合后温度为62～67℃，搅拌10min后静置。保温糖化至碘反应完全。

④从上部取出稀醪（约1/3）加入糊化锅煮沸5～10min，剩余醪液继续在62～67℃保温糖化；第三次兑醪前10min开启搅拌。第三次兑醪混合后温度为75～78℃，总醪液在终止糖化温度下休止10～15min，紧接着泵入过滤槽过滤。

（3）物质变化

①糖化下料阶段，麦芽中的可溶性物质将被溶出，如单糖、氨基酸、多酚、有机酸、碳水化合物、磷酸盐和其他矿物质。麦芽中的大分子物质仍然很难溶解。

②第一部分剩余醪液在35～37℃条件下继续溶解，麦芽的组分将被进一步浸透，使更多的酶的作用变得容易。由麦芽带入的微生物会引起部分物质的转化，产生少量的有机酸，此时已溶解的 β-葡聚糖可被 β-葡聚糖酶水解为低分子物质。

③相对残留醪液来说，第一糊化醪液密度高，含有的酶及可溶物质少得多。相反含有大量的需要溶出和分解的大分子物质，这些物质主要通过热力作用来处理，而不是通过生化作用分解。糊化醪液在以1℃/min的升温过程中，蛋白酶在适宜温度范围（40～60℃）可以作用20min，淀粉酶也可以在50～70℃作用20min。在煮沸过程中，胚乳细胞破裂、淀粉糊化以及高分子蛋白质发生凝聚，煮沸过程中由麦皮溶出的多酚物质加速蛋白质凝固。煮沸过程中绝大多数酶已失活，这就是为了减少酶的损失而使第一分醪液为浓醪的原因。

④第一浓醪的煮沸时间因啤酒种类而不同，深色啤酒约为30min，浅色啤酒为10～20min。对于深色啤酒而言，煮沸强度大，有利于麦皮物质的溶出，促进美拉德反应，有利于焦香化深色啤酒的口味形成。

⑤在糊化醪兑醪之前，要对剩余醪液进行10min的搅拌，以防止因煮沸醪液温度过高在兑醪时破坏酶的活性。回醪后至少搅拌混醪10min，加速煮沸醪液与剩余醪液中酶的接触。

⑥ 第二糊化醪液仍然是浓醪，操作过程与第一醪液相同，目的是促进尚未煮沸过的醪液中颗粒在热力作用下很好的溶解并糊化。

⑦ 第三煮沸醪液不再是浓醪液，而是糖化锅上部的澄清溶液。稀醪液含有大量的酶，为了使糖化后组成稳定，不需要酶再进行作用。

⑧ 糖化终止温度不应超过 78℃，否则会使 α-淀粉酶迅速失活而使糊精化阶段液化作用降低。

2. 二次煮出糖化法

（1）糖化过程　二次煮出糖化法对不同的麦芽和啤酒具有较强的适应性，常见的二次煮出糖化法糖化曲线如图 4-9 所示。

（2）操作要点

① 在 50～55℃ 进行投料，料水比例为 1：4，根据麦芽溶解情况，进行 10～20min 的蛋白质休止。

② 分出第一部分的浓醪入糊化锅，大约占总醪液量的 1/3，将此部分醪液在 15～20min 内升温至糊化温度，保持此温度进行糖化，直至无碘反应为止，再尽快加热至沸腾（升温速度为 2℃/min）。

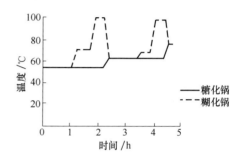

图 4-9　二次煮出糖化法糖化曲线图

③ 第一次兑醪，兑醪温度为 65℃，保温进行糖化，直至无碘反应为止。

④ 分出第二部分的浓醪（占总醪液量的 1/3）入糊化锅，此部分醪液升温至糊化温度，保持此温度进行糖化，直至无碘反应为止，加热至沸腾。

⑤ 第二次兑醪，兑醪温度为 76～78℃，静置 10min 后泵入过滤槽进行过滤。

（3）特点　适宜处理各种性质的麦芽和制造各种类型的啤酒；所酿造的啤酒具有醇厚、圆润和良好的泡沫性能；此法适用于制造淡色啤酒，投料温度可低（35～37℃）可高（50～52℃）；整个糖化过程可在 4～5h 内完成。

3. 一次煮出糖化法

（1）流程　一次煮出糖化法即只一次分出部分浓醪进行蒸煮。一次煮出糖化法通常是将煮出法与浸出法相结合，以达到所要求的各水解温度。一次煮出糖化法工艺流程如图 4-10 所示。

（2）特点　起始温度为 30～35℃，然后加热至 50～55℃，进行蛋白质休

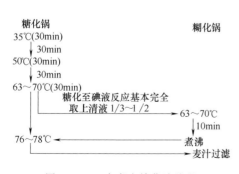

图 4-10　一次煮出糖化法流程

止。也可以开始即进行 50～55℃ 的蛋白质休止；50～55℃ 直接升温至 65～68℃，进行糖化；前两次升温（35→50℃，50→65℃）均在糖化锅内进行，糖化终了，麦糟下沉，将 1/3～1/2 容量的上清液加入糊化锅，加热煮沸，然后混合，使混合后的醪液温度达 76～78℃。

（二）浸出糖化法

浸出糖化法是完全利用麦芽中酶的生化作用进行糖化的方法，是将醪液从一定温度开始升至几个不同的酶的最适作用温度进行休止，最后达到糖化终止温度。在浸出糖化过程中，麦芽组分的溶解和分解仅由麦芽所含的酶来进行。

1. 全麦芽浸出糖化方法

浸出糖化法可分为恒温浸出糖化法、升温浸出糖化法、降温浸出糖化法三种。

（1）恒温浸出糖化法　麦芽粉碎后，将麦芽粉按照料水比为 1∶4 的比例投入水中搅拌均匀，65℃保温 1～2h，然后将糖化完全的醪液加热至 75～78℃，终止糖化，送入过滤槽过滤。此法适用于溶解良好、含酶丰富的麦芽。

（2）升温浸出糖化法　先利用低温（35～37℃）水浸渍麦芽，时间为 15～20min，促进麦芽软化、酶的活化以及部分酸解，然后升温至 50℃ 左右进行蛋白质水解，保持 40min，再缓慢升温至 62～63℃，此时 β-淀粉酶发挥作用最强，糖化 30min 左右，然后再升温至 68～70℃，使 α-淀粉酶发挥作用，直到糖化完全（遇碘液不呈蓝色反应），再升温至 76～78℃，终止糖化。升温浸出糖化法的糖化曲线如图 4-11 所示。

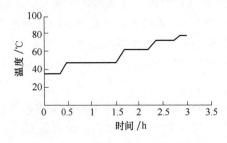

图 4-11　升温浸出糖化法糖化曲线

（3）降温浸出糖化法　此法适用于溶解过度的麦芽和某些上面发酵啤酒，只在使用溶解过度的麦芽或生产发酵度特别低的啤酒时使用。将麦芽粉在预糖化容器中与微温的水强烈混合，然后泵入 75℃ 的热水中，在此混合过程中使温度下降至 65℃。蛋白质的分解和糖化将由此开始，此时 β-淀粉酶和肽酶活性受到破坏，主要是 α-淀粉酶作用于已糊化的醪液。

2. 全麦芽浸出糖化法的特点

全麦芽浸出糖化法特点：需要使用溶解良好的麦芽；醪液没有煮沸阶段；与煮出法相比耗能低；操作简单，便于控制，易于实现自动化；糖化麦芽汁收得率低，碘反应较差；麦汁色度较浅，口味特征不明显。

（三）双醪糖化法（复式糖化法）

双醪糖化法采用部分未发芽的淀粉质原料（大米、玉米等）作为麦芽的辅料，麦芽和淀粉质辅料分别在糖化锅和糊化锅中进行处理，然后兑醪。若兑醪后按煮出法操作进行，即为双醪煮出糖化法；若兑醪后按浸出法操作进行，即为双醪浸出糖化法。国内大多数啤酒厂采用双醪浸出糖化法生产淡色啤酒；制造浓色啤酒或黑色啤酒可采用双醪煮出糖化法。双醪煮出糖化法又可分为双醪一次煮出糖化法和双醪二次煮出糖化法。

1. 双醪一次煮出糖化法

（1）糖化过程　辅料在糊化锅中经过煮沸糊化后与麦芽醪液混合，混合醪液中的部分醪液再一次煮沸。其糖化曲线如图 4-12 所示。

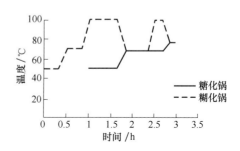

图 4-12　双醪一次煮出糖化法糖化曲线

（2）操作要点

① 麦芽在 50℃ 投料（溶解较差的麦芽可在 35～37℃ 投料，10min 后缓慢升温至 50℃），进行蛋白质水解。

② 在糊化锅中，辅料投料温度为 50℃，20min 后缓慢升温（1℃/min）至糊化温度，维持 10min，而后加热至沸腾。

③ 第一次兑醪温度为 65～68℃，保温糖化至碘反应基本完全。分出部分醪液加入糊化锅加热至沸，剩余醪液继续保温糖化。

④ 第二次兑醪温度为 76～78℃，静置 15min 后进行过滤。

2. 双醪二次煮出糖化法

（1）糖化过程　糊化后的辅料与麦芽醪液兑醪后，两次取出部分醪液进行煮沸。其糖化曲线如图 4-13 所示。

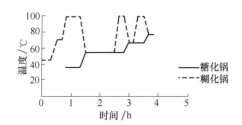

图 4-13　双醪二次煮出糖化法糖化曲线

（2）操作要点

① 麦芽在 37℃ 投料，保温 30min，辅料在糊化锅中投料温度为 50℃，20min 后缓慢升温（1℃/min）至糊化温度，维持 10min，而后加热至沸腾。煮沸后的辅料与麦芽的第一次兑醪温度为 50℃，在此温度下蛋白质休止 30min。

② 分出第一部分混合醪液入糊化锅中加热至沸，剩余醪液继续保温进行蛋白质休止。

③ 第二次兑醪温度为 65～67℃，保温糖化至碘反应基本完全。

④ 分出第二部分混合醪液入糊化锅中加热至沸，剩余醪液继续保温糖化。

⑤ 第三次兑醪温度为 76～78℃，静置 15min 后泵入过滤槽过滤。

（3）特点

① 由于辅料未经过发芽溶解过程，因而对辅料谈不上使酶量增加和活化的

问题。

② 辅料添加量为 20%～30%，最高不超过 50%，对麦芽的酶活力要求较高。

③ 第一次兑醪后的糖化操作与全麦芽煮出糖化法相同。

④ 辅助原料在进行糊化时，一般要添加适量的 α-淀粉酶。

⑤ 麦芽的蛋白分解时间应较全麦芽煮出糖化法长一些，以避免低分子含氮物质含量不足。

⑥ 因辅助原料粉碎得较细，麦芽粉碎应适当粗一些，尽量保持麦皮完整，防止麦汁过滤困难。

⑦ 制备的麦汁色泽浅，发酵度高，更适合于制造淡色啤酒。

3. 双醪浸出糖化法

（1）糖化过程　经糊化后的辅料与麦芽醪液混合后，不再取出部分混合醪液进行煮沸，按照升温浸出糖化法后面的步骤升温至过滤温度。其糖化曲线如图 4-14 所示。

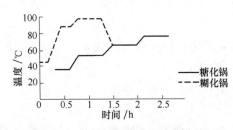

图 4-14　双醪浸出糖化法糖化曲线

（2）操作要点

① 麦芽在 37℃投料，保温 15min，升温至 50℃，在此温度下蛋白质休止 30min。

② 辅料在糊化锅中投料温度为 45℃，10min 后缓慢升温（1℃/min）至 90℃维持 10min，而后加热至沸腾，煮沸 30min。煮沸后的辅料与麦芽兑醪温度为 65℃。

③ 混合醪液保温糖化至碘反应完全，升温至 76～78℃，静置 10min 后泵入过滤槽。

（3）特点

① 由于没有兑醪后的煮沸，麦芽中多酚物质、麦胶物质等溶出相对较少，所制得的麦汁色泽较浅、黏度低、口味柔和、发酵度高，更适合于制造浅色淡爽型啤酒和干啤酒。

② 糊化料水比大（1∶5 以上），辅料比例大（占 30%～40%），可采用耐高温 α-淀粉酶协助糊化、液化。

③ 操作简单。

④ 糖化周期短，3h 内即可完成。

（四）外加酶糖化法

1. 加酶方法

糊化锅投料时添加耐高温 α-淀粉酶，糖化锅投加麦芽及大麦粉时，加入 α-淀粉酶、中性细菌蛋白酶、β-葡聚糖酶及少量糖化酶。

2. 工艺流程

外加酶糖化法工艺流程如图 4-15 所示。

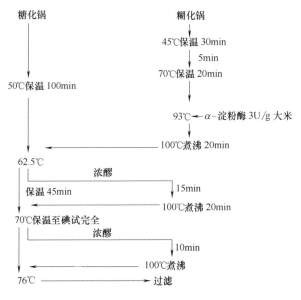

图 4-15　外加酶糖化法工艺流程

3. 工艺要求

外加酶糖化法的工艺要求：选用优质麦芽，糖化力要高，α-氨基氮 $\geqslant$ 140mg/100g 干麦芽；大麦和麦芽占总料的 55%～70%，以保证麦汁过滤时有适当的滤层厚度。

4. 工艺特点

外加酶糖化法的特点：麦芽用量小于 50%；使用双辅料：其中大麦占 25%～ 50%，大米或玉米占 25%；添加适量酶制剂，生产成本低，且生产的啤酒质量与正常啤酒相近。

四、糖化方法选择的依据

生产实际中，糖化方法取决于原料的质量、产品的类型及生产设备条件。糖化方法的选择应考虑以下因素。

1. 原料

（1）若使用溶解良好的麦芽，宜采用浸出糖化法。使用辅料时，可采用双醪一次或二次糖化法，蛋白分解温度适当高一些，时间可适当短一些。

（2）若使用溶解一般的麦芽，宜采用一次或二次煮出糖化法。若需添加辅料，可采用双醪二次糖化法，蛋白分解温度可稍低，并适当延长蛋白质分解和糖化时间。

（3）若使用溶解较差、酶活力低的麦芽，宜采用双醪二次糖化法，控制谷物辅料用量或外加酶，以弥补麦芽酶活力的不足。

2．产品类型

（1）传统的生产方法，制造上面发酵啤酒多采用浸出糖化法，下面发酵啤酒多用煮出糖化法。

（2）酿造浓色啤酒，选用部分深色麦芽、焦香麦芽，由于酶活力较低，宜采用三次煮出糖化法；酿造淡色啤酒宜采用双醪浸出糖化法或双醪一次煮出糖化法。

（3）制造高发酵度的啤酒，糖化温度要控制低一些（62～64℃），或采用两段糖化法（62～63℃，67～68℃），并适当延长蛋白分解时间；若添加辅料，麦芽的糖化力应要求高一些。

3．生产设备

（1）浸出法只需设有加热装置的糖化锅，双醪糖化法或煮出法应有糊化锅和糖化锅。

（2）单式糖化设备，应尽量考虑采用短时间糖化方法，否则设备利用率太低。复式糖化设备不局限于传统的"三锅两槽"组合方式，而是由不同数量的锅、槽穿插使用，合理调节糖化方法，具有较大的灵活性，以达到最高的设备利用率。

图 4-16　复式糖化设备

五、糖化设备及操作要求

糖化设备现多采用由糊化锅、糖化锅、过滤槽、煮沸锅和回旋沉淀槽组合而成的复式糖化设备，如图 4-16 所示。

1．糖化锅

糖化锅用于麦芽粉碎物投料、蛋白质水解、部分醪液及混合醪液的糖化。其结构如图 4-17 所示，锅身为圆柱形，带有保温层。锅顶为圆弧形，上部有排气筒。锅底为圆形或平底，径高比为 2∶1，夹套加热面积与锅体有效面积之比为（1～1.3）∶1，搅拌器的转速分为二级，投料时转速高于加热时转速，排气筒截面积与锅身截面积之比为 1∶（30～50）。

2．糊化锅

糊化锅主要用于辅助原料的液化与糊化，并对糊化醪液和部分浓醪进行蒸煮。其结构如图 4-18 所示。

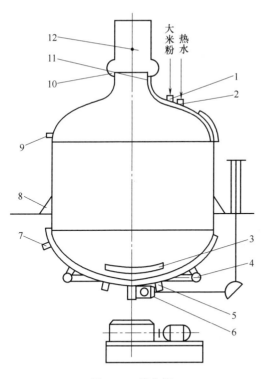

图 4-17 糖化锅

1—大米粉进口 2—热水进口 3—搅拌器
4—蒸汽进口 5—蒸汽出口 6—糖化醪出口
7—不凝性气体出口 8—耳架 9—糖化醪入口
10—环形槽 11—污水排出管 12—风门

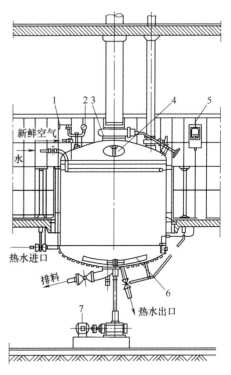

图 4-18 糊化锅

1—安全阀 2—压力表 3—废气闸板
4—人孔 5—温度计 6—搅拌器
7—电机

六、糖化操作工艺条件

(一) 糖化温度

1. 糖化温度对酶活力的影响

糖化时温度的变化通常是由低温逐步升至高温，以防止麦芽中各种酶因高温而被破坏。糖化过程不同阶段的温度及相应温度下的酶效应见表 4-4。

2. 糖化温度的控制

(1) 浸渍阶段 通常控制在 35～40℃。在此温度下有利于酶的浸出和酸的形成，并有利于 β-葡聚糖的分解。

(2) 蛋白质分解阶段 糖化时蛋白质分解的过程又称为蛋白质休止，此阶段温度通常控制在 45～55℃。温度偏向下限，低分子氮如氨基酸含量相对较高；温度偏向上限，则高分子可溶性氮生成量较高。溶解良好的麦芽，酶的含量高，内含物易受酶的作用，可采用高温短时间蛋白质分解，避免麦芽中的中分子肽类

141

表 4-4   各种酶在不同条件下的作用效应

温度/℃	酶的作用效应
35～37	浸出各种酶,提高酶的活力
40～45	有机磷酸盐分解,β-葡聚糖分解,蛋白质分解,R-酶对支链淀粉的解支作用
45～52	蛋白质分解形成大量的低分子含氮物质,β-葡聚糖继续分解,R-酶和界限糊精酶对支链淀粉的解支作用,有机磷酸盐分解
50	有利于甲醛滴定氮的形成
55	有利于内肽酶的作用,形成大量的可溶性氮,内 β-葡聚糖酶和氨肽酶等逐渐失活
53～62	有利于 β-淀粉酶的作用,形成大量麦芽糖
63～65	蛋白酶的分解能力下降,β-淀粉酶的作用最强,形成最高量麦芽糖
65～67	有利于 α-淀粉酶的作用,β-淀粉酶的作用减弱,糊精生成量相对增加,麦芽糖生成量相对减少,界限糊精酶失去活力
70	α-淀粉酶的最适温度,生成大量短链糊精,β-淀粉酶、内肽酶和磷酸酯酶等失活
70～75	α-淀粉酶的反应速度加快,形成大量糊精,可发酵性糖的生成减少
76～78	α-淀粉酶等耐高温的酶仍起作用,浸出率开始降低
80～85	α-淀粉酶开始失活
85～100	麦芽中的酶基本都被破坏

被过多分解成 α-氨基氮,导致啤酒泡持性降低。溶解不良的麦芽,温度应控制在 45～50℃,并延长蛋白质分解时间。若麦芽溶解特别好,可不考虑蛋白质分解阶段,直接升温至糖化阶段。在 45～55℃ 温度范围内,β-葡聚糖的分解作用继续进行。

（3）糖化阶段　通常控制在 62～72℃。温度偏高（65～72℃）,有利于 α-淀粉酶的作用,可发酵性糖减少,适于制造低发酵度啤酒;温度偏低（62～65℃）,有利于 β-淀粉酶的作用,可发酵性糖增多,适于制造高发酵度啤酒。

（4）糊精化阶段　通常控制在 75～78℃。在此温度下,α-淀粉酶仍起作用,溶解的淀粉可进一步分解,而其他酶则受到抑制或失活。

（二）糖化时间

糖化时间分广义和狭义两种：广义的糖化时间是指从投料至麦芽过滤前的时间;狭义的糖化时间是指麦芽醪温度达到糖化温度起至糖化完全,即碘反应完全的这段时间。

广义的糖化时间与糖化方法有很大关系,具体情况见表 4-5。

表 4-5   糖化方法与糖化时间的关系

糖化方法	糖化时间/h	糖化方法	糖化时间/h
三次煮出糖化法	4～6	高温快速糖化法	2 左右
二次煮出糖化法	3～4	浸出糖化法	3 左右
一次煮出糖化法	2.5～3.5		

注：添加辅料的糖化时间较全麦芽的糖化时间相对延长。

（三）pH

pH 是糖化过程中酶反应的一项重要条件,麦芽中主要酶的最适 pH 都较糖化醪的 pH 为低。为了改善酶的作用，有时需要调节糖化醪的 pH。

1. 调节糖化醪 pH 的方法

（1）对残留碱度较高的酿造用水进行处理，方法有加石膏、加乳酸、磷酸及其他水处理方法，使醪液的 pH 有所下降。

（2）向糖化醪液中加入酸性物质，如乳酸、磷酸，使醪液的 pH 达到各糖化阶段的最适 pH。

（3）添加 1%～5% 的乳酸麦芽。

2. 调节 pH 的作用

（1）淀粉酶分解淀粉作用更快、更完全，麦汁收得率比较高。

（2）有利于蛋白酶的作用，麦汁的可溶氮较多，麦汁澄清好，啤酒的非生物稳定性也比较好。

（3）多酚物质浸出少，麦汁色泽浅，啤酒口味柔和，不苦杂。

（4）β-葡聚糖分解比较好，有利于麦汁过滤。

（5）pH 降低后，酒花树脂浸出率低，α-酸的异构率也较低，影响酒花的利用率，但酒花的苦味比较柔和。

3. 糖化过程的最适 pH

糖化过程的最适 pH 见表 4-6。

表 4-6　　　　　　　　　　糖化过程的最适 pH

项　目	最适 pH
最高的蛋白酶活力	4.6～5.0（糖化醪）
最高的 α-淀粉酶活力（Ca^{2+} 存在）	5.3～5.7（糖化醪）
最高的 β-淀粉酶活力	5.3（糖化醪）
最短的糖化时间	5.3～5.6（麦汁）
最高的永久性可溶氮含量	4.6 左右（糖化醪），4.9～5.1（麦汁）
最高的甲醛氮含量	4.6 左右（糖化醪），4.9～5.1（麦汁）
最高的可发酵性糖含量	5.3～5.4（糖化醪）
最高浸出率（浸出法）	5.2～5.4（糖化醪）
最高浸出率（煮出法）	5.3～5.9（糖化醪）

（四）糖化用水和洗糟用水

1. 糖化用水

糖化用水是指直接用于糖化锅和糊化锅，使原、辅材料溶解，并进行化学和生物转化所需的水。糖化用水的多少决定醪液的浓度，并直接影响酶的作用效果。

麦芽糖化的用水量通常用料水比表示，即每 100kg 原料用水的体积（L）。一般根据啤酒类型确定糖化用水量。淡色啤酒的料水比为 1∶（4～5）[即 100kg 原料的用水的体积（L），下同]，浓色啤酒的料水比为 1∶（3～4），黑啤酒的料水比为 1∶（2～3）。

辅料糊化时的料水比一般控制在1：5左右，稀醪有利于淀粉的糊化与液化。

2．洗糟用水

第一批麦汁（头道麦汁）滤出后，将残留在麦糟中的糖液洗出所用的水称为洗糟用水。

（1）洗糟用水量　洗糟用水量主要根据糖化用水量来确定，这部分水约为煮沸前麦汁量与头道麦汁量之差，其对麦汁收得率有较大的影响。制造淡色啤酒，糖化醪液浓度较低，洗糟用水量则少，每100kg原料约为400L。制造浓色啤酒，糖化醪液浓度较高，相应地洗糟用水量大，每100kg原料约为500L。

（2）洗糟技术要求　洗糟用水温度为75～80℃。残糖质量分数控制在1.0%～1.5%，酿造高档啤酒，应适当提高残糖质量分数，一般控制在1.5%以上，以保证啤酒的高质量。混合麦汁浓度应低于最终麦汁质量分数，一般为1.5%～2.5%。若过分洗糟，则会延长煮沸时间，对麦汁质量会产生不利的影响，也是不经济的。

（五）糖化阶段工艺技术规定

（1）投料水温要调节适当，保证投料后达工艺要求温度。

（2）严格控制糖化生产的各段温度，温度误差不超过1℃，时间误差不超过1min。

（3）非投料及并醪时间人孔门如不必须打开的则一律关闭，以保证温度和隔氧要求。

（4）糊化锅投料后一直保持搅拌状态至煮醪结束。糖化锅投料后，原则上不开启搅拌器（除并醪时开启搅拌外），60℃以上保温时，每隔10min开搅拌器2min。

（5）糖化使用的各种添加剂严格按工艺要求的数量称量，误差≤1%；严格按工艺要求的时间、方式、顺序添加，时间误差≤5min。

（6）按工艺要求进行碘检，碘反应完全后方可升温并送至过滤工段。

任务三

麦 汁 过 滤

一、麦汁过滤的目的

麦汁过滤的目的：将糖化醪液中的原料溶出物和非溶性的麦糟分离；得到澄清的麦汁和良好的浸出物收得率；避免影响半成品麦汁的色、香、味，因为麦糟中含有的多酚物质会给麦汁带来不良的苦涩味和麦皮味，麦皮中的色素静置时间长会增加麦汁的色泽。

二、过滤的步骤

麦汁过滤分两步进行：首先是通过过滤过程将麦汁抽出，称第一麦汁（又称头号麦汁或头道麦汁）或过滤麦汁的过滤；其次是利用热水冲洗出残留在麦糟中的麦汁，称第二麦汁或洗涤麦汁的过滤，也称洗糟。

虽然麦汁过滤过程为物理过程，但在整个过滤过程中，仍有少量的 α-淀粉酶在作用，对麦汁中的糊精进行液化，以提高原料浸出物的收得率。

三、过滤设备

麦汁过滤所使用的设备有过滤槽、麦汁压滤机、快速渗滤槽等。最常用的过滤设备是过滤槽。

（一）过滤槽

过滤槽是最古老的一种利用重力作用进行过滤的设备，目前绝大多数啤酒厂仍采用此设备。其主体结构没有太大的改变，主要变化体现在自动控制、装备水平等方面做了相应改进。

1. 结构

（1）传统过滤槽的结构　传统过滤槽是一圆柱形容器，槽底装有开孔的筛板，过滤筛板既可支撑麦糟，又可构成过滤介质，是以醪液的液柱高度引起的静压力作为推动力进行过滤的。其结构如图 4-19 所示。

① 槽体：过滤槽槽身为圆柱形，其上部配有弧形顶盖，顶盖上有可开关闸门的排气筒，槽底大多为平底或浅锥形底。平底槽分为三层，最上层为水平筛板，第二层为麦汁收集层，最外层是可通入热水保温的夹底。过滤槽中心有一个能升降并带 2～4 臂耕糟器的中心轴，过滤槽的材质多为不锈钢。

② 筛板：整个筛板是由多块滤板拼装而成，滤板相互之间应接合好，以保证在接合部位无麦糟流出。滤板的开孔通常是长方形筛孔。筛孔缝长 20～30mm，上部宽度为 0.7mm，下部孔宽度为 3～4mm，以减少流动阻力，

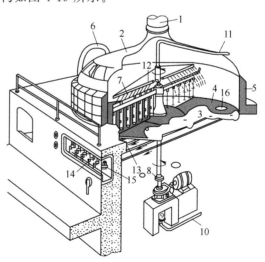

图 4-19　传统过滤槽

1—排气筒　2—顶盖　3—槽底　4—筛板　5—保温层
6—进料管　7—耕糟器　8—电机　9—升降系统
10—蒸汽进管　11—洗糟水进管　12—喷水管
13—麦汁滤出管　14—麦汁接收槽
15—鹅颈管　16—出糟管

防止滤板堵塞。滤板及其开孔形式如图4-20所示。滤板开孔率为6%～8%。

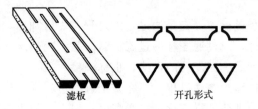

图4-20　滤板及其开孔形式

③ 筛板与槽底的距离：筛板与槽底的距离也是一项重要指标，它应使麦汁无阻力地流入槽底相应的麦汁导出孔内，否则会由于流动方向的改变而导致流动阻力过大。距离一般控制在8～15mm，若距离过大，会使槽底有泥状物形成，在喷醪时不易清除。筛由支承脚支撑，由于间距小，在麦汁通过调节阀排出时形成抽吸力，对过滤有利。

④ 麦汁收集管：平底过滤槽在麦汁收集层每1.25～1.5m²均匀设置一根麦汁收集管，如图4-21所示，使其既不重叠，又无死角。滤管的内径为25～45mm，其自由流通截面积为5～15cm²。为了使收集层保持液位，防止从麦汁出口阀及麦汁管吸进空气，产生气室，堵塞滤板，在出口阀上装有鹅颈弯管，如图4-22所示。鹅颈弯管出口必须高于筛板2～5cm，这样可避免产生抽吸力而吸入空气。

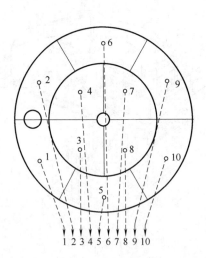

图4-21　麦汁接受区和滤孔分布

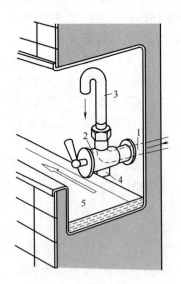

图4-22　麦汁过滤阀

1—过滤管　2—开启的过滤阀

3—排气弯管　4—预喷开口

5—麦汁受皿

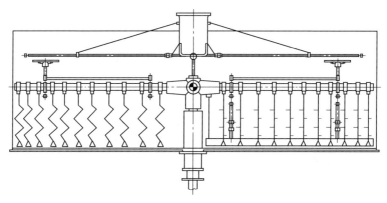

图 4-23 耕槽装置

⑤ 耕槽装置：耕槽的目的是保证过滤操作能够顺利、迅速和有效地进行。在头号麦汁过滤期间，槽层已被吸紧，随着槽层阻力的升高，麦汁流量不断减小，因此，必须对槽层进行疏松，以使阻力减小和使麦汁流出加快。在洗槽过程中，耕槽可以使水和槽层颗粒充分接触并形成新的流通渠道，从而使洗槽过程迅速而彻底，而这一切必须由耕槽装置来完成。耕槽装置如图 4-23 所示，它是由电机、变速箱、升降轴、耕槽臂和耕槽刀等组成。耕槽时转速低于排槽时转速。耕槽臂设有 2～4 个，它是由投料量决定的，耕槽臂上每隔 20～30cm 装有垂直于筛板的耕槽刀或波形耕刀，耕刀的最低位置距筛板 1～2cm，排槽时，可通过改变耕刀的角度来实现。

⑥ 洗槽水喷洒装置：小型过滤槽，喷洒装置安装于耕槽器转轴的顶部，洗槽水承接器连接两根喷水管，水平方向开孔，利用水力反作用力旋转将水均匀地洒于麦糟层。

大中型过滤槽在顶盖内装有内、外两圈喷水管，喷水管上均匀分布喷嘴，洗槽水由喷嘴均匀地喷洒在槽层上进行洗槽。

（2）新式过滤槽结构　目前使用的新式过滤槽，其结构如图 4-24 所示。过滤槽直径可达 12m 以上，筛板面积可达 110m²。过滤槽每批投料所得的热麦汁可增加到上百吨。新型过滤槽采用全封闭结构，可避免高温麦汁与空气接触，使麦汁氧化程度达到最低。新式过滤槽滤板开孔率可达 12%～15%，并且增大了滤板与槽底间距，间距增加到 16～20mm，还在收集层底部安装了喷嘴和排污阀，以便及时清洗排除沉淀物。新式过滤槽采用自动控制，将操作参数输入程序后，由计算机集中控制，可减少人工操作带来的误差。

2.过滤机理

过滤槽的过滤机理是利用过滤介质筛分效应、深层过滤效应和滤层效应的总和。

3.影响因素

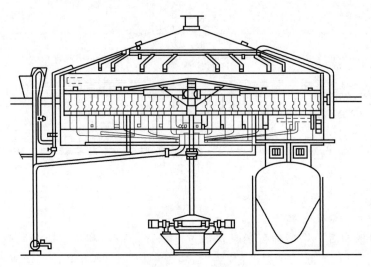

图 4-24 新式过滤槽

（1）过滤压力 过滤槽的压力差是指麦糟层上面的液位压力与筛板下的压力之差。压差增大，虽能加快过滤速度，但容易压紧麦糟层，板结后流速反而降低。应注意筛板与槽底之间不能抽空，过滤槽底与麦汁受皿的位差不可太大。

（2）滤层厚度 滤层厚度增加，相对过滤阻力增大，过滤速度降低。滤层厚度与投料量、过滤面积、麦芽粉碎的方法及粉碎度有关。糟层厚度越大，过滤速度越慢；糟层厚度太薄，虽然过滤速度快，但会降低麦汁透明度。

（3）滤层的阻力 滤层的阻力越大，过滤速度越慢。滤层阻力的大小取决于孔道直径的大小、孔道的长度和弯曲性、孔隙率。滤层阻力是由糟层厚度及糟层渗透性决定的。

（4）麦汁黏度 麦汁黏度越大，过滤速度越慢。麦汁黏度与麦芽溶解情况、糊精含量、β-葡聚糖分解的程度、醪液浓度及糖化温度有关。麦芽溶解不良，胚乳细胞壁的 β-葡聚糖、戊聚糖分解不完全，醪液黏度大。麦汁温度低、浓度高，黏度亦大。如黏度过大会造成过滤困难。相反，麦汁浓度低、温度高，则黏度降低。

（5）过滤面积 对于相同质量的麦汁，过滤面积越大，过滤所需时间越短，则过滤速度越快。反之，过滤面积越小，过滤所需时间越长，则过滤速度越慢。

4.过滤过程

（1）头号麦汁过滤

① 预热排气：进醪前，泵入 76～78℃ 热水将筛板和槽底之间充满热水，使水面刚好没过滤板，以此预热设备并排除管道、筛底的空气，又称顶水。

② 形成滤饼：将糖化醪泵入过滤槽，送完后适当开动耕糟器搅拌均匀。提升耕刀，静置 20min 左右，使麦糟沉降至筛板上，形成过滤层。糟层厚度为

$35\sim40cm$，湿法粉碎麦糟厚度可达 $40\sim60cm$。

③ 过滤开始：首先打开麦汁排出阀，然后迅速关闭，重复进行数次，将筛板下面的泥状沉淀物排出。然后打开全部麦汁排出阀，但要小开，控制流速，以防糟层抽缩压紧，造成过滤困难。开始流出的麦汁浑浊不清，应进行回流，通过麦汁泵打回过滤槽，直至麦汁清亮方可进入煮沸锅。循环时间需要 $5\sim15min$。

④ 正常过滤：随着过滤的进行，糟层逐渐压紧，麦汁流速逐渐变小，此时应适当耕糟，耕糟时切忌速度过快，这时应关闭过滤排出阀。

⑤ 重新开始过滤：将开始滤出的浑浊麦汁泵回过滤槽，同时应注意控制好麦汁流量，使麦汁流出量与麦汁通过麦糟的量相等。待麦糟刚露出时，停止过滤。头号麦汁过滤完毕，一般需 $45\sim60min$。如麦芽质量较差，头号麦汁过滤时间约需 90min 左右。

（2）第二麦汁过滤

① 第一次洗糟：开动耕糟器耕糟，自下而上疏松麦糟层。同时喷洒 $76\sim80℃$洗糟水，加水量为洗糟总用水量的 1/4。

② 停止耕糟：静置约 20min，回流浑浊麦汁至清亮，开始过滤。

③ 洗糟：分 $2\sim3$ 次洗糟，第二次洗糟水用量为总用水量的 45％左右，其他操作同第一次洗糟。洗糟时间控制在 $45\sim60min$，至残糖浓度达到工艺规定值，残糖浓度一般控制在 1.5％左右。

④排糟：过滤结束，开动耕糟机将麦糟排出，清洗过滤槽。

（二）板框式麦汁压滤机

板框式压滤机可分为传统和新型两种形式。传统压滤机用人工装卸滤布，每次滤布要卸下清洗干净。新型压滤机实现了自动控制。

1. 传统板框式压滤机

（1）结构　传统板框式麦汁压滤机如图 4-25 所示，主要由以下构件组成：

① 支撑装置：底座和支架。

② 滤板：用于支撑滤布并用于汇集和疏导麦汁。其形状主要有沟纹板和栅板两种，如图 4-26 所示。

③ 滤框：滤框如图 4-27 所示，滤框上部有糖化醪进出通道，过滤机总容量取决于滤框数量，最多可

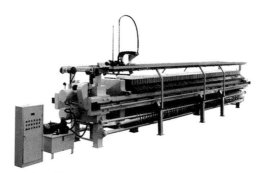

图 4-25　传统板框式压滤机

达 60 个，如糖化醪液量少，可以插入盲板以调节其生产能力。

④ 滤布：滤布与滤框围成密闭滤室，滤室可容纳醪液和滤后的麦糟。过滤时，麦汁通过滤布进入另一侧，麦糟被滤布截留。

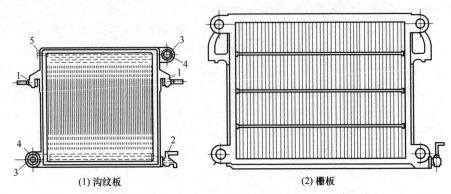

(1) 沟纹板　　　　　　　　　　　　　(2) 栅板

图 4-26　滤板

1—悬挂滑动杆　2—旋塞　3—洗糟水通道　4—单侧密封圈　5—排气阀

⑤ 端板：端板内面结构与沟纹板同，分装在支架两端，一端是固定的，另一端连着压紧螺杆或液压系统。

（2）工作原理　传统的板框式麦汁压滤是以泵送醪液产生的压力作为过滤动力，以滤布作为过滤介质、谷皮为助滤剂的垂直过滤方法。其过滤原理如图4-28所示，醪液通过泵送以一定的压力进入滤室，滤室是由两侧滤板以及附在其上的滤布组成的密闭空间。麦汁通过滤布流出，醪液中的麦糟则被截留在滤室内，滤出的麦汁经栅板或滤板表面的沟纹通道流入侧面的汇集管。

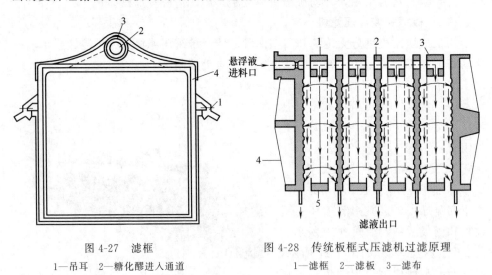

图 4-27　滤框

1—吊耳　2—糖化醪进入通道
3—单侧密封圈　4—双侧密封圈

图 4-28　传统板框式压滤机过滤原理

1—滤框　2—滤板　3—滤布
4—顶板　5—滤饼

（3）操作过程

① 组装好压滤机后从底部泵入 80℃ 热水，静置约 30min，预热设备、排除空气并检查压滤机是否密封。

② 排出热水时，泵送醪液，醪液在泵送前要充分搅拌，使固液混合均匀，防止产生短路现象。泵送时以 1.5～2m/s 流速泵入压滤机，进入各滤框。泵送时间 20～30min。

③ 麦汁排出阀应在开始装料时就全部打开，使头号麦汁排除与醪液泵入同时进行。在滤层未形成之前，头号麦汁浑浊，可回流至糖化锅。压滤时间约30min，头号麦汁可全部排出。

④ 头号麦汁排尽后，立即开始洗糟，泵入 80℃热水，洗糟水应以与麦汁相反的方向穿过滤布，流经板框中的麦糟层，将残留麦汁洗出。

⑤ 洗糟压力不超过 0.1MPa，否则麦糟层易受压而在短时间内形成渠道，洗涤麦汁将走短路而造成洗糟不彻底。

⑥ 残糖洗至规定要求后，最后的洗糟水可利用蒸汽或压缩空气将其顶出以提高收得率。

⑦ 洗糟完毕，通入冷水冷却，拆开压滤机，卸下麦糟，通过螺旋输送机将麦糟输送出去。

⑧ 冲洗滤布，除去附着物，再进行安装以备下次使用。

（4）特点　麦糟采用人工装卸，劳动强度大；滤布清洗麻烦，耗水量大，耗用人力多；机体笨重，占地面积大；自动化程度低。

2. 新型压滤机

（1）结构及特点　实现机械化和自动化程度高，可节省大量人力；缩短压滤时间，提高设备利用率；全部操作过程实现自动控制，包括：过滤压力自动控制与管理、过滤麦汁流速的自动调节、自动机械拉开滤框、麦汁质量的测定以及洗糟水温的调节和控制等。

（2）操作要点　新型压滤机的操作要点与传统压滤机的过滤过程基本相似，只是自动化程度提高了，新型压滤机工艺操作过程如图 4-29 所示。

① 进料：糖化醪从压滤机的上部通道泵入，进入各层压滤机板框，并利用一蝶形控制阀使装料均匀。注意从视镜观察糖化醪的流量，并用接触液体压力计阻止机内压力的上升。如图 4-29（1）所示。

② 头号麦汁的过滤：麦汁在糖化醪泵的压迫下穿过滤布而流出，经由沟纹板下方的出口管道直接流入麦汁预储槽或麦汁煮沸锅内（麦汁流量用诱导流量计测定），麦糟则被滤布隔留在板框内。如图 4-29（2）所示。

③ 头号麦汁的压榨：当糖化醪泵完后，糖化醪流经的管道也清洗完毕，洗糟水则由沟纹板压入，将头号麦汁移出，此时麦糟在板框内被水浸渍而呈悬浮状。如图 4-29（3）所示。

④ 洗糟：洗糟水的流量和温度均为自动控制。洗糟结束，回收全部浸出物，并在洗糟过程中利用接触液体压力计阻止压滤机的压力不适当地升高。如图4-29（4）所示。

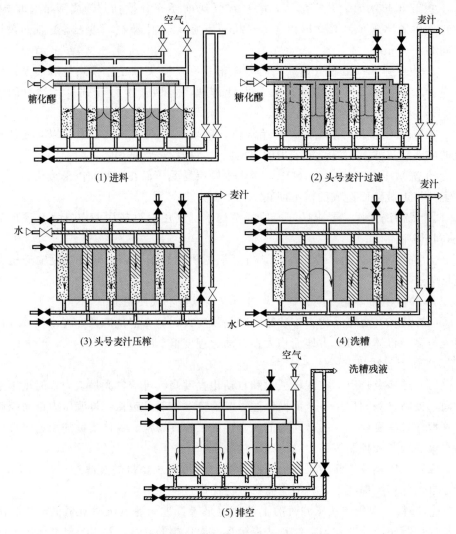

图 4-29 新型板框压滤机操作工艺过程

⑤排空：在被煮沸麦汁即将满量时，停止洗糟，并用压缩空气将洗糟残水顶出（可作为下批糖化用水），尽可能减少麦糟中的水分含量。如图 4-29（5）所示。

（三）膜压式压滤机

膜压式压滤机又称 2001 麦汁压滤机，是国外 20 世纪 90 年代推出的新型麦汁压滤机。

1. 结构

2001 麦汁压滤机的结构与传统压滤机相似，由 60 个左右的组件组成。这些组件的外形尺寸为 2.0m×1.8m，每一组件包括由两块弹性膜分离的中空框架，可通压缩空气膨胀。此框架位于两块附有聚丙烯滤布的滤板之间。滤膜与滤板之间的空隙为麦糟沉积的空间。糖化醪和洗糟水均由底部与滤膜成切线方向进入，使进料分布均匀。同时，由底部进料可避免醪液与空气接触。压滤机前后有固定顶板和活动顶板，用液压装置夹紧。过滤组件安装在支撑杆上。此外，设备底部装有醪液接入管、麦汁流出管，上部装有压缩空气管。

2. 工作原理

糖化醪从压滤机底部的醪液进管进入滤框内，在每对膜滤框和滤板之间有一个麦糟容纳空间，从滤框两侧弹性膜通入压缩空气，利用膨胀原理来挤压糟层，完成过滤操作。过滤结束后打开压滤机卸糟冲洗，做好下次操作的准备工作。

3. 操作过程

（1）进料　糖化醪液以恒压从底部充满压滤机的滤框内，进料过程如图4-30所示。

（2）过滤　随着醪液的进入，滤框中糟层逐渐加厚，头号麦汁也不断流出。滤出的麦汁，先经压滤机外一缓冲罐，用以调节流量。然后流入麦汁煮沸锅，过滤过程如图 4-31 所示。

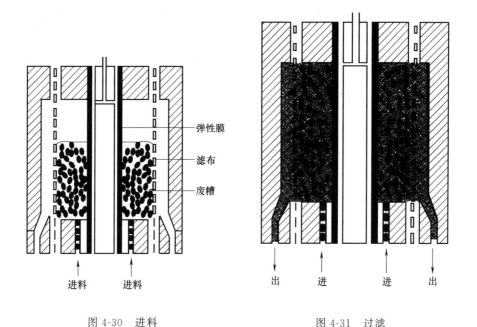

图 4-30　进料　　　　　　　　　　　　　图 4-31　过滤

（3）预压缩　头号麦汁滤完，关闭进口阀，在两弹性膜之间通入压缩空气，使两侧弹性膜片鼓起，压缩麦糟层，挤出残余头号麦汁。约 5min 后放出压缩空气，弹性膜即恢复原状，糟层和膜间形成一个空间。预压缩过程如图

153

4-32 所示。

（4）洗糟　打开进口阀，将 78℃的洗糟水从糖化醪的同一入口恒压引入滤框内，洗糟水均匀分布在整个糟层，与麦汁同出口引出洗涤麦汁。洗糟过程如图 4-33 所示。

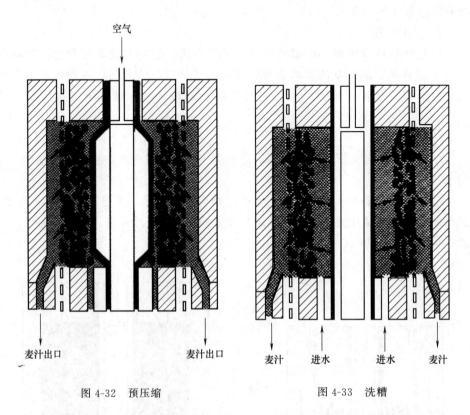

图 4-32　预压缩　　　　　　　　图 4-33　洗糟

（5）压缩　弹性膜之间通入高于洗糟压力的压缩空气，使两侧弹性膜以大于洗涤的压力对麦糟层加压，进行压榨滤饼并回收二次麦汁。此过程约需 5min。经此压榨，增加了滤饼的相对密度，使其更易快速而彻底地排放。压缩过程如图 4-34 所示。

（6）排糟　打开压滤机，麦糟自动落入收集器内输出。滤布不需卸下，可自动清洗，然后装机待用。排糟过程如图 4-35 所示。

4. 特点

麦汁收得率高，可达到或超过协定法麦汁的收得率；洗糟效率高，洗糟用水量少，洗糟彻底；过滤完毕混合麦汁浓度高，没有浸出物的损失；麦糟含水量低，自动卸糟容易，干糟便于运输，不污染环境；适合于生产高浓度稀释啤酒的高浓度麦汁；整个过程自动化程度高，过滤周期短，日过滤可达 12 批以上。

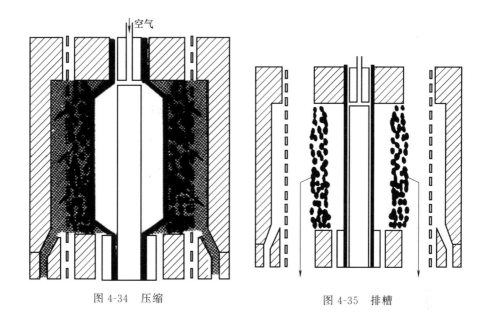

图 4-34 压缩   图 4-35 排糟

任务四

麦汁煮沸及酒花添加

一、麦汁煮沸

(一) 煮沸的目的

1. 蒸发水分

过滤过程中，头号麦汁被洗糟麦汁所稀释，为了在一定的煮沸时间内达到理想的最终麦汁浓度，必须蒸发麦汁中多余的水分，以达到工艺要求的浓度。

2. 酶的钝化

酶的钝化即破坏全部酶的活性，主要是停止淀粉酶的作用，稳定可发酵性糖与糊精的比例，稳定麦汁组分，确保糖化与发酵的一致性。

3. 麦汁灭菌

通过煮沸，杀灭麦汁中的各种微生物，特别是乳酸菌，避免发酵时发生酸败，以保证最终产品的质量。

4. 蛋白质的变性和絮凝沉淀

麦汁煮沸过程中，析出某些受热变性以及与单宁物质结合而絮凝沉淀的蛋白质，提高啤酒的非生物稳定性。

5. 酒花成分的浸出

在麦汁煮沸过程中添加酒花，将其所含的软树脂、单宁物质及芳香成分等溶出，以赋予麦汁独特的苦味和香味，同时提高啤酒的生物和非生物稳定性。

6. 降低麦汁的 pH

煮沸时，水中钙离子与麦汁中的磷酸盐起反应，使麦汁的 pH 降低，有利于 β-球蛋白的析出和成品啤酒 pH 的降低，有利于啤酒生物和非生物稳定性的提高。

7. 还原物质的形成

大量的类黑素、还原酮能与氧结合而防止氧化，有利于啤酒非生物稳定性的提高。

8. 蒸发出不良的挥发性物质

让具有不良气味的碳氢化合物，如香叶烯等随水蒸气的蒸发而逸出，提高麦汁的质量。

（二）煮沸方法

常用的煮沸方法有夹套加热煮沸法、内加热式煮沸法和外加热煮沸法等。

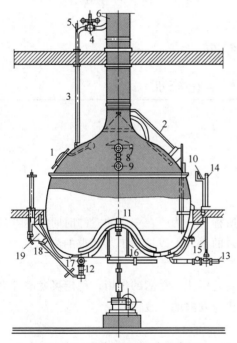

图 4-36　夹套加热式麦汁煮沸锅

1—人孔　2—杠杆　3—二次蒸汽　4—控制阀
5—真空防止阀　6、15—减压阀　7—温度计
8—压力表　9—视孔　10—液位指示计
11—搅拌器　12—放料阀　13—蒸汽阀
14—流体压力计　16—内夹套　17—外夹套
18—不凝性气体排出管　19—支架

1. 夹套加热煮沸法

夹套加热煮沸法是国内目前广泛应用的煮沸方法，中小企业均采用这种方法。夹套加热式麦汁煮沸锅的结构如图 4-36 所示。

（1）操作方法

① 当头号麦汁过滤完毕，在洗糟结束前约 30min 打开蒸汽阀进行升温缓慢蒸发，使麦汁温度保持在 93℃左右。

② 洗糟结束后，即加大蒸汽量，使混合麦汁沸腾，此时应测量混合麦汁浓度，计算定型麦汁产量和蒸发强度。若蒸发水量不足蒸发强度要求，应补加热水至要求量。

③ 按工艺要求准备好添加酒花及各种添加剂。蒸发过程中应防止泡沫溢出，以免出现安全事故。麦汁在煮沸过程中，必须始终保持强烈的对流状态，以使更多的蛋白质凝固。同时要检查麦汁中蛋白质的凝固情况，尤其是在酒花加入后，蛋白质必须凝固

良好，呈絮状凝固，麦汁清亮透明。

④ 在蒸发过程中，应密切关注蒸汽压力，不足时应及时补足。蒸发中途应测量混合麦汁糖度1～2次，以确定蒸发强度的进展情况是否达到要求。若不足要求，可增大供汽压力。

⑤ 煮沸结束前，验收麦汁浓度和数量，验收合格后方可打料至回旋沉淀槽。

⑥ 打料结束后，清洗煮沸锅备用。

（2）煮沸工艺要求

① 第三遍洗槽时开始小蒸发，应提前10～20min做好准备。尽可能缩短小蒸发时间，一般不超过30min。锅内沸腾后开始大蒸发计时。

② 酒花称量应于酒花间进行，每锅现称现用，不允许在其他地方称量酒花，不允许称好后长时间不用。

③ 准确测量混合麦汁的糖浓度，按照最终浓度要求和实际蒸发能力调节混合麦汁浓度。除大蒸发开始阶段外，其他时间不得向煮沸锅内加水。

④ 煮沸过程中，应时刻注意蒸汽压力，保证大蒸发的蒸发强度≥8%。

⑤ 大蒸发时间控制在（90±5）min，蒸发结束后立即送入回旋沉淀槽。

2. 内加热式煮沸法

（1）内加热式煮沸锅的结构　内加热式煮沸锅的结构如图4-37、图4-38所示。列管式换热器安装在煮沸锅内，锅底为弧形或杯型，蒸汽在列管内流动，麦汁在列管之间流动，通过热交换，麦汁被加热。由于麦汁在锅内上下部温差较

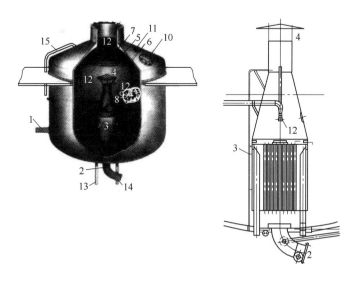

图 4-37　弧形底内加热式煮沸锅

1—麦汁入口　2—麦汁出口　3—内加热器　4—伞形罩　5—内壁　6—锅外壁　7—绝热层

8—用于酒花混合的麦汁排出管　9—酒花添加管　10—视镜　11—照明开关　12—喷头

13—蒸汽进口　14—冷凝水出口　15—清洗管

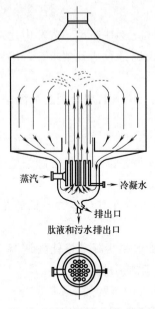

图 4-38 杯型底内加热煮沸锅

大，热麦汁不断上升，冷麦汁不断下降，可促进麦汁在锅内循环流动，提高传热效果。内加热器上的伞形罩可避免泡沫溢出。

（2）内加热式煮沸法的特点 煮沸温度一般为 105～107℃，煮沸时间比传统煮沸方法可缩短近 1/3；麦汁色度浅，可加速蛋白质凝固及酒花异构化；煮沸时不需要搅拌，不产生泡沫，设备利用率高；内加热器清洗困难，如果蒸汽温度过高，会导致麦汁色泽加深，口味变差。

3. 外加热煮沸法

采用强制循环的方式给热，它比夹套或内加热器靠温差对流给热具有较高的传热系数，可产生较高的蒸发效率。体外加热煮沸流程如图 4-39 所示，加热器为一列管式换热器，设在煮沸锅外面，一个加热器可同时连接 2～3 个煮沸锅，麦汁每小时可循环 8～9 次，麦汁在循环泵送过程中处于受压状态，经过加热器加热温度可升至 110℃，可促进酒花 α-酸的异构化和蛋白质凝聚，缩短煮沸时间。煮沸温度可通过加热器出口处的节流阀控制。当麦汁被送回煮沸锅时，低压下水分很快蒸发，达到麦汁浓缩的目的。

外加热器与煮沸锅有多种组合形式，如煮沸-回旋两用锅，其结构如图 4-40 所示。煮沸锅可兼作回旋沉淀槽用，麦汁由外加热器顶部流出后，以切线方向进入煮沸锅分离热凝固物。

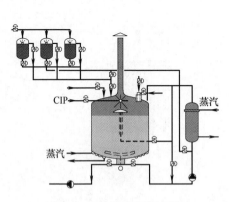

图 4-39 外加热煮沸流程

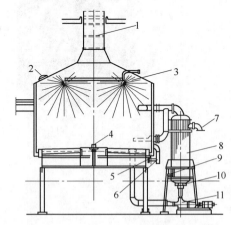

图 4-40 煮沸-回旋两用锅
1—废气挡板 2—人孔 3—喷头 4—热凝固物排出装置
5—热凝固物排出口 6—麦汁出口 7—蒸汽进口 8—外加
热器 9—冷凝液出口 10—CIP 接口 11—麦汁循环泵

（三）麦汁煮沸过程中的主要物质变化

1. 水分蒸发

在过滤过程中，头号麦汁将被洗糟麦汁稀释，浓度低于要求的麦汁浓度。为了充分提高麦汁收得率，最后一次洗糟水的残糖浓度控制在 1%～1.5%，混合麦汁浓度低于最终麦汁浓度 2%～3%，通过煮沸的方式将多余的水分蒸发掉。通常在 100℃ 煮沸温度下，只要煮沸时间不低于 90～100min，即可使麦汁中的各种转化过程达到令人满意的程度。若洗糟水用量大，则蒸发的水分多，蒸发时间长，消耗热能多，不但经济性差，还会使麦汁色度增加。煮沸结束后的麦汁浓度应低于最终产品要求的浓度，因为在麦汁冷却过程中仍有少量的水分蒸发。从头号麦汁到成品麦汁的浓度变化如图 4-41 所示。

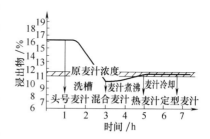

图 4-41　从头号麦汁到成品
麦汁的浓度变化

2. 蛋白质凝聚析出

蛋白质的凝聚可分为蛋白质的变性和变性蛋白质的凝聚两个过程。

（1）蛋白质的变性　蛋白质在高温条件下，分子内部的空间结构发生变化，失去水合性和溶解性，致使其原有的性质和功能部分或全部丧失。

（2）变性蛋白质的凝聚　蛋白质脱水变性后，在其等电点时失去表面电荷，分子之间相互凝聚变成絮状。在强烈的煮沸条件下，絮状蛋白质互相碰撞增大，最后变为大的碎片析出。

蛋白质的凝聚是麦汁在煮沸过程中最重要的变化。蛋白质的凝聚质量直接影响麦汁的组成，进而影响酵母发酵以及啤酒的口味、醇厚性和稳定性。影响蛋白质凝聚的因素主要有：

① 煮沸时间：麦汁煮沸时间对蛋白质凝聚影响较大，适宜的煮沸时间能形成较大的热凝固物颗粒。如煮沸时间过长，已凝聚的蛋白质会重新被击碎而分散，使麦汁变得浑浊。经验证明，煮沸时间控制在 90min 以内为宜。

② pH：在蛋白质等电点，蛋白质凝聚最好。煮沸时麦汁的 pH 越接近蛋白质的综合等电点 pH5.2，蛋白质与多酚就越易形成蛋白质多酚复合物而凝固析出，从而降低麦汁的色泽，改善啤酒的口味，提高啤酒的非生物稳定性。

③ 麦芽质量及酒花制品：麦芽质量好，麦芽中可溶性物质就多。酒花制品中的多酚物质和色素带负电荷，极易与带正电荷的蛋白质发生中和而生成蛋白质-多酚的复合物。

3. 麦汁色度上升

在麦汁煮沸过程中，由于类黑素的形成及多酚物质的氧化使麦汁的色度不断上升，煮沸后麦汁的色度明显高于混合麦汁的色度。

4. 麦汁酸度增加

煮沸时形成的类黑素和从酒花中溶出的苦味酸等酸性物质，以及磷酸盐的分离和 Ca^{2+}、Mg^{2+} 的增酸作用，使麦汁的酸度上升，pH 下降。其下降幅度与麦芽溶解度、麦芽焙焦温度以及酿造用水有关，一般 pH 下降幅度为 $0.1\sim0.2$。pH 的降低，有利于蛋白质复合物的析出。

5. 还原物质的形成

麦汁煮沸过程中，生成了大量还原性物质，如类黑素、还原酮等。还原性物质的生成量与煮沸时间成正相关。由于还原性物质能与氧结合而防止氧化，因此对保护啤酒的非生物稳定性起着重要的作用。

6. 酒花组分的溶解和转变

酒花中含有酒花树脂、α-酸、β-酸、酒花油及酒花多酚物质。α-酸通过煮沸被异构化，形成异 α-酸，而比 α-酸更易溶解于水，煮沸时间越长，α-酸异构化得率越高。β-酸在麦汁煮沸时部分溶解于麦汁中，溶解度及苦味值均较 α-酸弱，但其氧化产物却能赋予啤酒可口的香气。酒花油的溶解性很小、挥发性很强，在煮沸初期即有 80% 以上的酒花油损失。煮沸时间越长，酒花油挥发量越大。为使酒花油发挥作用，一般在麦汁煮沸结束前 $15\sim20min$ 加入酒花油或香型酒花。

（四）煮沸过程技术参数

1. 麦汁煮沸时间

麦汁煮沸时间是指将混合麦汁蒸发、浓缩到要求的定型麦汁浓度所需的时间。麦汁煮沸时间应根据麦汁煮沸强度确定，必须掌握好麦汁混合浓度，以便在规定的煮沸时间内达到最后要求的麦汁浓度。

一般来讲，煮沸时间短，不利于蛋白质的凝固以及啤酒的稳定性。合理地延长煮沸时间，对蛋白质凝固、α-酸的利用及还原物质的形成是有利的。但过分地延长煮沸时间，会使麦汁质量下降，如淡色啤酒的麦汁色泽加深、苦味加重、泡沫不佳。煮沸时间超过 2h，还会使已凝固的蛋白质及其复合物被击碎进入麦汁而难以除去。

对于常压煮沸，淡色啤酒（10%～12%）煮沸时间一般控制为 $60\sim120min$，浓色啤酒可适当延长；若在加压条件下进行煮沸，煮沸时间可缩短一半左右。

2. 煮沸强度

煮沸强度是指麦汁在煮沸时，每小时蒸发水分的百分率。按下式计算：

$$煮沸强度=\frac{混合麦汁量-最终麦汁量}{混合麦汁量\times煮沸时间}\times100\%$$

煮沸强度是影响蛋白质凝固的决定性因素，对麦汁的透明度和可凝固性氮有显著影响。麦汁煮沸强度与可凝固性氮的关系见表 4-7。

表 4-7　　　　　　　　　麦芽汁煮沸强度与可凝固性氮的关系

煮沸强度/ (%/h)	麦汁煮沸后外观情况	12%麦汁的可凝固性 氮含量/(mg/100mL)
4～6	麦汁不够清亮,蛋白质凝结差	2～4
6～8	麦汁清亮,蛋白质凝结物呈絮状沉淀	1.8～2.5
8～10	麦汁清亮透明,蛋白质凝结物呈絮状,颗粒大,沉淀快	1.2～1.7
10～12	麦汁清亮透明,蛋白质凝结物多,颗粒大,沉淀快	0.8～1.2

　　麦汁的煮沸强度越大,翻腾越强烈,蛋白质凝结的机会就越多,越有利于蛋白质的变性而形成沉淀。煮沸强度一般控制在（8%～10%）/h,可凝固性氮的浓度达（1.5～2.0mg）/100mL,即可满足工艺要求。

　　3. pH

　　麦芽汁煮沸时最理想的 pH 为 5.2,此值恰好是蛋白质的综合等电点。蛋白质在等电点时最不稳定,最容易凝聚析出,有利于蛋白质及其与多酚物质的凝结,从而降低麦汁色度,改善啤酒口味,提高啤酒的非生物稳定性。较低的pH 虽然对蛋白质的凝结有利,但却不利于 α-酸的异构化,因而降低酒花的利用率。

二、酒花添加

（一）添加酒花的目的

　　（1）赋予啤酒特有的香味　这种香味来自酒花油蒸发后的存留成分。

　　（2）赋予啤酒爽快的苦味　这种苦味主要来自异 α-酸和 β-酸氧化后的产物等。

　　（3）增强啤酒的防腐能力　酒花中的 α-酸、异 α-酸和 β-酸都具有一定的防腐作用。

　　（4）提高啤酒的非生物稳定性　酒花的单宁、花色苷等多酚物质能与麦汁中蛋白质形成复合物而沉淀,有利于提高啤酒的非生物稳定性。

　　（5）防止煮沸时窜沫　麦汁煮沸开始,麦汁中蛋白质开始凝固,此时麦汁极易起沫,加入少量酒花,可以防止窜沫。

（二）酒花添加量

　　1. 传统酒花的添加量

　　传统酒花添加量通常以每 100L 麦汁或啤酒所需添加的酒花质量（g）表示。酒花的添加量应根据酒花本身的质量、消费者的喜好及酿造啤酒的类型决定。酒花的添加量可参考表 4-8。

　　淡色啤酒以酒花苦味和香味为主,添加量应多些;浓色啤酒以麦芽香为主,添加量应少些;质量好的酒花可少加些。近年来,消费者饮酒喜欢淡爽型、超爽型、干型、超干型及味香啤酒,所以国内外酒花添加量有下降的趋势。

表 4-8　　　　　　　　　　　　不同类型啤酒的酒花添加量

啤 酒 类 型	100L 麦汁的酒花添加量/g	100L 啤酒的酒花添加量/g
淡色啤酒（11%～14%）	170～340	190～380
浓色啤酒（11%～14%）	120～180	130～200
比尔森淡色啤酒（12%）	300～500	350～550
慕尼黑浓色啤酒（14%）	160～200	180～220
国产淡色啤酒（11%～12%）	160～240	180～260

2. 以 α-酸为基础的酒花添加量

国际上多以酒花的 α-酸含量来确定酒花添加量。根据酒花的 α-酸含量确定酒花的添加量，目的是使用不同的酒花仍然能达到基本相似的酒花苦味度，使啤酒的苦味值保持稳定。

啤酒的苦味以苦味值单位 BU 表示：BU＝苦味物质含量 mg/L 啤酒。德国不同类型啤酒的苦味值与 α-酸添加量的关系见表 4-9。

表 4-9　　　　　　　德国不同类型啤酒的苦味值与 α-酸添加量的关系

啤酒种类	100L 啤酒添加 α-酸量/g	苦味值/BU
小麦啤酒	5.0～7.0	14～20
强啤酒	6.0～8.0	19～23
三月啤酒	7.0～8.5	20～25
无醇啤酒	7.0～9.0	22～28
出口啤酒	7.5～11.0	10～22
比尔森啤酒	10.0～16.0	28～40

（三）酒花添加方法

酒花加入麦汁中的时间和方法对啤酒的口味，特别是对酒花的利用程度有重要的影响。酒花的添加一般采用多次添加的方法。酒花制品的添加原则与酒花添加原则大体相同。

1. 片状酒花添加方法

（1）一次添加法　对于苦味物质含量较低和酒花香味不突出的啤酒，其酒花一般在麦汁煮沸开始时一次性加入。也有在煮沸开始后 5～10min 加入的，以使麦芽多酚与高分子含氮物质先进行反应，并由此减少由于凝聚物的形成所造成的苦味物质的损失。一次添加的方法可以达到尽可能高的苦味物质收得率。

（2）两次添加法　第一次以 70%～80% 的酒花量在煮沸开始后 10～20min 加入，第二次将剩余的酒花在煮沸结束前 30min 加入。

（3）三次添加法

① 第一次加酒花在初沸 5～10min 后，加入总量的 20% 左右，压泡，使麦汁多酚和蛋白质充分作用。

② 第二次加酒花在煮沸 40min 左右，加总量的 50%～60%，萃取 α-酸，并促进 α-酸异构化。

③ 第三次加酒花在煮沸结束前 5～10min，加剩余量，最好是香型花，萃取酒花油。

2. 酒花制品添加方法

（1）酒花浸膏的添加方法　与酒花的添加方法基本一致，只是添加时间稍早一些。

（2）颗粒酒花的添加方法　颗粒酒花现已广泛使用，由于颗粒酒花的有效成分比整酒花更易溶解，更有利于 α-酸的异构化，使用和保管均比整酒花更为方便，而且添加次数也有所减少，一般为 1～3 次。

（3）酒花油的添加方法　纯酒花油应先用食用酒精溶解（1∶20），然后在下酒时添加。如果是酒花油乳化液，既可在下酒时添加，也可在滤酒时添加。

3. 酒花的自动添加

酒花添加的半自动设备有两种：其一是由一根管子组成，根据各次酒花的添加量，该管在不同的高度上安装有电动或气动的控制推板，它们分别在各要求的加入时间打开；其二是一旋转容器，在该容器内部隔开的区域中装有所需加入的各次酒花，通过此容器旋转至下落管道而将酒花加入。

全自动装置是由带有计数器和可调时间的泵在预定的添加时间内将酒花定量加入的。

另外，酒花添加也可在酒花添加罐中进行，如图 4-42 所示。可自动控制添加量。其特点如下：

图 4-42　酒花添加罐

（1）酒花添加罐可以由两个或多个组成，配以泵、管道和阀门等附件，可以实现自动控制添加量。

（2）酒花添加罐中的阀、管道等可与 CIP 系统并网，实现自动、半自动的清洗和消毒。

任务五

麦汁冷却与充氧

麦汁煮沸以后，应尽快处理，以防止麦汁长时间在高温下氧化而导致麦汁色度上升和营养成分降低。麦汁处理的内容包括：将煮沸的麦汁冷却至发酵温度，以满足酵母发酵的要求；在冷却过程中分离麦汁中的热、冷凝固物，以改善发酵条件和提高啤酒质量；麦汁冷却后充入适量氧气，以提供酵母繁殖至一定浓度所需的营养条件。麦汁处理的过程中尤其在冷却后应防止杂菌污染，因此操作时应严格控制。

一、热凝固物的形成及分离

（一）热凝固物的形成

热凝固物又称煮沸凝固物或粗凝固物，是以蛋白质和多酚物质为主的复合物。麦汁煮沸过程中，由蛋白质的变性凝聚以及蛋白质和多酚物质的氧化聚合而不断析出热凝固物。麦汁冷却开始后，在60℃以上的范围内，热凝固物仍继续析出，60℃以下热凝固物不再析出。

热凝固物的主要成分（以干物质计）为：蛋白质50%～60%、酒花树脂16%～20%、灰分2%～3%、多酚物质及其他有机物20%～30%。

热凝固物对啤酒酿造过程及啤酒质量的影响：过多的热凝固物不利于麦汁澄清；发酵过程中絮凝的蛋白质会吸附大量活性酵母，使发酵不正常；影响啤酒的非生物稳定性和口味；热凝固物沉淀效果不好，会给啤酒过滤增加困难。

影响热凝固物形成的主要因素：麦芽含氮量高、溶解充分、蛋白质溶解越多，则热凝固物析出越多；煮沸时间短，煮沸强度不够，热凝固物沉淀量少；麦汁浓度过高，热凝固物析出多；麦汁pH过低，影响热凝固物沉淀；酒花添加量少、质量差，则热凝固物沉淀量少。

（二）热凝固物分离方法

大量的热凝固物如带入发酵麦汁中，会影响酵母的正常发酵以及啤酒的色泽、口味和稳定性等。因此必须对热凝固物进行分离。分离热凝固物的方法很多，有沉淀槽分离、回旋沉淀槽分离、离心机分离和硅藻土过滤机分离等。国内大多数啤酒厂采用回旋沉淀槽分离热凝固物。

1. 回旋沉淀槽法

回旋沉淀槽主体为圆筒形，槽底形状有平底、杯底、锥底等，应用最多的是圆柱平底槽，其结构如图4-43所示。

（1）分离原理 麦汁煮沸结束后，用泵将热麦汁沿着回旋沉淀槽切线方向打入，麦汁在槽内作减速回旋运动，同时产生离心力，麦汁液面形成凹形抛物面，在离心力的作用下，热凝固物迅速下沉至槽底中心，形成一个较密实的倒锥形沉淀物（酒花糟），如图 4-44 所示。当清亮麦汁排出后，再冲洗沉淀物。

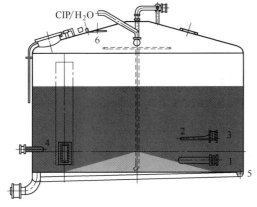

图 4-43　回旋沉淀槽

1—麦汁进口　2—液位计　3—喷嘴
4—麦汁出口　5—环形槽　6—真空安全阀

图 4-44　回旋沉淀槽

（2）主要技术参数　回旋沉淀槽直径与麦汁液位高之比（2～2.5）∶1；麦汁液位高度不高于 3m；平底回旋沉淀槽槽底斜度为 1‰～2‰；麦汁进口高度设在液位高度的 1/4～1/3 处，麦汁进槽切线速度为 8～18m/s；麦汁停止进料时，麦汁在槽内旋转速度为 8～10r/min。

（3）操作过程　从底部进料口 1 泵入热麦汁；当液位升至进料口 2 处，调节麦汁旋转速度至 10r/min，进料时间为 20～30min；进料结束后静置 25～40min；由上至下依次打开出口阀排出清亮麦汁；用水冲洗热凝固物，于第二次洗槽过滤时送入过滤槽，以回收热凝固物中的残糖；清洗回旋沉淀槽，备用。

2. 离心机分离法

（1）设备结构　离心分离机是一种带有高速转鼓的设备，可缩短颗粒沉降路径。自动排渣碟式分离机如图 4-45 所示。

（2）分离原理　根据固体与液体之间的离心力不同，在短时间内将一定规格的颗粒进行分离。

（3）特点　转鼓内有活门排渣装置，可自动卸除转鼓内的沉渣。

（4）操作要点

① 操作时，由转鼓中心加料管加入煮沸后的麦汁进行分离，活门下面的密封水总压力大于麦汁作用在活门上面的总压力，活门位置在上。

② 关闭排渣口（如图 4-45 所示活门排渣转鼓左边的分离状态）。

③ 排渣时，停止加料并由转鼓底部加入操作水，开启转鼓周边的密封水泄

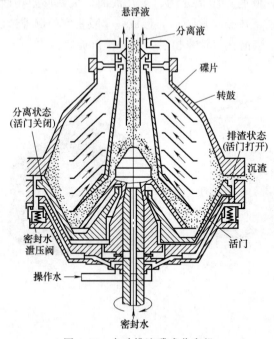

图 4-45　自动排渣碟式分离机

压阀，排出密封水，活门受转鼓内悬浮液压力的作用迅速下降，开启排渣口（图 4-45 活门排渣转鼓右边的状态）。排渣时间一般为 1～2s。

④ 排尽转鼓内的沉渣和液体后，停止供给操作水，泄压阀闭合，密封水压升高，活门上升关闭排渣口，完成一次工作循环。

⑤ 自动控制活门排渣方法有：用时间继电器按预定操作周期控制排渣；用光电管监控分离液澄清度控制排渣；根据转鼓内沉渣聚积程度，由压力信号或渣面信号控制排渣。

⑥ 部分排渣的转鼓可控制更短的排渣时间，仅排出转鼓内沉渣的一部分，不排出液体，排渣时可不停止进料，连续分离，提高了处理能力。

二、麦汁冷却

利用回旋沉淀槽分离出热凝固物后，预冷的麦汁必须进行冷却。

（一）冷却目的

降低麦汁温度，使之达到适合啤酒酵母发酵的温度；使麦汁吸收一定量的氧气，以利于酵母的生长增殖；析出和分离麦汁中的冷、热凝固物，有利于改善发酵条件和提高啤酒质量。

（二）冷却要求

冷却时间要短，温度要保持一致；避免微生物污染；防止沉淀进入麦汁；保证足够的溶氧。

（三）薄板冷却器

目前啤酒厂多采用薄板冷却器进行冷却，薄板冷却器如图 4-46 所示。

1. 冷却原理

薄板冷却器由许多片两面带沟纹的不锈钢板组成，每两块合为一组，中间用橡胶垫圈密封，以防渗漏。麦汁和冷却介质通过泵送以湍流形式在同一块板的两侧沟纹板上逆向流动，通过热交换将麦汁冷却。各冷却板对可以并联、串联或组

合使用。各板角上均有穿孔，形成麦汁和
冷却介质的通道，麦汁和冷却介质在各自
通道内逆流热交换后，从相反的方向
流出。

2. 冷却方式

（1）两段冷却法　薄板冷却器可分两
段进行冷却，即先用自来水冷却，水温要
求在 20℃ 以下，再用体积分数为 20% 酒精
水溶液进行冷却，温度要求在 −4～−3℃。
也可用低温生产用水在预冷区先将麦汁冷
至 16～18℃，再用 1～2℃ 的冰水冷却至
接种温度 6～8℃。两段冷却流程如图4-47
所示。

图 4-46　薄板冷却器

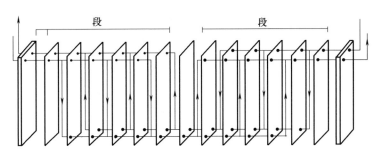

图 4-47　薄板换热器两段冷却

（2）一段冷却法　目前我国啤酒行业多采用一段冷却法。即用制冷机先将酿
造水冷却至 3～4℃ 作为冷媒，与热麦汁在板式换热器中进行热交换，结果使
95～98℃ 麦汁冷却至 6～8℃ 打入发酵罐，而 3～4℃ 酿造水升温至 75～80℃ 进入
热水箱，作糖化用水（如拌料、过滤洗糟等）。其优点是冷耗可节约 30%，冷却
水可回收利用。酿造用水与冷麦汁流向及温度如图 4-48 所示。

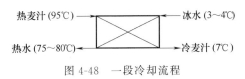

图 4-48　一段冷却流程

3. 特点

占地面积小；麦汁不易污染；清
洗和杀菌容易；冷却效率高；麦汁中
的热能可通过冷却水的升温进行回收
利用。

4. 操作要点

清洁板片、检查橡胶垫圈是否脱胶，按照流程图进行安装；用 80～85℃ 热
水冲洗杀菌 15～20min；调节麦汁与冷却介质泵送压力为 0.10～0.15MPa；控制
冷却温度在规定要求范围内，并及时充氧；冷却 30min 后取样检测麦汁浓度和

微生物数量；冷却结束后，用无菌空气顶出冷却器内的麦汁；通水冲洗并用80～85℃热水杀菌20min备用。

三、麦汁充氧

麦汁中适量的溶解氧有利于酵母的生长和繁殖。酵母是兼性厌氧微生物，在有氧条件下生长繁殖，无氧条件下进行酒精发酵。麦汁泵入发酵罐时，由于酵母添加量很少，发酵之前需要繁殖到一定的数量，这阶段是需氧的。因此，冷却后的麦汁要进行通风充氧，一般以使麦汁含氧达到8～12mg/L即可。

（一）充氧的目的

（1）为酵母繁殖提供一定的溶解氧（8～12mg/L）。

（2）浮选法分离冷凝固物时，强烈的通风有利于冷凝固物的分离。

（二）充氧方法

麦汁充氧系统如图4-49所示。充氧方法很多，如陶瓷烛棒法、文丘里管法、双物喷头以及静止混合器法。麦汁充氧大多选用文丘里管或静止混合器。

1. 陶瓷烛棒法

将空气通过烛棒的细孔喷入流动的麦汁中，形成细小的气泡，实现溶氧的目的。缺点是烛棒孔洞的清洗比较麻烦。

2. 文丘里管法

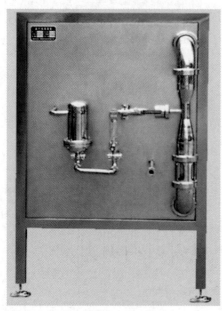

图4-49　麦汁充氧系统

文丘里管的工作原理如图4-50所示。文丘里管中有一管径紧缩段，用来提高流速。麦汁流过文丘里管时，由于截面减小而流速最大、压力最小。在缩节处通入无菌空气，就会被吸入麦汁中，并以微小气泡形式均匀散布于高速流动的麦汁中。

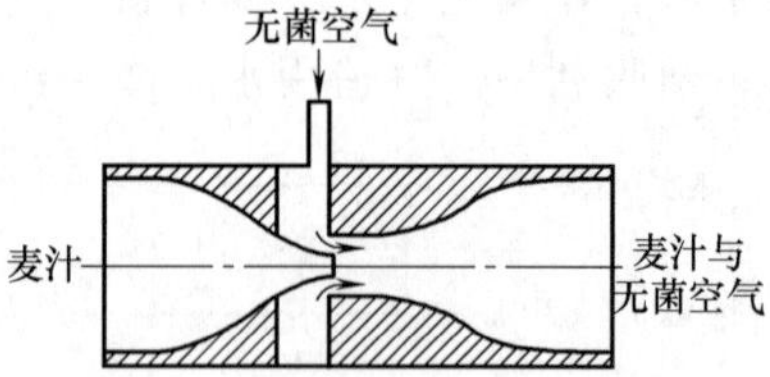

3. 双物喷头法

带双物喷头的充氧设备其结构与文丘里管相似，空气通过管壁上的细喷头喷入，形成紧密的细小气泡，达到溶氧目的。

图4-50　文丘里管的充氧原理

4. 静止混合器法

静止混合器中有一安装有弯曲混合带的气液混合段，使麦汁不断改变流动方向产生涡流，而使氧气充分地溶解在麦汁中，实现溶氧目的。

四、冷凝固物及其分离

冷凝固物又称冷浑浊物或细凝固物，也是以蛋白质和多酚物质为主的复合物，是指麦汁在60℃以下冷却时凝聚析出的浑浊物质。随着温度的降低，析出物逐渐增多，25～35℃时析出最多。冷凝固物的析出量与麦芽质量、糖化工艺、麦汁过滤、煮沸和冷却方法有关。

麦汁中冷凝固物的组成（以干物质计）为：多肽45％～65％、多酚30％～45％、多糖2％～4％、灰分1％～3％。

麦汁冷却后产生的冷凝固物，应设法尽快分离，以保证发酵过程的顺利进行。冷凝固物如保留在麦汁中，会污染酵母，给啤酒发酵带来不良的影响。冷凝固物的分离方法有锥形发酵罐分离法、浮选法、离心分离法和冷麦汁过滤法。通常采用锥形发酵罐分离法和浮选法。

1. 锥形发酵罐分离法

将冷麦汁泵入锥形发酵罐，添加酵母发酵，满罐24h和36h后，从锥底排放冷凝固物和部分酵母，以后还要定时排放。

2. 冷麦汁过滤法

用硅藻土过滤机过滤冷麦汁，可以分离75％～85％的冷凝固物。冷凝固物的大量去除，对于发酵和储酒期短的啤酒是有利的，可以加速成熟，并使硫化氢排除干净。但全部用硅藻土过滤冷麦汁，所制得啤酒一般口感缺乏醇厚性，泡沫组成少。一般采用麦汁只过滤2/3，与其他1/3不过滤的麦汁混合使用，效果较好。用过滤法去除冷凝固物，必须大量通风，使酵母快速起发，进入旺盛发酵，以防污染。采用此法的优点：冷凝固物的去除能力强；能量消耗低；麦汁损失小。缺点：硅藻土消耗量大；增加了过滤成本；增加了污染的机会。

3. 浮选法

热凝固物去除完全并经冷却后的麦汁，利用文丘里管将无菌空气通入麦汁中，使此通风麦汁形成乳浊液状，泵入浮选罐内（罐内背压为0.05～0.09MPa）。待麦汁泵完时，再缓慢减压，麦汁静置6～16h后，约60％的冷凝固物随同细匀的空气浮于麦汁表面，形成一厚层覆盖物；然后将麦汁泵入另一发酵罐内，与冷凝固物分离。

浮选法可对不理想的麦汁（如煮沸强度不够的麦汁）过滤进行弥补，此法可去除60％～75％的冷凝固物，其分离效果与空气量、形成气泡的大小、浮选罐的液层高度以及静置时间均有关系。泵送操作中，浮选罐内形成大量的细小泡沫，因此，浮选罐上部至少应有30％～50％的空间。浮选罐的形式采用立式或卧式罐均可。浮选法分离凝固物流程如图4-51所示。

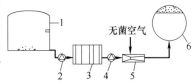

图4-51　浮选法分离凝固物流程

1—回旋沉淀槽　2—泵　3—冷却器
4—增压泵　5—文丘里管　6—浮选罐

任务六

麦汁浸出物收得率评价

一、浸出物收得率

每100kg原料糖化后的麦汁中，获得浸出物的质量分数，即为麦汁浸出物收得率。麦汁浸出物收得率可根据下式计算：

$$E(\%) = \frac{0.96 V w_p d}{m} \times 100\%$$

式中　E——麦汁浸出物收得率，%

　　　V——定型麦汁最终产量，L

　　　w_p——麦汁在20℃时的糖度表（plato）浓度，%

　　　d——麦汁在20℃时的相对密度

　　　m——投料量，kg

　　0.96——常数，100℃麦汁冷却到20℃时的容积修正系数

二、原料利用率

原料利用率是用来评价糖化收得率的一种方法，也是啤酒生产中的一项重要技术经济指标。一般应保持在98.0%～99.5%。可用下式计算：

$$M = \frac{E}{E_1} \times 100\%$$

式中　M——原料利用率，%

　　　E——糖化浸出物收得率，%

　　　E_1——实验室标准协定法麦汁的浸出物收得率，%

三、麦汁理化指标

麦汁理化指标见表4-10。

表 4-10　　　　　　　　　　麦汁理化指标

项　目	10°P	10.5°P	11°P	12°P	13°P
麦汁浓度/°P	10±0.3	10.5±0.3	11±0.3	12±0.3	13±0.3
色度/EBC 单位	5.0～8.0	5.0～8.0	5.0～8.5	5.0～9.0	15～50
pH	5.2～5.4				
总酸/(mL/100mL) ≤	1.8				
α-氨基氮/(mg/L)	160	160～180	160～180	180	190
最终发酵度/% ≥	75～82	75～85	78～85	63～75	—
麦芽糖/% ≥	7.5～8.2		8.5～9.0	9.0～9.6	
苦味值/BU	25～32		25～35	25～38	—

四、影响糖化麦汁收得率的因素

1. 麦芽质量

（1）麦芽水分含量　麦芽水分每增加1％，相当于减少约1％的麦汁收得率。

（2）蛋白质含量　蛋白质含量高，麦芽溶解不良，麦汁浸出物低，因此麦汁收得率低。

2. 麦芽粉碎度

麦芽粉碎过粗，会影响麦芽的分解和麦汁的过滤，可能造成2％以下的收得率损失，导致收得率下降。

3. 糖化方法

糖化温度高，糖化时间短等，会导致麦芽的有效成分分解不完全，糖化收得率降低；糖化时搅拌不良，醪液混合不均匀，使麦芽溶解不完全，造成收得率降低。

4. 麦汁过滤

过滤操作不当会使过滤和洗槽发生困难，导致糟层中残留浸出物较多，糖化收得率下降。

习题 ▶

一、解释题

回潮粉碎　粉碎度　糊化　液化　糖化　可发酵性糖　浸出物　无水浸出率　蛋白质休止　库尔巴哈指数　浸出糖化法　双醪糖化法　煮沸强度　BU　热凝固物　冷凝固物　麦汁收得率

二、填空题

1. 糖化下料阶段，麦芽中的_____将被溶出，麦芽中的_____仍然很难溶解。

2. 糖化时，对蛋白质的分解作用要进行合理控制，只有将麦汁中高分子、中分子和低分子蛋白质比例控制在合理的范围内，才能使生产出的啤酒具有一定的_____、_____和_____。

3. 在淀粉分解时，应控制好麦汁中_____糖与_____糖的比例。

4. 一般浓色啤酒可发酵性糖与非发酵性糖之比应控制在_____，浅色啤酒控制在_____。

5. 麦芽中可溶性物质很少，占麦芽干物质的_____。

6. 麦芽中含有_____、_____、_____、_____等糖类。

7. 糊化后的辅料与麦芽醪液兑醪后，两次取出部分醪液进行煮沸的糖化方法称为_____。

三、选择题

1. 麦芽粉碎的要求

　　A. 麦皮破而不碎　　　　　　B. 麦皮完全粉碎

　　C. 麦皮尽量保持完整　　　　D. 麦皮粉得越细越好

2. 麦汁过滤时的洗糟水 pH 应该是_____。

　　A. 5.8～6.2　　　　　　　　B. 6.5～6.8

　　C. 7.2～7.5　　　　　　　　D. 7.6～7.8

3. 利用过滤槽过滤麦汁操作过程中，若麦汁出现浑浊，应进行_____。

　　A. 麦汁回流　　　　　　　　B. 快速过滤

　　C. 连续耕糟　　　　　　　　D. 正常过滤

四、判断题

1. 在啤酒生产过程中，糊化与液化过程几乎是同时发生。　　　　　　（　　）

2. 若麦芽糖化力和 α-淀粉酶活力高，糖化时间则短。　　　　　　　（　　）

3. 辅料大米的粉碎越细越好。　　　　　　　　　　　　　　　　　　（　　）

4. 蛋白质在等电点时最容易凝聚析出。　　　　　　　　　　　　　　（　　）

5. 啤酒花能赋予啤酒爽快的苦味。　　　　　　　　　　　　　　　　（　　）

6. 浓醪比稀醪更有利于淀粉的液化和糊化。　　　　　　　　　　　　（　　）

7. 浸出法只需设有加热装置的糖化锅，而双醪糖化法应有糊化锅和糖化锅。

　　　　　　　　　　　　　　　　　　　　　　　　　　　　　　　（　　）

8. 麦汁处理过程中尤其在冷却后应防止杂菌污染。　　　　　　　　　（　　）

五、问答题

1. 回潮粉碎与湿法粉碎有何区别？

2. 糖化方法有哪几种？糖化方法选择的依据是什么？

3. 浸出糖化法与煮出糖化法各有何特点？

4. 糖化过程中，应控制好哪些工艺条件？

5. 简述淀粉糊化、液化、糖化之间的关系。

6. 麦汁制备过程中调节 pH 有何作用？

7. 简述酒花的作用及添加方法。

8. 糖化过程中主要的物质变化有哪些？如何控制淀粉和蛋白质的水解？

9. 麦汁煮沸有何意义？简述麦汁煮沸过程中的物质变化。

10. 简述回旋沉淀槽的结构及分离原理。

11. 影响麦汁收得率的因素有哪些？

项目五

▼

啤酒发酵技术

教学目标

【知识目标】啤酒发酵的意义；啤酒发酵的机理；常用的啤酒酵母的营养及生理特性；啤酒酵母的生长及繁殖规律；啤酒酵母的保藏方法；典型啤酒酵母的酿造特性；啤酒酵母体内主要的酶及作用；啤酒发酵过程中的物质变化及其对啤酒质量的影响；典型的啤酒发酵设备的结构及特点；影响啤酒发酵的主要因素；CO_2 回收方法及操作要求。

【技能目标】啤酒酵母的分离、培养、选育与保藏；啤酒酵母的扩大培养；活性干酵母的应用；啤酒酵母的选育及生产性能的检查；立式圆筒体锥底发酵罐的结构、特点、安装要求、操作要点及有关注意事项；啤酒酵母的添加方法；啤酒发酵操作、过程管理及参数控制；啤酒酵母的回收与利用；CO_2 的回收及利用。

【课前思考】啤酒发酵的目的与要求；啤酒发酵工艺流程及技术要点；啤酒酵母的来源；啤酒发酵设备的设计要求；啤酒发酵过程中的物质变化；啤酒发酵工艺过程、技术参数的控制；CO_2 的回收和利用。

【认知解读】将麦汁冷却至规定的温度后送入发酵罐，并接入一定量的啤酒酵母即可进行发酵。啤酒发酵是一个非常复杂的生化反应过程，它是利用啤酒酵母本身所含有的酶系将麦汁中的可发酵性糖经一系列变化最终转变为酒精和 CO_2，并生成一系列的副产物，如各种醇类、醛类、酯类、酸类、酮类和硫化物等。啤酒就是由这些物质构成的具有一定风味、泡沫、色泽的独特饮料。啤酒的质量与啤酒酵母的性能有密切的关系，性能优良的啤酒酵母能生产出质量上乘的啤酒。即使原料相同，若采用不同的酵母菌种，不同的发酵工艺，也会生产出不同风格的啤酒。

任务一

啤酒酵母的结构及特性

　　酵母菌是一群单细胞的真核微生物，麦汁经啤酒酵母发酵作用后，便酿制成啤酒。啤酒生产中应用的微生物，主要是纯粹培养的啤酒酵母。啤酒酵母属于真菌门、子囊菌纲、原子囊菌亚纲、内孢霉目、内孢霉科、酵母亚科、酵母属、啤酒酵母种。用于啤酒酿造的酵母主要有以下几种：

啤酒酵母（*Saccharomyces cerevisiae*）：又称酿酒酵母，是发酵工业中最常用的酵母菌，能发酵葡萄糖、麦芽糖、半乳糖、蔗糖和1/3棉籽糖，不能发酵乳糖和蜜二糖，不能同化硝酸盐。

葡萄汁酵母（*Saccharomyces uvarum Beijerinek*）：能发酵葡萄糖、蔗糖、麦芽糖、半乳糖、蜜二糖，不能发酵乳糖，对棉籽糖却能完全发酵，不能同化硝酸盐。

卡尔斯伯酵母（*Sac. Carlsbergensis Hansen*）：啤酒酿造业中典型的下面发酵酵母。能发酵葡萄糖、半乳糖、蔗糖、麦芽糖及全部棉籽糖，不能同化硝酸盐，能稍微利用乙醇。

一、啤酒酵母的选育及保藏

（一）啤酒酵母的形态

啤酒酵母细胞呈圆形或卵圆形，其形状和大小决定于菌龄及环境条件。一般，成熟细胞大于幼龄细胞，液体培养细胞大于固体培养细胞。环境条件对细胞形态和大小影响很大，例如，在磷酸盐、镁离子和生物素充足的液体培养基中，啤酒酵母的个体比在不新鲜的培养基中大。

（二）酵母菌的菌落

啤酒酵母在麦芽汁固体培养基上生长，菌落为有光泽的乳白色，不透明，菌落表面光滑、湿润及黏稠，边缘整齐。在固体培养基上生长时间较久后，外形逐渐生皱及变干，颜色变暗。啤酒酵母的菌落一般都比较厚，易被挑起。

啤酒酵母在液体培养基中生长时，因产生大量的 CO_2 而使液体表面产生泡沫，大量的细胞悬浮在培养液中。在培养后期，不同的酵母表现出不同的特征：上面酵母悬浮在液体表面，形成一厚菌层；下面酵母则沉于容器的底部。

（三）啤酒酵母细胞的结构

啤酒酵母属真核生物，其细胞结构包括细胞壁、细胞膜、细胞质、细胞核、液泡、线粒体以及各种储藏物质，如图5-1所示。

1. 细胞壁

细胞壁除了维持菌体细胞的形态和大小外，同时还是一个具有活性的外层。幼龄细胞的细胞壁较薄，有弹性，以后逐渐变厚、变硬。其厚度为 $0.1\sim0.3\mu m$，质量占细胞干重的 $18\%\sim25\%$。细胞壁上含有很多关键酶，是细胞出芽繁殖的部位，同时对小分子物质的吸收起到过滤作用。

细胞壁的化学成分主要为葡聚糖、甘露聚糖及蛋白质等，还有少量几丁质、脂类、无机盐。细胞壁的外层主要是甘露聚糖，内层主要是葡聚糖，中间一层主要是蛋白质。

处于对数生长期的细胞，细胞壁比较容易水解。将原生质体涂布于适宜的琼脂培养基上，既可生成新的、完整的细胞壁，又能进行正常的出芽生殖。

2. 细胞膜

细胞膜位于细胞壁内侧，包围细胞质，厚度约为 8nm。酵母细胞膜是以磷脂双分子层为基本结构，中间镶嵌着蛋白质和甾醇。细胞膜的主要功能是选择性地运入营养物质，排出代谢产物。同时，它也是细胞壁等大分子成分的生物合成和装配基地，是部分酶的合成和作用场所。

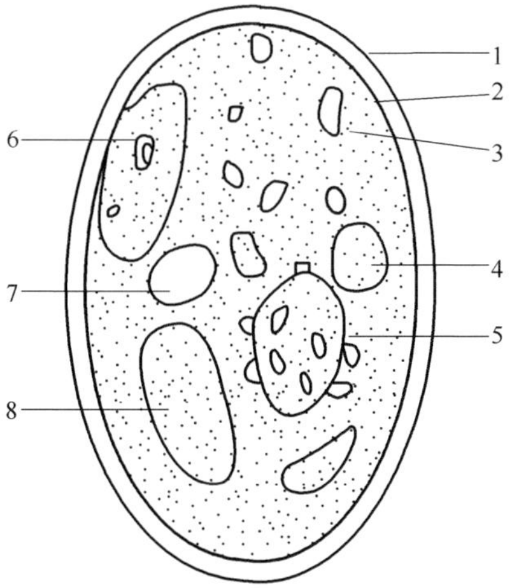

图 5-1　啤酒酵母细胞的结构

1—细胞壁　2—细胞膜　3—蛋白质性假晶体
4—脂肪粒　5—液泡　6—细胞核
7—油滴　8—肝糖空泡

3. 细胞核

每个酵母细胞中均具有完整的细胞核，核有核膜、核仁及染色体，生活细胞的细胞核很难在显微镜下看到，必须经染色才能识别。细胞核的形态有新月形、卵圆形及圆形，休眠期细胞核为圆形。细胞核的主要成分为脱氧核糖核酸（DNA）和蛋白质，是细胞的"信息中心"，即代谢过程的控制中心，在繁殖和遗传上起着重要作用。

4. 细胞质

细胞内充满细胞质，主要由具有酶性质的蛋白质组成，它对维持细胞的生命活动非常重要。细胞质在细胞生长过程中变化很大，新生细胞的细胞质比较均匀，当细胞衰老时，细胞质中会出现气泡和颗粒状物质。

5. 线粒体

线粒体是位于细胞质内的粒状或棒状的细胞器，形状随培养条件而改变。它比细胞质重，具有双层膜，内膜内陷，形成嵴，其中富含参与电子传递和氧化磷酸化的酶系，在嵴的两侧分别分布着圆形或多面形的基粒。嵴间充满液体的空隙为基质，它含有三羧酸循环的酶系，是进行氧化磷酸化、产生 ATP 的场所。酵母菌出芽生殖前期，线粒体变成丝状，并产生分枝，然后分裂进入子细胞和母细胞。酵母细胞的线粒体是适应有氧环境而形成的，在厌氧或高糖（葡萄糖 5%～10%）条件下，酵母菌只形成一种发育较差的线粒体前体，这种细胞没有氧化磷酸化的能力。

6. 液泡

大多数卵圆形酵母细胞中只有一个液泡，细胞经染色后，在光学显微镜下可见液泡为一个透明区域，电镜下观察是由单层膜包围着的。

生长旺盛的酵母菌的液泡中不含内含物，而细胞老化后，液泡中有各种颗粒，如异染颗粒、肝糖粒、脂肪滴、水解酶类（可使细胞自溶）、中间代谢物和金属离子等。液泡对营养物和水解酶类的储藏起作用，同时还能调节细胞的渗透压。液泡往往在细胞发育的中后期出现，它的多少、大小可作为衡量细胞成熟的标志。

7. 细胞质内含物

细胞质中的其他物质统称为基质，主要包括碳水化合物、核糖体和一些酶类，它们对维持细胞的生命活动很重要。

（1）肝糖　肝糖是酵母储存碳水化合物的主要物质之一，相对分子质量较大。肝糖由一树状的分子构成，主链的葡萄糖残基以 α-1,4 糖苷键相连接，支链由 α-1,6 糖苷键连接，分支点间大约有 $12\sim14$ 个葡萄糖残基。

（2）海藻糖　海藻糖的分子式为 $C_{12}H_{22}O_{11}\cdot H_2O$，属非还原性双糖，是酵母细胞储存碳水化合物的第 2 种形式。海藻糖的含量主要与菌种和细胞生长的环境条件有关。

（3）核糖体　在细胞质中分布着许多富含蛋白质和核酸的核糖体颗粒，核糖体主要与蛋白质的合成有关，放线菌酮能抑制核糖体的活性。

（4）脂肪粒　大多数酵母细胞含有可被脂溶性染料染色的脂肪粒，用苏丹黑或苏丹红可将其染成黑色或红色。当生长在含有限量氮源的培养基中时，一些酵母菌能大量积累脂肪物质，脂肪含量可高达细胞干重的 $50\%\sim60\%$。

（5）酶　在细胞基质的可溶性部分中有许多参与发酵过程的酶类，还包括海藻糖酶、葡萄糖-6-磷酸脱氢酶和乙醇脱氢酶等。

二、啤酒酵母的成分

（一）化学成分

啤酒酵母细胞以含水分为主，占 $75\%\sim85\%$。细胞内的水分对于维持细胞正常的生理功能具有重要作用，因为细胞中所有的生物化学变化都是在水溶液中进行的。细胞内的水分可分为结合水和游离水。结合水含量一般比较稳定，而游离水则随着培养条件的变化而有所变动。

啤酒酵母中的干物质只占 $15\%\sim25\%$，主要由碳、氢、氧、氮和少量矿物质组成，其中碳占 49.8%，氢占 6.17%，氧占 31.1%，氮占 12.7%。这些元素组成了酵母细胞内各种有机物质和无机物质。

在细胞内的各种矿物质中，磷的含量最高，可达全部灰分的 50%，其次为钾、镁、钙、硫、钠等，而铁、铜、锌、锰、硼、钼、硅等含量极少。细胞中的各种矿物质的含量见表 5-1。

有机物质是细胞干物质中的最主要成分，占细胞干重的 $90\%\sim97\%$。细胞的各种结构物质，如细胞壁、细胞质、细胞核以及细胞内的储藏物质等都是有机物质。酵母细胞中主要的有机物有蛋白质、核酸、碳水化合物和脂肪等。

表 5-1　　　　　　　　　　　啤酒酵母细胞中矿物质占灰分比例

矿物质	P_2O_5	K_2O	Na_2O	MgO	CaO	SO_2	SiO_2	FeO
含量/%	51.09	38.66	1.82	4.16	1.69	0.57	1.6	0.06

1. 蛋白质

蛋白质是组成细胞质的基本物质，占细胞干重的 32%～75%。细胞内的蛋白质组成各种酶类，有些酶就是简单的蛋白质，有些酶则是由蛋白质和金属或其他有机物结合而成的。蛋白质与其他物质结合在一起还构成了一些对细胞有重要作用的结合蛋白，如蛋白质和核酸结合成为核蛋白，对蛋白质合成有重要作用；蛋白质和卵磷脂结合而成的脂蛋白，是组成细胞膜、线粒体膜的基本成分。在生长繁殖过程中，啤酒酵母自身可利用培养基中的碳水化合物合成蛋白质。

2. 核酸

啤酒酵母细胞中核酸占细胞干重的 6%～8%，其中主要是核糖核酸，而脱氧核糖核酸含量极少，一般不超过 0.3%。

3. 碳水化合物

酵母细胞内碳水化合物的含量并不多，只占酵母细胞干物质的 27%～63%。啤酒酵母细胞内的碳水化合物主要以多糖形式存在。在啤酒酵母生长繁殖及发酵过程中，碳水化合物是酵母细胞的主要能源物质。碳水化合物被酵母吸收后，在细胞内立即开始代谢过程，为酵母的生长繁殖提供能量。

4. 类脂物质

类脂物质是由脂肪、磷脂和甾醇等脂溶性化合物组成的。甾醇在酵母细胞中含量较高，约占细胞干重的 1%，主要是麦角甾醇，它是维生素 D 的前体。

5. 维生素

啤酒酵母细胞中的维生素含量较高，主要是水溶性的 B 族维生素，它是各种酶活性基团的组成部分，对酵母的生理活动非常重要。啤酒酵母细胞中主要维生素含量见表 5-2。

表 5-2　　　　　　　　　　　啤酒酵母细胞中主要维生素含量

维生素种类	含量/(μg/g 干重)	维生素种类	含量/(μg/g 干重)
胆碱	4850	烟酰胺(维生素 B_5)	25～100
肌醇	2700～5000	吡哆素(维生素 B_6)	25～100
硫胺素(维生素 B_1)	50～360	叶酸(维生素 B_{11})	19～30
核黄素(维生素 B_2)	36～42	对氨基苯甲酸	9～102
烟酸(维生素 B_3)	40～200	生物素	0.8～1.1

（二）酶类及其性质

啤酒发酵过程中，酵母利用糖及氨基酸合成细胞机体，将可发酵性的糖转变成酒精和CO_2，同时产生醇、醛、酸、酯等副产物，这些变化都是在酵母体内多种酶的催化下完成的。主要酶见表 5-3。

表 5-3　　　　　　　　　　　　啤酒酵母体内的主要酶类

酶种类	作　用	最适作用条件
麦芽糖酶	水解麦芽糖为 2 分子葡萄糖，啤酒酵母细胞内含量丰富，细胞外活动能力有限	最适温度为 35℃，最适 pH 为 6.1～6.8
蔗糖酶	也称转化酶，能将蔗糖水解成葡萄糖和果糖，为胞内酶	最适温度为 55℃，最适 pH 为 4.2～5.2
棉籽糖酶	水解棉籽糖为果糖和蜜二糖。啤酒酵母均含有此酶	最适 pH 为 4.0～5.0
蜜二糖酶	水解蜜二糖为葡萄糖和半乳糖，下面酵母含有此酶	最适温度为 42℃，最适 pH 为 6.5
酒化酶	酵母酒精发酵系列酶类，为胞内酶。能将葡萄糖等单糖转化为乙醇和CO_2，其中包括磷酸转移酶、氧化还原酶、异构化酶等	—
蛋白质分解酶	为胞内酶，分解蛋白酶、多肽酶、二肽酶等。如蛋白酶 A 是酵母自溶的主要因素	死酵母在温度较高时将发生自溶现象

此外，酵母细胞内还含有肝糖酶、辅酶Ⅰ、辅酶Ⅱ、辅酶 A、ATP、ADP、AMP 以及多种维生素等，它们在酵母自身的新陈代谢过程中起着重要作用。

三、啤酒酵母的营养特性

啤酒酵母细胞只有处于适合生长的环境中，如适宜的温度、pH、通风等，并不断地从环境中吸收各种营养物质，才能进行正常的生命活动。啤酒酵母需要的营养物质有水分、碳水化合物、含氮化合物、矿物质、生长因子等。

（一）水分

啤酒酵母细胞的主要成分是水，啤酒酵母的生长繁殖也离不开水。水是细胞质胶体的结构成分，并直接参与代谢过程中的许多反应。另外水还可以起到调节细胞温度的作用，由于水的比热容高，能有效地吸收代谢过程中所放出的热量，使细胞内的温度不至于骤然上升。

（二）碳水化合物

在适当环境下，许多酵母都能利用外界供给的多种不同单糖和低聚糖，还可利用细胞内储存的物质，如糖原和海藻糖等。啤酒酵母的培养基质是麦芽汁，其含有多种可发酵性的糖，如葡萄糖、果糖、麦芽糖、蔗糖、蜜二糖、棉籽糖等。单糖可以直接被啤酒酵母利用，双糖和多糖必须先分解为单糖后才能被酵母同化。各种糖类的利用先后顺序为：葡萄糖、果糖、蔗糖、麦芽糖和麦芽三糖。

（三）含氮化合物

氮是构成啤酒酵母蛋白质和核酸的主要元素，也是细胞质的主要成分，是酵母生长繁殖必需的营养物质。麦汁中的含氮物质分为可吸收的和不可吸收的，氨基酸是最重要的可吸收的氮源。由于酵母的胞外蛋白酶活性很弱，所以酵母主要是利用麦汁中的氨基酸，相对同化比较好的氨基酸有 α-丙氨酸、α-氨基丁酸、天冬酰胺、天冬氨酸、谷氨酸、亮氨酸、异亮氨酸、精氨酸、苯丙氨酸、丝氨酸、酪氨酸、鸟氨酸等。啤酒酵母主要是利用氨基氮，而硝酸盐和亚硝酸盐则不能被利用。

在啤酒酵母生长繁殖过程中，随着氮素同化作用的减弱，氮的分解速度明显加快。当发酵液中的氨基酸缺乏时，酵母发酵糖类的能力下降。在啤酒发酵过程中还将出现氨基酸利用的延滞期，这是因为冷麦汁含氧量低和钙离子浓度相对较高所引起。

（四）矿物质

除了适当的碳源和氮源外，酵母生长还需要磷、钾、镁、锌、铁和铜等矿物质。根据细胞对矿物质需求量的大小，矿物质可分为主要元素和微量元素。

1. 主要元素

主要元素包括钾、钠、磷、硫、镁、钙等，这些元素是细胞结构物质的组成成分，另外还参与了细胞膜对物质的运输、能量的转移以及控制细胞质胶态等多种生理活动，因此需求量比较大，各有其作用。

（1）磷参与碳水化合物转化中的磷酸化过程，生成高能磷酸化合物，转移能量，另外它还是许多重要酶的活性基团。

（2）镁和钾是某些酶的激活剂，能促进碳水化合物的代谢。

（3）硫是含硫氨基酸及一些酶活性基团的组成成分。

（4）钠与维持细胞的渗透压有关。

（5）钙可增强镁离子在原生质膜上的作用，并能调节细胞的酸碱度。

2. 微量元素

酵母对各种微量元素的需要量极小，一般为 0.1mg/L 左右。微量元素与酶的活动密切相关，它们或是酶的活性基的成分，或是酶的激活剂。

（1）锌是丙酮酸羧化酶的组成部分，它可刺激啤酒的发酵。

（2）钴存在于维生素 B_{12} 辅酶中，能影响蛋白质合成。

（3）铁是细胞色素、细胞色素氧化酶和过氧化酶活性基的组成成分。

（4）铜、锰、钴、钼等都是一些酶的激活剂，对酵母的生长有不同的刺激作用。

（5）铬和硒参与合成酵母的生物活性物质。

（五）生长因子

生长因子一般包括氨基酸、嘌呤、嘧啶、B 族维生素等，如硫胺素（维生素 B_1）、核黄素（维生素 B_2）、烟酸（维生素 B_3）、烟酰胺（维生素 B_5）、吡哆素（维生素 B_6）、叶酸（维生素 B_{11}）、生物素等。它们是组成各种酶的活性基成分，对维持正常的酶活力具有重要作用。

四、啤酒酵母的生长与繁殖

（一）啤酒酵母的成长

啤酒酵母的成长先后经历以下五个阶段，如图 5-2 所示。

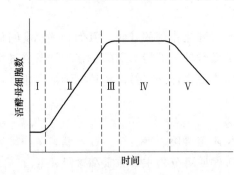

图 5-2　酵母生长过程
Ⅰ—延滞期　Ⅱ—对数生长期　Ⅲ—减速期
Ⅳ—稳定期　Ⅴ—死亡期

1. 延滞期

刚刚接种的酵母要适应新的环境，会出现一个细胞数量不增长的阶段，称为延滞期。延滞期的长短与微生物自身状况及培养基的性质有关。

2. 对数生长期

延滞期结束后，酵母适应了新的环境，细胞进入快速繁殖的对数生长期。在此阶段，细胞以最快的速度进行生长和繁殖，生长速度不变，细胞数几乎呈直线上升。

3. 减速期

随着细胞的生长繁殖，可能会产生某些底物浓度不足、有害物质不断积累、氧的供应不足或酵母菌的生长空间不够等因素，这些因素会导致细胞的繁殖速度减慢，进入减速期。

4. 稳定期

经过减速期后，细胞的生长会逐渐停止，生长曲线趋于平稳，进入稳定期。活细胞总数量在稳定期保持恒定，可能是分裂产生的新细胞与死亡的细胞数量相等，或者是细胞仅仅是停止分裂而仍然保持代谢活性。

5. 死亡期

随着营养物质的消耗和有害物质的积累而造成环境条件的不断恶化，导致活细胞数量不断下降，细胞生长进入死亡期。

（二）啤酒酵母的繁殖

酵母菌的繁殖方式可分为无性繁殖和有性繁殖两大类。有性繁殖主要是产生子囊孢子。在正常的营养状况下，啤酒酵母都是无性繁殖。

1. 无性繁殖

无性繁殖包括芽殖、裂殖和无性孢子繁殖等，啤酒酵母繁殖以芽殖为主。根据母细胞表面留下的出芽痕数目，可以确定其曾产生过的芽体数，因而能用来判断该细胞的年龄。出芽数目也受到营养和其他环境条件限制。在啤酒酵母的生命周期内，一个细胞可以产生 24 代子细胞。

出芽位置也有一定的规律性。双倍体酵母属，出芽位置随机分布；单倍体酵母属，出芽多数以排、环或螺旋状出现。产子囊的尖形酵母，在母细胞两极出现，称两端出芽；在三个方向出芽，称三端出芽；在各个方向出芽，称多边出芽。下面啤酒酵母一般是单端出芽，芽和母细胞的纵轴之间成 30°左右的夹角。

2. 有性繁殖

酵母菌以子囊孢子的形式进行有性繁殖。啤酒酵母的子囊孢子萌芽时，先吸水膨胀，然后囊壁破裂，孢子脱出，以发芽方式繁殖。

一般地，野生酵母易形成孢子，啤酒工厂常利用啤酒酵母形成子囊孢子的速度和子囊孢子的形状鉴别培养酵母是否被野生酵母所污染。在生产上可利用子囊孢子进行杂交，选育新的酵母。

（三）啤酒酵母的生活史

啤酒酵母的生活史是单双倍体型，如图 5-3 所示，其过程如下。

（1）单倍的营养细胞借芽殖繁殖。

（2）两个营养细胞结合，质配后发生核配，形成双倍体。

（3）双倍体细胞并不立即进行核分裂而是芽殖繁殖，成为双倍体的营养细胞。

（4）双倍体的营养细胞转变为子囊，核减数分裂形成四个子囊孢子。

（5）单倍体的子囊孢子作为营养细胞进行芽殖繁殖。

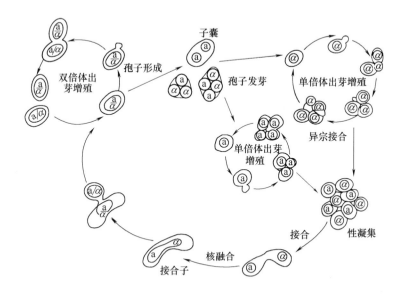

图 5-3　啤酒酵母的生活史

在啤酒酵母的生活史中，单倍体及双倍体营养细胞都可以进行芽殖。通常双倍体营养细胞大，生活能力强，在一个群体内的单倍体随时间的推移而逐渐减少，啤酒酵母发酵都利用培养的双倍体细胞。

五、常用啤酒酵母的种类

（一）上面啤酒酵母和下面啤酒酵母

根据发酵结束后酵母细胞在发酵液中的存在状态不同，啤酒酵母可分为上面酵母和下面酵母。

1. 上面酵母的特性

细胞呈圆形；多数酵母集结在一起；容易形成子囊孢子；最适发酵温度为20～25℃；发酵时间为5～7d；可发酵1/3的棉籽糖，不能发酵蜜二糖；发酵度较高；发酵终了时大量酵母细胞悬浮于液面。

2. 下面酵母的特性

细胞呈圆形或卵圆形；一般不形成子囊孢子；最适发酵温度为6～10℃；发酵时间为8～14d；发酵度较低；可发酵全部的棉籽糖；发酵结束时，大部分酵母因凝聚而发生沉淀。

上面酵母与下面酵母的区别见表5-4。

表 5-4　　　　　　　　　　　　上面酵母与下面酵母的比较

性能	上面酵母	下面酵母
发酵温度/℃	15～25	5～12
真正发酵度/%	较高(65～72)	较低(55～65)
对棉籽糖发酵	发酵1/3	全部发酵
细胞形态	圆形,多数细胞集结在一起	卵圆形,细胞分散

（二）凝聚酵母和粉状酵母

凝聚性是啤酒酵母的重要特性之一，根据凝聚性强弱啤酒酵母可分为凝聚性酵母和粉状酵母。

1. 凝聚性酵母的特性

在发酵初期是分散在发酵液中的；由于凝聚性比较强，在发酵过程中，酵母比较容易凝聚在一起，或浮在液面上或沉淀在底部；在发酵结束时，酵母能很快凝聚形成结实的沉淀或在液面形成比较致密的酵母凝聚层；由于这种酵母的凝集聚性强，酵母比较容易与发酵液分离，使发酵液的澄清速度比较快；发酵度相对较低。

2. 粉状酵母的特性

由于凝聚性较弱，在整个发酵过程中都是分散在发酵液中，不易发生凝聚现象；即使在发酵结束后，酵母细胞仍然悬浮在发酵液中，很难沉淀；发酵液的澄清比较困难；由于酵母细胞长期悬浮在发酵液中，因此发酵度相对较高。

凝聚性酵母与粉状酵母的区别见表5-5。

表 5-5　　　　　　　　　　　凝聚性酵母与粉状酵母的区别

项目	凝聚性酵母	粉状酵母
发酵时情况	发酵接近结束时易于凝聚沉淀 上面酵母凝聚后浮于液面	发酵时长时间悬浮,不易凝聚
发酵终结	下面酵母很快凝聚,沉淀致密 上面酵母在液面上形成厚层	很难沉淀
发酵液澄清	较快	不易
发酵度	较低	较高

六、啤酒酵母的选育

啤酒酵母的选育是啤酒生产过程中的一个非常重要的环节,只有性能优良的啤酒酵母才能酿造出高质量的啤酒。

(一) 啤酒酵母的基本要求

(1) 能有效地从麦汁中摄取所需的各种营养物质,发酵速度较快。

(2) 除了能代谢产生 CO_2 和酒精外,其他的代谢产物能赋予啤酒良好的风味。

(3) 发酵结束后,能顺利地从发酵液中分离,使发酵液较快澄清。

(二) 影响啤酒酵母性能的主要因素

1. 环境条件

影响啤酒酵母性能的环境条件有:麦汁的组成;发酵温度;发酵容器的结构及形状;通风量。

2. 遗传因子

通过改变其遗传特性,可以获得性能优良的生产菌株。

(三) 啤酒酵母选育的主要途径

1. 从自然界中直接筛选目的菌株

直接筛选是指从现有的啤酒酵母菌种中,筛选出比较理想的菌种。

(1) 菌种筛选时应考虑的主要因素　发酵速度;发酵度;酵母的凝聚性;酵母的生长速度;酵母的稳定性;产生的风味物质等。

(2) 啤酒酵母菌种筛选程序　30～50 株菌株→150mL 发酵试验→发酵力、酵母收获量及凝聚性比较 (筛选出 12 株) →500mL 发酵试验重复 4 次→发酵力、收获量、凝集性、酵母活性、风味物质分析 (选出 4 株) →1L 发酵试验→扩大规模试验→选择 1～2 株。

也可通过直接筛选的方法从现有的酵母样品中分离出具有某种特殊性能的菌株。

2. 诱变育种

利用各种化学诱变剂或采用物理诱变方法 (如紫外线照射),均可获得改变遗传特性的变异菌株。因为诱变剂能使遗传物质的分子结构发生变化，从而使啤酒酵母的遗传性状发生稳定的、可遗传的改变。通过诱变育种可获得遗传性能改变的新菌株，如产硫化氢、双乙酰和脂类少的新菌株。

3. 原生质体融合

利用原生质体融合进行基因重组，两株亲株的整套基因组进行接触，可随机发生各种染色体交换，产生各种基因组合的融合细胞，也就产生了各种基因组合的重组体。

4. 基因工程方法

（1）增加啤酒酵母利用物质的范围

① 能发酵广谱碳水化合物：啤酒酵母一般只能利用单糖、双糖和麦芽三糖，而占麦汁总糖 25％左右的多糖和糊精则不能被利用，这些未被发酵的糖类和糊精是构成成品啤酒热量的最主要部分，所以酿造啤酒时一般会加入一些外源的葡糖淀粉酶。因此可将编码葡糖淀粉酶的基因克隆并直接插入到多拷贝重组质粒中转化啤酒酵母，获得的酵母发酵速率与其母株一致，使酵母对糖的利用率大大提高。

② 可降解大分子蛋白质：啤酒酵母的胞外蛋白酶活力很弱，所以酵母主要利用麦汁中的氨基酸作为氮源，而麦汁中残留的大分子蛋白质很容易影响啤酒的胶体稳定性。将外源的蛋白水解酶基因导入啤酒酵母的基因组中或构建表达凝乳酶活性的工程菌，使其能分解利用麦汁中的多肽。

（2）分泌 β-葡聚糖酶，降低麦汁黏度

啤酒中残留的 β-葡聚糖易形成冷凝固物、沉淀物和胶凝等，造成过滤困难。β-葡聚糖酶不耐热，在麦芽干燥和糖化过程中极易被破坏。可将大麦中的 β-葡聚糖酶基因导入酵母的基因组中，重组的酵母细胞能有效地降解麦汁中的 β-葡聚糖，改善啤酒的过滤特性。

（3）提高啤酒的风味稳定性

啤酒酵母在发酵过程中，除生成酒精、CO_2 外，还生成一些副产物，如高级醇、有机酸、连二酮、酯类、醛类等物质。这些副产物与酒精、CO_2 共同组成啤酒酒体，并形成啤酒特有的风味。酵母代谢产物的改变将直接影响到啤酒的风味。

提高啤酒风味稳定性，可通过以下途径：降低异味物质生成量，如构建双乙酰生成量较少的啤酒酵母，构建低产 H_2S 的酵母，构建低产酚臭物质的酵母等；促进风味物质生成，如促进 SO_2 的生成，增加醋酸乙酯的浓度，提高谷胱甘肽的产量等。

七、啤酒酵母的保藏

性能优良的啤酒酵母是啤酒厂的重要生物资源，必须妥善保藏。若保藏不

当，不但会使酵母混杂、衰老，还会使酵母退化、变异，甚至死亡，直接影响到啤酒生产。

啤酒酵母保藏首先应挑选性能优良的纯种，其次要创造一个适合其长期休眠的环境条件，如低温、缺氧、干燥、避光及添加保护剂等，这样既可尽量降低其新陈代谢作用，还可防止发生变异。啤酒厂啤酒酵母的保藏有两种情形，即纯种原菌的保藏和生产用菌的保藏。

（一）纯种原菌的保藏

常用的纯种原菌保藏方法有固体斜面保藏、液体试管保藏、液体石蜡斜面保藏、真空冷冻干燥保藏等方法。啤酒厂大多采用前两种方法，因为这两种方法操作比较简单。

1. 固体斜面保藏

固体斜面保藏采用麦芽汁固体培养基或 MYPG 固体培养基（0.3%麦芽浸出物，0.3%酵母浸出物，0.5%蛋白胨，1%葡萄糖，2%琼脂）。

2. 液体试管保藏

液体试管保藏采用的培养基是 10%～12%的麦汁或 10%蔗糖溶液。

将待保存的啤酒酵母接种于固体培养基或液体试管中，20～25℃培养一段时间，待酵母生长出菌落或达到一定细胞浓度后，放入 4℃冰箱保存，每隔一定时间移植一次（固体斜面间隔 3～4 个月，液体试管间隔 1～2 个月）。

为了防止酵母活力下降，必须保证严格进行定期移植。在菌种保藏过程中，最好每年对原菌筛选一次，以保证保藏的是纯种，而无变异的细胞存在。

（二）生产用酵母的保藏

1. 汉生罐保藏法

汉生罐是啤酒厂用于酵母扩大培养时广泛使用的设备。

纯种酵母经汉生罐培养后进入酵母繁殖槽进行进一步的扩大培养。汉生罐保藏菌种的特点：在纯种酵母扩大培养后，将 75%～85%的酵母投入发酵罐进行发酵，剩余的酵母再次添加经灭菌的麦汁，在 2～4℃保温培养；若保藏方法得当，可以连续多年不换菌种；保藏方法简单易行；不需额外的设备；节约时间；酵母一直保藏在生产现场的麦汁中，发酵力也一直保持旺盛的状态，随时可进行扩大培养。

2. 压榨酵母保藏法

洗涤后的酵母泥经压榨去水后制成固体小块，在低温下保存。为了避免酵母的活性受到损失，对酵母进行压榨处理时，必须在低温下进行。压榨后的酵母可以加适量的冰水或置于等量的 2%磷酸二氢钾溶液中，这样可以延长保藏时间。

3. 泥状酵母保藏法

将洗净的酵母泥浸泡在 0～2℃的无菌水中，定期更换无菌水，可以实现短时间的保存。

4. 发酵液保藏法

将发酵达到高峰期的发酵液取出一部分，迅速冷却至 2～4℃保存。

八、活性干酵母及应用

1. 啤酒活性干酵母的特性

（1）繁殖能力强　啤酒酵母的繁殖能力包括迟缓期、比生长速率（倍增时间）和最高细胞浓度。啤酒发酵的温度较低，因此要求啤酒活性干酵母在低温情况下具有快速繁殖的能力。一般情况下，经复水活化后啤酒活性干酵母的繁殖能力应满足下列指标：15℃繁殖的迟缓期<2.0h；15℃平均倍增时间<8.0h；啤酒发酵时，发酵液中酵母细胞最高浓度>4×10^8cfu/mL。

（2）发酵性能良好　啤酒酵母的发酵特性包括起酵速度、发酵速度、发酵度和凝聚性能等。

目前，国内啤酒活性干酵母的应用局限于小型啤酒厂和啤酒屋，总体来说使用面较窄。特别需要指出的是，用于啤酒发酵的活性干酵母菌种主要是适合于低温发酵的下面酵母（卡尔斯伯酵母），这种酵母的特点是最适生长温度较低（26℃左右）、生长速率较慢（相对于上面酵母）和不易积累海藻糖，因而这种酵母不易制成高活性的干酵母。国外许多啤酒活性干酵母都是经改造的上面酵母，这些产品有的凝聚性较差，不易澄清和过滤；有的不适合于低温发酵，当发酵温度在12℃以下时，发酵缓慢。因此，选择啤酒活性干酵母必须与啤酒生产工艺、设备和成品啤酒的风格相吻合。

2. 啤酒活性干酵母的使用方法

（1）直接使用法　此法适合于微型啤酒厂，与传统自培酵母比较，起发稍慢，主发酵时间稍长，但最后发酵效果与自培酵母发酵相当。

① 使用量：当啤酒活性干酵母的活细胞数为 2×10^{10}cfu/mL 时，使用量为 0.25～0.50kg/m³麦汁。

② 啤酒活性干酵母的活化：麦汁用量为活性干酵母的20～30倍，将麦汁温度调至30～35℃，加入啤酒活性干酵母，搅匀，静置活化2h左右。活化过程应尽量避免杂菌污染，并注意观察，防止泡沫溢出。使用时，活化液为啤酒发酵用麦汁（10%～12%）。

③ 接种发酵：将活化好的啤酒活性干酵母接入已备好麦汁的发酵罐，接种温度为10～13℃，此后按正常发酵控制即可。

（2）低温驯化培养使用法　直接使用啤酒活性干酵母进行发酵，由于连续高温培养，对酵母的低温发酵能力有所钝化，使得发酵初期的发酵速度减慢，主发酵期延长。为了改善这种状况，可将活化后的酵母细胞先在低温下培养一代，然后再投入发酵。活性干酵母经低温驯化培养后，低温发酵的钝化现象可基本消失，起发速度与最终的发酵度都与自培酵母相当。此法适合于大型啤酒厂生产使用。啤酒活性干酵母低温培养驯化工艺如下：

① 接种量：啤酒活性干酵母接种量为 0.50kg/m³ 麦汁。

② 培养基：采用大生产麦汁（10%～12%）。

③ 活化方法：同直接使用法。

④ 低温驯化培养：将活化好的啤酒活性干酵母接入已备好麦汁的培养罐，接种温度 15℃ 左右。控制温度 14～18℃，培养时间 24～48h，温度低则培养时间长。当主发酵温度较低时，驯化培养温度也相应取低值。培养过程通无菌空气 2～3 次，每次 5min 左右。培养完毕，细胞浓度应达到 $1.5×10^{10}$ cfu/mL 左右。

⑤ 啤酒发酵：接种温度 10～11℃，驯化种子接种量 5%～10%，主发酵温度 12～13℃，其余按正常发酵控制即可。

<h1 style="text-align:center">任务二</h1>

<h1 style="text-align:center">啤酒酵母的扩大培养</h1>

生产上使用的啤酒酵母必须经过纯种扩大培养，使细胞数量达到一定的要求后再用于啤酒发酵。啤酒酵母的扩大培养分为实验室扩大培养、生产现场扩大培养两个阶段。

一、实验室扩大培养

（一）工艺流程

斜面试管→富氏瓶或液体试管培养（25～27℃，2～3d）→巴氏瓶或小三角瓶培养（23～25℃，2d）→大三角瓶培养（23～25℃，2d）→卡氏罐培养（18～20℃，3～5d）→汉生罐。

（二）操作要点

1. 试管斜面

试管斜面一般是啤酒工厂保藏的纯粹原菌或由科学研究机构和菌种保藏单位供给。

2. 液体试管培养

富氏瓶内盛麦汁 10mL，灭菌后备用。将种酵母用接种针或巴氏滴管接种于富氏瓶中，在 25～27℃ 保温箱中培养 2～3d，每天定时摇动，使沉淀的酵母重新分布到培养基中。富氏瓶小而高，容易倾倒，使用不便，可用 20mL 试管代替。同种酵母每次培养 2～4 支试管，扩大时加以选择。

3. 巴氏瓶培养

取 500～1000mL 的巴氏瓶，加入 250～500mL 麦汁，加热煮沸，使瓶内蒸汽从侧管喷出，30min 后，吸去弯管内的凝结水，塞上棉塞，冷却备用。

在无菌室内，将已经培养成熟的富氏瓶或试管酵母液由侧管接种入巴氏瓶中，在 25℃保温箱中培养 2d，每天检查培养情况。为了使啤酒酵母能逐渐适应低温环境，可将培养温度适当调节到 20℃左右，但培养时间也相应延长至 3d 左右。巴氏瓶也可用三角瓶或平底烧瓶代替。

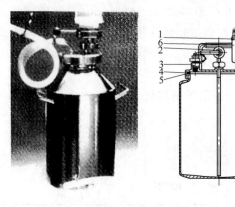

图 5-4　卡氏罐
1—空气过滤器　2—取样阀　3—带橡皮膜的接种头
4、5—螺纹密封圈　6—手柄

4. 卡氏罐培养

卡氏培养罐如图 5-4 所示，容量一般为 10～20L，加入 5～10L 麦汁，加热煮沸灭菌，冷却备用。在加热灭菌时，先拔去侧管的玻璃塞，使蒸汽从侧管和弯管喷出 30min，停止加热，然后塞上玻璃塞，吸去弯管内的冷凝水。麦汁中增添 1L 无菌水，以补充水分的蒸发。

卡氏罐一般接入 1～2 个巴氏瓶的酵母液，摇动混合均匀后，于 18～20℃保温 3～5d，即可进行扩大培养，或供约 100L 麦汁发酵用。

（三）控制措施

（1）实验室扩大培养是啤酒酵母扩大培养的第一步，因此在整个培养过程中一定要保证无菌操作，所使用的一切器具必须洗涮干净，并且高温灭菌。

（2）实验室扩大培养所用的培养基，可以在实验室配制，也可采用生产现场加酒花的麦汁。若采用大生产麦汁，必须经加热煮沸并加蛋白质澄清，高温灭菌后置于 25℃培养箱中存放 2～3d，证明确实无菌后方可使用。

（3）由于处于生长繁殖期的酵母对氧需求较高，而且酵母在培养过程中很容易沉淀到容器底部，因此需每天定期摇动培养器皿，使沉淀的酵母重新分布到培养基中，促进溶氧。

（4）为了使接种后酵母能快速生长繁殖，应选择在对数生长期接种。每次扩大培养稀释倍数一般为 10～20 倍。

（5）啤酒发酵是在低温（10℃左右）下进行的，而啤酒酵母的最适生长温度为 28℃左右。因此，为了使啤酒酵母适应低温发酵，扩大培养应采用逐步降温培养的方法。

（6）为使扩大培养接种时有所选择，每级扩大培养应作平行试验，以选择生长繁殖良好的进入下一级培养。一般来说，试管 4～5 个，三角瓶 2～4 个，卡氏罐 2 个。

二、生产现场扩大培养

(一) 工艺流程

汉生罐培养（13～15℃，36～48h）→酵母扩大培养罐→酵母繁殖槽（9～11℃，48h）→发酵罐。

(二) 操作要点

1. 汉生罐扩大培养

经卡氏罐培养后，酵母进入生产现场扩大培养阶段。啤酒厂现场扩大培养设备一般都使用汉生罐及新型酵母培养罐。

汉生罐培养系统是由1个麦汁杀菌罐和1～2个酵母培养罐组成，如图5-5所示。汉生罐由不锈钢材料制成，容积为200～300L或更大。各罐均有夹套，可用于杀菌、冷却和保温。罐内装有手摇搅拌器用以通气搅拌，罐侧有一根液位管，管上连接空气过滤器，用以过滤空气。罐上部有一排气管，排气管下端置于酒精水溶液中密封，防止空气污染，罐的中部有酵母接种口和温度计。

酵母培养罐是在汉生罐的基础上加以改进，并结合自动控制技术制成的，其结构如图5-6所示。

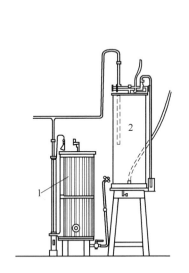

图 5-5 汉生罐培养设备
1—汉生培养罐 2—麦汁杀菌罐

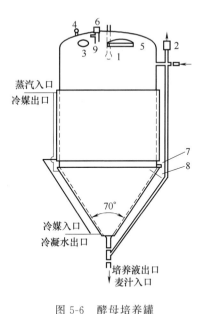

图 5-6 酵母培养罐
1—喷淋洗球 2—二级空气过滤器 3—视镜 4—压力表
5—人孔 6—压力/真空呼吸阀（带空气无菌过滤）
7—取样口 8—温度传感器 9—可关闭的排气阀

汉生罐培养系统的操作要点如下。

（1）冷却后的麦汁进入麦汁杀菌罐内，向杀菌罐的蛇管或夹套中通入蒸汽，在 0.08～0.10MPa 气压下，保温灭菌 60min。杀菌后在夹套和蛇管中通入冰水冷却，并以无菌空气保压，待麦汁冷却到 10～12℃时，先从麦汁杀菌罐出口排出部分冷凝固物，再用无菌压缩空气将麦汁压入汉生罐内。

（2）麦汁杀菌时，汉生罐即进行空罐杀菌，通入蒸汽，打开排汽阀，接种阀处不断排出蒸汽，空罐杀菌 1h 后，通入无菌空气保压，并在夹套内通冷却水冷却备用。

（3）卡氏罐排料口和汉生罐接种管用酒精灭菌后连接，用无菌压缩空气将卡氏罐中的酵母液压入汉生罐，通无菌空气 5～10min，保持温度 10～13℃，培养 36～48h 左右，在此期间每隔数小时通风 10min。当汉生罐的培养液进入旺盛发酵期时，边搅拌边将 85% 左右的酵母培养液移到已灭菌的一级酵母扩大培养罐中，追加麦汁，最后逐级扩大到一定数量，供生产现场发酵用。

（4）汉生罐仍保留 15% 左右的酵母液，再加入经灭菌冷却的麦汁，待起发后，冷却至 2～4℃保种，准备下一次扩大培养用。保存种酵母的室温一般控制在 2～3℃，罐内应保持 0.02～0.03MPa 的正压，防止空气进入而造成污染。

（5）汉生罐内保存的酵母菌种，应每月换一次麦汁，并检查保存的酵母是否正常，是否污染和变异。正常情况下此种酵母可连续使用半年左右。

2. 酵母扩大培养罐扩大培养

管道和培养罐经严格灭菌后，接入汉生罐培养液，并添加 14～16℃的麦汁 400～500L，次日待发酵旺盛期再追加 12～15℃的麦汁 2000～2300L，24h 后将培养液移至酵母繁殖槽。

3. 酵母繁殖槽扩大培养

酵母扩大培养罐的培养液移至繁殖槽后，添加 10～12℃麦汁 2500L，24h 后追加 8～10℃麦汁 4500L，再经 24h，将此 10000L 培养液均分于两个繁殖槽，并以 8～10℃麦汁将两槽添满至 10000L，20～24h 后移入发酵罐。

（三）控制措施

（1）扩大培养所用的麦汁组成应满足酵母生长繁殖的需要。由于生产现场扩大培养所需的培养基用量很大，一般使用大生产麦汁。在整个扩大培养过程中，应严格无菌操作，防止杂菌污染，一旦发生污染并进入发酵罐中，将造成严重的后果。因此，在扩培过程中要定期对酵母的生长繁殖情况进行镜检，发现异常，及时处理。

（2）为了缩短酵母生长的延滞期，扩培时应在酵母的对数生长期移植，以保证酵母细胞在移植后能迅速繁殖，还可大大缩短培养时间。

（3）为了使酵母逐渐适应低温发酵，扩大培养的温度应逐步降低。但每一步扩培的降温幅度不能太大，以免影响细胞的活性。

（4）培养基中氧的含量对酵母的繁殖起着非常重要的作用，因此在生产现场扩大培养过程中应不断地向麦汁中通风供氧。溶解氧的控制水平从 6mg/L 至 3mg/L 逐渐降低，汉生罐控制水平为 6mg/L，一级繁殖槽为 4～5mg/L，二级繁殖槽为 3～4mg/L。

（5）各级扩大稀释倍数不宜过高，因为随着温度的降低，酵母的增殖时间不断延长，这就增加了杂菌污染的机会，因此稀释倍数以 1：（4～5）为宜。这就要求酵母经过多级繁殖，繁殖槽级数应根据生产实际情况而定，一般要经过两级以上的繁殖槽扩大培养。

三、简易扩大培养

在没有汉生罐培养系统的小型啤酒厂，可利用酵母繁殖槽进行简易扩大培养，方法如下：将种酵母扩大培养到卡氏罐，当发酵旺盛时，转入小型的酵母繁殖槽，添加 18～20℃麦汁 30～50L，经 24～36h 培养后，再添加 15～18℃麦汁 100～150L，经 24～36h 培养后，再添加 12～15℃麦汁 250～300L，在 10～13℃培养 24～36h，再加入 10～12℃麦汁 500～600L，经 36～48h 培养倒入发酵罐，共约 1000L 发酵液，随即加入 7～8℃麦汁 1000～1500L，并保持 9℃以下温度进行发酵 7～8d。

这种方法操作比较简单，但要严格做好环境卫生和工艺卫生。如果发酵罐的容量较大，可以考虑同时使用 2～4 个卡氏罐，按比例追加麦汁。

四、扩培过程中酵母起发缓慢现象及应对措施

酵母扩大培养最关键的因素是环境与设备无菌，麦汁组成良好，追加时机和倍数合理。在实际生产中，有时会遇到这种情况，追加麦汁后酵母起发特别缓慢，甚至经过 2～3d 仍无起发迹象。针对这种情况，首先要检查麦汁组成是否正常，尤其是 α-氨基氮的含量是否偏低，温度控制和追加倍数是否合理。同时要取样进行镜检，正常情况下追加 1d 后，种子罐中酵母出芽率为 35％～40％，开放式繁殖槽中酵母出芽率为 20％～30％，追加后的培养液中酵母细胞数不低于 $(6～8)×10^6$cfu/mL。检查酵母细胞死亡率，正常情况下死亡率不高于 1％。必要时还要检查培养液是否染了杂菌，若已染菌，则弃之不用。方法是将培养液升温至 80℃以上，保持 60min，冷却后排放，并对所有管路及设备彻底灭菌，经检查达到无菌条件后方可重新进行扩大培养。

若未发现杂菌感染，则可适当增加通风量，如经 10～16h 仍未起发，可补加一定数量的前一步处于增殖旺盛的培养液，一般在补加后 12h 即可起发，同时要继续跟踪检查。

五、扩培过程中啤酒酵母的检查

在啤酒酵母的长期使用过程中，不可避免地会污染杂菌或发生变异，一旦发生将会影响正常的生产。因此，在酵母培养和发酵过程中必须定期对酵母进行检查。啤酒酵母的检查主要包括形态观察和生理特性试验。

（一）形态观察

将酵母接种于液体培养基中，观察其发酵情况，主要包括：发酵液的浑浊程度；发酵液澄清的快慢；酵母的沉淀情况；借助显微镜检查酵母细胞，正常的酵母细胞应为圆形或卵圆形，大小均匀，细胞质透明均一；若镜检发现细胞拉长说明细胞发生变异或营养不良；幼龄的酵母细胞内多充满细胞质，衰老的细胞内出现液泡，内容物多颗粒，折光性较强；在生产中使用的酵母，死亡率应在 3％ 以下，而新培养的酵母死亡率应在 1％ 以下；镜检时还应注意观察是否有杂菌污染。

（二）生理特性试验

1. 凝聚性

（1）测定方法　啤酒酵母凝聚性的强弱一般用本斯值来表示。其测定方法：称取 1.0g 经洗涤、离心分离的酵母试样于刻度离心管中；用 10.0mL 醋酸缓冲溶液（5.1g 水合硫酸钙、6.8g 硫酸钠、4.05g 冰醋酸溶于 1L 水中，pH4.5）使酵母悬浮于其中；置于 20℃ 恒温水浴 20min；摇动 5min，使酵母重新悬浮、静置，在 20min 内每分钟记录一次沉淀酵母的容量，10min 时的沉淀量（mL）即为本斯值。

若本斯值大于 1.0mL，则为强凝聚性酵母；若本斯值小于 0.5mL，则为弱凝聚性酵母。

（2）酿造特点

① 强凝聚性酵母的酿造特点：从发酵液中分离早；沉淀速度快；发酵液中的细胞密度低；发酵速度慢；发酵度低；双乙酰还原慢。

② 弱凝聚性酵母的酿造特点：与发酵液分离较晚；在发酵液中细胞密度高；沉淀速度慢；发酵速度快；发酵度高；双乙酰还原较快；回收酵母量少；滤酒困难。

因此，在选育啤酒酵母菌种时，要求酵母的凝聚性适中，既能达到较高的发酵度，又沉淀结实，容易分离。

2. 发酵度

发酵度可反映酵母对各种可发酵性糖的利用程度。一般来说，啤酒酵母都能发酵葡萄糖、果糖、蔗糖、麦芽糖和麦芽三糖。不同啤酒酵母的发酵度不同，但一般均有其基本稳定的发酵度，因此可以通过发酵度判断酵母是否变异或退化。

（1）外观发酵度检查　取 1.0g 泥状酵母接种于盛有 150mL 麦汁（浓度为 12％～13％）的 250mL 三角瓶中；置于 25℃ 保温箱内发酵，每 8h 摇动一次；发酵 3～4d 后取出，滤去酵母；测定发酵液的相对密度，求出残留浸出物浓度，按下式计算外观发酵度。

$$V_a = [(p-m)/p] \times 100\%$$

式中 V_a ——外观发酵度,%

  p ——发酵前的麦汁浓度,%

  m ——发酵后外观发酵度,%

正常情况下,外观发酵度一般为 $75\%\sim87\%$ 。

(2) 真正发酵度检查 按上述方法发酵结束后,滤去酵母,微火加热蒸发至原容积的 1/3,以除去乙醇,添加蒸馏水恢复至原容量,测定相对密度,求出残留浸出物浓度,按下式计算真正发酵度。

$$V_r=[(p-n)/p]\times100\%$$

式中 V_r ——真正发酵度,%

  p ——发酵前的麦汁浓度,%

  n ——发酵后的发酵液实际浓度,%

正常情况下,真正发酵度一般为 $60\%\sim70\%$ 。

3. 发酵速度

发酵速度又称降糖速度,以每天发酵液外观浓度的变化来表示。发酵速度又可以分为起发速度和高峰期发酵速度。

发酵速度与酵母品种有关,不同酵母的麦芽糖渗透酶活力和麦芽三糖渗透酶活力不同,其发酵速度相差很大。在相同条件下,发酵速度快的菌株不但能缩短酒龄、pH 降低快,还有利于酿制淡爽型啤酒,同时也有利于提高啤酒的稳定性。

发酵速度测定方法:在直径为 5cm、高为 120cm 的玻璃桶内,加入 2L 麦汁,接种后,按现场发酵条件控制,即上面酵母控制 $20\sim25℃$,下面酵母控制 $10℃$ 左右进行发酵。每天测定发酵液的外观浓度,进而对比其发酵速度。

4. 死灭温度

(1) 死灭温度与菌种性能的关系 死灭温度是指啤酒酵母不能正常生长繁殖的最高温度,每一酵母菌种在特定条件下都有其死灭温度,一般为 $52\sim53℃$ 。若死灭温度升高,则说明酵母发生了变异或污染了野生酵母。

(2) 死灭温度的测定 取三支已灭菌的装有 5mL 浓度为 12% 麦汁的试管,分别接入 0.1mL 培养 24h 的被测发酵液;将试管浸入恒温水浴中,其中一支试管插有温度计,当温度达到试验温度时,准确计时,保持 10min 后,迅速放入冷水中冷却,再以同样的方法测定其他温度;将冷却后的试管放入 25℃ 恒温箱中保温 $5\sim7d$,以不能发酵的加热温度为死灭温度;试验温度范围为 $48\sim56℃$,温度间隔为 2℃ 。

5. 对维生素的需要

酵母的生长需要多种维生素。大多数啤酒酵母生长需要生物素和肌醇,但不同的菌种对泛酸盐、硫胺素、烟酸、吡哆醇以及对氨基苯甲酸等维生素的需求不同,因此可利用酵母对维生素的不同需求来区别菌种。

6. 产孢子能力

一般啤酒酵母的产孢子能力极弱，而野生酵母具有很好的产孢子能力，能形成三孢或四孢的子囊。因此，产孢子能力可以作为判断酵母是否污染的指标之一。

7. 酒的风味

不同的酵母菌株，其发酵代谢产物不尽相同，因而酒的风味也不一样。理想的酵母要求风味保持一致，如果产生异味或怪味，则要检查酵母是否变异或染菌。

（三）酵母死亡及自溶

啤酒酿造过程受许多环境因素的影响，会有一部分酵母死亡，甚至产生自溶。当啤酒中有5％以上的啤酒酵母自溶时，啤酒会产生明显的酵母味、苦味和涩味。影响酵母自溶的因素如下。

1. 麦芽组成

在麦汁供氧、培养温度等条件一定的情况下，麦汁中的营养成分对啤酒酵母的代谢非常重要。若麦汁中α-氨基氮、可发酵性糖、pH、无机离子及生长素等营养成分不合理，会导致酵母营养缺乏、代谢缓慢、酵母衰老，从而引起酵母的死亡及自溶。麦芽汁中添加酒花的浓度过高，也会使酵母活性受到影响。麦汁中 Zn^{2+} 的含量为 $0.25\sim2mg/L$，若 Zn^{2+} 含量不足，乙醇脱氢酶等胞内酶活力明显下降，引起酵母增殖缓慢、发酵速度减慢；如果 Zn^{2+} 浓度过高，可促进酵母的生长代谢，但是酵母极易衰老、自溶。NO_2^- 对酵母细胞有强烈的毒性，能使啤酒酵母失去活性。F^-、NO_3^- 也会改变酵母的遗传特性，抑制发酵和酵母生长。

2. 溶解氧

当麦汁中溶解氧不足时，啤酒酵母增殖率下降，新增强壮啤酒酵母减少，易造成酵母细胞的衰老和死亡。在汉生罐或啤酒酵母储存罐保存酵母时，酵母接触氧，可能会加剧酵母的死亡及自溶。

3. 酵母添加量

繁殖罐或发酵罐中满罐酵母数过高（大于 2.8×10^7 个/mL），麦芽汁中的α-氨基氮迅速被同化，会造成酵母繁殖代数相对较少，即新增酵母浓度过低，后期缺乏营养，酵母极易衰老死亡。如果自溶酵母再接种使用，会引起恶性循环。

4. 温度

在低温条件下，酵母也能发生自溶，只不过是自溶速度缓慢。随着温度的上升，啤酒酵母的自溶增加。发酵液温度忽高忽低，还原期升温，都会促进啤酒酵母的退化，增加酵母死亡率。

5. 压力

发酵液封罐压力过高，会导致一些酵母细胞死亡。

6. 杂菌

发酵液中野生酵母及细菌等杂菌的入侵必然使啤酒酵母受到伤害，造成较高的死亡率。

7. 冲洗时间

繁殖罐、锥形罐用二氧化氯杀菌后，若用清水冲洗时间过短（15min 以内），氯离子浓度会超过 100mg/L，使啤酒酵母早衰，所以，杀菌后用清水冲洗时间应达 40min 以上。

此外，若酵母泥不经洗涤而直接用作种酵母，必然带入部分衰老、死亡的酵母，也增加了酵母自溶的机会。锥形罐、酵母储存罐设计不当（底部没有供冷系统或保温装置），沉积在底部的啤酒酵母温度比上部高，也会增加酵母的死亡率。

任务三
啤酒发酵过程中物质变化分析

向冷却后的麦汁中接种酵母，便开始进入啤酒发酵过程。在整个发酵过程中，酵母先后经历有氧呼吸、无氧发酵两个阶段。酵母添加后，在有氧条件下，酵母逐渐恢复活性，以麦汁中的可发酵性糖为碳源，氨基酸为主要氮源进行呼吸作用，从中获得生长繁殖所需要的能量和营养。在有氧呼吸阶段，麦汁中的糖类被分解为 CO_2 和水，并释放出大量的能量，作为酵母生长繁殖的能量来源。当发酵液中的溶解氧耗尽后，酵母便开始进行无氧发酵。在无氧发酵过程中，麦汁中的糖被酵母发酵生成乙醇和 CO_2，酵母的生长繁殖逐渐减慢，直至停止。

啤酒发酵过程巧妙地利用酵母在有氧和无氧情况下的不同特性，在发酵开始时，酵母在含有溶解氧的麦汁中大量繁殖并积累能量，以保证在无氧条件下进行发酵所需要的酵母量和能量。可见，控制麦汁中的溶解氧和酵母添加量是啤酒发酵过程工艺控制的关键。通过工艺条件的调节与控制，可实现预期的能量代谢和物质转化。

一、糖类物质的变化

在麦芽浸出物中，糖类物质约占 90%。各种糖类的组成及含量见表 5-6。

表 5-6　　　　　　　　　　麦芽浸出物中糖类物质的含量

糖类	含量/%	糖类	含量/%
葡萄糖和果糖	10	麦芽三糖	10～15
蔗糖	5	寡糖	20～25
麦芽糖	45～50		

除上述各种糖类物质外，浸出物中还含有少量的戊糖、戊聚糖、β-葡聚糖、异麦芽糖等。酵母细胞一般可以利用单糖、双糖和寡糖，但不能利用多糖、淀粉、纤维素等高分子聚合物。通常把能被酵母利用的糖类称为可发酵性糖，啤酒酵母对各种可发酵性糖利用的顺序为：葡萄糖＞果糖＞蔗糖＞麦芽糖＞麦芽三糖。

由于葡萄糖和果糖分子较小，能直接透过细胞壁进入细胞，细胞壁中的磷酸化酶能将其磷酸化，而后直接进行发酵，其他的糖类必须先经过酶的相应作用才能进入细胞，因此葡萄糖和果糖最容易被酵母细胞利用。

蔗糖必须经过细胞壁分泌的转化酶的作用，水解成葡萄糖和果糖，而后才能渗透到细胞内。麦芽糖和麦芽三糖要与细胞壁分泌的麦芽糖渗透酶、麦芽三糖渗透酶结合后才能进入酵母体内，再通过细胞壁分泌的水解酶水解，然后才能进入代谢途径。

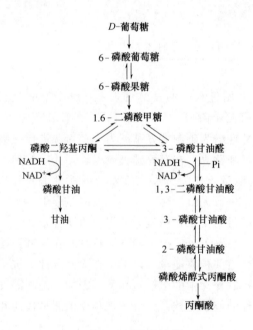

图 5-7　EMP 途径

麦芽糖渗透酶、麦芽三糖渗透酶属于诱导酶，受葡萄糖的抑制。当麦汁中的葡萄糖浓度高于0.2%时，葡萄糖会抑制酵母麦芽糖渗透酶和麦芽三糖渗透酶的分泌，阻止对麦芽糖的利用。只有当葡萄糖的浓度低于0.2%时才能消除这种抑制作用。

麦汁中的各种可发酵性糖的代谢都是先经过糖酵解（EMP）途径生成丙酮酸，然后再进行无氧发酵或有氧的三羧酸循环（TCA 循环）。EMP 途径如图5-7所示。

在无氧条件下，丙酮酸脱羧生成乙醛和 CO_2，乙醛在乙醇脱氢酶的作用下还原成乙醇：

酵母发酵糖类生成乙醇和 CO_2 的总反应方程式如下：

$$C_6H_{12}O_6 + 2ADP + 2H_3PO_4 \longrightarrow 2C_2H_5OH + 2CO_2 + 2ATP + 113kJ$$

在有氧条件下，丙酮酸的分解经历两个阶段：丙酮酸首先经氧化脱羧生成乙酰辅酶 A，乙酰辅酶 A 随后进入 TCA 循环彻底氧化生成 CO_2 和水，并释放出大量的能量，如图 5-8 所示。

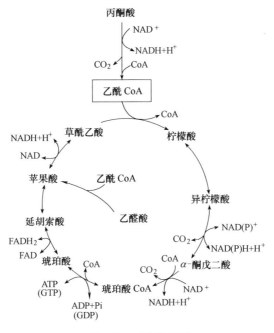

图 5-8　三羧酸循环

葡萄糖经 EMP 途径和 TCA 循环彻底氧化生成 CO_2 和水的总反应方程式为：

$$C_6H_{12}O_6 + 6O_2 + 38ADP + 38H_3PO_4 \longrightarrow 6H_2O + 6CO_2 + 38ATP + 2282kJ$$

酵母在有氧呼吸时，无氧发酵作用会受到抑制，酒精生成量大为降低，单位时间内的耗糖速度也减慢。在有氧条件下，当葡萄糖浓度超过 5％时，也会抑制酵母的呼吸作用，使之进行发酵产生乙醇，而酵母得率下降。

酵母菌的糖代谢途径受到糖和氧浓度的影响，使呼吸和发酵作用间彼此相互调节。在麦汁接种酵母后，由于有较高浓度的葡萄糖和果糖存在，因此主要是酵母的无氧酵解，但也存在少量的有氧呼吸作用。若麦汁充氧过度，并不一定能获得大量的酵母，反而会有少量的乙醇产生。

在啤酒发酵过程中，约有 96％的可发酵性糖转化成乙醇和 CO_2，1.5％～2.5％合成新细胞的碳骨架，2.0％～2.5％转化成其他发酵副产物，如甘油、琥珀酸、高级醇、乙醛、双乙酰、乙酸、乙酸乙酯等。这些物质虽然含量很小，但对啤酒的风味和口味影响很大。

二、含氮物质的变化

麦汁中含有氨基酸、肽类、蛋白质、嘌呤、嘧啶及其他多种含氮物质。在发酵初期，啤酒酵母必须吸收麦汁中的含氮物质来合成酵母细胞自身的蛋白质、核酸和其他含氮化合物，以满足自身生长繁殖的需要。

正常的啤酒酵母其胞外蛋白酶的活力很弱，因此在啤酒发酵时，对麦汁中的蛋白质很难利用，酵母繁殖所需要的氮源主要依靠麦汁中的氨基酸。

啤酒酵母利用氨基酸必须依靠细胞壁分泌的一系列的氨基酸输送酶进行调节吸收，而酵母对各种氨基酸的同化速度是不一样的，见表 5-7。

表 5-7   啤酒酵母吸收氨基酸速率

A 组(迅速吸收)	B 组(缓慢吸收)	C 组(后期吸收)	D 组(不吸收)
天冬酰胺	组氨酸	丙氨酸	脯氨酸
天冬氨酸	异亮氨酸	甘氨酸	羟脯氨酸
丝氨酸	亮氨酸	苯丙氨酸	
苏氨酸	甲硫氨酸	酪氨酸	
赖氨酸	缬氨酸	色氨酸	
精氨酸			
谷氨酸			
谷酰胺			

在发酵开始时，A 组的 8 种氨基酸被很快吸收，而其他氨基酸只被缓慢吸收或不吸收，只有当 A 组的 8 种氨基酸浓度下降至 50％以下，酵母才分泌其他氨基酸的输送酶，将其他氨基酸输送到体内，进而被利用。

酵母利用氨基酸的顺序并不因个别氨基酸的浓度改变而受到影响。酵母对个别氨基酸的同化速率与酵母浓度、氨基酸浓度成正比，氨基酸浓度越高，酵母的吸收速率越快。当麦汁中的氨基酸含量不足时，酵母细胞就必须从其他途径来合成更多的氨基酸。对于氨基酸浓度高的麦汁，发酵结束后，啤酒中必将含有较高浓度的 C 组和 D 组氨基酸。

由于酵母对氨基酸的利用具有一定的顺序性，因此在发酵初期酵母必须自身合成一系列氨基酸。酵母细胞利用麦汁中的可发酵性糖，如葡萄糖，先经 EMP 途径生成丙酮酸，丙酮酸接受由其他氨基酸脱下的—NH_2 形成各种氨基酸。在发酵初期并不积累酮酸，因为酮酸的合成受到细胞合成的反馈控制。在发酵中后期，特别是当麦汁中缺乏足够的氨基酸时（如高辅料比麦汁），酵母合成细胞的速度减慢，对酮酸的反馈抑制解除，酮酸的生成量加大，而产生多量的酮酸无法转化成氨基酸，酵母又无法承受高酮酸量的积累，酮酸就被转化为高级醇。

氨基酸被酵母吸收后，并非直接用于蛋白质合成，而是先由酵母将氨基酸变为相应的酮酸类物质。当蛋白质合成需要某些氨基酸时，再由相应的酮酸通过转氨作用生成所需要的氨基酸。

大麦和麦芽中含有 0.2％～0.3％的核酸（干物质），在糖化时形成核苷酸、核苷、嘌呤、嘧啶等多种含氮物质，只有嘌呤和嘧啶能进入酵母细胞，构成核糖核酸、脱氧核糖核酸、三磷酸腺苷和某些辅酶。若培养基中缺乏硫酸铵或其他氨基酸，嘌呤渗透酶将受到抑制，最终导致嘌呤同化不良。若培养基中缺乏嘌呤和嘧啶，酵母就必须消耗碳水化合物和氨基酸来合成核糖核酸、脱氧核糖核酸等物质。

蛋白质在发酵过程中被吸附、沉淀而减少，而多肽几乎没有什么变化。发酵后期，酵母细胞向发酵液中分泌多余的氨基酸，酵母衰老或死亡。当酵母死亡后，细胞内蛋白酶被活化，酵母出现自溶，细胞蛋白质分解为多肽类物质，这些被水解的多肽类物质进入发酵液中，会产生浑浊现象。

在啤酒发酵过程中，麦汁中的含氮物质约减少 $1/3$，减少的部分主要是部分氨基酸和低分子肽类物质。另外，一些凝固性蛋白质、蛋白质-多酚物质复合物会随着 pH、温度的降低而从发酵液中沉淀出来，少量的蛋白质颗粒还会吸附在酵母细胞的表面。

发酵过程中，酵母不断地分泌出一些含氮物质，约为同化氮的 $1/3$。因此啤酒中的含氮物质主要来自麦汁和酵母的分泌物，其中来自麦汁的占 75% 左右。这些残存的含氮物质对啤酒的风味影响很大，只有当含氮量高于 450mg/L 时，啤酒才显得醇厚。

三、发酵副产物的形成与分解

麦汁经过酵母发酵除生成乙醇、CO_2 等主要代谢产物外，还产生一系列的代谢副产物。虽然这些副产物的数量较少，但它们对啤酒的风味及口味影响很大。

（一）高级醇类

高级醇类是啤酒发酵代谢副产物的主要成分之一，对啤酒风味具有很大的影响。

1. 高级醇的形成途径

啤酒中绝大多数的高级醇是在主发酵期间形成的，形成高级醇的代谢途径有以下两条。

（1）埃尔利希（Ehrlich）途径　即由氨基酸形成高级醇。该途径以 α-酮戊二酸为媒介，在转氨酶的作用下获得氨基酸上的氨基，生成 α-酮酸，α-酮酸再经脱羧、还原反应，生成比原来氨基酸少一个碳的高级醇。

$$R-\underset{\underset{NH_2}{|}}{CH}-COOH + R'-\underset{\underset{O}{\|}}{C}-COOH \xrightarrow{\text{转氨酶}} R-\underset{\underset{O}{\|}}{C}-COOH + R'-\underset{\underset{NH_2}{|}}{CH}-COOH$$

$$R'-\underset{\underset{O}{\|}}{C}-COOH \xrightarrow{\text{脱羧酶}} RCHO + CO_2$$

$$RCHO + NADH_2 \xrightarrow{\text{NADH}_2 \text{ 脱氢酶}} RCH_2OH + NAD$$

（2）合成代谢途径　在氨基酸的合成途径中，以碳水化合物为碳源经一系列反应生成 α-酮酸，α-酮酸与 NH_3 直接作用生成氨基酸。但是 α-酮酸中间体还可以在酮酸脱羧酶的作用下脱羧，再经进一步的还原，形成相应的高级醇。

$$糖代谢生物合成氨基酸 \longrightarrow RCOCOOH \xrightarrow[CO_2]{酮酸脱羧酶} RCHO \xrightarrow[2H]{乙醇脱氢酶} RCH_2OH(高级醇)$$

$$\downarrow NH_3$$

$$R-CH(NH_2)COOH$$

在上述两条合成途径中，前者只占 25％，而后者占 75％。啤酒中的大部分高级醇，如异戊醇、异丁醇和活性戊醇等都是由糖代谢生成氨基酸的过程中产生的；而酪醇、β-苯乙醇、色醇等都来自相应的氨基酸。

2. 高级醇的种类及含量

啤酒发酵过程中形成的高级醇，以异戊醇含量最高，占高级醇总量的 50％以上，其次为活性戊醇、异丁醇和正丙醇。其中对啤酒风味影响最大的是异戊醇和 α-苯乙醇，它们与乙酸乙酯、乙酸异戊酯及乙酸苯乙酯构成啤酒香味的主要成分。下面发酵啤酒中高级醇的含量和口味阈值见表 5-8。

表 5-8　　　　　　　　　　　啤酒中高级醇含量及口味阈值

高级醇	口味阈值 /(mg/L)	啤酒中含量 /(mg/L)	高级醇	口味阈值 /(mg/L)	啤酒中含量 /(mg/L)
异戊醇	50	100～300	正丙醇	25	5～25
活性戊醇	75	15～30	正丁醇	50	1～10
苯乙醇	50	5～80	酪醇	10	1～3
异丁醇	75	15～30	色醇	1	0.1～1

3. 影响高级醇形成的主要因素

（1）酵母菌种　强凝聚性酵母的高级醇产生量低；高发酵度的酵母，其高级醇的生成量相对较高；酵母细胞增殖快，增殖的倍数高，其细胞合成高级醇的量较高。

（2）麦汁成分　麦汁的浓度越高，高级醇的生成量也越高；麦汁中 α-氨基氮的浓度较高会促进酵母的发酵，但是若 α-氨基氮的浓度过高，会引起氨基酸的转氨、脱羧、还原成高级醇的反应，使高级醇生成量增加；若麦汁中缺少可同化的 α-氨基氮，酵母必须通过糖代谢合成必需的氨基酸，用于合成细胞的蛋白质；当蛋白质合成能力不足或氨不足时，多余的氨基酸会生成高级醇，使高级醇的含量增多；同化率高的啤酒酵母增殖快，可使啤酒中的高级醇含量增加。

（3）发酵条件　发酵温度和 pH 越高，越有利于高级醇的生成，因为发酵前期是酵母的繁殖阶段，提高温度必然能促进酵母的繁殖，高级醇的生成量也会相应提高；提高麦汁的溶氧水平，也会导致生成较多的高级醇；提高酵母的接种量，使繁殖的酵母数量相对减少，可降低高级醇的生成量；加压发酵，可使酵母活性减弱，高级醇的生成量减少。

（4）大麦的品种　采用不同的大麦品种，或在不同地区种植的同种大麦，其含氮量有时会有较大的差别，所制成的麦芽和麦汁的含氮量也不相同，也会造成不同的啤酒高级醇含量。

（二）酯类

啤酒中的酯类大部分是在主发酵期间生成的，虽然它们的含量很小，但对啤酒风味的影响很大。

1. 酯的形成途径

酵母先形成酰基辅酶 A，酰基辅酶 A 与醇类物质在酯酶的作用下生成相应的酯。

$$RCH_2OH + R'COSCoA \longrightarrow RCH_2COOR' + CoASH$$

酰基辅酶 A 是酯类合成的关键物质，它是一种高能化合物，其来源主要有三个方面。

（1）麦汁中脂肪酸的活化

$$R'COOH + CoASH + ATP \longrightarrow R'COSCoA + H_2O + AMP + Pi$$

（2）α-酮酸的氧化脱羧

$$R'COCOOH + CoASH + NAD \longrightarrow R'COSCoA + CO_2 + NADH_2$$

（3）脂肪酸合成的中间代谢产物

$$R'COSCoA + COOH \cdot CH_2 \cdot COSCoA + 2NADH_2 \longrightarrow$$
$$R'CH_2CH_2COSCoA + CoASH + CO_2 + H_2O + 2NAD$$

酯类物质主要是在酵母细胞内合成，形成的低分子酯通过细胞膜渗透到发酵液中，而高分子酯则被细胞吸附，滞留在细胞内。

2. 酯的含量及其对啤酒质量的影响

挥发性酯类物质是啤酒香味的主要来源，适量的乙酸乙酯、乙酸异戊酯和乙酸苯乙酯能给啤酒增加酯香味和酒香味，过量则对啤酒的风味不利。在啤酒储藏期间，由于酯化反应，会使啤酒中酯含量升高，如乙酸乙酯和乙酸异戊酯的含量约增加 10%。储藏啤酒的酯含量为 25～50mg/L。对啤酒的口味具有较大影响的酯类物质见表 5-9。

表 5-9　　　　　　　　啤酒中主要酯类的口味阈值及正常含量

酯的种类	口味阈值/(mg/L)	淡色储藏啤酒/(mg/L)
乙酸甲酯	50	1～8
乙酸乙酯	30	15～25
丙酸乙酯	10	2～5
乙酸丁酯	8	1～5
乙酸异戊酯	2	1～5
丁酸乙酯	0.5	0.1～0.2
异丁酸乙酯	0.2	0.05～0.10
癸酸乙酯	0.03	—
己酸乙酯	0.3	0.1～0.6
辛酸乙酯	1.0	0.2～0.6
乳酸乙酯	15	1～5
乙酸苯乙酯	5	0.2～1.5

3. 影响酯类形成的主要因素

（1）酵母菌种　不同酵母其酯酶活性差别很大，所以产生酯的量也不同。如汉逊酵母、球拟酵母、毕赤氏酵母等均能产生多量的乙酸乙酯；上面酵母比下面酵母往往产生较多的酯类；酵母的接种量越大，酯的生成量相对减少；酵母的接种量越低，酯类的生成量越高。

（2）麦汁浓度　麦汁浓度越高，越有利于酯的形成；当麦汁浓度超过 10°P 时，酯类物质的含量将成比例的增加；如果采用浓度为 15°P 以上的麦汁进行发酵，生成的酯类物质的量即使是在稀释后也能感到啤酒有明显的酯香味；麦汁中的 α-氨基氮对酯的生成有促进作用。

（3）发酵条件　发酵温度高，有利于酯的形成。如主发酵温度从 10℃ 提高到 25℃，乙酸乙酯的浓度增加 72%，乙酸异戊酯增加 120%。大多数酵母生成酯类的最适温度为 20～25℃；通风量少，形成的酯就多，这是因为通风量减少，酵母繁殖量也随之减少，合成的不饱和脂肪酸减少，形成的酯量增加；提高麦汁的含氧量能减少酯类物质的形成，因为麦汁的含氧量高，酵母生长迅速，消耗比较多的酰基辅酶 A，使酯类的合成受到影响；连续发酵比分批式发酵形成更多的酯类；主发酵采用加压发酵，会使酒液中的 CO_2 含量增加，酵母的繁殖受到抑制，有利于酯的形成。

（三）醛类

啤酒中已经检出的醛类有 50 余种，如甲醛、乙醛、丙醛、异丁醛、正丁醛、异戊醛、正庚醛、正辛醛、糠醛等，他们来自麦汁煮沸时的美拉德反应，或是由醇类还原生成。其中乙醛对啤酒的风味影响最大。啤酒中醛类化合物的口味阈值及含量见表 5-10。

表 5-10　　　　　　　　　　啤酒中醛类化合物的口味阈值及含量

醛类	口味阈值/(mg/L)	含量/(mg/L)
乙醛	15	3～35
丙醛	5	0.1～0.5
异丁醛	1.0	0.1～0.5
异戊醛	0.5	0.05～0.2
正庚醛	0.1	0.05～0.1
正辛醛	0.4	0.05～0.3
糠醛	50	0.2～10

1. 乙醛的形成

乙醛是啤酒发酵过程中产生的主要醛类，由酵母糖代谢产生丙酮酸，丙酮酸脱羧生成乙醛。

在发酵前期大量生成的乙醛，随着发酵的不断进行，会被乙醇脱氢酶还原为乙醇而浓度不断降低。一般地，下面发酵至发酵度为 35%～60% 时，乙醛含量最高；上面发酵时，乙醛形成较早，当发酵度为 10% 时乙醛含量达最高值。

2. 乙醛对啤酒风味的影响

乙醛是一种生青味物质，影响啤酒口味的成熟。当啤酒中的乙醛含量超过口味阈值时，会给人以不愉快的粗糙苦味感。若啤酒中乙醛含量过高，还会有一种辛辣的腐烂青草味。当乙醛与双乙酰、硫化氢共存时，能形成嫩啤酒固有的生青味。成熟的优质啤酒中乙醛含量一般在 8mg/L 以下。

3. 影响乙醛形成的主要因素

提高主发酵温度，乙醛的生成量减少，因为酵母的快速增殖消耗较多的丙酮酸；提高麦汁 pH、增加麦汁通风量和增加酵母接种量，均有利于乙醛的形成；带压发酵能促进乙醛的生成，而且发酵后期乙醛的含量几乎不降低。

（四）酸类

啤酒中的酸类物质是啤酒的呈味物质，适量的酸能赋予啤酒爽口的感觉。若酸缺乏会使啤酒黏稠、不爽口；过量的酸会造成啤酒口感粗糙、不柔和。

在啤酒生产中，将麦芽、麦汁和啤酒中含有的各种有机酸统称为总酸。总酸度的定义为：用 1mol/L 的氢氧化钠滴定 100mL 啤酒，滴定至 pH9.0 为终点，消耗的氢氧化钠体积（mL）即表示总酸度。

1. 酸类的形成途径

通过酵母细胞形成的有机酸主要有两个途径：一是酵母利用麦汁中的氨基酸转化而来，氨基酸在酶的作用下脱去氨基后形成有机酸，啤酒中的大部分有机酸都是通过这种途径产生的；另一个途径是酵母在有氧呼吸阶段，通过糖代谢过程形成有机酸，这些有机酸包括丙酮酸、α-酮戊二酸、乳酸、苹果酸、琥珀酸、脂肪酸等。

（1）丙酮酸　丙酮酸是糖代谢过程中的一个重要的中间代谢产物，在啤酒发酵过程中，当酵母生长到最大浓度时，丙酮酸的积累量达到最高。随着发酵过程的不断进行，丙酮酸的浓度会不断降低。

（2）α-酮戊二酸　当酵母利用麦汁中的谷氨酸时，谷氨酸脱氨后产生 α-酮戊二酸，另外还有少量的 α-酮戊二酸来自 TCA 循环的分支代谢途径。

（3）乳酸　在啤酒发酵过程中，由丙酮酸经乳酸脱氢酶还原生成乳酸，反应式如下：

$$CH_3COCOOH + NADH_2 \xrightarrow{\text{乳酸脱氢酶}} CH_3CHOHCOOH + NAD$$

啤酒酵母中乳酸脱氢酶的活力比较低，所以在啤酒发酵过程中乳酸的生成量比较少。若麦汁中含糖量过高或硫胺素缺乏，乳酸的生成量会增加。啤酒中乳酸的口味阈值为 47mg/L，过量的乳酸会对啤酒的口味产生明显的影响。

（4）苹果酸　丙酮酸通过 CO_2 固定反应生成草酰乙酸，草酰乙酸在苹果酸脱氢酶的作用下生成苹果酸。苹果酸的浓度一般比较低。

（5）琥珀酸　琥珀酸是酒精发酵过程中生成量最多的挥发酸，它对啤酒的风味影响比较大。大多数的琥珀酸是由谷氨酸转化而来，还有少量的琥珀酸是在发酵初期由 TCA 循环产生的。

（6）脂肪酸　啤酒中含有的游离脂肪酸大约有 20 种，大部分的脂肪酸来自糖代谢中的乙酰 CoA，另有一部分来自麦汁。

啤酒中的酸类物质除来自发酵过程外，还有部分来自原料、糖化阶段、水及工艺调节外加酸等。

2. 酸类物质对啤酒风味的影响

由于酸类物质对啤酒的口味、风味的影响很大，因此，各国均对啤酒中的总酸提出了最高含量的要求。啤酒中的主要酸类物质及含量见表 5-11。

表 5-11　　　　　　　　　啤酒中主要酸类的口味阈值及正常含量

酸类	口味阈值/(mg/100mL)	正常含量/(mg/100mL)	极限值/(mg/100mL)
乳酸	4.7	4～12	40
柠檬酸	—	15	18
丙酮酸	—	15	25
苹果酸	8.7	3.5	7.0
琥珀酸	—	14	40
乙酸	—	6	10
$C_3 \sim C_{12}$		2～5	3～10

3. 影响酸类形成的主要因素

发酵温度越高，产酸越多，反之，则产酸越少；增大发酵过程中的通风量，会使产酸量提高；增加酵母接种量会使产酸量减少；发酵液中的离子浓度高，则产酸多。

（五）连二酮类

连二酮是指双乙酰和 2,3-戊二酮的总称。连二酮类物质，特别是双乙酰，它们的口味阈值很低，是啤酒成熟的限制性指标。

1. 连二酮的形成途径

（1）前体物质的形成　连二酮类物质合成的起始物质是丙酮酸和 α-酮基丁酸，它们是酵母细胞在合成氨基酸过程中形成的中间产物。丙酮酸和 α-酮基丁酸分别与活性乙醛作用生成 α-乙酰乳酸和 α-乙酰羟基丁酸，它们分别是双乙酰和 2,3-戊二酮的前体物质。

（2）前体物质的转化　前体物质 α-乙酰乳酸和 α-乙酰羟基丁酸通过氧化脱羧，生成双乙酰和 2,3-戊二酮。α-乙酰乳酸转化为双乙酰是在细胞外的非酶作用下完成的，因此反应较慢，而且在胞内合成的 α-乙酰乳酸必须先排出细胞外，然后才能被氧化脱羧转化成双乙酰。

（3）连二酮的还原　在酵母细胞外形成的连二酮必须被酵母细胞吸收，在细胞内通过双乙酰还原酶的作用被还原为乙偶姻，进一步还原为 2,3-丁二醇。由于乙偶姻和 2,3-丁二醇的口味阈值远远大于双乙酰，因此双乙酰的良好还原能消除双乙酰带来的不愉快气味。

2. 连二酮类物质对啤酒风味的影响

连二酮类物质是啤酒成熟的限制性指标，其中双乙酰是挥发性的、具有强烈生青味的化合物，是多种香味物质的前驱物质，因此在啤酒发酵过程中应设法降低双乙酰的含量。双乙酰在啤酒中的口味阈值很低，只有 0.1～0.2mg/L，而戊二酮的口味阈值则较高，约 1.0mg/L。啤酒中的双乙酰和戊二酮的气味非常接近，当含量超过 0.2mg/L 时，有类似烧焦麦芽的气味，当两者的含量超过 0.5mg/L 时，有明显不愉快的刺激味，类似于馊饭味。优质淡爽型啤酒双乙酰含量应控制在 0.10mg/L 以下，正常啤酒中双乙酰与戊二酮含量之比一般为（3～6）∶1。

3. 影响双乙酰形成的主要因素

双乙酰的前体物质 α-乙酰乳酸是酵母合成缬氨酸的中间物质，只有在酵母出芽繁殖时，酵母才需要合成大量的缬氨酸供合成蛋白质之用，这时才有较多的 α-乙酰乳酸合成。因此在主发酵的开始阶段，酵母细胞大量繁殖，双乙酰也随之积累，达到峰值。另外双乙酰的还原依赖于酵母体内的乙醇脱氢酶，当发酵液中形成大量的酒精时，乙醇脱氢酶才能被强化，双乙酰才会被迅速还原。可见，在啤酒发酵过程中，双乙酰的含量决定于双乙酰生成量与还原量之间的平衡。影响双乙酰形成的主要因素有以下几方面。

（1）酵母菌种　催化丙酮酸和活性乙醛反应的酶是缩合酶，不同的酵母菌种的缩合酶活性差别很大，这就造成了 α-乙酰乳酸合成量的差别；α-乙酰乳酸必须渗透到细胞外才能合成双乙酰，合成的双乙酰要渗透到细胞内才能被还原，各种啤酒酵母的细胞膜对双乙酰的渗透能力有很大的差异，这也影响到双乙酰的还原速度；提高酵母细胞的悬浮数量，有利于双乙酰的还原；提高酵母细胞浓度有利于双乙酰的还原。

（2）麦汁组成　双乙酰的前体物质 α-乙酰乳酸是合成缬氨酸的中间产物，若提高麦汁中缬氨酸的含量，可通过反馈作用，抑制从丙酮酸合成缬氨酸的支路代谢，从而减少 α-乙酰乳酸的生成。

（3）发酵条件　α-乙酰乳酸的非酶氧化分解和双乙酰的酶促还原作用都与发酵温度有关，发酵温度越高，反应越快，因此提高发酵温度，能加速 α-乙酰乳酸的氧化分解；在双乙酰还原阶段，提高发酵温度不仅可提高酵母的活性，还可提高双乙酰的还原速度，促使双乙酰含量迅速降低；在发酵前期适当进行通风搅拌，可提高麦汁中的溶氧水平，降低双乙酰的生成量；将接种麦汁的 pH 从 5.4 迅速降至 4.4 左右，能减少双乙酰前体物质的生成，从而降低双乙酰的含量；向发酵液中添加一定量的 α-乙酰乳酸脱羧酶，可促进 α-乙酰乳酸脱羧生成乙偶姻而使 α-乙酰乳酸的浓度降低，加快啤酒的成熟；适当提高酵母的接种量，降低酵母在发酵液中的繁殖温度，可抑制酵母在发酵液中的增殖浓度，从而控制 α-乙酰乳酸的生成量；下酒后，利用后发酵产生的 CO_2 或人工充 CO_2 进行洗涤，可将部分双乙酰带出。

4. 降低双乙酰含量、加速啤酒成熟的主要措施

（1）酵母选育　通过诱变、变异和基因工程的办法，选育形成 α-乙酰乳酸高峰值低的酵母菌株，以减少双乙酰前体物质的积累。

（2）提高麦汁中 α-氨基氮的水平　提高麦汁中 α-氨基氮含量，也就相应提高了麦汁中缬氨酸的含量。从由丙酮酸合成缬氨酸的途径可以看出，提高缬氨酸的含量，通过它对乙酰羟基丁酸合成酶的抑制反馈作用，可减少 α-乙酰乳酸的合成和积累，相对地也就降低了 α-乙酰乳酸分解为双乙酰的支路代谢。

（3）调整酵母接种量和主发酵温度　双乙酰的前体物质及其他一些酵母代谢副产物（如高级醇、酯类等）大都是在酵母繁殖过程中形成的，如果降低酵母接种温度（5~7℃），加大酵母接种量 $[(1.5~1.8) \times 10^7$ 个细胞/mL]，采取主发酵前期低温（9~10℃）发酵，以降低酵母的增殖率，可减少 α-乙酰乳酸和一些挥发性风味物质的形成。当主发酵外观发酵度达到 65％ 左右时，酵母的一些挥发性风味物质已基本形成，然后提高主发酵后期双乙酰的还原温度（12~13℃，甚至更高一些），并推迟升压时间（外观发酵度达 70％ 以上），避免酵母过早沉降，保持双乙酰还原阶段酒液中悬浮一定密度的酵母。待双乙酰降至 0.05~0.06mg/L 时，开始降温，使酒液逐步降温至 0~1℃。采取这样的工艺，既有利于缩短主发酵期和成熟期，挥发性高级醇和酯类含量也不会增加，又可加速双乙酰的还原，降低酒液中双乙酰的含量。

（六）硫化物

硫是酵母代谢过程中不可缺少的微量元素，啤酒中含有多种含硫化合物，可分为非挥发性和挥发性硫化物，其中非挥发性硫化物约占 94％，而挥发性硫化物仅占 6％。

非挥发性硫化物主要有 SO_4^{2-}、—S—S—、含硫氨基酸和含硫蛋白质等，它们对啤酒的风味影响不大，但却是啤酒中挥发性硫化物的来源。

挥发性硫化物主要有硫化氢、甲基硫醇、乙基硫醇、二甲基硫（DMS）、二氧化硫等，它们在啤酒中的含量虽然很低，但它们的特殊气味对啤酒的风味影响很大。

1. 硫化物的来源

（1）在麦芽制造和麦汁制备过程中产生少量硫化氢、二氧化硫等挥发性硫化物。

（2）在麦芽糖化过程中也能带入蛋氨酸、半胱氨酸、生物素、硫胺素等含硫化合物。

（3）对酿造用水进行水质调整时也会带入部分 SO_4^{2-}。

（4）啤酒中的挥发性硫化物大都是在发酵过程中产生的。

2. 啤酒中主要的挥发性硫化物

（1）硫化氢　啤酒中大部分硫化氢来自酵母对半胱氨酸、硫酸盐及亚硫酸盐的同化作用以及酵母合成蛋氨酸受抑制时的中间产物。半胱氨酸经半胱氨酸脱巯基酶的作用以可分解为硫化氢；硫酸盐进入细胞后，经啤酒酵母的硫代谢途径变成亚硫酸盐，亚硫酸盐进一步还原成硫化氢。

① 酵母对硫化氢生成量的影响：下面酵母的硫化氢产生量远高于上面酵母，可以通过菌种选育的方法获得硫化氢生成量少的菌株；酵母生长越快，硫化氢的生成量越高。

② 麦汁成分对硫化氢生成量的影响：麦汁中必须含有一定浓度的硫酸盐才能在发酵过程中产生硫化氢；若麦汁中缺乏硫酸盐，或苏氨酸、甘氨酸等氨基酸含量过高，蛋氨酸的生物合成将会受到抑制，会导致硫化氢的积累；铜离子和锌离子能促进硫化氢的形成。

③ 减少硫化氢的生成量的措施：适当提高辅料比，可以减少由麦芽带入的硫化物；冷、热凝固物分离完全的麦汁，其硫化物含量少，发酵时可减少硫化氢的生成；低温接种或低接种量，可以减少硫化氢的生成量；在发酵过程中利用 CO_2 对发酵液进行充分洗涤，可有效地减少硫化氢的含量。

④ 硫化氢在啤酒中的口味阈值：硫化氢在啤酒中的口味阈值为 $5\sim10\mu g/L$。当啤酒中硫化氢含量大于 $10\mu g/L$ 时，啤酒将出现生酒味；当含量大于 $50\mu g/L$ 时，啤酒会有臭鸡蛋气味。优质啤酒中的硫化氢含量只有 $1\sim5\mu g/L$。

（2）二甲基硫　二甲基硫是对啤酒风味影响较大的酵母代谢硫化物。二甲基硫的口味阈值为 $30\sim50\mu g/L$，超过此值可使啤酒产生烂卷心菜味。

（3）硫醇　硫醇（RHS）能使啤酒产生日光臭，硫醇的产生量随发酵过程醇类物质的增加而增加。当发酵度达到 $60\%\sim70\%$ 时，硫醇的含量开始下降；当氧进入发酵液后会将硫醇氧化成对啤酒口味影响较小的二硫化物。

四、其他物质变化

1. 苦味物质的变化

在发酵过程中，麦汁的含氧量越高，酵母的繁殖越旺盛，酵母表面以及泡盖中吸附的苦味物质就越多。有 $30\%\sim40\%$ 的苦味物质在发酵过程中损失。

2. 色度的变化

啤酒的色度随着发酵液 pH 下降，溶于麦汁中的色素物质被凝固析出，单宁与蛋白质的复合物以及酒花树脂等吸附于泡盖、冷凝固物或酵母细胞表面，使啤酒的色度有所下降。

3. CO_2 的变化

啤酒酵母在整个代谢过程中，将不断产生 CO_2，一部分以吸附、溶解和化合状态存在于酒液中，另一部分 CO_2 被回收或逸出罐外，最终成品啤酒的 CO_2 质量分数为 0.5% 左右。从总体来看，CO_2 在酒液中的产生、饱和及逸出等变化，对提高啤酒质量具有十分重要的作用。

任务四

啤酒发酵操作及控制技术

传统的啤酒发酵过程分为主发酵（又称前发酵）和后发酵两个阶段。酵母添加后，在有氧的条件下，酵母逐渐恢复原有的活性，以麦汁中可发酵性糖为碳源，氨基酸为主要氮源进行呼吸作用，从中获得生长繁殖所需要的能量；当发酵液中的溶解氧耗尽后，酵母便开始进行无氧发酵，麦汁中的糖则被酵母发酵成乙醇和 CO_2，这就是主发酵阶段。而在后发酵阶段，发酵液中的酵母继续将残留的糖分分解成乙醇和 CO_2，在密封的容器中 CO_2 很容易溶于酒内，达到饱和。由于后发酵温度较低，可以促进啤酒的成熟和澄清。为了缩短发酵周期，提高发酵设备利用率，提高啤酒产量，现普遍采用立式锥底大容量发酵罐进行发酵，即让主发酵和后发酵在同一个容器中进行。

传统的啤酒发酵主要有上面发酵、下面发酵两种类型。上面发酵方法出现较早，而下面发酵方法更为盛行。下面发酵与上面发酵在工艺上有很大的差异：下面发酵的发酵温度较低，发酵周期较长，而上面发酵的发酵温度相对较高，发酵时间较下面发酵短；下面发酵过程可明显地划分为主发酵和后发酵两个阶段，而上面发酵大都只有一个阶段——主发酵；下面发酵酵母回收比较容易，而上面发酵则比较困难；下面发酵罐压较低，上面发酵罐压较高。现在世界上大多数啤酒厂都采用下面发酵法，下面发酵法生产的啤酒已占世界总产量的 90% 以上。我国几乎所有啤酒厂都采用下面发酵法。

一、传统啤酒发酵技术

传统发酵技术在 20 世纪 80 年代以前被我国啤酒厂普遍采用。随着锥形罐发酵技术的不断发展及迅速普及，目前只有极少数小型啤酒厂还采用此法。

（一）酵母的添加

1. 酵母接种量

酵母接种量应根据酵母活性、麦汁浓度、发酵温度等确定。在酵母活性正常的情况下，一般麦汁浓度越高、发酵温度越低，接种量应适当提高。当麦汁浓度为 $10\sim12°P$ 时，酵母泥的接种量为 $0.4\%\sim0.6\%$。

2. 酵母的添加方法

传统发酵的酵母添加方法主要有以下几种。

（1）干加法　接种前将所需要的酵母泥加入到如图 5-9 所示的酵母接种器

中，再加入约 2 倍量的冷麦汁，用无菌压缩空气使之混合均匀，然后将混合液压入装有麦汁的酵母繁殖槽中并混合均匀。

（2）湿加法　将酵母泥与适量的冷麦汁（一般为 5 倍量）混合均匀后，于 10～15℃保温培养 10～12h，待酵母开始出芽繁殖后，再利用无菌压缩空气将其压入酵母繁殖槽中与麦汁混合均匀。

（3）递加法　先将两槽需要量的酵母一次性加入一个酵母繁殖槽中，再向槽中加满麦汁，经 12～24h 的繁殖后分为两槽，分别追加麦汁满槽，再培养 20h 左右，转入发酵。这种方法的特点是发酵开始时酵母细胞的数量较多，有利于酵母的起发。

（4）倍增法　先将全部的酵母一次性地加入一个酵母繁殖槽中，加满麦汁，培养约 24h，一槽分为两槽，各追加麦汁到满槽，再繁殖 18～24h，即可转入发酵。这种方法多在培养第一代酵母或现场所需要的酵母不足时采用。

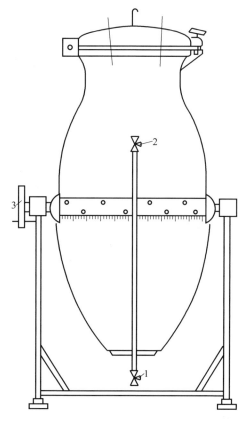

图 5-9　酵母接种器
1—充气进口及酵母出口　2—压缩空气进口
3—移转角度 45°

（二）主发酵

传统的主发酵一般在发酵池内进行，也有的采用立式或卧式发酵罐。发酵池大多为开放式的方形或圆形发酵容器，国外也有在敞口槽上安装可移动的有机玻璃拱形盖的发酵容器。如图 5-10 所示。

发酵池大都安装在保温良好、清洁卫生的发酵室内，室内装有通风设备，以降低发酵室内的 CO_2 浓度。因为主发酵阶段温度较低（6～8℃），所以发酵室中还应装有良好的调温设备。

图 5-10　传统的发酵池

209

主发酵的前期是酵母的繁殖阶段，酵母吸收麦汁中的营养物质，利用可发酵性糖进行呼吸作用，释放出能量，并进行生长繁殖。这个阶段降糖较慢，α-氨基氮、pH迅速下降，酵母细胞密度不断增加。当麦汁中的溶解氧耗尽（大约20h）时，酵母开始进行厌氧发酵。由于此时酵母浓度达到最高，降糖速度最快，麦汁的外观浓度每天可降低$1.5\%\sim2.0\%$，同时因为有大量的热量产生，使发酵醪温度上升，此时必须对发酵醪进行冷却。当发酵度达到一定程度时，发酵液中悬浮的酵母细胞数开始下降，降糖速度也随之降低，pH变化较小，此时酵母开始凝聚并沉淀。

1. 操作要点

（1）接种前先将6℃左右的冷麦汁加入酵母繁殖槽内，添加约0.5%的酵母泥，继续加入麦汁使之混合均匀，以便能使酵母快速起发。

（2）为了满足酵母呼吸作用对氧的需要，应向冷麦汁中通入无菌压缩空气，使麦汁中的溶解氧达到工艺要求。麦汁中的溶解氧一般控制在8mg/L左右。

（3）当麦汁加满槽后，酵母进入繁殖期，这一阶段大约需要20h。由于酵母的大量繁殖，液面开始出现CO_2小气泡，并逐渐形成白色的泡沫。当在麦汁的表面形成一层白色的泡沫时，需要将发酵醪泵入发酵池中开始发酵，并分离出沉淀在酵母繁殖槽底部的酵母死细胞和蛋白质凝固物等杂质。

（4）换槽后，麦汁中的溶解氧已基本耗尽，酵母转入厌氧发酵阶段。这时发酵液中的糖浓度不断下降，乙醇含量不断升高。大约发酵3d后，发酵醪温度接近发酵的最高温度，这时应及时冷却，使之不超过规定的最高温度，并维持此温度2～3d。

（5）经过降糖高峰期后，要逐渐加大冷却幅度，使发酵液的温度回降，这时降糖速度也随之减慢。发酵温度的下降应与降糖情况相配合，使主发酵结束时，下酒温度控制在4.0～4.5℃，外观浓度控制在4.0%～4.2%。在主发酵的最后一天应急剧降温，使大部分酵母沉淀在池底，这样有利于酵母的回收。

（6）将沉淀在池底中层的质量良好的酵母回收，经洗涤后在2～4℃低温保存，留作下批接种用。

2. 主要阶段及外观特征

（1）酵母繁殖期　麦汁添加酵母8～16h后，液面出现CO_2气泡，逐渐形成白色乳脂状泡沫。酵母繁殖20h左右，即转入主发酵池。若麦汁添加酵母16h后还未起泡，可能是接种温度或室温太低、酵母衰老、酵母添加量不足、麦芽汁溶氧量不足或麦芽汁中含氮物质不足等原因造成的。应根据具体原因进行补救。

（2）低泡期　酵母在繁殖槽中经过一段时间的生长繁殖后进入主发酵池，4～5h后发酵液表面出现洁白而致密的泡沫，并从池边开始向中间蔓延，逐渐形成菜花状，这个过程可维持1～2d。低泡期浸出物浓度每天下降0.6%～1.0%。如果不冷却，温度每天自然上升1℃左右。pH下降到4.7～4.9。

（3）高泡期　泡沫层呈卷曲状隆起，可高达 30cm，轻轻吹开泡沫层，能看到大量的 CO_2 往上冒。由于麦汁中酒花树脂、蛋白质-单宁复合物不断析出，泡沫逐渐变为棕黄色。高泡期一般持续 2～3d，每天降糖 1.2%～2.0%。由于发酵旺盛，需要人工冷却以保持一定温度，低温发酵控制发酵温度不超过在 9℃，高温发酵不超过 12℃。高泡期酸度达到最大，pH 下降到 4.4～4.6。

（4）落泡期　酵母增殖停止，降糖速度变慢，泡沫逐渐减退，颜色逐渐加深为棕褐色。落泡期为 2d，每天控制品温下降 0.4～0.9℃，耗糖 0.5%～0.8%，pH 保持恒定或略微回升。

（5）泡盖形成期　发酵 7～8d，酵母大部分沉淀，泡沫回缩，形成一层褐色苦味的泡盖，集中在液面。每日耗糖 0.2～0.5°P，控制降温 0.5℃/d 左右，下酒品温应在 4.0～5.5℃。

随着 CO_2 气泡减少、泡沫回缩和酵母细胞凝聚沉淀，在发酵醪表面逐渐形成由泡沫、酒花树脂、蛋白质-多酚复合物等物质组成的褐色泡盖，厚度达 2～4cm。

3. 工艺参数控制

在主发酵期间，温度、外观浓度、发酵时间相互联系，相互制约。发酵温度低，降糖速度减慢，则发酵时间延长；反之，发酵温度高，降糖速度相对较快，则发酵时间短。

（1）温度的控制

① 接种温度：一般控制在 5～8℃，若酵母的起发速度较快、酵母的添加量较大，可适当降低接种温度，如 5～6.5℃；反之，应适当提高到 6.5～8℃。

② 发酵最高温度：低温发酵的最高温度控制在 7.5～9.0℃，高温发酵的最高温度控制在 10～13℃。若采用低温发酵，酵母在发酵过程中生成的高级醇、酯类、硫化物等副产物较少，使啤酒的口味较好，泡沫状况良好，但发酵时间较长；反之，若采用高温发酵，酵母的发酵速度较快，发酵时间短，设备利用率高，缺点是生成的副产物较多，啤酒口味较差。

③ 发酵结束温度：在主发酵结束前，应将发酵温度缓慢降低到 4～5℃。随着温度的降低，发酵液中的酵母会凝集沉淀，但因为是缓慢降温，所以在发酵液中仍然有一定浓度的酵母细胞，这样有利于双乙酰的还原和后发酵的继续进行。另外，随着温度的降低，发酵液也会逐渐澄清，有利于缩短储酒时间。

（2）浓度的控制　在保持酵母添加量及麦汁组成一定的情况下，麦汁浓度的变化受发酵温度和发酵时间的影响。在发酵工艺确定后，正常情况下麦汁浓度的变化是有规律的，可以通过测定发酵液的糖度变化来反映酵母发酵速度的快慢。如果发酵旺盛，降糖速度快，则可适当降低发酵温度和缩短最高温度的保持时间。反之，则应适当提高发酵温度或延长最高温度的保持时间。

（3）发酵时间的控制　发酵温度高，则发酵时间短；发酵温度低，则发酵时间长。对于下面发酵，主发酵的时间一般控制在 $7\sim12d$，低温缓慢发酵的啤酒，口味柔和醇厚，质量较高。

4. 影响主发酵的因素

（1）酵母菌种　在啤酒发酵过程中酵母是主体，酵母的各种发酵性能，如凝聚性、发酵速度、发酵度以及所能产生的各种代谢副产物等将直接影响啤酒的质量，所以酵母菌种的选择尤为重要。

（2）酵母的使用代数　连续多次使用的酵母由于缺乏与氧的接触，会使酵母的发酵能力下降，发酵度降低。另外，酵母缺氧会导致酵母活性下降，细胞生长的延滞期延长，表现为酵母生长迟缓、发酵不良，并将严重影响啤酒的口味，因此酵母的使用代数一般不超过 4 代。

（3）酵母接种量　酵母的接种量对主发酵的发酵速度有很大的影响，当接种量提高到 2.0% 时，发酵时间几乎缩短一半。但接种量并不是越高越好，过高的接种量会减少细胞的繁殖，使新产生的细胞减少，最终所获得的可供继续使用的酵母减少。另外过高的接种量会导致酵母细胞的衰老，不利于继续使用。

（4）酵母在麦汁中的分布情况　在发酵旺盛期，悬浮在发酵液中的酵母细胞数越多越好，这样有利于发酵速度的提高。但在主发酵结束时，下面酵母应凝聚在容器底部，悬浮在发酵液中的酵母细胞要少，这样有利于酒液与细胞的分离。若酵母过早地沉降，会导致发酵度过低；若酵母长期悬浮而不沉淀，则影响酒液的澄清。

（5）麦汁组成　麦汁组成对发酵速度、发酵度、代谢副产物的生成都有很大的影响。麦汁的组成主要是由原料和糖化方法决定的，麦汁中的氨基酸含量对酵母的繁殖影响最大。另外，麦汁中的离子浓度对发酵也有一定的影响，若麦汁中的 Ca^{2+}、Mg^{2+}、Zn^{2+} 缺乏，会使酵母的发酵速度明显减慢，还容易染菌。

（6）通风供氧　在发酵初期，提高发酵液中的溶氧浓度，可促进酵母的生长繁殖和活力的恢复；通风还可以将已经沉降在底部的酵母重新悬浮在发酵液中，加速发酵。但接种麦汁中的溶解氧不宜过高，理想的溶氧浓度为 $8mg/L$ 左右。若溶氧浓度过低，酵母的繁殖将受到影响；若溶氧浓度过高，酵母繁殖旺盛，将消耗过多的糖类和氨基酸，而导致乙醇的生成量减少。

（7）发酵温度　高温发酵能加快发酵速度，缩短发酵周期，提高设备利用率。但是发酵温度过高，高级醇、酯类物质等副产物的生成量也随之提高，啤酒的 pH 低，苦味低，容易染菌。相反，若发酵温度低，发酵速度缓慢，发酵周期长，但是代谢副产物较少，啤酒口味较好。

5. 酵母的回收、处理和利用

（1）酵母的沉淀　主发酵结束后，发酵液逐渐澄清，在发酵池的底部形成一定厚度的酵母沉淀层，酵母沉淀层一般可分为上、中、下三层。上层酵母大都是一些轻质的酵母细胞，并混有蛋白质、酒花树脂、死亡酵母细胞等，所以这层沉淀一般都弃之不用；中层酵母比较新鲜，发酵力较旺盛，夹杂的杂质较少，因此这层细胞可以单独取出，留作下批种子用；下层酵母是添加酵母后与麦汁中冷凝固性蛋白质一起沉淀而形成的，大部分是弱细胞、死亡细胞及原料带来的杂质，所以一般不使用。

图 5-11 振动筛

（2）酵母的回收 传统的酵母回收方法是先将上层的酵母轻轻地从表面刮去，取中层酵母回收。回收后的中层酵母加入 2～3 倍的无菌冰水，用如图 5-11 所示的 80～100 目酵母振动筛过滤，以除去夹杂的酒花树脂和蛋白质。

过筛后的酵母在如图 5-12 所示的酵母洗涤槽中用无菌冰水洗涤 2～3 次（每隔 2～3h 换水一次），洗涤后的酵母可在 1～2℃的冰水中保存 1～3d，最多不超过 5d。

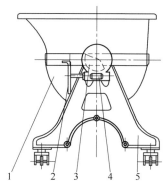

图 5-12 酵母洗涤槽

1—槽体 2—手轮 3—扇形蜗轮 4—蜗杆 5—机架

（3）回收酵母的处理

① 将回收的酵母泥置于罐身可回转倾斜的酵母储存罐内，迅速添加 2～3 倍 1～2℃的无菌水，使其降温并稀释。

② 稀释后的酵母经 100 目（孔径 0.49mm）的不锈钢筛，除去酵母中的杂质。

③ 过筛后的酵母静置沉淀，倾去上清液，将其中所含的酵母死细胞和其他杂质除去。再用 1.0～2.0℃无菌水漂洗，静置 1～2h 酵母沉淀后，倾去上清液，再加无菌水保存。

（4）回收酵母的利用　回收的中层酵母经洗涤 1～2d 后即可投入生产使用，使用时先将上面的清水倒出，使用前还应镜检细胞的形态和死亡率。每 100L 中等浓度的麦汁，经发酵后可收获酵母泥 1.75～2.5L，能回收利用的酵母泥为 1.2～1.5L。

6. 啤酒酵母的退化及防治措施

在啤酒发酵过程中，常会出现酵母退化现象，表现在形态变化、增殖不良、凝集性差、回收量低、容易自溶和染菌、发酵力低、发酵时间一批比一批长等。

（1）退化原因　啤酒酵母退化由环境因素影响、酵母细胞本身生理机能衰退两方面引起，主要原因如下。

① 酵母繁殖时麦汁缺乏足够的可同化氮或溶解氧。麦汁大量通风，或在接种后 24h 内经常通风，可以克服退化现象。

② 酵母的变异和自然淘汰或感染了其他野生酵母，均能产生酵母退化现象。

③ 啤酒酵母感染了细菌也会出现不正常的发酵现象。

（2）防治措施

① 找出酵母退化的原因，加强酵母管理。

② 在生产中不断选育新菌种，经分离纯化后用于生产，使生产用的酵母保持旺盛的活力。

③ 感染了细菌的酵母应先进行酸化处理，再用于生产。

④ 若染菌严重，则弃之不用，并对车间彻底灭菌，另培养新菌种。

（三）后发酵和储酒

麦汁经主发酵后的发酵液称为嫩啤酒，嫩啤酒的特点是：酒体还不够成熟，CO_2 含量不足，不适合饮用；酒液中大量的悬浮酵母和凝固物还未沉淀下来，酒液还不够澄清；酒液中含有的双乙酰、硫化氢等挥发性物质的含量远远超过规定的范围。主发酵结束后的酒液必须经过一定时间的储存，这个时期就是啤酒的后发酵和储酒期。后发酵在后发酵罐（储酒罐）中进行，将嫩啤酒从主发酵池（罐）打入后发酵罐的操作称为"下酒"。

1. 后发酵的作用

（1）残糖的继续发酵　下酒时发酵液的外观浓度在 4.0%～4.2%，还有一部分糖类需要继续发酵。后发酵时间一般为 7～10d，温度控制在 3～4℃，平均每天降糖低于 0.3%。7d 后逐步降温至 1～2℃，进入低温储酒期。

（2）饱和 CO_2　CO_2 是啤酒的重要组成成分，它对啤酒泡沫的形成、啤酒的稳定性和杀口力有重要的作用，还能防止酒液的氧化和杂菌污染。成品啤酒中 CO_2 的含量为 0.5% 左右。由于传统的主发酵是在敞口容器中进行的，发酵过程中产生的 CO_2 外逸，因此溶解在酒液中的 CO_2 只有 0.2%～0.28%，还有部分 CO_2 是在后发酵过程中产生的。若经后发酵 CO_2 仍没有达到饱和，在酒液过滤时可以采用人工充 CO_2 气体的方法使其达到饱和。CO_2 达到饱和后，啤酒的储藏时间越长，酒对 CO_2 的吸附作用越强，对啤酒的质量越有利。

溶解在酒中的 CO_2 量与罐压和储酒温度有关，罐压越高，温度越低，则酒液中溶解的 CO_2 量越多。在后发酵正常的情况下，罐压一般维持在 $0.06\sim$ $0.08MPa$，储酒温度维持在 $-1\sim1℃$，啤酒中的 CO_2 就可以大于 0.5%。

CO_2 含量还与储酒容器的深度有关，较高的储酒罐在底部的 CO_2 含量较表面高得多，罐高每增加 $1m$，酒液压力就增加 $0.01MPa$，CO_2 的含量增加 $0.03\%\sim0.04\%$。

（3）促进啤酒的成熟　在啤酒的主发酵过程中生成双乙酰、硫化氢、乙醛等，影响啤酒的成熟，必须在后发酵过程中除去。在啤酒后发酵期间，利用 CO_2 的洗涤作用，可以排除这些物质，促进啤酒的成熟。

（4）啤酒的澄清　在后发酵和储酒期间，酒液中各种悬浮物逐渐沉淀下来。这些悬浮物主要是随发酵液进入后发酵的一些酵母细胞、蛋白质冷凝固物、酒花树脂和一些蛋白质-多酚氧化物的复合物。这些物质的存在，使酒液的后处理（如过滤）变得困难，产率低。储酒期间，随着酵母的沉淀，它吸附或夹杂其他的杂质逐渐沉淀在容器底部，使酒液变得澄清，有利于啤酒的过滤。

影响啤酒澄清的因素有：①酵母的凝聚性：凝聚性强的酵母沉降速度快，有利于酒液的澄清。②储酒温度：储酒温度越低，冷凝固物从酒液中析出越多，能促进酒液的澄清。而且析出的浑浊物可在啤酒过滤时除去，对成品啤酒的保存期也有利。③啤酒成分：啤酒中高分子氮、β-葡聚糖和糊精的含量对酒液的澄清也会产生影响。④发酵度：若发酵度高，说明酒液中的残糖少，酒液的黏度相对较低，澄清相对较快。

加速啤酒澄清的措施：①添加吸附剂：利用吸附剂的表面活性，将酒液中的悬浮物吸附，以达到促进酒液澄清的目的。②添加蛋白酶：在低温储酒时加入适量的蛋白酶，可加速啤酒的澄清。

2. 后发酵工艺要求

（1）下酒工艺　下酒时一般采用下面下酒法，指发酵液从储罐的底部进入，这种方法不易起泡，而且罐内的空隙容易控制。下酒时应尽可能地避免酒液与氧的接触，防止酒的氧化。酵母细胞浓度控制在 $(5\sim10)\times10^6$ 个/mL，过低或过高都会影响后发酵的进行。若发酵液的残糖太低，可适量添加 $10\%\sim20\%$ 的起泡酒（发酵度为 20% 左右），以促进后发酵的进行。储酒罐可用单批发酵液装满，也可将几批发酵液混合分装在几个储酒罐内，以获得质量均匀的啤酒。

（2）压力控制　下酒满罐后，一般敞口发酵 $2\sim3d$，以排除啤酒的生青味，然后即可封罐。罐压缓慢上升，控制罐压 $0.05\sim0.08MPa$。罐压过高，容易串沫；过低，则 CO_2 含量不足，酒味平淡。

（3）温度控制　后发酵多通过室温控制酒温，采用先高后低的储酒温度，开始时控制温度在 $3℃$ 左右，以促进双乙酰的快速还原，而后逐步降温至 $-1\sim$ $1℃$，以促进 CO_2 的饱和及酒液的澄清。

（4）时间控制　后发酵的时间根据啤酒种类、原麦汁浓度和储酒温度而确定，淡色啤酒的储酒时间比深色啤酒长，原麦汁浓度高的啤酒储酒期限长，低温储酒的时间较高温储酒长。

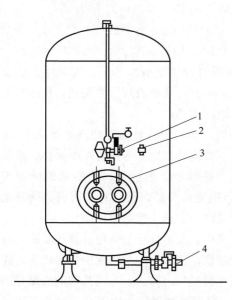

（5）加入添加剂　为了改善啤酒的泡沫、风味及非生物稳定性，许多国家准许在啤酒中加入适量的添加剂。

3.后酵罐的型式

（1）立式罐　立式罐的结构如图5-13所示。

（2）卧式罐　卧式罐的结构如图5-14所示。

卧式罐可采用吕字形或品字形重叠安装。如图5-15所示。两只罐重叠安装时，中间要用钢枕架开，罐与罐间距不少于300mm。

两排储酒罐之间留有工作通道。有的储酒室罐与通道之间设一隔墙，将罐隔离，只将罐的进出酒部分置于墙外通道间，便于人工操作。冷却系统只提供墙内罐身冷量，墙外通道间

图 5-13　立式储酒罐

1—压力（排气）旋塞　2—取样旋塞

3—人孔　4—进出酒口

的温度则适于操作。

4.储酒罐的附属设施

（1）罐底部旋塞供进酒、出酒用，安装位置越靠近底部越好，最后可将沉淀物全部放出。

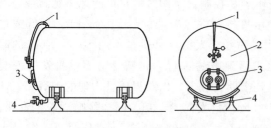

图 5-14　卧式储酒罐

1—压力（排气）旋塞　2—取样旋塞

3—人孔　4—进出酒口

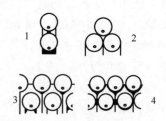

图 5-15　储酒罐的安装方法

1—吕字安装　2—品安装　3—底罐安装在脚架上，上罐相间安装在中心柱上

4—底罐悬浮安装，上罐相间安装在中心柱上

（2）在罐底部流出口处安装一短管，控制液位，使酒内沉淀的酵母及其他杂质在滤酒时不致流出。

（3）顶部排气旋塞供排出或进入 CO_2 以及压入无菌空气之用。

（4）取样旋塞要易于拆卸、清洗和灭菌。旋塞感染会引起对酒的错误判断。

（5）弹簧式 CO_2 压力调节器，如图 5-16 所示，是用弹簧的松紧调节 CO_2 的压力。每个罐配装 1 只压力调节器。

（6）罐身备有安全阀和真空阀，罐内设有 CO_2 分散器，供充 CO_2 之用。

（7）储酒罐配有 CO_2 背压管道，用于罐内 CO_2 背压之用；新式储酒室备有 CO_2 排空系统，在人入罐之前，用以排除罐内 CO_2，并避免 CO_2 排于操作空间；另外还备有自动清洗系统。

（8）进出酒的管路为不锈钢固定管路，能改善卫生条件。

（9）使用的阀门必须保证卫生，一般采用适于远距离控制的自动阀。

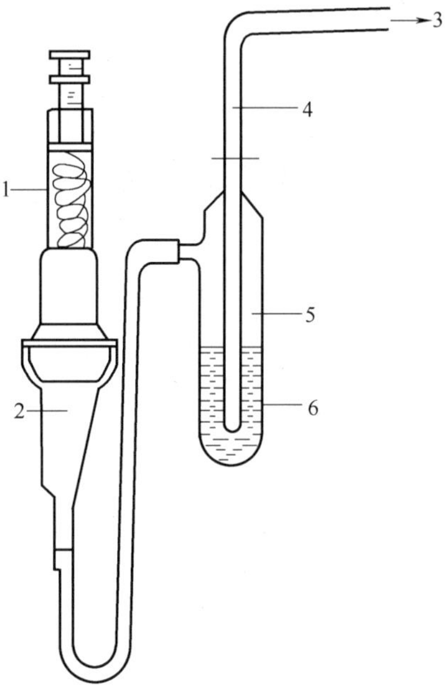

5. 储酒罐的容量

图 5-16　弹簧式 CO_2 压力调节器

1—弹簧　2—玻璃阀　3—连接储酒罐

4—乳胶管　5—陷阱　6—水

储酒罐的容量应和啤酒过滤能力相匹配，1d 的滤酒量相当于 1 个罐或几个罐的储酒量。储酒罐应采用 CO_2 背压，保证酒内 CO_2 含量，同时避免酒的氧化。

二、立式圆筒体锥底发酵罐及操作技术

早在 20 世纪 20 年代德国的工程师就发明了立式圆筒体锥底密闭发酵罐，但由于当时的生产规模小而未被引起重视。20 世纪 50 年代，二次大战后各国经济得到迅速发展，啤酒工业也不断发展，啤酒产量骤增，人们纷纷开始研究新的啤酒发酵工艺。经过多年的改进，大型的立式锥底发酵罐从室内走向室外。我国从20 世纪 70 年代中期开始采用这项技术。由于露天圆筒体锥底发酵罐的容积大、占地少、设备利用率高、投资省，而且便于自动控制，已被啤酒厂普遍采用。

（一）结构

立式圆筒体锥底发酵罐为耐压容器，通常由不锈钢材料制成，其结构如图 5-17 所示。罐身为圆筒体，其直径与圆筒体高度之比范围较大，一般为 1：(5～6)，但罐体不宜过高，特别是在未设酵母离心分离机的情况下，更不宜过高，否则酵

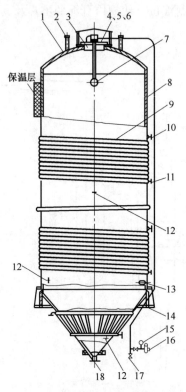

图 5-17　立式圆筒体锥底发酵罐的结构
1—顶盖　2—通道支架　3—人孔　4—视镜
5—真空阀　6—安全阀　7—自动清洗装置
8—罐身　9—冷却夹套　10—冷媒出口
11—冷媒进口　12—温度计　13—采样阀
14—罐底　15—压力表　16—CO$_2$ 出口
17—压缩空气、洗涤用水进口
18—麦汁进口、酵母和啤酒出口

母沉降困难。罐的上部为椭圆形或碟形封头，上部封头设有人孔、安全阀、压力表、CO$_2$ 排出口、CIP 清洗系统入口等。

下部罐底为锥形，锥角为 60～80°，有利于酵母的排除，也节约材料。此外，还有洗涤液储罐、甲醛储罐、热水储罐、空气过滤器、CO$_2$ 回收及处理装置等辅助设备。

1. 洗涤装置

大型发酵罐和储酒设备都设有机械洗涤装置，一般为 CIP 自动清洗系统，如图 5-18 所示。在罐内设有喷射或喷淋装置，其安装位置为喷出的液体最有力地射到罐壁结垢最严重的部位。另外还有相应的配套设备，如碱液罐、热水罐、甲醛罐以及循环用的泵和管道等。碱液可反复使用，当浓度达不到要求时可添加，使用时碱液的温度一般不超过 75℃。用泵经管道将其送往发酵罐或储酒罐中的高压旋转喷射装置，在物理作用和碱液等的化学作用下，使污垢迅速溶解，达到清洗效果。洗涤后碱液流回到碱液罐，然后再分别用热水、清水按工艺要求进行清洗。洗涤操作如下。

（1）洗涤开始前，用空气将罐内 CO$_2$ 气体排出，既可避免清洗时碱液吸收 CO$_2$，又可防止罐内形成真空而造成罐的损伤。

（2）用清水喷洗罐壁 20min。

（3）用 1% 碱液喷洗罐壁 20min。

（4）用清水喷洗罐壁 20min。

（5）用杀菌剂溶液喷洗罐壁 30min。

（6）用无菌水淋洗 20min。

（7）发酵罐每使用 3 次，可在碱洗之后，加一道 1% 硝酸酸洗过程，以防酒石结垢。

在洗涤液进口管上，安装一装卸方便的短管，如图 5-19 所示。洗罐完毕后

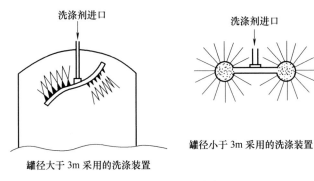

图 5-18　自动洗涤喷头

即将其拆除，以防阀门关闭不严时洗涤液进入发酵罐而造成事故。

2. 冷却装置

圆筒部分一般采用 2～4 段夹套式冷却，有的圆锥部分也设有冷却夹套，目的是方便酵母的冷却及沉淀排出。冷却夹套的结构有多种，如扣槽钢、扣角钢、扣半圆钢、冷却夹层内带导向板、罐外加液氨管、长形薄层螺旋环形冷却带等，较为理想的是长形薄层

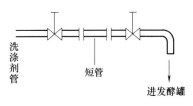

图 5-19　连接洗涤液的短管

螺旋环形冷却带。冷媒可用液氨或乙二醇以及 20%～30% 的酒精水溶液。

3. 保温装置

罐体的保温材料可采用聚氨酯泡沫塑料、脲醛泡沫塑料、聚苯乙烯泡沫塑料或膨胀珍珠岩矿棉等，厚度一般为 100～200mm。外部加装保护层，如不锈钢板、镀锌板、薄铝板等。

4. 对流传热方式

发酵液的对流主要依靠三个方面。

（1）自身 CO_2 的作用　由于发酵罐容积较大，不同高度的发酵液中 CO_2 含量不同，整个锥底罐中形成一个 CO_2 含量梯度。若发酵液中 CO_2 浓度大，其相对密度则低；若发酵液中 CO_2 浓度小，则其相对密度大。罐的下部 CO_2 的密集程度高，上部的 CO_2 含量低，于是下部相对密度较小的发酵液就具有向上的提升力。同时 CO_2 气泡上升时，对周围的液体具有一种拖曳力，正是由于拖曳力和提升力的共同作用形成气体搅拌作用，使罐内的发酵液得到循环，促进了发酵液的自然对流和热交换。

（2）冷却作用　冷却操作时，啤酒温度发生变化，也会引起罐内发酵液的自然对流。

（3）充加 CO_2 的作用　在发酵后期，为了加强冷却时酒液的自然对流，可人工充加 CO_2 以强化酒液的循环，加快啤酒的成熟，除去酒液中的生青味（注：

CO_2喷射环的位置高于酵母层的位置，送入纯CO_2）。在罐顶设CO_2回收总管，将回收的CO_2送入CO_2处理站。

5. 自动控制设施

立式圆筒体锥底发酵罐的容量大，罐身高，其发酵温度、工作压力及液位高度等技术参数都可利用自动控制系统进行控制。

（二）安装要求

（1）罐体焊接后，罐内壁焊缝必须抛光至 $Ra < 0.8\mu m$，抛光方向必须与CIP自动清洗的水流方向一致。

（2）设备加工后，罐内及夹套分别进行水压试验，试验压力一般为$2.94 \times 10^5 Pa$。

（3）冷媒进口管应装有压力表和安全阀，进口冷媒的压力应小于$1.96 \times 10^5 Pa$。排出管上应装有止回阀。如有几条进、出口管，可分别集中于总管中进行集中输送。

（4）对于露天大罐，现场加工后，必须安装于固定的基座上，同时考虑防震、保温、抗风等因素。

（5）罐体的圆筒体部分设在室外，露天部分应设置操作平台，罐体布置多为两排形式，方便操作。罐体的锥部应置于室内，其酒液出口离地面高度以方便操作为宜，如图5-20所示。

(1) 室外露天部分　　　　　(2) 室内锥底部分

图 5-20　圆筒体锥底发酵罐

洗涤剂储罐、甲醛储罐、各类泵和自动控制装置均安装于室内，室内地面及墙面应作一定的技术处理，做到防腐、卫生。

（三）操作要点

（1）圆筒体锥底发酵罐的容量应与糖化设备的容量相应适应，通常根据糖化麦汁的总体积，再加上20％裕量。满罐时间为12～15h，满罐时间过长，啤酒中双乙酰含量将显著提高，这样将会延长整个发酵周期。锥底罐的容量还需与包装能力相适应，最好能将一罐酒当天包装完，以保证成品啤酒的质量。

（2）酵母的添加以分批添加为宜。一次添加酵母，操作比较方便，起发速度快，污染机会少。但是一次添加酵母后，在以后几批麦汁加入时，酵母易移至上层，形成上下层酵母不均匀的现象。

（3）为了使滤酒时罐底部的浑酒不至于先排出，锥底设一出酒短管，其长度以高出浑酒液面为宜，滤酒时使上部澄清良好的酒先排出，最后才将底部浑酒由罐底出口引出。也有在罐体中部设酒液排出管。

（4）如果采用一罐发酵法，酵母的回收一般分为三次进行，第一次在主酵完成时进行，第二次在后发酵降温之前进行，第三次在滤酒前进行。前两次回收的酵母浓度高，可以选留部分作为下批接种用。留用的酵母如不洗涤，可采用循环泵送或通风等办法排除酵母中的 CO_2，使酵母保持良好的生理状态。

（5）出酒时用脱氧水将阀出口及管道充满，以减少氧的吸入。出酒后，应立即开启 CIP 自动清洗系统进行清洗。

（四）特点

1. 优点

（1）锥底罐是密闭罐，既可作发酵罐用，也可作储酒罐用。

（2）便于酵母回收。

（3）便于 CO_2 洗涤，除去啤酒的生青味，加速啤酒的成熟。

（4）由于具备加压、升温等操作条件，生产灵活，可以缩短发酵周期。

（5）自带冷却夹套，便于控制发酵温度，可满足发酵工艺要求。

（6）灭菌较彻底，染菌机会少，有利于无菌操作。

（7）有利于提高酒花利用率，减少酒花用量，改善啤酒的泡持性。

（8）由于采用大容量发酵，有利于啤酒质量均一化。

（9）由于啤酒生产的罐数减少，便于管理和控制，可降低主要设备的投资。

（10）便于实现自动控制，符合智能化啤酒酿造的发展趋势。

2. 缺点

立式圆筒体锥底发酵罐的缺点和改进措施见表 5-12。

表 5-12　　　　　　　　立式锥底罐的缺点和改进措施

缺　　点	改　进　措　施
液柱高，发酵后期，CO_2 在酒内形成浓度梯度，液面和底部酒液中 CO_2 浓度差较大	尽量控制罐的高度；酒温降至 3℃ 左右时，轻微冲 CO_2，恢复酒液对流，可减小 CO_2 浓度梯度
罐体高，酵母不易很快沉降，酒液澄清较慢	选择凝集性适中的酵母，加强啤酒过滤，如使用凝集性差的酵母，过滤前采用离心分离机分离酵母
罐体高，受酒液静压影响，酵母性能容易衰退	选用耐压酵母；控制酵母使用代数，一般 4～5 代
主发酵，特别是高温发酵时，因产生大量泡沫，罐的有效容积降低；单罐发酵作为储酒罐用时，因为嫩啤酒的容量少，罐的利用不够合理	在多批麦汁满罐时，最后 1～2 批麦汁可不通风，减少泡沫；储酒时的空容，可通过添加高泡酒，或利用其他罐的酒液填补
表面积/容量之比值小，造价相应高一些	生产费用较低，可以抵偿这方面的不足

（五）发酵工艺

立式大容量锥底罐发酵分为一罐法和两罐法：一罐法发酵是指将传统的主发

酵和后发酵（储酒）阶段都是在一个发酵内完成。这种方法操作简单，在啤酒发酵过程中不用倒罐，避免了在发酵过程中接触氧气的可能，罐的清洗方便，消耗洗涤水少，省时、节能。目前国内多数厂家都采用一罐法发酵工艺。两罐法发酵又分为两种，一种是主发酵在发酵罐中进行，而后发酵和储酒阶段在储酒罐中完成；另一种是主发酵、后发酵在一个发酵罐中进行，而储酒阶段在储酒罐中完成。两罐法比一罐法操作复杂，但储酒阶段的设备利用率较高，啤酒质量相对较高。

1. 一罐法发酵工艺

采用一罐法发酵的厂家众多，发酵工艺条件也有所差异，这里只介绍操作中的共性技术。

（1）麦汁进罐

① 添加批次：由于生产中使用的立式锥底发酵罐的容积较大，需要几批次的麦汁才能装满一罐，所以麦汁进罐多采用分批直接进罐。

② 满罐时间：一般控制在20h之内。

③ 满罐温度：满罐温度的高低直接影响酵母的增殖速度、降糖速度及发酵周期。若满罐温度过低，则自然升温时间长，酵母前期增殖迟缓，不利于啤酒快速发酵，而且啤酒的发酵度也比较低；若满罐温度过高，则酵母前期增殖过快，降糖幅度太大，导致酵母因缺乏足够的营养而使代谢功能减弱，影响其对双乙酰的还原以及封罐后CO_2的产生和溶解，使啤酒的口味及泡沫性能下降。麦汁进入发酵罐后，由于酵母开始繁殖时会产生一定的热量，使罐温升高，所以麦汁的冷却温度应遵循"先低后高"的原则，最后达到工艺要求的满罐温度。通常宜将麦汁的满罐温度控制在比主发酵温度低2℃左右。

（2）酵母添加

① 接种量：立式锥底罐大容量发酵要求酵母发酵速度快，双乙酰形成迅速并且能快速还原，这就要求在较短的时间内，发酵液中悬浮的酵母细胞能够达到一定的数量，因此必须适当增加酵母的接种量。但若接种量过大，由于种内竞争而大量消耗麦汁中的营养物质，会造成麦汁中营养不足，酵母的死亡率增加，回收酵母的活性下降，甚至发生酵母自溶而使啤酒带有酵母味。从提高回收酵母的活性、防止酵母快速衰老、降低酵母死亡率、增加酵母使用代数等方面综合考虑，酵母的接种量通常控制在0.6%～0.8%，满罐后酵母细胞数控制在（1.0～1.5）$\times 10^7$个/mL。

② 接种方式：酵母的接种主要有两种方式：一种是分批接种，即在第一批进罐的麦汁中先加入少量的酵母，麦汁的溶解氧维持在8mg/L，而后将剩余的酵母全部加入第一批麦汁中，麦汁的溶解氧要求维持不变，以后进罐的麦汁采取少通风或不通风；另一种是一次性接种，即将所需的酵母一次性添加到第一批麦汁中，在进罐时可采用文丘里管或静态混合器，使空气、酵母、麦汁混合均

匀。后一种方式操作简单，酵母的起发速度快，能有效地缩短酵母的延滞期，但要注意控制麦汁的进罐时间，时间过长会产生较多的发酵副产物。

（3）通风供氧 麦汁中的溶解氧受通风量、空气分散程度及麦汁浓度的影响。啤酒发酵是一个典型的"有氧繁殖、厌氧发酵"的过程，"有氧"就能增加单位麦汁中的酵母数，增加酵母的发酵能力及还原双乙酰的能力。若溶解氧不足，则酵母增殖缓慢，啤酒中的双乙酰含量高，且发酵度低。若溶解氧过多，则双乙酰的峰值较高，酵母产生的代谢副产物增多，影响啤酒的质量。在发酵前期，酵母吸收麦汁中的溶解氧，并产生大量的 ATP，为酵母细胞的繁殖提供所需的能量。麦汁中正常的溶解氧浓度为 8mg/L 左右。在麦汁分批加入发酵罐的过程中，前两批麦汁正常通风，以后几批可以少通风或不通风。

（4）温度控制 啤酒发酵过程中温度的调节与控制是非常重要，发酵温度的调节、控制是否合理，不仅关系到发酵能否顺利进行，而且关系到酵母本身的性能及最终啤酒的质量；发酵过程中温度的剧烈变化，不仅会使酵母过早沉淀、衰老、死亡与自溶，导致发酵异常，还直接影响到代谢副产物生成，从而影响到啤酒的酒体与风味，影响到啤酒的胶体稳定性。发酵温度的调节与控制应当以麦汁组成、麦汁浓度、酵母特性、酵母添加量、发酵周期、产品种类等因素为依据，结合各自企业设备等实际情况加以实施，以获取最佳发酵温度曲线。

发酵温度是发酵过程中最重要的工艺参数，根据发酵过程中温度控制的不同，可将一罐法发酵过程分为主发酵期、双乙酰还原期、降温期和储酒期四个阶段。

① 主发酵期：麦汁满罐并添加酵母后，酵母开始大量繁殖，消耗麦汁中可发酵性糖，同化麦汁中低分子氮源，当繁殖达到一定程度后开始发酵。随着降糖速度的不断加快，发酵趋于旺盛，产热量增大，温度随之升高，α-乙酰乳酸向双乙酰转化速度加快。由于这个阶段发酵旺盛，产生大量的 CO_2，并在罐体内形成浓度梯度。刚开始在锥底罐内下部的酵母浓度高，酵母起发速度快，因而下部的 CO_2 浓度高于中上部，而下部发酵液密度低于中上部，造成发酵液由下向上形成强烈对流，如图 5-21 所示。随着发酵液对流速度加快，升温也快，所以这一阶段应开启上段冷却带，控制冷媒的流量使产生的冷效应与发酵过程中产生的热量相抵消，并关闭中、下段冷却带，以保证旺盛发酵。此时

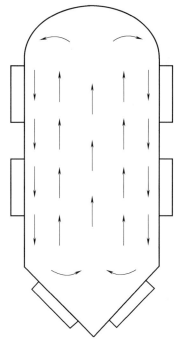

图 5-21 锥底罐内发酵液对流状况

罐内温度上低下高，以加快发酵液从下向上对流，从而使发酵旺盛，降糖速度加快，酵母悬浮性增强，双乙酰的还原加快，有利于啤酒的成熟。如果出现发酵过于旺盛，温度难以控制，或罐体保温差，外界温度又偏高或冷媒进口温度较高，不足以抵消发酵产生的热量时，为了温度平衡可打开中段冷却带协助冷却。

② 双乙酰还原期：双乙酰还原期的确定是以糖度变化为依据的。当糖度降至规定值时即认定转入双乙酰还原期。不同企业的糖度规定值也不一定相同，一般在达到规定发酵度的 90％ 时的糖度开始还原双乙酰。双乙酰还原期的温度控制方法可分为三种：一种是低于主发酵温度 2～3℃ 还原，这种方法的还原时间较长，一般为 7～10d，酵母不容易死亡和自溶，啤酒口味较好；另一种是与主发酵相同温度还原，这种方法实际上是不分主发酵和后发酵，还原时间较短；第三种是目前常用的高于主发酵温度 2～4℃ 还原，还原期可缩短至 2～4d。采用这种较高温度还原的方法，就是当发酵液糖度降至规定值时，关闭冷却，使发酵液温度自然升至 12℃，同时背压 0.12MPa，进入双乙酰还原期。虽然在发酵液中还含有少量的可发酵性糖，经发酵会产生一定的热量，但相对于主发酵期产热量已少得多。由于此阶段温度上升缓慢，所以可通过调节底部的冷却带来控制还原温度，同时关闭中、上段冷却带，以减轻发酵液的对流强度，为下一步酵母沉降创造条件。

③ 降温期：随着糖度继续降低，双乙酰还原至 0.1mg/L 以下时，开始以 0.2～0.3℃/h 的速度将发酵液的温度降至 4℃ 左右（有的直接降至 0℃）。在此阶段由于发酵温度逐渐降低，酒液密度逐渐增大，酒液密度变化引起的对流由上而下流动；又由于发酵速度随着发酵温度的降低而逐渐减缓，以及由酒液温差变化所引起的热对流作用，也使酒液由上而下流动，这一阶段的对流情况由原来的向上流动逐渐转为向下流动。因此这一个时期应以控制下部温度为主，使罐顶温度高于罐底温度，以利于由上而下的对流，促进酵母及凝固物的沉降，这样有利于酵母的回收、酒液的澄清和 CO_2 的饱和，有利于酒质的提高和口味的纯正。在降温期间，降温速度一定要缓慢、均匀，防止结冰，宁可控制降温时间长一些，也不可将冷媒温度降得太低或降温太快。

④ 储酒期：储酒期包括温度由 4℃ 降至 0℃ 以及 −1～0℃ 的保温阶段。储酒的目的是为了澄清酒液、饱和 CO_2、改善啤酒的非生物稳定性及啤酒的风味。此阶段随着发酵温度的继续缓慢下降，CO_2 溶解度增加，反而使酒液的密度随之降低。此时，由密度变化引起的对流缓慢向上流动；又由于随着发酵更加缓慢地进行，罐内下部酒液中的 CO_2 浓度高于中、上部，即下部酒液的密度低于中、上部，从而酒液由原来的向下流动缓慢地转为向上流动。因温差变化小，酒液流向很不规则，向下与向上的对流作用趋于平衡。这一阶段必须有效地控制低温，逐步使罐的边缘与中心、上部与下部温度趋于一致，这样才有利于酒液的澄清和成熟，有利于酵母和杂质的沉降。操作时，此阶段温度控制需打开上、中、下三

段冷却带的阀门，保持三段酒液温度平稳，避免温差变化产生酒液对流，而使已沉淀的酵母、凝固物等又重新悬浮并溶解于酒液中，造成过滤困难。这一阶段温度宜低不宜高，严防温度忽高忽低剧烈变化。

立式锥底大容量发酵罐的温度调节与控制对啤酒发酵周期及啤酒质量都能产生很大的影响。

① 对发酵周期的影响：发酵周期包括发酵、成熟两大阶段。其中发酵阶段时间较短，一般为 5～7d，所以此时温度变化对发酵周期的影响并不显著。对于发酵周期影响最大的是在啤酒成熟阶段，因为这一阶段包括双乙酰的还原、CO_2 饱和及酒液的澄清，所以时间较长。如果采取高温（12～14℃）还原双乙酰，低温（-1～0℃）储酒工艺，啤酒成熟时间较短；采用缓慢逐步降温的成熟处理，虽然时间相对较长，但是啤酒的口感优于前者，并有较好的胶体稳定性。一般生产高档啤酒、出口啤酒采取低温发酵，较长时间冷储存，逐步降温成熟的方法。而在生产旺季，啤酒货架期相对较短，则可采用较高温度发酵及还原双乙酰，以缩短发酵周期，加速啤酒成熟，使啤酒质量与企业效益得以兼顾。

② 对啤酒风味的影响：目前已知啤酒中有 600 多种物质，而构成啤酒风味的主要物质有醇类、酯类、羰基化合物、酸类、含硫化合物、酚类化合物等。发酵温度对高级醇的生成有重要的影响，发酵温度的改变会影响到高级醇之间的平衡。如果其他工艺条件保持一致，较高的发酵温度会使啤酒中高级醇含量升高，20℃时高级醇生成量最高。啤酒中需要一定量的高级醇来构成酒体和风味，提高发酵温度，酒液中酯类物质的含量明显增加。对于下面酵母，发酵温度由 10℃ 提高至 20℃，乙酸乙酯含量由 12.5mg/L 增加至 21.5mg/L，乙酸异戊酯的含量由 0.53mg/L 增加至 12.5mg/L。适宜的酯含量能赋予啤酒愉快的酯香味，一旦超过阈值，其风味难以被人们接受。双乙酰是酵母发酵的副产物，对啤酒风味有重要影响。若发酵温度升高，双乙酰含量会相应的增加，特别是温度剧烈变化将严重影响双乙酰的峰值，甚至会产生二次峰值，给双乙酰的还原带来困难。

（5）酵母的回收及排放　通常在双乙酰还原结束后，发酵液温度降至 4℃ 左右时回收酵母。为保证充足的回收时间，在进行工艺控制时一般在 4℃ 左右保持 48h 以利于酵母的沉降与回收。进入降温期后，对能重新利用的酵母泥一定要及时回收，这是由于进入降温期后酵母大量沉积于锥底，从而导致温度计不能准确反映酒液温度，给温度控制带来不便。酵母的回收方式也不尽相同，有的厂家将可回收的酵母专门储存在低温无菌水中，并控制温度不超过 2℃。当使用时，经过计量装置后排出使用。也有的厂家将待排的酵母直接从发酵罐中排入酵母添加器后再压入麦汁中，进行下一批的发酵。在酵母回收时，应对回收的酵母定期进行性能测定及生理生化检验。对于降温后的废酵母应及时排放。如果废酵母沉入锥底的时间过长，在储酒时的高压下，会引起酵母自溶或死亡，从而影响成品酒的风味。

（6）压力控制　除发酵温度外，压力也是重要的工艺参数，因为控制好罐压能使双乙酰在发酵期内得到有效的还原。压力高虽然制约了酵母繁殖与发酵速度，但却有利于双乙酰的还原，而且能明显抑制乙酸乙酯、异戊醇等口味阈值较低的发酵副产物的生成。生产中可根据酵母出芽情况逐级将压，发酵终了时应缓慢降压。操作方法如下。

① 主发酵前期：由于双乙酰已经开始生成，因此在开始阶段产生的 CO_2 和不良的挥发性物质应及时排除，这时采取微压（$<0.01\sim0.02MPa$）。待外观发酵度为 30% 左右，即酵母第一次出芽已全部长成时才开始封罐升压。

② 主发酵中期：当外观发酵度达到 60% 左右时，酵母第二次出芽长成，发酵开始进入最旺盛阶段，此时应将罐压升到最大值，罐压的最大值一般控制在 $0.07\sim0.08MPa$。在发酵最旺盛阶段应稳定罐压不变，以使大量的双乙酰被还原。另外，较高的罐压还有利于 CO_2 的饱和。

③ 主发酵后期：双乙酰的还原基本结束，压力应缓慢下降，直到完成。这样既有利于排除一部分未被还原的双乙酰，还可以防止酵母细胞内含物的大量渗出及对酵母细胞的损伤。

2. 两罐法发酵工艺

（1）典型的两罐法　当酒液中的双乙酰含量降至 0.1mg/L 以下，发酵即基本完成。将酒温降至 4℃左右，回收酵母。酒液经过薄板换热器使温度急剧降至 $0\sim1℃$，进入储酒罐，此时酒液中酵母细胞数应控制在 $(2\sim3)\times10^7$ 个/mL。由于酒液温度较低，酵母数较少，所以进入储酒罐后释放的热量很少，因此储酒罐不需要较大的冷却面积。值得注意的是，此时发酵已经结束，再加上已分离酵母，因此在倒罐时应严格隔绝酒液与空气的接触，防止双乙酰含量的反弹。储酒时间一般为 $8\sim25d$。

（2）模拟传统两罐法　在锥底罐发酵至主发酵结束，酒液的真正发酵度达到 $50\%\sim55\%$ 时，降低酒液温度至 4℃左右，开始从罐的底部回收酵母，这时酒液中的酵母细胞浓度保持在 $(1.0\sim1.5)\times10^7$个/mL。然后将酒液缓慢地倒入储酒罐中。当双乙酰含量降至规定的范围时，将酒液温度迅速降至 $0\sim1℃$进行储酒。采用此工艺进行发酵和后熟需要 $7\sim10d$，储酒时间一般为 $8\sim25d$。

三、上面啤酒发酵技术

上面啤酒发酵采用的是上面啤酒酵母，发酵工艺与下面发酵有很大的不同。两者在发酵工艺上的主要区别见表 5-13。

表 5-13　　　　　　上面发酵与下面发酵主要技术条件的比较

技术条件	上面发酵	下面发酵	技术条件	上面发酵	下面发酵
发酵温度/℃	15 左右	5~6	主发酵最高温度/℃	18~20	7.5~10
接种温度/℃	14~16	5~7	主发酵时间/d	4~6	8~12
酵母添加量/%	0.15~0.3	0.4~0.6			

1. 上面啤酒发酵的特点

（1）上面啤酒酵母对低温比较敏感，当温度高于 14℃时，酵母的生长繁殖速度加快，起发速度也比下面酵母快。所以上面发酵的接种温度高于下面发酵。

（2）上面发酵是在较高的温度下进行的，酵母的繁殖和发酵速度都比较快，因此上面发酵的酵母接种量应适当降低，一般为 0.15%～0.3%。

（3）接种后约一天发酵温度即可上升到最高温度 20～22℃，在此温度下酵母的发酵速度非常快。每天降糖可达 6.0%，当糖度降至 4.5%时封罐，保温保压进行双乙酰还原。主发酵时间一般为 4～6d。

（4）采用发酵池进行发酵时，上面啤酒酵母在发酵过程中大部分浮在液面上，因此在酵母形成泡沫时应立即撇去。发酵结束后，在发酵液的表面形成一层紧密的酵母层，厚 3～4cm。

（5）上面发酵一般都不采用后发酵，当双乙酰的含量下降到 0.12mg/L 时，可降温至 0～3℃进行后熟，后熟的时间一般为 1～3 周。

（6）上面发酵的啤酒成熟快，因此设备周转快，但啤酒的保持期短。

2. 上面啤酒发酵曲线

典型的上面发酵曲线如图 5-22 所示。

3. 上面啤酒发酵的后处理

上面啤酒发酵一般不经过后发酵，而进行一些后处理。

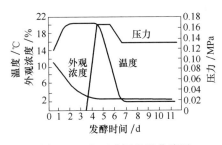

图 5-22　上面啤酒发酵曲线图

（1）澄清　在主发酵结束后，可添加适当的澄清剂加速酒液的澄清，通常使用鱼胶为澄清剂，鱼胶与酒内悬浮的酵母、蛋白质等物质凝集在一起形成大颗粒而沉淀，使酒液澄清。

（2）充 CO_2　由于上面啤酒发酵不采用后发酵，下酒后需要人工充 CO_2 使其达到饱和。充 CO_2 时应先降低酒温，边冷却边充 CO_2，直至 CO_2 充分饱和在酒内。

4. 上面发酵小麦啤酒工艺流程

（1）传统发酵工艺流程　传统的上面发酵小麦啤酒工艺流程如图 5-23 所示。

麦汁进入主发酵罐的温度可以在 14～20℃波动，建议采用 14～15℃。发酵最高温度 20～22℃，发酵 2～4d 即接近最终发酵度。混合罐所加的浆汁可以是头号麦汁、成品麦汁或高泡酒，添加量的多少要根据最终 CO_2 含量计算。19°P 的头号麦汁添加量一般为 7%～10%。

（2）一罐法上面发酵小麦啤酒工艺流程　一罐法（锥底罐）上面发酵小麦啤酒工艺流程如图 5-24 所示。

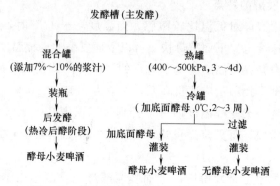

图 5-23　传统上面发酵小麦啤酒工艺流程

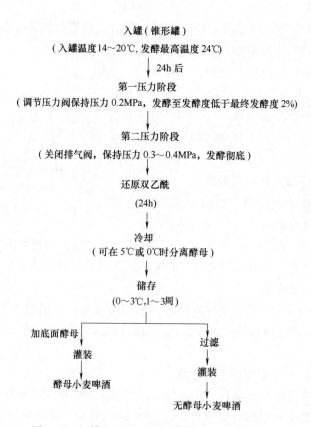

图 5-24　一罐法上面发酵小麦啤酒工艺流程

四、其他类型啤酒发酵罐的应用

（一）朝日罐

朝日发酵罐是主发酵和后发酵合一的室外大型发酵罐，是日本为适应一罐法生产而制造的。它是采用高速离心技术解决酵母沉淀困难,大大缩短储藏啤酒成熟时间的一种发酵设备。

1. 朝日罐的结构

朝日罐结构如图 5-25 所示,为罐底微倾斜的平底圆筒形罐,其直径与高的比为 1:(1~2),材料由不锈钢制成,罐身外部和底部均设有冷却夹套,其中罐身为两段冷却夹套,用乙二醇或液氨为冷媒。罐内设有可转动的不锈钢出酒管,其出口位于液柱中央,可使放出的酒液中的 CO_2 的含量比较均匀。罐外设有高速离心机、循环泵和薄板换热器。

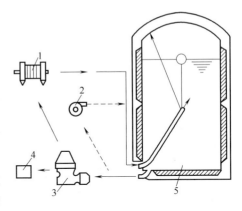

图 5-25 朝日罐

1—薄板换热器 2—循环泵 3—高速离心机
4—回收酵母 5—朝日罐体

2. 发酵工艺条件

(1)酵母菌种 采用高发酵度、低凝聚性的下面酵母菌株。

(2)麦汁处理 热麦汁先经离心分离除去热凝固物,然后冷却至 5℃,利用浮选法或过滤法除去冷凝固物。

(3)酵母添加量 冷麦汁应在 20h 内灌满,液面与罐顶保留 2.6m 左右的距离,酵母添加量为 0.4% 左右,在第一批麦汁入罐时添加。

(4)酵母浓度 满罐后的酵母浓度应达到 $(1.2~1.5)×10^9$ 个细胞/mL。

(5)温度控制 发酵温度进程为 6℃/9℃/5℃,主发酵时间 8d,然后逐渐降温,进行储酒。

(6)啤酒循环 啤酒循环的目的是为了回收酵母,降低酒温,控制酵母浓度和排除嫩啤酒中的生青味物质。

(7)加酒满罐 主发酵完毕后,从其他罐加入部分新啤酒,使液面上空隙只保留 1.3m 左右,罐容量的利用率可达 96%。

3. 特点

(1)进行一罐法生产,可加速啤酒的成熟,提高设备的利用率。

(2)发酵液循环时分离酵母,可减少发酵液的损失。

(3)利用循环泵将罐内的发酵液抽出送进循环,可使酒液中更多的 CO_2 排出,除去啤酒中的生青味,加速啤酒的成熟。

(4)利用薄板换热器顺利地解决了主发酵到后发酵储酒温度的自动控制。

(5)利用离心机可更好地除去热凝固物,更方便分离酵母。

(6)清洗方便,自动控制水平高。

(7)避免了酒液转移造成的损失,减少了罐的清洗操作,运行费用低。

（8）一罐法发酵的投资和生产成本均比传统生产方法低。

（9）较传统的生产方法，CO_2 含量低，耗电量较高。

（10）每一个罐都要根据主发酵降温要求，具备相适应的冷却能力。

（二）大直径露天储酒罐

1. 罐体的结构

大直径露天储酒罐，又称通用罐、联合罐，结构如图 5-26 所示，既可作发酵罐，又可作储酒罐。既能用于多罐法生产，又能用于一罐法生产。有利于缩短生产周期，节省设备投资和生产成本。

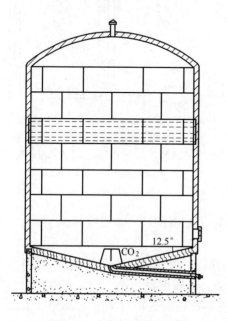

图 5-26　大直径露天储酒罐

大直径罐为直立圆筒形罐，顶部封头为椭球形或碟形，底部为锥形或浅锥形，罐底中央微倾斜（12.5°），便于回收酵母和排放洗涤水。制造材料为不锈钢。罐的中上部设有冷却夹套，采用液氨或乙二醇溶液冷却，冷却能力要求能在 24h 内将温度从 15℃降至 5℃。罐顶设有安全阀，必要时可设真空阀，还设有 CIP 自动清洗系统。罐内下部设有 CO_2 喷射环及带浮球的出酒管。此外还具有与锥底罐相同的一些辅助设备，以及保温层和防护层。

2. 特点

（1）由于冷却夹套位于设备的中上部，当其冷却时中上部液体温度下降得快，密度增大，麦汁沿罐壁下降，底部酒液从罐的中心上升，形成对流，使酒温能很快均匀一致。

（2）为了加强酒液冷却时的自然对流和除去啤酒的生青味，加速啤酒的成熟，在冷却的同时由喷射环通入 CO_2，充入 CO_2 的程度由酒温和 CO_2 的静压所决定，冷却完毕 CO_2 的含量为 0.4%～0.45%。

（3）由于酒液的运动，使出口处的酵母浓度增大，便于酵母的回收。

（4）用作发酵罐操作时，前半罐麦汁需通风，后半罐麦汁不需通风。发酵温度准确控制在（13±0.5）℃。发酵 4d 完毕，保持 2～3d，加速连二酮的还原，再冷却降温并分离酵母。

（5）啤酒的质量与传统法生产的啤酒无明显差异。生产时间缩短约 1/2，设备利用率高，投资费用低。

（6）清洗方便，自动控制，动力及冷耗低，啤酒损失少。

（三）球形锥底罐

1. 罐体的结构

球形锥底罐（简称球形罐）也是为了适应大生产需要而产生的一种新型大容量发酵罐。因为它具有锥底，排除酵母方便，也适用于一罐发酵法。球形罐的结构如图 5-27 所示。该罐所有操作（包括清洗、进料、温度和压力调节）均可实行自动控制。

2. 主要技术参数

以 5000hL 罐为例说明球形锥底罐的主要技术参数。见表 5-14。

3. 生产工艺条件

球形锥底罐单罐发酵法的生产工艺条件见表 5-15。

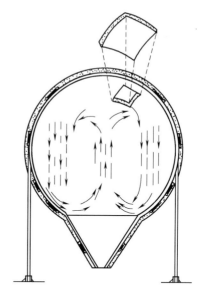

图 5-27　球形罐的示意图

表 5-14　　　　　　　　　　5000hL 球形罐的主要技术参数

项　　　目	技　术　要　求
制罐材料	不锈钢
壁厚/m	上部 1/3 为 6，下部 2/3 为 8
高度/m	11.95
直径/m	10.00
表面积/m²	314
全容积/m³	523.2
有效容积/m³	500
容积/表面积	1.667
工作压力/MPa	0.13
冷却面积/m²	150（环绕球体有 1 条冷却环，锥底上有 1 条冷却环）
冷却剂	25% 乙二醇溶液，温度 −4℃
保温材料	泡沫玻璃
保温层厚度/mm	220
外体保护层	环氧树脂

表 5-15　　　　　　　　　　球形罐单罐发酵法生产工艺条件

项　　　目	技　术　要　求
麦汁浓度	11.2~11.6°P
溶解氧	3~5mg/L
酵母菌种	采用凝集力强、发酵度高的菌株
接种浓度	3.0×10^8 个细胞/mL
接种温度	12℃
最高发酵温度	14℃
发酵终了温度	在 20h 内降温至 8℃
发酵时间	4d
外观发酵度极限	80%~82%
真正浓度	2.4% 左右
回收酵母	由锥底回收，回收量相当接种量的 3 倍左右，酵母回收后，酒液温度降至 0℃
CO_2 含量	在 0℃、0.1MPa 背压下，上部酒液为 0.53%，中部为 0.55%，底部为 0.57%

4. 球形罐的洗涤

设置固定的回转喷头，自动清洗程序如下：

（1）热水（45~50℃）淋洗 10min。

（2）热碱溶液（＜1.0%）清洗 20min。

（3）热水淋洗 5min。

（4）酸液清洗，防止形成啤酒石。

（5）冷水淋洗 10min。

5. 特点

（1）具有较大的容量/表面积比值，节省材料，造价低，但加工比较困难。

（2）采用同类制罐材料，较其他类型大容量罐能承受较高的工作压力，可使酒内饱和更多的 CO_2。

（3）冷却时酒液在罐内自然对流，使酒液混合均匀，不易形成温度梯度。

（4）酵母在酒液对流过程中，凝聚沉淀在锥底部，便于分离与回收。

（5）可采用一罐法，缩短生产时间。

（6）清洗方便，效果好。

（7）冷却费用低。

五、啤酒连续发酵技术

啤酒连续发酵主要有塔式连续发酵和多罐式连续发酵系统。

（一）塔式连续发酵

1. 塔式连续发酵生产上面发酵啤酒

（1）工艺流程　塔式连续发酵生产上面啤酒的流程如图 5-28 所示。

（2）发酵过程　塔式连续发酵开始时，先分批加入经处理的无菌麦汁。麦汁在塔内一边上升，一边发酵，直至满塔为止。培养并使其达到要求的酵母浓度梯度后，用泵连续泵入麦汁。必须控制好麦汁在塔内的流速。若流速低，则发酵度高，但产量小；若流速过高，溢流的啤酒发酵度不足，并会将酵母带出（冲出），使发酵受阻。麦汁开始流速较慢，一周后，可达全速操作。连续发酵过程中，须经常从

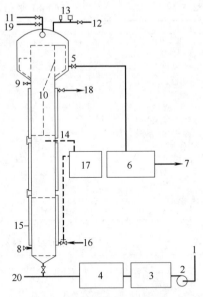

图 5-28　塔式连续发酵生产
上面啤酒工艺流程

1—麦汁进口　2—泵　3—流量计　4—薄板换热器
5、7—嫩啤酒出口　6—酵母分离器　8、9—取样点
10—折流器　11—CO_2 出口　12—蒸汽入口
13—压力/真空装置　14—温度计　15—三段冷却夹套
16—冷媒入口　17—温度记录控制仪　18—冷媒出口
19—自动清洗设备　20—洗涤剂出口

塔底通入 CO_2，以保持酵母柱的疏松度。流出的嫩啤酒，经过酵母分离器分离后，再经薄板换热器冷却至 $-1℃$，然后送入储酒罐，经过充 CO_2 后，储存 4d，即可过滤包装出厂。

连续发酵到一定时间后，酵母会发生自溶，死亡率增高，啤酒内氨基酸含量上升，此时，可在塔底排出部分老酵母，仍可继续进行发酵。

发酵温度是通过塔身周围三段冷却夹套或盘管的冷却来控制的。塔顶的圆筒部分是沉降酵母的离析器装置，用以减少酵母随啤酒的溢流而损失，使酵母浓度在塔身形成稳定的梯度，以保持恒定的代谢状态。若麦汁流速过高，酵母层会上移。

该流程主要设备是塔式发酵罐。某啤酒厂使用的塔式发酵罐的主要技术条件是：塔身直径 1.8m，高 15m；塔底锥角 60°；塔顶酵母离析器直径 3.6m，高 1.8m；罐的容量为 $45m^3$。

（3）影响因素

① 酵母菌种：具有较高的凝集性和发酵力，能沉淀到塔底，形成一定的酵母柱，在整个发酵塔内达到一定的酵母浓度梯度；繁殖率低，以降低酯类、高级醇、双乙酰等成分的含量；能赋予啤酒良好的风味。

② 无菌条件：严格控制清洁灭菌操作，避免麦汁受到污染。麦汁在进塔前需经灭菌（80℃/1min 或 63℃/8min），再冷却至发酵温度使用。

③ 麦汁含氧量：麦汁中应保持适宜的含氧量，一般 6mg/L 左右，使酵母生长正常，既能保持塔底稳定的酵母柱和发酵速度，又不过分繁殖，以降低啤酒中的酯含量和不形成过量的双乙酰，同时也可减少酵母的变异。

④ 通入 CO_2：合理控制塔底通入的 CO_2，使酵母柱保持疏松。

⑤ 麦汁流速：控制麦汁流速稳定是连续发酵稳定生产，保证质量的重要方面。若流速较慢，则流出的新啤酒发酵度高，相对密度低，黏度低，酵母相对容易凝集沉淀；反之，若流速较快，则新啤酒的相对密度高，发酵度低，酵母不宜凝集沉降，酵母流失多，不能维持正常发酵。在塔式连续发酵过程中，要保持塔内的酵母浓度，除选择凝集性酵母外，应按嫩啤酒的发酵度要求，稳定地控制相适应的流速。

（4）特点

① 优点：发酵时间短，产量高，单位产量投资低；可大量节省厂房建筑和用地面积；便于自动控制，减少容器清洗和酵母处理工作，节省人力；酒花利用率高；CO_2 回收效率高；啤酒损失较少；麦汁 pH 下降快，而且没有酵母生长停滞期，染菌机会少；产品比较均一；设备满负荷，利用率高。

② 缺点：生产灵活性差，1 套设备同时只能生产 1 种产品；麦汁必须严格灭菌，管理要求高；设备要求高，造价高；酵母选择难度大，既要求一定的发酵度，又要求凝聚性强；储酒期间容易产生较强的氧化味。

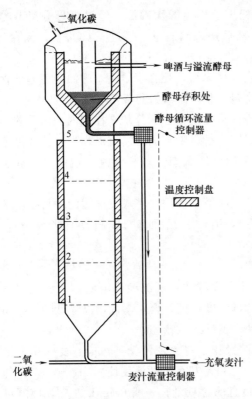

图 5-29　多级塔式连续发酵工艺流程

2. 多级连续发酵塔

多级连续发酵塔为改进型的连续发酵塔，发酵工艺流程如图 5-29 所示。

（1）从冷却的酵母储藏器将酵母循环送入发酵塔，以保持高的酵母浓度。

（2）只需中等凝聚性的酵母，即可保持塔内一定的酵母浓度，可供选用的酵母范围比较广。

（3）酵母的增殖量和增殖速率，可通过调节酵母接种量、麦汁组成和通风量控制。

（4）改进型的多级塔式连续发酵，酵母沉降在塔顶的冷却储器中。

（5）通过控制酵母的循环速率，可使酒液在不同的流速下，达到质量一致。

（6）由于增加了 5 块多孔折流挡板，限制了酒液的回流，可形成良好的发酵梯度，不至于形成过量的酯；麦汁所含葡萄糖在第 1 块多孔挡板上即可消耗殆尽，克服了由于大量葡萄糖存在，影响酵母对麦芽糖的同化；克服了酵母不凝聚、易变形等问题。

3. 塔式连续发酵生产下面发酵啤酒

塔式连续发酵生产下面发酵啤酒的流程如图 5-30 所示。培养好的酵母移入主发酵塔中，并加入无菌麦汁 3t，通风增殖 1d 后，追加麦汁 3t，再如前增殖 1d，然后开始缓慢加入麦汁，直到满罐。待酵母浓度达到要求梯度后，开始以低速连续进料，逐步增加麦汁流量，直到全速流量（240～280L/h）操作。

澄清麦汁冷却至 0℃送往储槽，0℃保持 2d 以析出和除去冷凝固物，经 63℃，8min 灭菌后冷却至发酵温度 12～14℃入塔式发酵罐进行前发酵，周期 72h；进罐前麦汁经 U 形充气柱间歇充气，充气量为麦汁：空气＝（12～15）:1。由塔顶溢出的嫩啤酒升温至 14～18℃，使连二酮还原，嫩啤酒冷却至 0℃入锥底罐进行后酵（两个锥底罐交替使用），3d 满罐。满罐后采用来自塔式发酵罐并经处理的 CO_2 洗涤 1d，并保持 0.15MPa 的 CO_2 背压 36h，即可过滤灌装。

（二）多罐式连续发酵

多罐式连续发酵的原理是发酵罐内装有搅拌器，由于搅拌作用，酵母悬浮于

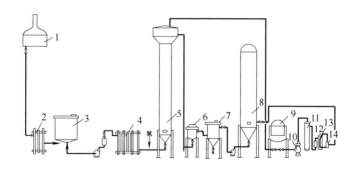

图 5-30　塔式连续发酵流程

1—澄清槽　2—冷却器　3—麦汁储槽　4—灭菌器　5—塔式发酵罐　6—热处理槽
7—酵母分离器　8—锥底后酵罐　9—CO_2 储罐　10—CO_2 压缩机　11—洗涤器
12—气液分离器　13—活性炭过滤器　14—无菌过滤器

酒液中，连续溢流的酒液将酵母带走，无法使发酵罐内保持较高的酵母浓度。

1. 工艺流程

多罐式连续发酵工艺流程如图 5-31 所示。

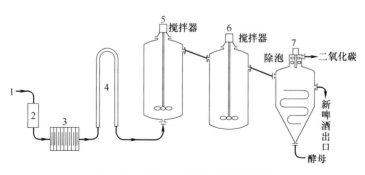

图 5-31　多罐式连续发酵工艺流程

1—麦汁进口　2—泵　3—板式热交换器　4—柱式充氧器　5、6—发酵罐　7—酵母分离器

2. 发酵过程

将经过冷却、杀菌并已加入酒花的麦汁通过柱式供氧器流向多个带有搅拌器发酵罐的第一罐中。每个发酵罐的容量为 26m³，麦汁流加量为 2.0～2.5m³/h，其稀释速率为 0.075～0.094（1/h）。大约控制 2/3 的麦汁在第一罐中进行发酵，发酵温度 21℃。经第一罐发酵的啤酒和酵母混合液，借液位差溢流入第二罐，发酵温度 24℃。最后流入酵母分离罐，其容量为 14m³。在罐内被冷却到 5℃，自然沉降的酵母则定期用泵抽出，而成熟啤酒则由罐上面溢流到储酒罐中。每个发酵罐内停留时间为 10～13h。

多罐式连续发酵有三罐式、四罐式等。在一级发酵罐前增加一个酵母繁殖罐（三罐式的一级发酵罐兼作酵母繁殖罐），即成为四罐式。此时，一级发酵罐为一容量较大的发酵罐，主发酵主要在此罐内进行。二级发酵罐为一较小的发酵罐，发酵液在此罐内达到要求的发酵度。另外，可用酵母离心机代替酵母分离罐。

3. 特点

（1）优点　发酵周期短；设备利用率高；降低了土建和设备费用；可节省劳动力和减少洗刷费用；可减少啤酒损失；提高酒花利用率，可节约酒花用量。

（2）缺点　每个发酵罐都配备搅拌器，动力消耗高；耗冷量大；管理比较烦琐，麦汁、啤酒易染菌；生产灵活性差，一套设备只能生产单一品种。

六、固定化酵母啤酒连续发酵技术

在间歇式啤酒发酵工艺中，啤酒酵母加入到麦汁中之前需要经过较长时间的培养，主发酵结束后还要对酵母加以回收、洗涤，操作比较烦琐，容易引起杂菌污染，而且发酵周期长。随着细胞固定化技术的不断发展，在啤酒生产中出现了固定化酵母啤酒连续发酵技术，即将高浓度的酵母细胞固定在载体上，放入生化反应器中进行啤酒连续发酵。

（一）啤酒酵母细胞固定化

啤酒酵母细胞固定化可采用包埋法，即采用多聚体的载体直接将酵母细胞包埋在其中。常用的包埋剂有海藻酸盐、角叉胶、琼脂糖、环氧树脂、聚丙烯酰胺等。在选择酵母固定化材料时，应考虑发酵液的特点及其对啤酒风味的影响。包埋法啤酒酵母细胞固定化操作要点如下。

（1）分离选育发酵度高、絮凝性好、沉淀能力强、双乙酰还原速度快的啤酒酵母菌种。

（2）将啤酒酵母用麦汁作为液体培养基在恒温振荡器中于 20℃ 振荡培养后，通过离心分离获得酵母细胞，再用无菌水洗涤 2 次。也可取回收并洗涤的性能优良的啤酒酵母备用。

（3）将 25g 湿菌体悬于 50mL 无菌去离子水中制成酵母菌悬液，用 50mL 麦汁溶解 2g 海藻酸钠制成 4% 的海藻酸钠溶液，将制成的酵母菌悬液与 4% 的海藻酸钠溶液以等体积充分混匀。

（4）用 1000mL 麦汁溶解 25.5g 无水 $CaCl_2$，制成浓度为 0.05mol/L 的 $CaCl_2$ 溶液备用。

（5）取 50mL 已配制的 $CaCl_2$-麦汁溶液放入 100mL 无菌三角瓶中，并将其置于 37℃ 水浴 10min，用注射器吸入海藻酸钠-菌悬液，与 5# 静脉注射针头相连接，并适度加力，使溶液成滴滴入 $CaCl_2$-麦汁溶液中。待溶液滴完后，将三角瓶放入 20～22℃ 水浴中维持 1h，使酵母充分固化。

（6）倾去上清液，用 100mL 无菌去离子水冲洗固定化酵母 1 次，然后重新加入 0.05mol/L 的 $CaCl_2$-麦汁溶液，平衡 24h 即可使用。

（7）酵母细胞固定化效果的检测　活细胞数目是影响发酵效果的主要因素，

因此酵母细胞固定化后，应进行固定化效果检测。其中活细胞数是检测的主要指标之一。可利用钙螯合剂（如磷酸盐溶液）将胶珠中 Ca^{2+} 螯合而使胶珠破坏或溶解，再通过稀释、涂布琼脂平板进行活菌计数，或直接用稀释液在血球计数板上计数。

（二）固定化啤酒酵母连续发酵

1. 利用固定化啤酒酵母连续发酵完成啤酒发酵全过程

麦汁→麦汁罐→加热杀菌→加入酵母液→通风搅拌培养→离心分离→去除空气→固定化酵母主酵罐→热交换器→固定化酵母后酵罐→啤酒储罐→过滤机→灌装。

（1）将分批制备及调整好成分的麦汁冷却后保存在 0℃的麦汁罐中，使用前应对麦汁进行加热杀菌。

（2）将冷却后的麦汁加入到搅拌罐，并加入适量的酵母培养液，混合均匀，于 10～12℃进行通风搅拌培养，使游离酵母进行有氧呼吸和迅速繁殖，促进麦汁中氨基酸的消耗，以保证生产出的啤酒具有清爽、纯正的口感。

（3）培养一段时间后，将麦汁离心分离，以去除其中的游离酵母，将分离酵母后的麦汁转入另外一个罐中，不断通入 CO_2 以脱去麦汁中的空气，这样可以防止固定化酵母进行有氧繁殖，从而迫使酵母进行厌氧发酵。

（4）经碳酸化后的麦汁由下向上流动通过固定化酵母的反应器进行主发酵，主发酵温度维持在 8℃。为了确保罐内温度分布均匀，可在罐外安装冷却夹套，罐内铺设冷却管。麦汁在主发酵罐内滞留 2d 左右，麦汁中大部分的可发酵性糖已被固定化酵母消耗。

（5）在厌氧状态下，将主发酵后的嫩啤酒加热到 60～70℃，保持 20～30min。进行这种热处理的目的是为了将发酵液中绝大多数双乙酰的前体物质 α-乙酰乳酸直接转变成无臭的 ε-羟基丁酮，以保证成品啤酒中双乙酰的含量在阈值以下。

（6）将嫩啤酒送入固定化酵母后酵罐，使之再次与固定化酵母接触，发酵液中的双乙酰在 0℃的低温下通过固定化酵母的后发酵罐就能在数小时内衰减到它的阈值之内。这一过程是连续的，嫩啤酒在后发酵罐内的滞留时间为 1d，连续获得的啤酒经储存、过滤、灌装等工序就可成为成品啤酒。

2. 利用固定化酵母进行啤酒后发酵

采用固定化酵母进行啤酒主发酵是比较困难的。由于只有固定在载体表面的酵母与氧接触，繁殖旺盛，而包埋在载体内的酵母与氧的接触少，或因酒精在载体内的积累，使酵母繁殖受到抑制，因而酵母对 α-氨基酸的同化率低，主发酵完毕的酒液存在着游离 α-氨基酸和双乙酰含量过高等问题。

后发酵是啤酒酿造耗时最长的工序，为了缩短后发酵及成熟期，主发酵和啤酒后处理仍沿用传统的生产方法，只是利用固定化酵母进行后发酵。

（1）工艺流程　从 1990 年开始，芬兰建立了 40hL/h 规模的试生产，其后发酵工艺流程如图 5-32 所示。

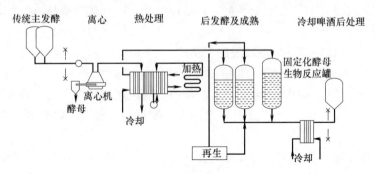

图 5-32　利用固定化酵母进行后发酵的工艺流程

① 主发酵仍按传统方法进行，使酵母代谢产生的风味物质不致有大的变化。

② 主发酵后的嫩啤酒先经密封离心机分离啤酒中的大部分酵母，避免后面热处理时酵母产生自溶而影响啤酒质量。离心后酒液中的酵母浓度控制在 10^5 个细胞/mL 以下，然后，酒液进入缓冲罐。

离心后的酵母含固形物为 18%，较传统回收酵母的浓度约提高 1 倍，可用作下批主发酵接种。酒液经离心处理，啤酒损失较传统回收酵母方法减少 1%。

③ 分离酵母后的酒液通过热交换器进行加热处理（包括升温、保温、冷却），使酒内的 α-乙酰乳酸通过氧化脱羧转变为双乙酰。实践证明，保温温度高（80～90℃），由于部分前体物质直接形成乙偶姻，反较低温（60～70℃）保温形成的游离双乙酰为低。

加热也对进入酵母柱的酒液起到巴氏灭菌作用。

④ 经热处理的酒液进入固定化酵母柱时，酒温保持 10～15℃，啤酒中的双乙酰被酵母的还原酶还原为乙偶姻。此时，由于酒液耗糖已近完全，酵母的生长和发酵接近停止，相当于传统发酵中的酵母停止繁殖期，除双乙酰继续降低（可降至 0.05mg/kg 以下）外，其他风味物质不再有大的变化。

⑤ 在酒液流加期间，对酵母柱施压，以使二氧化碳饱和，同时也避免流加酒液时，酵母柱产生短路。酒液流加方式以自上而下为好，更有利于避免酵母柱产生短路。

⑥ 由酵母反应罐流出的啤酒，按传统常规方法进行过滤和稳定性后处理。

（2）操作要点

① 填充式酵母柱采用 DEAE-纤维素为载体，酒液自上而下流动，酒液与酵母接触良好，接触时间 2h 左右，双乙酰可由 0.2mg/kg 以上降低至 0.05mg/kg 以下。由于接触时间短，限制了酵母生长，不再有新的双乙酰前体物质形成及风味的改变。

② DEAE-纤维素带正电荷，与带负电荷的某些细胞壁化合物有很强的亲和力，可使酵母牢固地被吸附在载体上。

③ 控制酒液在酵母柱的流速非常重要，双乙酰的降低程度与此有关。流速也决定酵母附着在载体上的数量，高流速溢流出的酵母细胞将增加。双乙酰的还原不只决定于酒液的流速，也决定于固定化系统中的细胞数。不管怎样，足够的流速还是需要的，以便将死细胞泄出，避免自溶现象。

④ 固定化酵母反应罐系统的运转简单而灵活。当反应罐中的酵母处于稳定期时，酵母只被用来使酒液达到最终消糖度（浸出物 0.2%～0.05%）和还原双乙酰。酵母柱处于此稳定状态下，可以关闭停留 1 星期以上，并在 2h 内恢复运转，不受影响。

⑤ 反应罐的启动很方便，酵母的固定化可在反应罐内进行，酵母加入反应罐上部，用啤酒进行循环，以保证酵母在罐内均匀分布。

⑥ DEAE-纤维素为载体使用后，可经热碱液再生和灭菌，重复使用。载体使用后，可用 80℃ 热碱水洗涤和再生，用水淋洗，用弱酸（亚硫酸盐）中和，重新接种。洗涤、再生和重新接种的时间约需 2d，载体一般可再生 15 次，并其降低其亲和酵母的能力。

（3）注意事项

① 进入固定化反应罐的酒液，其可发酵浸出物含量不应太高，应控制在 0.5% 以下，以免促使酵母生长，形成新的双乙酰前体物质。同时流速也不应太低，以免接触时间过长，促使酵母生长。

② 在此系统中应避免吸氧，以防止促进酵母生长和酒液加热时带来的风味负面影响。

③ 流速过快，酒与酵母接触时间过短，双乙酰还原不易完全，游离的酵母也易泄于反应罐外。

④ 避免使用蛋白质含量过高的麦芽，以免引起系统中设备的结垢问题。

⑤ 应避免反应罐内升压过速。

⑥ 应加强麦汁的卫生管理，避免染菌。

⑦ 固定化所用酵母要经过认真筛选，要求菌种的发酵性能和风味良好，酵母繁殖能力和抗衰老能力强，凝聚性强。

（4）特点

① 固定化酵母凝聚性强，酵母和发酵液容易分离。

② 固定化酵母活性高，可反复多次使用。

③ 固定化酵母的使用可以增加发酵液中酵母细胞浓度，从而使啤酒发酵速度加快，生产能力提高，生产时间缩短。

④ 减少设备投资，占地面积小。

⑤ 啤酒损失减少。

⑥ 生产连续化，简化了生产过程和操作。

⑦ 上面酵母和下面酵母均可应用，生产灵活性大，产品多样化。

⑧ 由于高细胞密度和酵母在固定化状态下不易扩散，减轻了污染。

⑨ 酵母增殖减少，使麦汁获得理想的利用率。

⑩ 酵母细胞固定在载体表面上，减少了质量转移问题。

习题▶

一、解释题

啤酒酵母　发酵度　核酸　延滞期　死灭温度　嫩啤酒　下酒

一罐法发酵　两罐法发酵

二、填空题

1. 酵母细胞生长先后经历 _____、_____、_____、_____、_____过程。

2. 酵母的繁殖方式主要有_____和_____两大类。

3. 根据发酵结束后酵母细胞在发酵液中的存在状态不同，啤酒酵母可分为_____酵母和_____酵母。

4. 根据凝聚性强弱，啤酒酵母可分为_____酵母和_____酵母。

5. 在啤酒酵母生长繁殖及发酵过程中，_____是酵母细胞的主要能源物质。

6. _____是细胞质胶体的结构成分，并直接参与代谢过程中的许多反应。

7. 啤酒发酵过程中，酵母利用_____及_____合成细胞机体。

8. 啤酒酵母扩大培养分为_____、_____两个阶段。

9. 啤酒后发酵的作用是_____、_____、_____、_____。

三、选择题

1. （　　）是衡量啤酒成熟度的关键指标。

　　A. 真正发酵度　　　　B. 高级醇　　　　C. 双乙酰　　　　D. CO_2

2. 糖化后麦汁中的可溶性淀粉分解产物中，（　　）不能被酵母发酵。

　　A. 麦芽糖　　　　　　B. 糊精　　　　　C. 葡萄糖　　　　D. 麦芽三糖

3. 酵母储藏的最适温度为（　　）。

　　A. 2～4℃　　　　　　B. 3～5℃　　　　C. -1～1℃　　　D. 7～8℃

4. 酵母泥中酵母死亡率大于（　　）的不能使用。

　　A. 5%　　　　　　　　B. 10%　　　　　C. 12%　　　　　D. 15%

5. 发酵过程中，无法通过酵母的发酵减少的物质是（　　）。

　　A. 乙醛　　　　　　　B. 二甲基硫　　　C. 硫化氢　　　　D. 双乙酰

6. 啤酒外观发酵度比真正发酵度（　　）。

　　A. 高　　　　　　　　B. 低　　　　　　C. 相同　　　　　D. 没有联系

7. 啤酒中出现臭鸡蛋味，可能是由于（　　）含量过高。

  A. 硫化氢   B. 二甲基硫 C. 硫醇   D. 高级醇

四、判断题

1. 麦汁经过发酵后所有糖分均被酵母同化。   （　　）

2. 发酵满罐酵母数越高，则啤酒发酵度越高。   （　　）

3. 一罐法发酵工艺也就是发酵和冷储藏均在同一个发酵罐中进行。 （　　）

4. 酵母在发酵过程中产生 CO_2，但只能在无氧条件下产生，在有氧条件下不能产生。   （　　）

5. 酵母对糖类的吸收是按一定顺序的，但对氨基酸的吸收则没有顺序。

                           （　　）

6. 酵母细胞基质中含有许多酶类。   （　　）

7. 硫醇能使啤酒产生日光臭。   （　　）

8. 二甲基硫含量过高能使啤酒产生"烂菜味"。   （　　）

五、简答题

1. 什么是酵母生长的减速期？

2. 影响啤酒酵母性能的主要因素有哪些？

3. 简述啤酒酵母的繁殖方式。

4. 啤酒酵母体内有哪些重要的酶类？在啤酒发酵过程中有何作用？

5. 简述啤酒酵母扩大培养的步骤及技术要求。

6. 如何检查、鉴定啤酒酵母的性能？

7. 实验室菌种保藏方法有哪几种？生产现场使用的酵母是如何进行保藏的？

8. 酵母添加方法有哪几种？酵母添加量对发酵过程及啤酒质量有何影响？

9. 啤酒主发酵大致可分为哪几个阶段？各有何特征？

10. 影响啤酒发酵的工艺条件有哪些？在发酵过程中如何控制？

11. 试比较上面啤酒酵母、下面啤酒酵母的酿造特性。

12. 简述啤酒酵母的筛选程序。

项目六

▼

啤酒过滤与稳定性处理技术

教学目标

【知识目标】啤酒过滤的目的；三种典型硅藻土过滤机的特点；无菌过滤技术的工艺过程；啤酒过滤过程中的控制要点。错流过滤的操作要点。

【技能目标】啤酒过滤设备的选择；啤酒过滤工艺流程的制定及工艺参数的确定；常用的过滤介质的选用；板式过滤机运行及维护保养；无菌过滤操作及质量控制。

【课前思考】无菌过滤及灭菌方法；提高啤酒生物稳定性和非生物稳定性的措施。

【认知解读】发酵成熟的啤酒经过一段时间的低温储存，大部分蛋白质和酵母已经沉淀，但仍有少量的物质悬浮于酒中，这些物质对啤酒的质量存在潜在的危险。啤酒的过滤是啤酒与其所含的固体粒子分离的过程。在后发酵期间，啤酒中的酵母会逐渐沉降，但该澄清过程速度慢，只能使啤酒达到一定的澄清度。要使成品啤酒达到澄清透明并富有光泽，则必须通过机械方法进行处理，这些机械澄清方法可除去啤酒中的酵母、细菌及其他微小粒子。这样不仅可以使啤酒外观更富有吸引力，还能赋予啤酒良好的稳定性。

任务一

啤酒的过滤

一、啤酒过滤的基本理论

（一）啤酒过滤的目的及要求

1. 过滤的目的

（1）除去啤酒中的悬浮物、浑浊物、酵母、酒花树脂、多酚物质及蛋白质等，改善啤酒的外观，使成品啤酒澄清透明，富有光泽。

（2）除去或部分除去蛋白质及多酚物质，提高啤酒的非生物稳定性。

（3）除去酵母和细菌等微生物，提高啤酒的生物稳定性。

2. 啤酒过滤的基本要求

（1）过滤能力大。

（2）过滤质量好，滤液透明度高。

（3）酒损小，CO_2损失少。

（4）不污染，不吸入氧气，不影响啤酒的风味。

（二）过滤操作的基本原理

啤酒过滤是借助过滤介质的作用使啤酒中存在的微生物、冷凝固物等固形物被分离，而使啤酒澄清透明。其作用机理如图6-1所示。

1. 筛分作用

发酵液中比过滤介质孔隙小的粒子能穿过孔隙，比过滤介质孔隙大的粒子不能穿过介质而被截留。

2. 深层效应

多孔过滤介质中细长而曲折的微孔对悬浮于发酵液中的粒子产生阻滞作用，不仅能拦截比介质孔径大的粒子，比介质孔径小的粒子也能被阻滞。

3. 吸附效应

过滤介质与发酵液中悬浮粒子所带的电荷不同，通常情况下过滤介质带正电，啤酒发酵液中的粒子带负电，通过静电吸引作用，粒子被吸附在过滤介质的表面。同时，发酵液中悬浮粒子之间也相互吸引，粘连成链状或团块状，进而被吸附在过滤介质上。利用静电吸附作用可除去比介质孔径小的粒子。

　（1）筛分效应　　　　（2）深层效应　　　　（3）吸附效应

图 6-1　过滤操作的作用机理

（三）过滤介质及助滤剂

1. 过滤介质

（1）常用的过滤介质

① 金属过滤筛或纺织物：有不同种类的金属筛、裂缝筛或平行安装于烛式硅藻土过滤机上的异型金属丝和金属编织物。

② 过滤板：过滤板可用硅藻土、珍珠岩、玻璃纤维和其他材料制成。过滤板的种类很多，可满足不同过滤精度的需求。

③ 膜材料：膜过滤的应用越来越多。膜很薄（0.02～1μm），因此多被固定

在多孔眼的支撑介质上使用，以免被击穿。膜的制作主要有浸渍、喷洒或涂层等方法。

（2）过滤介质的选择依据

① 分离要求：如回收或除去颗粒的最小直径、处理能力等。

② 悬浮液的特性：如颗粒形状、粒度分布、颗粒浓度、滤液黏度、腐蚀性等。

③ 操作条件：如操作压强、温度等。

④ 过滤设备的类型。

2. 助滤剂

啤酒过滤操作中，常用的助滤剂有硅藻土、珍珠岩、凹凸棒土等。

（1）硅藻土　硅藻土是一种硅质沉积岩，经粉碎、高温煅烧、筛选和分级等加工过程可制成多孔、质轻的助滤剂。其主要化学成分是 SiO_2。

硅藻土的特点是：颗粒细小；质地松散，密度小；细腻，流动阻力小；比表面积大；孔隙率高达 $80\% \sim 90\%$，能使滤饼形成较高的孔隙率；吸水和渗透性强；吸附能力强，能除去 $0.1\mu m$ 以上的粒子；不与悬浮液发生化学反应；不溶于水、酸及稀碱中。

用于啤酒过滤的硅藻土的粗细主要以粒度来划分。水值指单位时间内、单位过滤面积上所能通过的水的体积，单位为 $L/(min \cdot m^2)$。硅藻土的粒度与水值的关系见表 6-1。

表 6-1　　　　　　　　　　　　　硅藻土的粒度与水值的关系

水值/[L/(min · m²)]	硅藻土的粒度	水值/[L/(min · m²)]	硅藻土的粒度
<20	极细	350~1000	粗
20~100	细	>1000	极粗
100~350	中等		

（2）珍珠岩　珍珠岩是一种火山灰中的非晶形矿物盐，经粉碎、筛分、烘干、急剧加热膨胀成多孔玻璃质颗粒后，再进行研磨、净化、分级而成的白色细粉状产品。其主要化学成分是 SiO_2。

珍珠岩的特点是：过滤速度快，滤液澄清度高；用量小，$0.5 \sim 2kg$ 珍珠岩/t 啤酒。

（3）凹凸棒土　凹凸棒土助滤剂的来源是纤维状硅酸镁黏土。其主要化学构成是：SiO_2 占 64.8%、Al_2O_3 占 5.8%、Fe_2O_3 占 4.08%。

（四）啤酒过滤前后的物质变化

除带负电荷的悬浮粒子外，发酵液中具有较高表面活性的物质如蛋白质、酒花树脂、色素、高级醇及酯类等都能被不同程度的吸附，啤酒过滤前后发生一系列变化。

（1）色度降低 一般降低 0.5～1.0EBC 单位，色泽越深的酒，降低幅度越大。其原因是酒中的一部分色素、多酚类物质等被过滤介质吸附。

（2）苦味值降低 啤酒经过滤后，苦味值降低 0.5～1.5BU，其原因是过滤介质对苦味物质的吸附作用，使啤酒中的苦味物质略有损失。

（3）蛋白质含量降低 用硅藻土过滤，蛋白质含量平均降低约为 4%。

（4）CO_2 含量下降 CO_2 含量下降约 0.02%，主要是由于压力、温度的改变，管路、过滤介质的阻力等作用所引起。

（5）含氧量增加 酒的泵送、走水或用压缩空气作清酒罐的背压会增加啤酒中氧的含量。

（6）啤酒浓度改变 走水、顶水以及并酒过滤等会造成啤酒浓度略有下降。

（7）pH 升高 过滤介质经硬水洗涤后，往往附有一定量的碳酸钙，啤酒过滤时溶于酒内，使酒的 pH 升高，一般酒头的 pH 变化较大，过滤一定数量后，即恢复正常。

（8）泡沫稳定性 若将降低泡沫性的浑浊物除去，可改善泡沫稳定性；若将泡沫物质吸附掉，则使泡沫稳定性变坏。

（9）黏度降低 过滤介质对胶体的吸附作用使啤酒黏度有所降低。过滤开始时，啤酒黏度降低幅度较大。

二、啤酒过滤设备及操作技术

啤酒过滤方法一般是以过滤介质划分的，采用同一类过滤介质也有不同的设备形式。常用的啤酒过滤设备有板框式硅藻土过滤机、烛式硅藻土过滤机、水平圆盘式硅藻土过滤机、板式过滤机等。一般情况下，一次性过滤即可达到除浊要求。若啤酒清亮度要求较高，可采用两次过滤，即粗滤和精滤。粗滤用硅藻土过滤，精滤用板式过滤。

（一）硅藻土过滤机

硅藻土过滤机的形式有多种，目前使用比较多的有板框式、烛式、水平圆盘式。

1. 板框式硅藻土过滤机

（1）结构及工作原理 板框式硅藻土过滤机如图 6-2 所示，由机架、滤板和滤框等构成，大都采用不锈钢制作。机架由横杠、固定顶板和活动顶板组成，横杠用于悬挂滤板和滤框，顶板用于压紧滤板和滤框。滤板表面有横或竖的沟槽，用于导出滤后的酒液。滤框和滤板四角有孔，分别用于打入待滤酒液和排出滤过酒液。滤板和滤框交替悬挂在机架两侧的横杠上，滤板两侧用滤布隔开，滤布由纤维或聚合树脂制成。两块滤板中间夹一个滤框，四周密封，形成一个滤室，用于填充硅藻土、待滤发酵液和截留下的粒子。

（2）操作要点 板框式硅藻土过滤机操作过程分为装机、预涂、流加与过

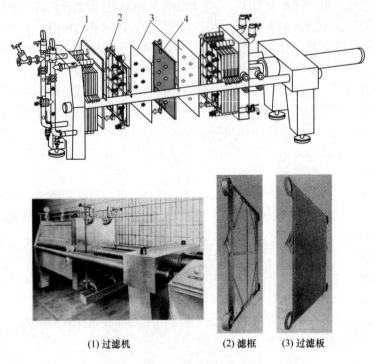

(1) 过滤机　　　　(2) 滤框　　(3) 过滤板

图 6-2　板框式硅藻土过滤机
1—过滤单元　2—滤框　3—过滤纸板　4—支撑板

滤、拆洗等过程。

① 装机：将滤板和滤框交替地悬挂在横杠上，滤板两侧包好滤布并将滤布润湿，用活动顶板将滤框和滤板压紧。

② 预涂：将硅藻土与经脱氧处理的水在硅藻土添加罐中混合，再用泵打入过滤机并循环至无微粒流出为止。为了混合均匀，添加罐装有搅拌器，如图 6-3 所示。

预涂操作如图 6-4（1）所示，一般分两次进行，第一次预涂采用粗土，并不起真正的过滤作用，而是对后面形成的滤层起支撑作用，如图 6-4（2）所示；第二次预涂采用粗细土混合，涂在第一次预涂层上，起到真正的过滤作用，如图 6-4（3）所示。每次预涂所用的硅藻土粒度是不同的，用量可以相同，也可以不同，根据实际情况而定。

在检查设备完好，已杀菌、管路走向流程正确无误后，按如下步骤开机预涂：

第一次预涂：打酒泵送水，过滤机打循环，预涂罐内加水和粗硅藻土（0.3～0.6kg/m²），开动搅拌，搅拌均匀后，开预涂泵，打开该泵阀门，预涂时间3～5min，涂层厚度 2～3mm。第二次预涂：加水和粗细土混合（0.3～0.6kg/m²），预涂时间 3～5min，涂层厚度 2～3mm。

图 6-3　硅藻土添加罐

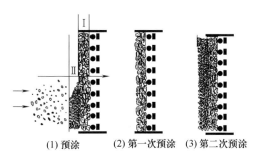

(1) 预涂　　(2) 第一次预涂　(3) 第二次预涂

图 6-4　硅藻土预涂与流加

Ⅰ—第一次预涂层　Ⅱ—第二次预涂层

预涂注意事项：预涂完成后先关阀门，后停预涂泵；预涂排水时，注意保持进出口压力平稳；预涂完成后，打循环至浊度不再下降为止。

③ 流加与过滤：预涂结束后开始过滤，过滤过程中要连续流加硅藻土，目的是不断地更新滤层，形成新的孔隙，始终保持滤层的通透性。将硅藻土与待滤啤酒（或脱氧水）在硅藻土添加罐中混合，然后用计量泵定量打入过滤机。

a. 流加量及粗细土的比例应根据滤出酒的浊度进行调整。一般来讲，滤出酒的浊度高，应适当加大硅藻土流加量和提高细土比例，流加量一般为 80～300g/100L。

b. 过滤与流加是同时进行的，开始流出的酒液若不够清亮，可返回流加罐，直至达到要求的清亮度（浊度低于 0.5EBC 单位）。

c. 从过滤机出口用透明玻璃杯取样检查，要求酒体透明、有光泽、无悬浮物、无异味。

d. 如果进出口的压差升速过快，可在浊度不超过规定值的前提下，适当增加粗土用量。

e. 如果浊度高于规定值，可在进、出口压差平稳上升的前提下，适当增加细土用量或加大土量，如果浊度仍降不下来则要打循环，待浊度降至规定值（低于 0.5EBC 单位）时方可进清酒罐。

f. 如遇突然停电等事故，应迅速关闭过滤机进、出口阀门，来电后首先打循环，待浊度符合要求后再进清酒罐。

g. 过滤过程中要随时注意浊度变化，并每隔一小时记录一次数据。

h. 过滤过程中，阀门一定要轻开慢关，同时进行稳定操作，以防浊度回升。

i. 正常情况下，进、出口压差上升速 20～40kPa/h。当滤室充满硅藻土，压差达到 0.3～0.4MPa 时，停止过滤，用水将过滤机中残留的啤酒排压出来，更换新的滤层。

④ 拆洗：打开过滤机，将硅藻土卸掉并冲洗干净，再重新安装好备用。

（3）特点

① 优点：操作稳定；过滤能力可以通过增加组件而提高；构造简单，活动部件少，维修费用低。

② 缺点：介质消耗量比较大；劳动强度大。

2. 烛式硅藻土过滤机

（1）**结构及工作原理**　烛式硅藻土过滤机的结构如图 6-5 所示，由外壳和滤烛等构成，采用不锈钢制作。每根滤烛由一根中心柱（滤柱）和套在其上的许多圆环（或缠绕不锈钢螺旋）组成。烛柱是一根沿长度方向开成 Y 形槽的不锈钢柱，直径 25mm 左右，长度可达 2m 以上。圆环套在滤柱上作为支撑物，硅藻土在环面沉积，形成滤层。发酵液穿过滤层，浑浊粒子被截留，清亮啤酒由中心柱上的沟槽流出。每根滤烛的过滤面积约 $0.2m^2$，每台烛式过滤机内可安装近 700 根滤烛，过滤面积非常大，并且随着过滤时间的推移，滤层增厚，过滤面积成倍增加。

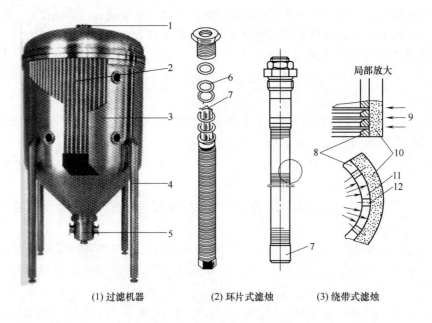

（1）过滤机器　　　（2）环片式滤烛　　　（3）绕带式滤烛

图 6-5　烛式硅藻土过滤机

1—清酒出口　2—烛式滤芯　3—过滤机外壳　4—支撑　5—混浊酒液进口
6—圆环　7—滤柱　8—楔形不锈钢带　9—清洗　10—硅藻土层　11—宽开口　12—狭凸肩

（2）**操作要点**　烛式硅藻土过滤机操作过程如图 6-6 所示。

① 充水排气：滤酒前先压入水，将过滤机中的空气排净。由于水会与啤酒

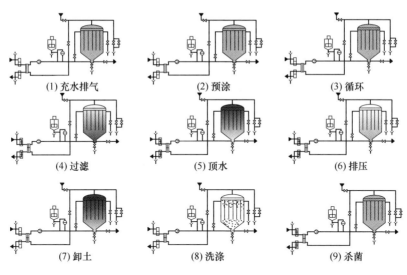

图 6-6 烛式硅藻土过滤机的操作过程

接触，因此要使用脱氧水。

② 预涂：正式过滤前应先将硅藻土预涂在支撑物上形成助滤层。第一次预涂用硅藻土与水混合，在烛芯上进行 10min 左右预涂，直至形成支撑层。第一次预涂开始时流出液是浑浊的，紧接着以同样的方式进行第二次预涂。

③ 循环：为形成良好的滤层，每次预涂要进行 10~15min 的循环。

④ 过滤：首先，水被啤酒顶出，待滤啤酒缓慢地从下向上顶出过滤机中的水，并穿过烛芯而被过滤。然后，通过计量添加泵向啤酒中定量添加硅藻土液（注意：虽然水与啤酒的接触界面很小，但仍不可避免地会有一部分酒、水混合液，这就是所谓的酒头）。随着过滤的进行，滤层越来越厚，进口压力越来越高，当达到 0.5~0.6MPa 时停止过滤。

⑤ 顶水：过滤结束后，啤酒被由下部进入的脱氧水顶出，此时就会产生啤酒与水的混合液，这就是所谓的酒尾。

⑥ 排压：关闭输酒泵和预涂泵，使过滤机内压力降下来。

⑦ 卸土：打开过滤机小心地取出滤芯，废硅藻土呈浓泥状或稀液状，用压缩空气将硅藻土从烛芯上压出、卸掉。

⑧ 洗涤：将残留的酒液排压干净后，按照过滤时相反的方向，用水（或压缩空气）反冲，排出硅藻土，并冲洗干净。

⑨ 杀菌：用 80~90℃ 的水对过滤机、所有连接件和管道杀菌 20~30min，过滤机方可重新投入下一次的啤酒过滤。

（3）特点

① 优点：由于滤层铺设在刚硬的支撑环上，管路压力波动不至于引起预涂层折裂变形；滤柱是圆形截面，过滤表面积随滤层厚度而增加；机壳内部没有活

动部件，灭菌方便，易于自动控制；先进的烛式硅藻土过滤机滤烛一次安装，不需要拆出进行维护；原位水枪清洗，滤烛留在过滤机中，耗时少，风险低；滤烛从底部安装，对内空要求低；维护频率低，每6～12个月一次；过滤效率高。

② 缺点：立型罐壳可能对净空高有高的要求，因硅藻土附着在垂直表面上，必须采用准确控制系统，才能保证不发生压力波动而破坏滤床。

3. 水平圆盘式硅藻土过滤机

（1）结构　水平圆盘式硅藻土过滤机的结构如图6-7所示，由外壳、圆形滤盘和中心轴等构成，用不锈钢材料制作。圆盘上面是用镍铬合金材料编织的筛网作为硅藻土助滤剂的支撑物，筛网孔径为$50～80\mu m$，过滤面积为所有圆盘面积的总和。圆盘安装在中心轴上，中心轴是空心的，并开有很多滤孔。在电机带动下中心轴可以旋转，并带动圆盘一起旋转。

（2）工作原理　添加的硅藻土均匀分布于每一个圆盘上，由此形成均匀的滤层，过滤时滤液由上而下通过滤层，悬浮粒子被截留在上面，透过滤层的清酒由圆盘接收，并汇流至中央空心轴中导出，如图6-8所示。过滤结束后，圆盘随中心轴一起旋转，在离心力的作用下将滤饼甩出，通常有几种不同的转速可供选择。清洗时，过滤机圆盘的旋转比较缓慢，旋转的同时，对圆盘进行强烈的冲洗。

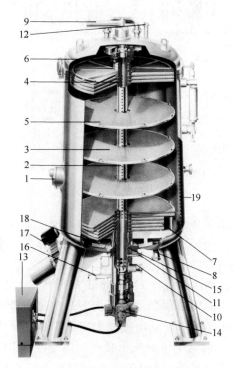

图6-7　水平圆盘式硅藻土过滤机

1—带视镜的机壳　2—清液流出空心轴
3—过滤单元（滤盘）　4—间隔环　5—支脚
6—压紧装置　7—残液滤盘　8—底部进口
9—带分配器的上部进口　10—清酒出口
11—残酒出口　12—排气管　13—液压装置
14—电机　15—轴封　16—轴环清洗刷/排放口
17—废硅藻土排出管　18—废硅藻土排出装置
19—喷洗装置

水平圆盘式硅藻土过滤机的空心轴上一般有两个通道。通过通道可使预涂及过滤过程连续进行。

（3）特点

① 优点：每个圆盘作为一个过滤单元，互不影响；由于滤盘是水平的，预涂相对比较均匀；滤层抗压力波动性较强，滤层不容易脱落。

② 缺点：若进料速度太快，会在滤盘边缘出现涡流，破坏滤层；排空速度快会导致滤盘边缘层滑落；硅藻土只能沉积在叶片上表面，单位机壳体积的物料通过率低。

（二）板式过滤机

1. 结构

板式过滤机的结构与板框式硅藻土过滤机相似，由机架和滤板等组成，用不锈钢制作，滤板之间插有纸板作为过滤介质，如图 6-9 所示。板式过滤机一般安装在粗滤（硅藻土过滤）之后供精滤之用，采用除菌纸板也可用于无菌过滤。滤板带有沟槽，汇集滤出的清酒并导出。纸板由精制木纤维和棉纤维并掺和石棉压制而成，有的纸板还掺入硅藻土或聚乙烯吡咯烷酮（PVPP）等吸附剂。

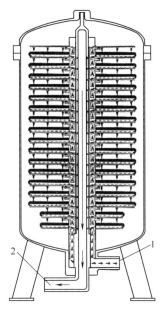

图 6-8　滤液在过滤机内的流向
1—滤液进口　2—清酒出口

2. 工作原理

在每对滤板之间悬挂有一个过滤纸板，啤酒从上部和下部同时进入每两个滤板中的其中一个，穿过纸板后从相邻滤板中流

(1) 过滤机

(2) 滤板

(3) 纸板

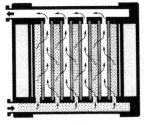

(4) 工作原理

图 6-9　板式过滤机

出。由于过滤纸板由木纤维和硅藻土组成，具有很高的渗透性，有的纸板中还加入了一些啤酒稳定剂，如PVPP吸附剂，可除去啤酒中部分多酚物质，提高啤酒的非生物稳定性。

纸板的过滤精度越高，过滤量就越小。为了提高其过滤能力，并延长其使用寿命，应在精滤前先进行硅藻土过滤，去除啤酒中较大的颗粒和酵母等物质。

3. 操作要点

（1）安装　将纸板与滤板相间放好，用压紧装置压紧。

（2）排气　小心压水经过滤板，将过滤机中的空气排净。

（3）润湿和洗出　在排出空气的同时，用水润湿并洗涤纸板，尽可能将所有滤面都过水，以便洗出可溶性物质，除掉纸味和硅藻土味。纸板洗出时间为15～20min，流速为过滤速度的1.5～2倍。

（4）杀菌　用80～90℃的水杀菌20min或用蒸汽灭菌，灭菌后，冷却至与酒同温。

（5）过滤　开始滤酒后，随着时间的推移，过滤阻力增大，进、出口压力差升高。为了避免压力冲击，过滤速度最大不超过150L/(m² • h)。过滤结束时压差最高不超过150kPa。过滤啤酒时，要适当施以反压，以防CO_2在板内膨胀，破坏纸板的强度。

（6）洗涤　过滤完毕，用50～60℃的水进行反冲洗。若用硅藻土预涂，则应先打开过滤机排出硅藻土，装机后再清洗。

（7）再生　过滤纸板经过再生后可循环使用。先用冷水洗涤约5min，再用45℃左右的温水洗涤约5min，最后用70～80℃、压力为50～100kPa的热水浸泡约10min，最后一次热水浸泡也可改用打循环。必要时用80～90℃的热水杀菌30min。

4. 特点

① 优点：过滤质量高，具有筛分、深层效应和吸附三重效应，过滤精度高；操作步骤简便。

② 缺点：易堵塞，故宜作精滤机，滤前需先进行粗滤；纸板价格昂贵。

三、错流过滤回收酵母啤酒

啤酒过滤后，发酵罐残留的酵母量，除部分回收用作种酵母以外，剩余的酵母液占啤酒总量的1%～2%，其中大部分为啤酒，固形物（酵母及蛋白质沉淀等）仅占10%～12%。过去，多采用酵母压榨机或离心机回收这部分啤酒，质量很差，不适饮用。如果采用错流过滤技术，则可将这部分酒保质保量地从酵母中回收回来。

错流过滤技术使啤酒过滤不再依靠助滤剂，整个啤酒一次过滤完成，不必再从酵母中回收啤酒，可以改善啤酒过滤质量、减少啤酒损失和环境污染，错流过滤也是促进啤酒生产连续化的一个重要组成部分。

（一）错流过滤原理

传统的过滤技术是静态的，在过滤过程中，由于滤液中的固形物不断积淀，滤层厚度越来越厚，过滤压差越来越大，以致最后压差增大而无法过滤。错流过滤是动态的，如图 6-10 所示，滤液以切线方向流经滤膜，待滤液和已滤液的流向是垂直的。

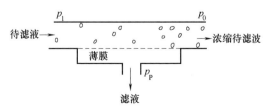

图 6-10 错流过滤示意图

p_1—待滤液进口的压力　p_0—浓缩待滤液的压力　p_p—滤液的压力

待滤液高流速形成湍流的摩擦力可以将附着在滤膜上的少量沉积物带走，不致堵塞滤孔。此待滤液经过不断回流，如图 6-11 所示，固形物浓度不断增长，最后达到固、液分离。由于靠近器壁流体的拖曳作用，流速减慢，在滤膜的表面仍会有薄的沉淀物形成，此与过滤物质的黏度和错流速度有关，利用定时逆流，可以解决此问题而不致堵塞滤孔。

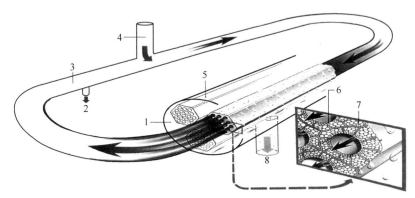

图 6-11 错流过滤技术滤液循环示意图

1—过滤单元　2—截留物排出口　3—特滤液循环　4—待滤液入口
5—多孔元件　6—陶瓷膜片　7—陶瓷微孔　8—滤液

（二）滤膜材质与滤柱的结构

错流过滤多采用陶瓷（Al_2O_3）滤膜，具有高机械强度、耐压力突变、易于逆流清洗等特点。错流过滤的主体设备是陶瓷滤柱，其横断面为六角形，沿其轴向排列 19 个直径为 6mm 的孔道（孔道多少和直径大小可根据需要选择），孔道长度 850mm，由多孔陶瓷载体支撑，陶瓷薄膜的微孔直径为 $0.45\sim1.3\mu m$，可根据需要选择。为了降低黏度，酵母液浓度控制在 10%～12%，分离后的固形物可达 16%～20%。错流过滤由计算机控制全部运行过程，可自动排除故障，有利于安全生产。

（三）工艺流程

错流过滤回收酵母啤酒的工艺流程如图 6-12 所示。

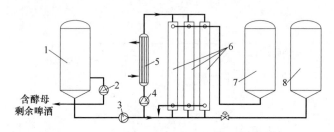

图 6-12　错流过滤回收酵母啤酒工艺流程
1—酵母罐　2—回流泵　3—供料泵　4—浓缩液回流泵
5—循环浓缩液冷却　6—陶瓷薄膜装置　7—滤液罐　8—浓缩液罐

（四）操作要点

（1）用酵母泵将酵母液送入酵母罐，并回流 30min，使其混合均匀。

（2）用供料泵将酵母液送入错流过滤系统，并由冷却夹套控制酵母液的温度，使其达到与流速相适应的最佳黏度。

（3）由滤液循环泵完成酵母液在滤柱内的循环，并保证酵母液通过滤柱的流速达到理想的流速（3～5s）。

（4）待流量达到预期值，各段滤柱压力达到既定值时，开始正常过滤。回收的啤酒和浓缩酵母分别汇集于啤酒储罐和酵母储罐内。

（5）滤柱每段都有节流阀，可自动调节开启程度，以保证流出酒液稳定及滤柱内的压力稳定。

（6）废酵母泵及酵母排出阀由压力控制。当排出口压力达 0.2MPa 时，排出阀和泵自动开启，排出浓缩酵母，然后自动关闭，整个过滤系统处在一个稳定的压力状态下。

（7）每次过滤完毕后，自行清洗。自动清洗分普通清洗和化学清洗，每次滤前滤后都需进行普通清洗；过滤一周后进行一次化学清洗，以保证整个滤酒过程的无酒要求。

① 普通清洗

a. 水洗：10min。

b. 反冲洗：10min。

c. 热水洗：20min（要求逐步升温：常温→45℃→65℃→85℃）。

d. 杀菌：85℃热水，20min。

e. 降温：10min。

f. CO$_2$ 排空。

② 化学清洗

a. 水洗：10min。

b. 反冲洗：10min。

c. 热水洗：20min（要求同上）。

d. 热碱水：20min（3%的 NaOH 溶液，85℃）。

e. 热碱水反洗：20min。

f. 降温到 30℃：10min。

g. 酸洗（1%的 HNO$_3$ 溶液）20min。

h. 顶水：10min。

i. CO$_2$ 排空。

（五）特点

（1）不必再用硅藻土过滤（因为资源受到限制，也容易引起健康问题和环境问题）和纸板精滤。

（2）回收啤酒的质量较压榨法高，可不经处理，直接掺兑入正常啤酒中。

（3）啤酒损失、水耗明显降低，经济效益显著。

（4）排污量降低，可减少工厂污水处理费用。

（5）可以进行全自动生产，操作方便可靠，工作效率高。

（6）扩建时，只需增设一套错流过滤设备，不需改动其他设备。

四、啤酒的无菌过滤

熟啤酒多采用巴氏杀菌的方法进行杀菌，易丧失其新鲜的口感。若用过滤的方式除去啤酒中的微生物，则无须将啤酒加热，可避免热处理对啤酒的影响。无菌过滤在啤酒灌装前进行，再辅以无菌灌装，既可提高啤酒的生物稳定性，又可保持啤酒原有的新鲜口感。

（一）滤芯的种类及特点

根据滤芯种类的不同，无菌过滤可分为薄膜过滤和深层过滤。

1. 薄膜滤芯

（1）性能 薄膜是一层带微孔的凝聚相物质，它将流体相分隔成两部分。在压力的推动下，流体穿过膜平面，直径比膜孔径大的微粒被截留下来。此类滤芯的孔径自上而下都是均一的，其滤除效率可以达到接近绝对过滤（＞99.99%）。某些滤材经过特殊处理，还可制成带正电荷的滤膜，增加了对微生物的吸附作用，过滤效率更高。滤膜应有较大的通透性和较高的选择性，耐温、耐压、化学稳定性强。

薄膜过滤在过滤初期，压差较小，而后孔径受阻，压差上升很快，流速降低。此类滤芯适合作无菌过滤的最后一道过滤。

过滤对象不同，滤膜孔径也不同：空气过滤 $0.2\mu m$，无菌水制备 $0.22\mu m$，啤酒预过滤 $0.8\mu m$，啤酒无菌过滤 $0.45\mu m$。

（2）材质 用于啤酒工业的滤膜材料多为玻璃纤维、尼龙 66、醋酸纤维、硝酸纤维、聚偏二氟乙烯、陶瓷、聚丙烯等，可制成各型孔径规格。

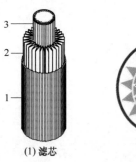

纯生啤酒的膜过滤通常采用折叠式筒状薄膜烛芯，也可将多个折叠层交错安装，如图 6-13 所示。一根过滤芯的过滤面积为 $36m^2$，相当于 20 根普通过滤芯。根据流量不同，过滤器内可安装多根滤芯。过滤器中有滤芯插孔、固定装置和可拆卸装置，拆装方便。其结构特点是：滤膜双道折叠，每道过滤层又有多层过滤介质，起到双级过滤效果；过滤芯压差小；过滤面积大；滤液流通量大；介质使用寿命长。

(1) 滤芯　　　(2) 滤芯截面

图 6-13　折叠式筒状薄膜滤芯

1—玻璃纤维折叠过滤层

2—折叠滤膜　3—里层折叠滤层

2. 深层滤芯

（1）性能 所谓深层滤芯是指杂质颗粒不仅仅受阻于滤材表面，且被捕捉于滤材的深层之中，因此，其杂质捕捉量远大于薄膜滤芯，其寿命也较薄膜滤芯长。深层滤芯过滤时压差上升较慢，流速也可维持较长时间不变，因此适用于无菌过滤中的预过滤（精滤）。

（2）材质 制作深层滤芯多用纤维质滤材，由木质纤维、硅藻土（或珍珠岩）以蜜胺树脂固着成型，经特殊处理也可使之带正电，便于捕捉污染微生物和胶体物质等。根据使用条件及灭菌操作的要求选择使用，既可作粗滤，又可作精滤用。

（二）无菌过滤工艺流程

无菌过滤在滤芯过滤前必须增加一道粗滤和精滤，保证最后滤芯的生产能力和使用寿命。根据滤芯性能，生啤酒的过滤可采用多种组合方式，见表 6-2。

表 6-2　　　　　　　　　　　　生啤酒过滤的组合方式

组合方式	粗滤	精滤	无菌过滤
1	硅藻土过滤	纸板过滤	薄膜滤芯过滤
2	硅藻土过滤	深层滤芯过滤	薄膜滤芯过滤
3	硅藻土过滤	深层滤芯过滤	深层滤芯过滤

粗滤后的酵母菌应降低至 100 个/100mL 以下；精滤后应达到酵母菌数基本

为零，污染菌去除率达 50％以上；最后一道过滤，采用薄膜滤芯或深层滤芯，均应达到酵母菌数为零，污染菌去除率达 99.99％以上，工艺流程如图 6-14 所示。

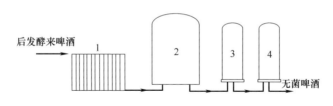

图 6-14　无菌过滤的工艺流程

1—硅藻土过滤机　2—缓冲罐　3—深层滤芯过滤机　4—薄膜滤芯过滤机

（三）无菌过滤操作要点

（1）冲洗　滤芯过滤系统组装完毕后，先以通过 $0.45\mu m$ 孔径薄膜的无菌水冲洗 20min，流量 $2\sim3m^3/h$，以防滤孔堵塞。

（2）完整性测试　以 CO_2 顶出过滤系统中的水，进行完整性测试。压力 0.12MPa，10min 后压力降不得超过 0.007MPa。如有破漏，需重新组装。

（3）背压　滤筒内以 CO_2 背压，将啤酒输入滤筒。滤筒内的 CO_2 压力应不低于 CO_2 在啤酒中的饱和压力。

（4）过滤　滤酒时进酒和出酒的压差保持在 5kPa 左右。

（5）CO_2 顶酒　滤酒完毕，以 CO_2 将此滤酒系统内残存的酒顶出，进入缓冲罐或直接进入灌装设备。

（6）冲洗　用 65℃ 热水反复冲洗此过滤系统。

（7）清洗滤芯　根据啤酒的可滤性在规定的时间内清洗。

（8）杀菌　先用 85～90℃ 的热水杀菌 30min，再用 110℃ 饱和蒸汽按过滤方向杀菌 30min。

（9）淋洗　杀菌后用无菌冷水淋洗，以便进行滤芯的完整性测试。

（10）排水　将此系统内的所有水排除干净。

（11）完整性测试　滤芯进行完整性测试，确定是否可继续使用。

（12）CO_2 冲洗　以 CO_2 冲洗所有此系统及管路，然后以 CO_2 背压备用。

所有以上操作过程均需符合滤芯规定要求，包括正确掌握淋洗、清洗、灭菌各项温度；清洗用水和 CO_2 均需先经无菌处理。

五、啤酒过滤质量控制

为了保证过滤的效果，需要注意以下几个控制点。

1. 溶解氧的控制

（1）脱氧水罐使用前用 CO_2 置换罐内的空气，背压为 0.08～0.1MPa，制水过程中稳定保压，控制脱氧水的溶氧量，达到要求方可使用。

（2）打开的发酵罐不应长时间放置，发酵罐尽量单滤，如果合滤，滤酒时间不能超过 48h，要尽快滤空，中间不停滤。

（3）过滤机使用前要打开出口阀、进口阀和所有排气阀，用脱氧水排尽过滤机内空气。从发酵罐出口到清酒罐所有的管道、设备在走酒前要用无菌脱氧水充满，再用酒将其顶出。

（4）从清酒罐底部用 CO_2 被压（纯度 99.5％以上）。

（5）使用脱氧水配制抗氧化剂，在过滤好的清酒中在线均匀添加。

（6）过滤管路及过滤泵应密封良好，管路弯头要少，管径要合理，设有排气装置，杜绝跑、冒、滴、漏、管路及过滤机空酒等现象。发酵罐快滤空时换罐操作要有专人看守，防止湍流的发生，避免进入空气。

（7）掌握好酒头、酒尾的进罐量，因为酒头、酒尾中溶氧高。

2. 微生物的控制

（1）过滤设备、管路等要定期刷洗，检验符合要求才可使用。

（2）稀释和洗涤用的脱氧水，可通过紫外线杀菌以减少杂菌。

（3）背压用的 CO_2 可以通过膜过滤除菌。

（4）设备及管路应定期严格灭菌，连通器具、软管在闲置时应放入杀菌液中。

（5）加强过滤车间杀菌，墙壁应无霉斑，定期喷酒精杀菌（包括设备管路的表面），地面定期撒漂白粉消毒。

（6）过滤好的酒在清酒罐中停留时间不宜超过 24h，超过 24h 则要复检微生物。

3. 啤酒风味的控制

（1）修饰添加剂的使用量必须适宜，否则会对啤酒质量产生负面影响。

（2）严格控制硅藻土中铁离子含量，所有过滤设备、管路必须使用不锈钢材料，防止啤酒出现铁腥味。

（3）过滤过程中经常会遇到更换品种的情况，当前后两种酒均是普通酒时，可以用酒顶酒。若两种酒中有一种为精制酒，更换品种时要用脱氧水顶前一种酒，以免两种口味相差明显的酒混合后影响整个清酒罐酒的风味。

任务二

啤酒的稳定性处理

啤酒的稳定性主要分成两大类：生物稳定性和非生物稳定性。啤酒生产过程中，由于污染杂菌，过滤除菌或杀菌不彻底而导致啤酒酸败称为生物稳定性。非生物稳定性指随着储存时间的延长，特别是在温度比较低的情况下（如冬季），冷浑浊物凝固析出，啤酒出现早期浑浊，严重时出现沉淀，这种现象主要是由于啤酒中高分子蛋白质与单宁化合物形成复合物造成的，除去任何一种物质都能提高啤酒的非生物稳定性。

一、非生物稳定性处理

将瓶装啤酒冷却至 $0℃$，一段时间后观察，发现有轻微的浑浊，加热至 $60℃$后，浑浊消失，这种浑浊称胶体浑浊，分以下两种情况。

暂时性浑浊：冷却后出现浑浊，加热至 $20℃$ 又消失（溶解）。

永久性浑浊：随着时间的延长，这种冷浑浊不消失。

提高啤酒的非生物稳定性首先要严格工艺操作，其次是采取一些工艺措施。这些工艺措施大都与过滤同时实施，加入一些吸附剂或沉淀剂，去除造成啤酒早期浑浊的蛋白质或单宁物质。

（一）添加 PVPP

1. PVPP 的作用

PVPP 是聚乙烯吡咯烷酮聚合物，为白色粉末，颗粒大小为 $1\sim450\mu m$，具有酰胺键，可选择性地除去引起啤酒浑浊的多酚物质，用 PVPP 处理的啤酒其非生物稳定性可延长至 6 个月。

2. PVPP 吸附时间及添加量

经硅藻土过滤后的啤酒，再用 PVPP 处理。PVPP 的添加量与啤酒的澄清程度有关，粗滤后的啤酒添加量少，未过滤的啤酒添加量多。滤后啤酒添加 $20\sim30g/hL$，滤前啤酒添加 $50g/hL$，接触时间 5min 左右，即能达到良好的效果。

3. PVPP 使用方法

PVPP 的使用方法主要有三种：将 PVPP 加到过滤纸板中；与硅藻土混合使用；单独循环使用。

（1）含 PVPP 纸板　PVPP 适合处理硅藻土过滤后的啤酒，而板式过滤机主要用于精滤，将二者合二为一可以达到双重目的。因此，在制造纸板时加入部分PVPP，可以在精滤的同时除去部分多酚物质。PVPP 的添加量随产品性质不同而变化，如添加 20％、30％、40％等。

（2）与硅藻土混合使用　在硅藻土过滤的同时流加 PVPP，简单方便，不需要增添设备，但 PVPP 不能重复利用。

（3）PVPP 循环使用　经硅藻土过滤后的啤酒，单独用 PVPP 处理效果更好，并且 PVPP 经过再生后还可以循环使用。

（二）添加硅胶

1. 硅胶的作用

硅胶是一种非晶态多微孔结构的固体粉末，孔径 $8\sim16mm$，化学分子式为$SiO_2 \cdot nH_2O$，具有较强的热、冷稳定性，对人体无害。硅胶表面上的硅烷基能选择性地吸附啤酒中的蛋白质和蛋白质-多酚复合物，并且具有特定的微孔结构、微孔孔径、比表面积和一定的含水量，因此具有良好的吸附作用，对啤酒的原有风味、泡沫和香味没有影响。

2. 硅胶的使用方法

啤酒生产过程中，硅胶添加在热麦汁、冷麦汁、前酵、后酵以及过滤阶段，均可除掉浑浊成分，提高产品的稳定性。在冷麦汁或主发酵初始时添加硅胶，能快速形成大量凝聚物，通过过滤的方法可将凝聚物除去。如果在煮沸或回旋沉淀槽的热麦汁中添加硅胶，产生的凝聚物和热凝固物则一同沉淀于锅底或槽底部，经静置沉降或离心分离即可去除。硅胶的添加量一般为 300～500mg/kg。

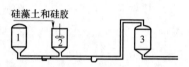

图 6-15　硅胶与硅藻土混合添加系统

1—发酵罐　2—硅藻土添加罐

3—过滤机

多数啤酒厂在啤酒过滤前添加硅胶，添加方式主要有两种。

（1）与硅藻土混合添加　将硅胶与硅藻土一同加入到过滤系统的硅藻土添加罐中，不需要增添专门设备，添加量和添加方式分别见表 6-3 和图 6-15。

表 6-3　　　　　　　　　　硅胶与硅藻土的添加量

项目	硅胶	硅藻土
第一次预涂	不加	500g/m²
第二次预涂	50g/m²	200～300g/m²
过滤流加	30～100g/100L 啤酒	80～100g/100L 啤酒

（2）独立添加　在发酵之后，过滤之前，采用批量或连续的方式加入硅胶。批量加入是指将硅胶一次性投入装满啤酒的罐中，保持 5min 以上的吸附时间，硅胶及凝聚物可在过滤过程中除去，如图 6-16（1）所示。连续加入是指按照计算好的量，将硅胶连续加入啤酒中，并通过一个能保持 3min 以上接触时间的容器后再通过过滤机，如图 6-16（2）所示。

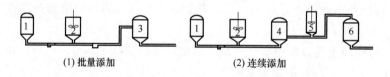

(1)批量添加　　　　　　　　(2)连续添加

图 6-16　硅胶的独立添加系统

1—发酵罐　2—硅胶添加罐　3—处理罐　4—中转罐　5—硅藻土添加罐　6—过滤机

（三）添加单宁

1. 单宁的作用

啤酒酿造专用单宁有两种：糖化型和速溶型。前者在糖化时添加，后者在发酵过程中或过滤期间添加。酿造单宁能与引起啤酒早期浑浊的可溶性蛋白质发生沉淀反应，并能与金属离子发生络合反应生成不溶性的环状化合物。酿造单宁还能减少氧化反应和醛类的生成，提高啤酒的抗老化性能。

2. 单宁的使用方法

（1）在发酵过程中添加　采用一罐法发酵时，在降温后将速溶型酿造单宁溶液打入罐内；采用两罐法发酵时，在倒罐时于管路中流加。添加量为 30～50mg/L。

（2）在过滤过程中添加　在过滤前加入到缓冲罐（流加罐）中，与啤酒的作用时间应不低于 15min，添加量略低于在发酵期间的添加量。

（四）添加蛋白酶

蛋白酶可将引起啤酒早期浑浊的高分子蛋白质分解成低分子物质，从而提高啤酒的非生物稳定性。最常用的是木瓜蛋白酶，添加木瓜蛋白酶可使啤酒的非生物稳定性延长 2～3 个月。蛋白酶添加量要适当，过多会影响啤酒的泡沫。

二、生物稳定性处理

啤酒经过过滤澄清后，仍然含有少量微生物，如啤酒酵母、野生酵母和细菌等，在啤酒的保质期内，这些尚存的微生物或者污染的外界细菌会导致啤酒变质。要提高啤酒的生物稳定性，延长啤酒的保质期，必须将啤酒中的微生物除去。去除微生物的方法主要有两种，即杀菌法和无菌过滤法。

（一）杀菌

1. 杀菌原理

微生物的生长繁殖都是在一定的温度范围内，超过了某个温度界限就会导致死亡。啤酒中常见微生物的生长和灭死温度见表 6-4。

表 6-4 　　　　　　　　　啤酒中常见微生物的生长和灭死温度

微生物	最低生长温度/℃	最适生长温度/℃	最高生长温度/℃	灭死温度和时间	
				温度/℃	时间/min
啤酒酵母	2	25～30	37	52～54	5～10
其他酵母	0.5	25～32	39～40	52～57	10
乳酸菌	5	35～40	55	58	10
醋酸菌	4～10	28～37	33～45	55	10
大肠杆菌	5～10	30～40	45～55	55	10
足球菌	4～6	25	40～45	55	10
野生酵母孢子	—	—	—	56	10
青霉菌	−5～1.5	25～27	31～36	120	5

啤酒杀菌多采用低温灭菌，或称巴氏灭菌。在 60℃维持 1min，称为 1 个巴斯德灭菌单位，用 PU 表示。巴氏灭菌单位是灭菌时间与温度对数函数的乘积，公式如下：

$$PU = T \cdot 1.393^{(t-60)}$$

式中　T——灭菌时间，min

　　　t——灭菌温度，℃

灭菌温度在50℃以上时，每提高7℃，灭菌时间可缩短1/10，即在同样灭菌时间下，温度提高7℃，PU值增加10倍。

对于啤酒而言，不需要太高的杀菌温度和太长的杀菌时间，因为啤酒有一定的保质期，在保质期内微生物不繁殖到一定的数量即可。另外高温长时间杀菌会破坏啤酒中的营养物质和降低啤酒的新鲜感。

2. 杀菌方法

啤酒杀菌可以在灌装前杀菌，也可在灌装后杀菌。灌装前杀菌一般采用瞬间杀菌，灌装后杀菌一般采用隧道式杀菌。随着生产条件的改善和技术的进步，越来越多的啤酒厂趋向于瞬时杀菌。

（1）瞬时杀菌　瞬时杀菌比隧道式杀菌温度略高、时间短，能杀灭微生物的营养细胞，但不能杀死孢子或芽孢。由于啤酒在较高的温度下维持的时间很短，因此营养成分不致被破坏，并保留了啤酒的新鲜感。瞬时杀菌后的啤酒要求无菌灌装，生物稳定性相对较低，保质期稍短，我国部分纯生啤酒生产采用此法。瞬时杀菌流程如图6-17所示。

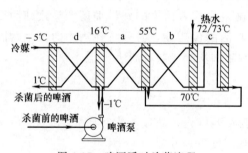

图6-17　啤酒瞬时杀菌流程

瞬时杀菌过程分为四个阶段。

① 预热阶段（a区）：已杀菌但尚未冷却的啤酒（68～70℃）与待杀菌的冷啤酒（约1℃）在热交换器中逆流通过进行换热，将约1℃的啤酒预热至55℃左右；与此同时，68～70℃的热啤酒被冷却至12～18℃。

② 加热阶段（b区）：用72～73℃的热水将已预热的啤酒加热至68～70℃。热水温度不能超过啤酒温度的2～3℃。

③ 保温阶段（c区）：加热后的啤酒在68～70℃维持30～80s，杀死微生物的营养体。

④ 冷却阶段（d区）：经过杀菌并与热啤酒进行过一次热交换的啤酒冷至灌装温度（约1℃）。

（2）隧道式杀菌　啤酒装瓶（罐）后，通过类似于隧道的杀菌机，采用热水喷淋的方式将啤酒灭菌。

（二）无菌过滤

无菌过滤在啤酒灌装前进行，再辅以无菌灌装，既可提高啤酒的生物稳定性，又可保持啤酒原有的新鲜口感。

三、口味稳定性处理

在啤酒生产过程中，几乎所有的工艺过程都或多或少地影响啤酒的口味稳定性，而啤酒的口味质量是消费者最敏感的指标之一。

啤酒口味的变化主要由麦汁、啤酒吸氧引起的，啤酒与氧气会发生氧化反应，产生令人讨厌的老化味（类似面包、焦糖的不舒服的气味和口味），其反应速度随温度升高而加快。因此氧是啤酒生产的"头号大敌"。

除了氧的因素之外，光线照射和剧烈运动也会影响啤酒的口味稳定性，使啤酒产生老化味。因此，啤酒应避免暴晒，尽可能使用棕色瓶或绿色瓶，最好不用白色瓶，也不宜长途运输。

（一）口味稳定性测定

对啤酒口味老化起重要作用的物质称为老化物质。通过一些强化老化实验，加速啤酒的老化进程，然后利用气相色谱分析技术测定啤酒中老化物质的含量，并进行感官品评。再与新鲜啤酒的分析检测和感官品评结果相对照，即可客观地评判其老化程度，评价其口味稳定性。

强化老化实验方法：先将鲜啤酒摇动 1d，然后于 40℃存放 4d，或在 60℃存放 1d，该强化老化实验的效果与在 20℃下存放 3～4 个月大致相当。

借助分析技术，预测麦芽制备及啤酒酿造各环节对口味稳定性的影响，从而有效地控制啤酒的口味稳定性。

（二）利用添加剂延长稳定期

1. 添加维生素 C 及异维生素 C

维生素 C 又称抗环血酸，可作为啤酒的抗氧化剂。欧共体规定维生素 C 的添加量应低于 50mg/L，我国优质啤酒的添加量一般为 20～30mg/L。由于维生素 C 的抗氧化作用时间比较短，最好将维生素 C 与 SO_2 共同使用，效果会更好。

异维生素 C 的使用量为 30mg/L 左右，由于异维生素 C 的抗氧化作用时间比较短，所以通常在后发酵或过滤时添加。异维生素 C 用量较异维生素 C 高，要求不超过 40mg/L，一般厂家均采用 25mg/L 的添加量，使用方法与维生素 C 相同。

2. 添加亚硫酸氢钠

（1）亚硫酸氢钠的作用　亚硫酸氢钠中的有效成分是 SO_2，亚硫酸氢钠对啤酒风味稳定性的作用主要表现在抗氧化性、掩盖老化口味、抑菌等几个方面。但啤酒中 SO_2 的含量不宜过高，否则对啤酒的口感不利，如会给啤酒带来 SO_2 的刺激味（如酵母臭），同时也不利于人体健康。

（2）亚硫酸氢钠的添加方式　一般在啤酒过滤后添加亚硫酸氢钠，即在啤酒灌装前加入到清酒罐中。许多国家都对啤酒中 SO_2 的含量作了限制，我国国家标准规定发酵酒 SO_2 含量低于 50mg/L。啤酒发酵过程中通过酵母硫代谢产生的

SO_2 量一般低于 15mg/L，我国内销啤酒需要人工添加到 25～30mg/L。

习题▶

一、解释题

过滤　硅藻土　水值　泡沫稳定性　生物稳定性　非生物稳定性　错流过滤　PU

二、填空题

1. 啤酒过滤设备主要有 _____、_____、_____、_____等，目前使用最多的是 _____。

2. 板式过滤机的缺点是_____，故宜作精滤机，滤前先需要进行粗滤。

3. 板式过滤机的过滤质量高，具有 _____、_____和_____三重效应。

4. 硅藻土的化学成分是____，不会与啤酒发生化学反应。

5. 啤酒过滤前后的变化是色度_____、苦味值_____、蛋白质含量_____、含氧量_____。

6. 根据滤芯的不同，无菌过滤可分为_____过滤和_____过滤。

7. 啤酒的稳定性主要分为_____稳定性和_____稳定性两大类。

8. 去除啤酒中微生物的方法主要有_____和_____。

9. 瓶装啤酒胶体浑浊可分为_____和_____两种情形。

三、选择题

1. 无菌过滤时大多采用（　　）孔径的滤芯，以滤除酵母菌和一般污染菌。

　　A. $0.2\mu m$　　　B. $0.45\mu m$　　　C. $0.8\mu m$　　　D. $1.0\mu m$

2. 硅藻土是单细胞藻类的化石，由（　　）组成。

　　A. 碳酸钙　　　B. 二氧化硅　　　C. 硅酸钠　　　D. 硅酸钙

3. 过滤中添加 PVPP 是为了吸附（　　）。

　　A. 蛋白质　　　B. 多酚　　　C. 酵母

4. 过滤系统和清酒管用 CO_2 背压，其目的主要是（　　）。

　　A. 防止啤酒出现悬浮物　　　　　B. 防止空气中的微生物进入酒液

　　C. 保证啤酒的口味　　　　　　　D. 减少酒液与空气的接触

5. 在啤酒生产中，硅藻土是作为（　　）使用，它对啤酒风味基本没有影响。

　　A. 助滤剂　　　B. 黏合剂　　　C. 絮凝剂　　　D. 过滤介质

6. 凹凸棒土的来源是纤维状硅酸镁黏土，可作为啤酒过滤的助滤剂。

　　A. 助滤剂　　　B. 添加剂　　　C. 絮凝剂　　　D. 过滤介质

四、判断题

1. 硅藻土过滤机达到均匀预涂的条件之一是过滤机要彻底排气。　　　　（　　）

2. 稀释水 pH 低时应适量添加磷酸。　　　　　　　　　　（　　）

3. 用 CO_2 备压的目的是降低酒液的增氧。　　　　　　　（　　）

4. 过滤精度越高，过滤量则越高。　　　　　　　　　　　（　　）

5. 硅胶和单宁对蛋白质的析出都有一定的作用。　　　　　（　　）

6. 维生素 C 可作为啤酒的抗氧化剂。　　　　　　　　　　（　　）

7. 过滤操作的推动力是过滤床层两侧的压力差。　　　　　（　　）

8. 无菌过滤辅以无菌灌装，既可提高啤酒生物稳定性，又能保持新鲜的口感。　　　　　　　　　　　　　　　　　　　　（　　）

五、简答题

1. 简述啤酒过滤的目的与方法。

2. 简述啤酒过滤的基本要求。

3. 简述啤酒过滤的作用机理。

4. 简述啤酒错流过滤的原理、特点及操作要点。

5. 举例说明无菌过滤工艺流程及操作要点。

6. 简述提高啤酒稳定性的可行性措施。

项目七

▼

啤酒高浓度稀释技术

教学目标

【知识目标】啤酒高浓度稀释的含义；高浓度稀释啤酒的特点；啤酒高浓度酿造的工艺要点；稀释用水的要求及处理方法。

【技能目标】高浓酿造对酿造过程的技术要求；高浓度麦汁的制备；高浓度啤酒的发酵；稀释用水的制备；高浓度啤酒的稀释。

【课前思考】啤酒高浓度稀释技术的应用；如何利用啤酒高浓度稀释技术最大程度地提高啤酒产量，而不影响啤酒的风味。

【认知解读】高浓度稀释啤酒就是先制备高浓度的原麦汁，然后根据设备的平衡能力，在后道工序中进行稀释，使其达到成品啤酒所要求的原麦汁浓度，以提高糖化、发酵、储酒等设备的利用率，在不增加糖化、发酵等生产设备的基础上提高啤酒的产量。高浓啤酒稀释用水的质量直接影响啤酒的风味和稳定性，必须经过一系列的处理。

任务一

啤酒高浓稀释的意义及特点

一、高浓度稀释技术在啤酒酿造中的应用

1. 啤酒高浓度稀释的意义

高浓度稀释啤酒的确切名称为"高浓度麦汁酿造后稀释啤酒"，简称稀释啤酒。

高浓度稀释啤酒即先制备高浓度的原麦汁，然后根据现有设备的生产能力，在以后的工序中进行稀释，使其达到最后啤酒所要求的原麦汁浓度，以提高糖化、发酵、储酒、澄清等设备的利用率。

采用此项技术的目的是在不增加糖化、发酵等生产设备的基础上提高啤酒的

产量。

2. 啤酒高浓度稀释的应用

20 世纪 70 年代，美国、加拿大等国家率先推出高浓酿造啤酒，即采用高浓糖化、高浓发酵，啤酒过滤前稀释。目前在世界范围内高浓酿造方法已成为普遍的生产技术，在美国啤酒工业的应用范围已达 70％以上。麦汁浓度和稀释率逐渐提高，麦汁浓度高达 18％～24％，稀释率高达 60％。

高浓酿造的原麦汁浓度应在 15％以上，而我国有的啤酒厂采用原麦汁浓度 12％～13％，发酵后稀释成浓度为 8％～10％的啤酒，严格地讲此工艺不属于高浓酿造法。

二、稀释率

高浓度稀释比例一般是按原麦汁浓度计算的，用稀释率表示稀释比例比的高低，可用下式计算：

$$稀释率（\%）=\frac{高浓度酿造原麦汁浓度-稀释后啤酒原麦汁浓度}{稀释后啤酒原麦汁浓度}\times100\%$$

例如，制备的原麦汁浓度为 15％，稀释后成品啤酒的原麦汁浓度为 10％，则稀释率为 50％，即稀释后的啤酒较原容量增加 50％，计算如下：

$$稀释率（\%）=\frac{15\%-10\%}{10\%}\times100\%=50\%$$

高浓酿造稀释率一般控制在 20％～40％。若稀释率过高，会影响啤酒的口味；若稀释率太低，设备利用率提高不大，经济效益不明显。

三、啤酒高浓度稀释的特点

（一）啤酒高浓度稀释的优点

（1）提高设备利用率。既可节省工厂建设投资，又可规避企业扩产而带来投资风险。

（2）增加产量。在原有设备的基础上提高啤酒生产能力，提高生产效率。

（3）降低生产成本。采用高浓度糖化、高浓发酵、啤酒过滤后稀释，可使加热、冷却、储酒所消耗的能量约降低 15％；清洗、过滤及污水处理费用均有所降低；因可多添加辅料，也可使生产费用降低。

（4）提高生产灵活性。可由一种浓度稀释成多种产品，以增强市场适应能力。

（5）单位可发酵浸出物的酒精产量提高。

（6）稀释啤酒的口感柔和爽口，淡爽风格更加突出，风味稳定性和非生物稳定性均有所改善。

（二）啤酒高浓度稀释的缺点

（1）麦汁收得率较低。由于糖化醪浓度高，麦汁过滤和洗糟不彻底，麦糟中残糖量较高，原料浸出物收率下降。在不影响质量的前提下，洗糟残液可作为下次糖化或洗糟用水。

（2）高浓度麦汁煮沸会导致大量苦味物质的损失。麦汁浓度越高，酒花利用率越低。制备高浓度麦汁时，需增加单位麦汁的酒花添加量，或在主发酵后添加适量异构化酒花浸膏。

（3）发酵时泡沫增加，发酵损失相应增加，因而发酵罐的容积利用率降低。

（4）高浓度发酵过程中产生高浓度酒精和高渗透压，使啤酒酵母的活性受损，使用代数减少，酵母的凝聚性变差。

（5）泡持性降低。麦汁经煮沸以后，其疏水性蛋白质含量逐步降低，而高浓度麦汁降低的幅度更大，使稀释啤酒的泡持性降低。

（三）高浓度对酿造过程的影响

1. 对麦汁制备过程的影响

（1）对糖化收得率的影响　高浓度酿造增加了投料量，头号麦汁浓度相应提高，洗糟用水减少，降低了糖化收得率。

（2）对酒花苦味物质利用率的影响　随着麦汁浓度的提高，酒花苦味物质的利用率降低，浓度为 20% 的麦汁比 12% 的麦汁的 α-酸利用率下降约 3.5%。

2. 对啤酒酵母的影响

（1）对酵母细胞体积的影响　酵母细胞体积随着麦汁浓度的提高而增大，当麦汁浓度由 7.5% 提高到 17.5% 时，酵母细胞体积平均增大 30%。

（2）对酵母存活率的影响　高浓度麦汁不利于酵母的存活，随着麦汁浓度的提高，发酵后酵母的存活率降低。

（3）对降糖速率的影响　随着麦汁浓度的提高，酵母的降糖速率下降。

3. 对溶氧的影响

随着麦汁浓度的提高，溶氧水平下降。麦汁浓度每提高 1%，需要提高溶解氧约 1mg/L。

4. 对发酵的影响

由于麦汁浓度的提高导致降糖速率下降，所以要保持降糖速率就必须增大接种量。

任务二

高浓度啤酒的酿造

一、高浓度麦汁的制备

1. 糖化

若混合料无水浸出物的平均浸出率为 80％，料水比为 1：2.8，糖化操作可正常进行，即可制取浓度为 18％～20％的定型麦汁。出于原料吸水及糖化醪的流动性考虑，料水比一般不得低于 1：2.7。

糖化过程中，可适当调整蛋白质休止温度，采用低温浸渍休止，可增加蛋白质的溶解，提高发酵过程中酵母所需要的营养成分。采用分段式糖化可有效提高麦汁中可发酵性糖的含量，以保证合格的发酵度。

2. 麦汁过滤

如果按常规方法制备高浓度麦汁，必然导致麦汁过滤时间和煮沸时间过长。为了控制麦汁过滤时间和麦汁煮沸费用，应提高第一麦汁浓度并减少洗糟用水，势必导致残糖浓度过高和麦汁收得率降低。为了减少浸出物的损失，可将回收的洗糟残液作为下次糖化用水或洗糟用水，但必须做到：回收利用的洗糟残液应在 80℃保存，以防止杂菌污染；洗糟残液中的类脂、多酚物质及其他不良成分的含量不至于对下锅糖化造成质量影响；洗糟残液最好经过活性炭吸附过滤后再使用。

3. 麦汁煮沸

（1）增加酒花　制备高浓度麦汁时，应酌量增加单位麦汁的酒花用量。

（2）添加糖或糖浆　实际生产中，若不采用高浓糖化工艺，也可先制备低浓度全麦芽麦汁，在麦汁煮沸结束前 20min 左右添加部分糖浆于煮沸锅中，以提高麦汁浓度、减少浸出物损失，提高过滤效率。

4. 麦汁回旋

当麦汁浓度超过 14.5°P 时，由于麦汁黏度较高、浑浊物数量及酒花添加量较大，在回旋沉淀槽中常出现悬浮物沉淀较差的现象。这不仅对热麦汁离心产生不利的影响，还会使麦汁损失率增大，所以必须设法将其中的浸出物加以回收利用。

5. 麦汁充氧

高浓度发酵时，酵母对冷麦汁溶解氧含量要求比正常发酵高，一般溶解氧需达到 8～12mg/L。若采用无菌空气充氧，充氧压力要增加很多，还会造成高浓度麦汁严重溢罐，泡沫损失加大，因此可通入纯氧或部分通入纯氧。

二、高浓度啤酒发酵

1. 酵母菌种

高浓度啤酒酿造应选用耐高酒精度和高渗透压的啤酒酵母，以适应高浓度麦汁的发酵。

2. 酵母的用量

酵母接种量应随着麦汁浓度的提高而适当增加，否则会造成发酵迟缓、发酵时间长、发酵不完全、双乙酰峰值高等现象。浓度为 14%～16% 的麦汁酵母细胞接种量可控制在 $(1.8～3.0)×10^7$ 个/mL。

3. 酵母的使用代数

由于高渗透压和高酒精含量会使酵母活性降低，所以酵母使用代数应少于低浓度麦汁的发酵。

4. 发酵温度

为了防止高温时高浓度发酵过于猛烈而造成泡沫物质的过量损失，在满罐第 1～2d 内应保持低温，然后自然升温至发酵温度。

5. 封罐糖度

封罐糖度以冬季能顺利保压至规定要求为依据。若封罐时间过早会造成酵母数量下降，使成品啤酒发酵度降低；若封罐时间太迟，罐压上升速度缓慢，有时达不到要求的罐压。在发酵过程中应尽量缩短高温时间，防止酵母在高温下长时间与高酒精度酒液接触而产生菌体自溶，降低回收酵母的质量。

6. 满罐容量

随着麦汁浓度的提高，主发酵期生成的泡沫增多。若采用锥形罐发酵，满罐容量不宜过高，以 80% 为宜；若麦汁浓度很高或发酵温度较高，则满罐容量以 70%～75% 为宜。

7. 酵母回收

酵母回收后，最好用 2℃ 左右的无菌水按比例稀释保存，以防高温、高酒精度对酵母造成损害。

三、储酒

1. 储酒温度

由于高浓度发酵啤酒的酒精含量较高，啤酒的冰点相应较低，如原麦汁浓度为 10% 的普通啤酒的冰点为 -2℃，而 16% 的啤酒冰点为 -3.2℃，所以储酒温度可降至 -2～-1℃，这样有利于提高啤酒的非生物稳定性。

2. 储酒时间

低温储酒有利于提高啤酒的非生物稳定性，因此储酒时间不必延长。

四、滤酒

（1）无论是滤酒前还是过滤后稀释啤酒，都应严格控制稀释用水的质量。

（2）如果稀释用水本身没有浑浊现象，与啤酒混合后也不出现浑浊，则可在滤酒后进行稀释。

（3）若采用滤后稀释，啤酒过滤可以在更低的温度下进行，有利于提高成品酒的非生物稳定性。

任务三

稀释用水的处理

稀释用水的质量直接关系到成品啤酒的风味和稳定性，应具有与啤酒相同的质量特性，如生物稳定性、无异杂味、含有一定量的 CO_2，与啤酒具有相同的温度和 pH 等。因此稀释用水需要经过过滤、杀菌、脱氧、冷却、充 CO_2 等一系列处理。

一、稀释用水的要求

（1）符合饮用水标准，无任何微生物污染及化学污染，水的残留碱度一般要求≤0。

（2）无臭，无味，无余氯，清澈透明，无悬浮物。

（3）溶解氧含量要低。当稀释率为 10%～20%时，溶解氧量要求 0.03～0.04mg/L；当稀释率达到 30%时，溶解氧量要求 0.02mg/L；当稀释率大于 40%时，溶解氧量要求低于 0.01mg/L。

（4）充 CO_2，使稀释水中 CO_2 含量接近或略高于混合啤酒中的含量。

（5）根据啤酒成分要求，适当调整稀释用水中的离子含量。如 Fe^{3+} 含量应低于 0.04mg/L，Mn^{2+} 含量应低于 0.01mg/L，Ca^{2+} 含量应低于正常浓度的啤酒。

二、稀释用水的制备

高浓啤酒稀释用水制备流程：饮用水→预处理→杀菌→脱氧→冷却→充 CO_2。

1. 预处理

（1）调整 pH 将水的 pH 调整到与被稀释啤酒的 pH 相同。

（2）去盐 采用离子交换或反渗透等等处理方法去除离子，或将原水中的离子选择性地除去。

（3）过滤 除去水中的有机物及大颗粒悬浮物等杂质。

（4）脱氯 如果水中残留杀菌氯味，应采用活性炭吸附过滤脱氯。

2. 灭菌

稀释用水的灭菌方法主要有以下几种。

（1）薄板热交换器灭菌 用薄板热交换器换热时，温度可控制在100℃，不仅能有效灭菌，还能降低水中碳酸氢盐含量，从而减轻碳酸盐对啤酒 pH 的影响；或在薄板热交换器内将稀释用水加热到75～80℃，维持30s后冷却。

（2）紫外线杀菌 使薄层水流经过石英汞蒸气弧光灯即可灭菌。紫外线杀菌

强度控制在 $16\sim20W/m^2$。啤酒厂大都采用波长为 $184.9\sim313nm$ 的紫外线照射系统，具有较强的杀菌力。

（3）无菌过滤 采用 $0.2\sim0.3\mu m$ 的滤膜进行过滤。

（4）臭氧处理 压缩机将干洁的空气压入臭氧发生器，使其通过持续高压放电的两个电极，即可产生臭氧。臭氧与水一同进入臭氧-水混合罐。臭氧与水混合后可保持 $3\sim5min$ 的有效浓度（$>0.2mg/L$），然后便降解为普通氧分子，由混合罐顶部的出口排出。经灭菌后的水由混合罐底部排出，进入脱氧装置。

3. 脱氧

常温水中溶解氧含量为 $8\sim10mg/L$，不符合稀释用水的要求，故需脱氧。常用的脱氧方法有真空脱氧、CO_2 置换脱氧和混合脱氧三种。

（1）真空脱氧 用泵将水打入真空脱氧罐内，通过喷嘴使水在罐内形成雾状，由真空泵抽真空，脱氧罐在负压（$94.8kPa$ 的真空度）条件下，使氧在水中的平衡量降低，多余的氧则排出。

（2）CO_2 置换脱氧 根据亨利定律，在平衡系统中，若不改变混合气体的总压力，向水中充 CO_2，则 CO_2 的分压增大，CO_2 在水中的溶解度提高，而氧的分压降低，使氧在水中的溶解度降低而释出。

（3）混合脱氧 先进行真空脱氧，再用 CO_2 置换脱氧，可进一步降低稀释用水中的含氧量。

4. 冷却

根据灌酒需要，脱氧后的稀释用水须用薄板换热器冷却到接近冰点。开始时先与待杀菌的水对流换热冷却，然后轻度充 CO_2，以避免稀释用水再次吸氧，最后用冷媒冷却到所需要的温度。

5. 充 CO_2

（1）充 CO_2 的作用：避免脱氧后的稀释用水重新吸氧；保证稀释后的啤酒含有足够的 CO_2。

（2）充 CO_2 的方法：在脱氧水经热交换器冷却后先轻度充 CO_2，或用 CO_2 置换脱氧时充 CO_2。此时充 CO_2 的水由水泵送至以 CO_2 备压的储水罐待用，控制 CO_2 含量接近或略高于啤酒中的含量，如 $4\sim5g/L$，用 CO_2 保压 $0.2MPa$。稀释后的啤酒还要再充 CO_2，使其达到所需要的 CO_2 含量。

任务四

高浓度啤酒的稀释

一、稀释要点

（1）根据高浓度酿造的啤酒与稀释后的啤酒酒精含量进行稀释。

（2）高浓度的啤酒与稀释用水按要求比例进行混合。

（3）在稀释过程中，应保持稳定的混合比例。

（4）利用在线检测，控制稀释后啤酒的相对密度、酒精含量及 CO_2 含量，通过计算机表示出其原麦汁浓度、真正浓度等。

二、稀释方式

啤酒稀释可以在酿造过程的任何阶段通过加脱氧水来实现，如在糖化阶段稀释（麦汁煮沸结束前、麦汁冷却后）、发酵阶段稀释（发酵期间或临近结束、后熟期间）和过滤阶段稀释（过滤前、过滤后），但啤酒厂大都采用过滤前后稀释的方法。

1. 过滤前稀释

过滤前稀释有两种工艺流程，一种是在过滤后充 CO_2，另一种是在过滤前充 CO_2。

（1）过滤后充 CO_2　这种方式需要酒水混合和充 CO_2 两套控制系统，工艺流程如下：

$$酒水混合 \rightarrow 冷却 \rightarrow 过滤 \rightarrow 充 CO_2 \rightarrow 入储酒罐$$

（2）过滤前充 CO_2　这种方式酒水混合和充 CO_2 用一套控制系统即可。但滤酒前充 CO_2，尚未完全溶解于酒中的 CO_2 气泡会干扰滤层，使滤层变得疏松，影响过滤。因此，滤前充 CO_2，必须有使 CO_2 充分溶解于酒内的措施。工艺流程如下：

$$酒水混合 \rightarrow 充 CO_2 \rightarrow 冷却 \rightarrow 过滤 \rightarrow 入储酒罐$$

2. 过滤后稀释

过滤后稀释必须不能因为酒液浓度高而影响过滤。滤后稀释酒温会略有升高，需进行冷却。滤后酒水混合及充 CO_2 可用同一控制系统，工艺流程如下：

$$原酒 \rightarrow 过滤 \rightarrow 酒水混合 \rightarrow 充 CO_2 \rightarrow 冷却 \rightarrow 入储酒罐$$

习题 ▶

一、解释题

高浓度稀释啤酒　稀释率

二、填空题

1. 麦汁浓度越_____，酒花利用率越_____。

2. 高浓稀释用水制备包括_____、_____、_____、_____、_____、_____等过程。

3. 稀释用水常用的脱氧方法有_____、_____、_____等。

4. 如果水中残留杀菌氯味，常采用_____吸附过滤脱氯。

三、选择题

1. 高浓酿造的原麦汁浓度一般控制在（　　）以上。

　　A. 13％　　　　　B. 6％　　　　　C. 15％　　　　　D. 8％

2. 高浓酿造啤酒的稀释率一般控制在（　　）。

　　A. 13％～18％　　B. 20％～40％　C. 8％～10％　　D. 18％～24％

3. 根据啤酒稀释用水的要求，稀释水中（　　）含量要接近或略高于混合啤酒中的含量。

　　A. CO_2　　　　　B. SO_2　　　　　C. Cl　　　　　D. O_2

4. 下列选项哪一项不属于稀释用水的预处理。（　　）

　　A. 调整 pH　　　　B. 过滤　　　　　C. 脱氧　　　　　D. 脱氯

四、判断题

1. 酵母细胞体积随着麦汁浓度的提高而缩小。　　　　　　　　　　　（　　）

2. 随着麦汁浓度的提高，发酵后酵母的存活率降低。　　　　　　　　（　　）

3. 随着麦汁浓度的提高，酵母的降糖速率上升。　　　　　　　　　　（　　）

4. 酵母接种量应随着麦汁浓度的提高而适当增加。　　　　　　　　　（　　）

5. 稀释用水的残留碱度一般要求≤1。　　　　　　　　　　　　　　　（　　）

6. 啤酒稀释可以在酿造过程的任何阶段通过加脱氧水来实现。　　　　（　　）

7. 过滤后稀释可以因为酒液浓度高而影响过滤。　　　　　　　　　　（　　）

五、问答题

1. 何谓啤酒高浓稀释？有何意义？

2. 稀释用水的灭菌方法主要有哪几种？

3. 简述啤酒高浓度稀释的技术要点及特点。

项目八

▼

成品啤酒质量控制技术

教学目标

【知识目标】啤酒稳定性的含义；成品啤酒的主要化学成分；成品啤酒的质量标准；啤酒稳定性对成品啤酒质量的影响；提高啤酒质量的措施。

【技能目标】啤酒化学成分分析；啤酒的感官评价；啤酒理化指标评价；啤酒卫生指标评价。

【课前思考】啤酒的营养价值；我国对成品啤酒的质量要求；如何从生产、检验、销售等环节把好啤酒质量关。

【认知解读】啤酒是以麦芽、水为主要原料，加啤酒花（包括酒花制品），经酵母发酵配制而成的、含有 CO_2 的、起泡的、低酒精度的发酵酒。国家对成品啤酒的质量从感官、理化、卫生、保质期都提出了明确要求。啤酒的生产、检验与销售人员应严格执行啤酒国家标准 GB/T 4927—2008，把好啤酒质量关。

任务一

啤酒的主要化学成分分析

啤酒的化学成分非常复杂，采用的原料、辅料、酵母菌种及酿造工艺不同，成品啤酒的成分及其含量也有区别。我国啤酒的主要化学成分及含量见表 8-1。

表 8-1　　　　　　　　　　　　我国某啤酒成分分析

分 析 项 目	含　量	分 析 项 目	含　量
原麦汁浓度/%	12.22	α-氨基氮含量/(mg/L)	86
酒精含量(质量分数)/%	3.86	总氮含量/(mg/L)	328
真正浓度/%	4.76	双乙酰含量/(mg/L)	0.113
真正发酵度/%	61.12	单宁含量/(mg/L)	61
CO_2 含量/%	0.46	溶解氧含量/(mg/L)	0.176
泡沫(Σ值)/s	112.2	乙醛含量/(mg/L)	17.6
pH	4.47	高级醇含量/(mg/L)	83
还原糖(以麦芽糖计)/(g/100mL)	1.706	花色苷(OD值)/%	0.085
黏度/MPa·s	1.532	苦味值/BU	28.9
浊度/EBC 单位	1.01		

任务二
啤酒的典型性评价

一、色泽

啤酒的色泽按颜色分淡色、浓色和黑色三种。淡色啤酒的色泽主要取决于原料麦芽和酿造工艺；深色啤酒的色泽来源于麦芽，另外也需要添加部分着色麦芽或糖色；黑啤酒的色泽则主要依靠焦香麦芽、黑麦芽或糖色所形成。

淡色啤酒又称浅色啤酒，颜色为淡黄色、金黄色或琥珀色，若色泽呈黄棕色或黄褐色则说明啤酒质量差；浓色啤酒呈红棕色或红褐色；黑色啤酒呈红褐色至黑色，实际上是蓝黑色。

良好的啤酒色泽，不管深浅，均应光洁醒目。发暗的色泽，主要是原料不好或操作不当所致。至于光洁醒目，除色泽本身的因素外，还要依靠啤酒透明度的配合，如果啤酒发生浑浊现象，其色泽的特点呈现不出来。

二、透明度

成品啤酒外观应清亮透明（含酵母啤酒除外），有光泽，不应该有浑浊甚至沉淀。理化分析是以浊度来检验的。

三、泡沫

泡沫是啤酒的典型性之一，是一项重要的质量指标，啤酒区别于其他饮料的最大特征是倒入杯中具有长久不消的、洁白细腻的泡沫。啤酒的泡沫的好坏应从起泡性、泡沫形状、泡沫颜色、附着力和泡持性等方面进行评价。

（1）起泡性　指按照规定要求将啤酒倒入洁净杯中时，形成泡沫的能力和高度；起泡正常的啤酒，泡沫应是酒的 $1\sim2$ 倍，通常在 $60\sim70mm$ 以上。

（2）泡沫形态　泡沫应细腻，粗的泡沫消失也快。

（3）泡沫颜色　泡沫应洁白，表面也可微带黄色。

（4）附着力　附着力通称啤酒挂杯情况。指泡沫附着于杯壁的能力。优良的啤酒，饮用完毕后，空酒杯的内壁应均匀布满残留的泡沫。残留越多，说明啤酒泡沫的附着力越好。

（5）泡持性　指啤酒注入杯中，自泡沫形成到泡沫崩溃所能持续的时间。良好的泡沫，往往在饮用完后仍未消失。优质啤酒的泡持性大多控制在 300s 以上，国家规定在 180s 以上。

四、CO₂ 含量

啤酒中含有饱和溶解的 CO_2，这些 CO_2 是在发酵的过程中产生的，或是通过人工充 CO_2 于酒中的。CO_2 含量直接影响泡沫，足够的含量利于起泡，饮后有一种舒适的刺激感，习惯上称为"杀口"；啤酒中若缺乏 CO_2，那就不能称之为啤酒，而是一杯乏味的苦水。成品啤酒的 CO_2 质量分数一般为 $0.40\%\sim0.65\%$。

五、风味与酒体

淡色啤酒应突出明显的酒花香味和细腻的酒花苦味。此种苦味，苦而不重。凡苦味粗重，长时间存喉间而不消失者，是不受欢迎的。淡色啤酒的酒体喝起来应爽而不淡，柔和适口。浓色啤酒和黑色啤酒一般苦味较轻，应具有突出的麦芽香味。浓色啤酒的酒体较醇厚，但应无黏甜的感觉，也不应空乏淡薄。

六、饮用温度

啤酒的饮用温度很有讲究，在适宜的温度下饮用，很多成分的作用可以互相协调平衡，给人一种舒适的感觉。啤酒适宜在较低的温度下饮用，在 $10\sim12℃$ 比较合适。淡色啤酒适宜于温度低些饮用；浓色啤酒和黑啤酒适合于稍高些温度饮用。太高的饮用温度，易使酒内 CO_2 不足，缺乏应有的杀口力，酒味就会显得苦重而平淡，一些细致的酒味缺点也容易暴露出来。当然，过低的饮用温度也是不适宜的，会使人们的感觉麻木，一些挥发性香味成分的作用也不容易显示出来。

任务三
啤酒的稳定性评价

啤酒稳定性是风味稳定性、非生物稳定性、生物稳定性的总称。非生物稳定性和生物稳定性通常统称为外观稳定性。啤酒稳定性的高低是决定成品啤酒保质期长短的关键，它直接关系到啤酒储存、运输及货架期的质量变化。随着人们消费水平提高，饮用者对啤酒外观和风味的追求越来越高，这就要求啤酒有更高的质量，即啤酒要有更好的稳定性。

一、生物稳定性评价

啤酒生物稳定性是指由微生物引起的啤酒感官及理化指标上的变化。

啤酒是由麦芽汁通过啤酒酵母发酵，经过滤后得到的产品，一般过滤后啤酒中仍含有少量的啤酒酵母和其他细菌及野生酵母等，当存在数量在 $10^2\sim10^3$ 个/mL以下时，啤酒还是澄清、透明的。若在成品啤酒保存期中，这些微生物繁殖到

$10^4 \sim 10^5$ 个/mL 以上，啤酒就会发生口味恶化，出现浑浊和有沉淀物，这称为生物稳定性破坏。啤酒如不经除菌处理称鲜啤酒，其生物稳定性仅能保持 $7 \sim 30d$；若经过除菌处理，啤酒的生物稳定性高，保存期长，因此要保证啤酒生物稳定性，就要经过除菌处理。目前允许使用的啤酒除菌方法有两种：一是低热杀菌法，二是过滤除菌法。经过低热杀菌的啤酒称"熟啤酒"，经过过滤除菌的啤酒称"纯生啤酒"。

（1）低热杀菌法（巴氏杀菌法）　巴氏热杀菌不同于彻底灭菌，它仅仅杀灭微生物的营养菌体，不要求全部杀死所有的微生物，仅要求减少到不至于在产品中重新繁殖起来的程度。经过巴氏杀菌的啤酒生物稳定性高。

（2）过滤除菌法　采用无菌膜技术，将啤酒中的酵母，细菌等过滤除去，经过无菌灌装得到生物稳定性很高的啤酒，这种啤酒口味清爽、新鲜，很受消费者欢迎，是啤酒未来发展的主要方向之一。

二、非生物稳定性评价

啤酒的非生物稳定性是指啤酒在生产、运输、储存过程中由非生物原因引起的浑浊、沉淀。

经过过滤澄清透明的啤酒并不是"真溶液"，而是胶体溶液，它含有糊精等颗粒直径大于 $10^{-3} \mu m$ 的大分子物质，还有少量酵母等微生物，这些胶体物质在 O_2、光线和振动及保存时会发生一系列变化，形成浑浊甚至沉淀。

1. 引起啤酒非生物浑浊的主要因素

啤酒出现浑浊，通常不是单一因素，而是多种因素的综合反映。这些因素主要是：多酚物质与蛋白质形成复合物，其蛋白质是啤酒浑浊的主要成分；氧化作用，氧是啤酒浑浊的催化物质，它是促使啤酒浑浊的重要因素；重金属的影响，主要是 Cu^{2+} 和 Fe^{2+}。

2. 提高啤酒非生物稳定的措施

（1）原料　应选用皮薄、蛋白质及多酚含量低的大麦，并严格控制制麦工艺；大米应新鲜，浸出率大于 95%；在麦芽质量较好或外加酶的情况下可适当提高辅料大米的用量，以减少蛋白质及多酚的含量；选用新鲜优级酒花或颗粒、浸膏，防止氧化树脂进入啤酒中。

（2）酿造用水　碳酸盐硬度 $<5°d$，非碳酸盐硬度：$3 \sim 5°d$，碱度应小，控制 Fe^{2+}、Cu^{2+} 离子均应小于 $0.5mg/L$，合理控制 Ca^{2+}、Mg^{2+} 浓度。

（3）糖化　选用蛋白质水解好的麦芽；糖化温度控制在 $63 \sim 67℃$，pH 控制在 $5.2 \sim 5.4$，减少多酚物质溶出；麦汁碘检反应完全，防止因糖化不完全造成的啤酒糊精、多糖浑浊；糖化配料中增加无多酚物质的辅料。

（4）麦汁过滤　待糖化麦汁进入过滤槽后，应先静置 10min，然后打回流至麦汁清亮后开始过滤，控制洗糟用水温度 76℃，pH6.0～6.5，洗糟不能过度，一般要求残糖控制在 1.5～2.0，以控制多酚的溶出。

（5）麦汁煮沸　提高煮沸强度，合理添加酒花。一般要求煮沸强度 8%，同时调节 pH5.1～5.3，必要时可适当添加食用单宁、卡拉胶等，促进蛋白质缩合沉淀，另外控制煮沸时间在 60～90min。

（6）沉淀冷却　充分排除热凝固物，尽量缩短麦汁冷却时间。

（7）发酵　麦汁充氧量控制在 6～8mg/L，进罐温度 8～9℃，满罐酵母数：1.5～1.8×10^7个/mL，这样麦汁起发快、产酸快、pH 下降快，能有效使发酵液中蛋白质凝固析出沉淀；满罐 24h、36h 排冷凝固物，主发酵温度 10～11℃，待双乙酰合格后，尽量使醪液保持平静，即发酵罐控温时要求上部温度等于或稍高于下部温度，以有利于蛋白质和酵母沉降，并及时排除酵母及沉淀物以免酵母自溶；还可适当延长主储酒时间，以充分分离冷凝固物。

（8）啤酒过滤　过滤前降低酒温，避免温度波动，以进一步使冷凝固物析出。过滤时可添加 PVPP、硅胶等以吸附多酚蛋白质等物质，要求清酒过滤浊度≤0.5EBC，尽量减少清酒中过滤剂的残留；过滤时尽量减少与空气接触，清酒罐采用 CO_2 背压，同时可加入适量维生素 C 能有效降低啤酒中溶解氧。

（9）灌装　灌装时输酒管道应先排氧，灌装机采用二次抽真空、CO_2 背压、高压水击泡等措施减少成品啤酒氧含量，控制瓶颈空气含量<1mL/瓶。

（10）储存与销售　应在 5～25℃下避光保存，销售、运输过程中避免过度振荡。

综上所述，合格的原辅材料以及合理的工艺条件是防止啤酒非生物浑浊的基础，通过严格的工艺控制，保证啤酒的非生物稳定性。

三、风味稳定性评价

风味是指香气和口味。啤酒的风味稳定性是指啤酒灌装后，在保质期内风味无显著变化。啤酒的风味成分很复杂，到目前为止，啤酒中已确认存在的化合物有醇、酯、酒花成分等达 200 种以上。

1. 啤酒风味物质来源

（1）原料如大麦、酒花等产生的物质。

（2）在麦芽干燥、麦汁煮沸、啤酒的热杀菌等过程中，热化学反应产生的物质。

（3）由酵母发酵产生的物质。

（4）由污染微生物产生的物质。

（5）在产品储存、运输中，受氧、日光等影响产生的物质。

2. 啤酒风味稳定期

风味稳定期指啤酒从包装至品尝能保持新鲜、完美、纯正、柔和风味，而没有因氧化而出现老化味的时间。当今的啤酒酿造技术，可使非生物、生物稳定性保持 6～12 个月，有的可长达 2 年，但风味稳定期还远远达不到如此长。啤酒包装后，随着时间的延长，一般在 1 个月左右就能品尝到风味的恶化，最优质的啤酒也只能保持 3~4 个月。这种风味恶化，是由于啤酒风味物质不断氧化引起的，所以被称为"氧化味"或"老化味"。

3. 防止啤酒氧化的措施

（1）糖化过程中减少氧的摄入：采用密封式糖化设备；醪液搅拌时低速进行；麦汁过滤密闭进行，并尽量缩短过滤时间；麦芽汁从底部进入回旋沉淀槽。

（2）采用低温发酵。

（3）实施 CO_2 背压。

（4）降低瓶颈空气含量。

（5）使用抗氧化剂。

任务四

成品啤酒的质量评价

啤酒的国家质量标准为 GB/T 4927—2008。本标准规定了啤酒的术语和定义、产品分类、要求、分析方法、检验规则以及标志、包装、运输和储存。本标准适用于以麦芽、水为主要原料，加啤酒花（包括酒花制品），经酵母发酵配制而成的、含有 CO_2 的、起泡的、低酒精度的发酵酒；也包括无醇啤酒（脱醇啤酒）。本标准使用范围为啤酒的生产、检验与销售。

卫生指标按 GB 2758—2012《食品安全国家标准　发酵酒及其配制酒》发酵酒卫生标准执行。从上述标准看，国家对成品啤酒的质量从感官、理化、卫生、保质期都做了要求。

一、感官要求

（1）淡色啤酒　淡色啤酒应符合表 8-2 的规定。

表 8-2　　　　　　　　　　　　淡色啤酒感官要求

项目			优级	一级
外观[a]	透明度		清亮,允许有肉眼可见的微细悬浮物和沉淀物(非外来异物)	
	浊度/EBC ≤		0.9	1.2
泡沫	形态		—	—
	泡持性[b]/s ≥	瓶装	180	130
		听装	150	110
香气和口味			有明显的酒花香气,口味纯正,爽口,酒体谐调,柔和,无异香、异味	有较明显的酒花香气,口味纯正,较爽口,协调,无异香、异味

a. 对非瓶装的"鲜啤酒"无要求。

b. 对桶装（鲜/生/熟）啤酒无要求。

（2）浓色啤酒、黑色啤酒　浓色啤酒、黑色啤酒应符合表 8-3 的规定。

表 8-3　　　　　　　　　　　　浓色啤酒、黑色啤酒感官要求

项目			优级	一级
外观[a]			酒体有光泽，允许有肉眼可见的微细悬浮物和沉淀物（非外来异物）	
泡沫	形态		泡沫细腻挂杯	泡沫细腻挂杯
	泡持性[b]/s	瓶装	180	130
		听装	150	110
香气和口味			具有明显的酒花香气，口味纯正，爽口，酒体醇厚，杀口，柔和，无异味	有较明显的麦芽香气，口味纯正，较爽口，杀口，无异味

a. 对非瓶装的"鲜啤酒"无要求。

b. 对桶装（鲜/生/熟）啤酒无要求。

二、理化要求

（1）淡色啤酒　淡色啤酒应符合表 8-4 的规定。

表 8-4　　　　　　　　　　　　淡色啤酒理化要求

项目		优级	一级
酒精度%（体积分数）	≥	14.1	5.2
		12.1～14.0	4.5
		11.1～12.0	4.1
		10.1～11.0	3.7
		8.1～10.0	3.3
		≤8.0	2.5
原麦汁浓度[b]/°P		X	
总酸/(mL/100mL)	≤	≥14.1	3.0
		10.0～14.0	2.6
		10.0	2.2
CO_2[c]（质量分数）/%		0.35～0.65	
双乙酰/(mg/L)	≤	0.10	0.15
蔗糖转化酶活力[d]		呈阳性	

a. 不包括低醇啤酒、无醇啤酒。

b. "X"为标签上标注的原麦汁浓度，≥10.0°P 允许的负偏差为"−0.3"；<10.0°P 允许的负偏差为"−0.2"。

c. 桶装（鲜、生、熟）啤酒二氧化碳不得小于 0.25%（质量分数）。

d. 仅对"生啤酒"和"熟啤酒"有要求。

（2）浓色啤酒、黑色啤酒　浓色啤酒、黑色啤酒应符合表 8-5 的规定。

表 8-5 浓色啤酒、黑色啤酒理化要求

项目		优级	一级
酒精度[a]（体积分数）/% ≥		14.1	5.2
		12.1~14.0	4.5
		11.1~12.0	4.1
		10.1~11.0	3.7
		8.1~10.0	3.3
		≤8.0	2.5
原麦汁浓度[b]/°P		X	
总酸/(mL/100mL) ≤		4.0	
CO_2[c]（质量分数）/%		0.35~0.65	
蔗糖转化酶活性[d]		呈阳性	

a. 不包括低醇啤酒、脱醇啤酒。

b. "X"为标签上标注的原麦汁浓度，≥10.0°P 允许的负偏差为 "−0.3"；<10.0°P 允许的负偏差为 "−0.2"。

c. 桶装（鲜、生、熟）啤酒 CO_2 不得小于 0.25%（质量分数）。

d. 仅对"生啤酒"和"熟啤酒"有要求。

三、保质期

瓶装、罐装熟啤酒保质期优级、一级不少于 120d。瓶装鲜啤酒保质期不少于 7d。罐装、桶装鲜啤酒保质期不少于 3d。

四、卫生要求

（1）理化指标应符合表 8-6 规定。

表 8-6 卫生要求的理化指标

项 目		指 标
甲醛/(mg/L) ≤		2.0
铅(Pb)/(mg/L) ≤		0.5

（2）微生物指标应符合表 8-7 规定。

表 8-7 卫生要求的微生物指标

项 目	指 标	
	鲜啤酒	生啤酒、熟啤酒
菌落总数/(cfu/mL)≤	—	50
大肠菌群/(MPN/100mL)≤	3	3
肠道致病菌(沙门菌、志贺菌、金黄色葡萄球菌)	不得检出	

习题 ▶

一、解释题

纯生啤酒 熟啤酒 风味稳定期 风味稳定性

二、填空题

1. 瓶颈空气一般要求小于_____ mL（640mL 瓶）。

2. 一般清酒的溶解氧多保持在_____ mg/L 左右，灌装时增氧量不高于_____ mg/L。

3. 要使成品啤酒风味保持不变或少变，降低氧含量是最重要的措施，即要降低酒液中的_____和装瓶压盖后的_____量。

4. 啤酒泡持性应在_____ s 以上，优质啤酒的泡持性一般在_____ s 以上。

5. 成品啤酒的 CO_2 含量（质量分数）一般为_____％。

6. 啤 酒 的 泡 沫 质 量 应 从 _____、_____、_____、_____、_____等方面进行评价。

7. 啤酒的稳定性包括_____、_____、_____三个方面。

三、选择题

1. 啤酒中的双乙酰中的含量应小于（   ） mg/L。
   A. 0.1   B. 0.2   C. 0.25   D. 0.4

2. 风味稳定期目前最高能保持（   ）。
   A. 1～2 个月   B. 3～4 个月   C. 6～8 个月   D. 12 个月以上

3. 防止啤酒氧化的措施不包括（   ）。
   A. 糖化过程减少氧的摄入   B. 进行低温发酵
   C. 使用抗氧化剂   D. 过滤时添加 PVPP

4. 啤酒的最适饮用温度为（   ）℃。
   A. 2～4   B. 10 ～12   C. 16～18   D. 20～22

四、判断题

1. 啤酒中的溶解氧越高，越有利于非生物稳定性和风味稳定性。　　（　）

2. 啤酒瓶颈空气量越低，越有利于非生物稳定性和风味稳定性。　　（　）

3. 成品啤酒在运输过程中应避免过度振荡。　　　　　　　　　　（　）

4. 成品啤酒过滤前应降低酒温，避免温度波动，以进一步析出冷凝固物。　　　　　　　　　　　　　　　　　　　　　　　　　　（　）

5. 出厂的成品啤酒应不出现浑浊、沉淀。　　　　　　　　　　　（　）

6. 发酵过程中及时排除酵母及沉淀物可提高啤酒的非生物稳定性。（　）

五、问答题

1. 成品啤酒有哪些典型性？

2. 简述提高啤酒生物稳定性的可行性措施。

3. 简述提高啤酒非生物稳定性的可行性措施。

4. 什么是啤酒的风味稳定性？

5. 试验分析啤酒风味老化的原因及预防措施。

项目九

▼

啤酒包装技术

教学目标

【知识目标】啤酒包装过程的基本要求；啤酒的包装形式；啤酒包装材料的基本要求；典型的啤酒包装生产线的设备组成及主要功能；典型的啤酒包装机械的结构、工作原理、操作要点及维护保养方法；纯生啤酒的灌装要求及其工艺控制。

【技能目标】啤酒包装工艺流程的确定；啤酒包装机械与设备的选用；包装材料的选用及质量控制；啤酒灌装生产线各设备的安装调试、生产操作、维护保养及常见故障的分析及排除；啤酒包装工艺管理及质量控制。

【课前思考】啤酒作为含气饮料，其灌装设备有何特殊要求？成品啤酒卫生要求很高，其包装工序、包装材料、生产环境有何特殊要求？如何结合生产实际处理好啤酒过滤、灌装、杀菌之间的关系？

【认知解读】包装是啤酒生产的最后一道工序，对啤酒的外观和质量影响很大。啤酒包装一般包括洗瓶、灌装、压盖、杀菌、贴标、装箱等过程。在啤酒包装过程中应严格按照卫生要求进行无菌操作，尽量减少 CO_2 损失，减少或避免与空气接触，以保证啤酒的口味和泡沫性能。啤酒的包装形式主要有瓶装、罐装和桶装，前两种以装熟啤酒为主，后一种主要装鲜啤酒和纯生啤酒。过去纯生啤酒仅有桶装一种形式，近来也出现了瓶装和罐装。啤酒包装是根据市场需求而选择包装形式的，一般当地产销啤酒以瓶装、罐装或桶装的鲜啤酒（不经过巴氏杀菌）为主，而外销或出口啤酒主要是瓶装或罐装的杀菌啤酒。

任务一

瓶装熟啤酒的包装

瓶装熟啤酒是占领市场份额最大的一种包装形式，包装工艺过程（图 9-1）

如下：

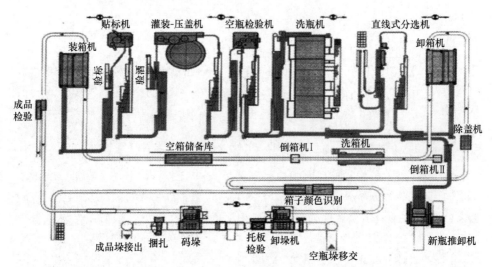

图 9-1　啤酒包装工艺流程

一、瓶子的质量控制

1. 新瓶

新瓶的质量要求按照国标 GB 4544—1996《啤酒瓶》执行。由于啤酒是带压灌装，每瓶酒的内压一般在 $0.2 \sim 0.3$ MPa，因此啤酒生产厂对于啤酒瓶的耐内压、抗冲击、内应力等物理性能都比较重视。1996 版国标对啤酒瓶的理化性能要求见表 9-1。

表 9-1　　　　　　　　　　　啤酒瓶的理化性能

项目	优等品	一等品	合格品
耐内压力/MPa	≥1.6	≥1.4	≥1.2
抗热振性/℃	温差≥42	温差≥41	温差≥39
内应力/级	真实应力≤4	真实应力≤4	真实应力≤4
内表面耐水性/级	HC3	HC3	HC3
抗冲击/J	≥0.8	≥0.7	≥0.6

（1）耐压　能承受一定的压力。包装熟啤酒的容器应承受 1.76MPa 以上的

压力，包装生啤酒的容器应承受 0.294MPa 以上的压力。

（2）易密封　封口方便，且密封性好。

（3）耐酸　能耐一定的酸度，不能含有与啤酒发生反应的碱性物质。

（4）遮光性强　一般应具有较强的遮光性，避免光对啤酒质量产生影响。一般选择绿色、棕色玻璃瓶或塑料容器，也可采用金属容器。

2. 回收瓶

回收瓶的质量也应符合国标 GB 4544—1996《啤酒瓶》的要求。为了保证回收瓶的耐内压和抗冲击等强度指标及外观质量达到要求，国标建议回收瓶的使用期限为两年。

二、卸垛

国内啤酒瓶上线有两种方式：一种是机械化的卸垛机上瓶，另一种是人工上瓶。卸垛机上瓶要求瓶子从玻璃厂出厂采用托盘包装、运输，托盘包装可发挥现代物流的优势，提高上瓶效率，保证瓶子质量。

（一）卸垛机的结构及工作流程

木垛板连同瓶子进入，由光电开关控制使其停在适当工作位置；从木垛板上推出整个瓶子层，通过移动小车过渡，并将此层推到瓶座出口输送带平台上；由吸盘取下衬垫，并将其放在一个规定好的投扔地点，分层垫投放点下面需人工预先放置一块垛板收集分层垫；通过链带运走已卸空的木垛板。木垛板收集装置如图 9-2 所示。

图 9-2　木垛板收集装置

（二）卸垛操作要点

1. 启动前准备

（1）检查换线工作是否完成。

（2）检查设备上是否还有维修工作正在进行中。

（3）检查设备上是否有工具和其他杂物。

（4）灌酒机操作工打开 TA 输送带，杀菌机操作工打开 TA 输送带水润滑系统。

（5）检查各光电开关的反应是否正常。

（6）检查原材料（瓶子）领用是否正确，是否符合当前生产品种。

（7）瓶输送带上是否遮蔽好，防止虫蝇进入。

2．送电、送气

（1）检查空气干燥器内是否有多余水分，若有则应旋开干燥器底部的旋钮，待多余水分排完后再旋上旋钮。

（2）打开卸垛机总电源开关；打开卸垛机气源总阀，打开"维护单元"的"关断闸阀"，确保气压在 0.5MPa 以上。

3．上瓶垛

（1）在上瓶垛之前要先检查瓶垛是否出有歪斜，是否有倒瓶，垛板是否有坏的、缺少木条的，或其他不利于卸垛的情况。

（2）瓶垛在输送轨上与两边距离约 10cm，并尽可能使瓶垛边与轨边平行，确保木板条都压在链带上。

（3）叉车工叉瓶垛时，双叉应保持水平，否则会使瓶垛歪斜。

（4）解除瓶垛包装薄膜时，应将左右两边解除干净，以免挡住光电信号。

4．卸垛机试运行

（1）在试运行之前要检查"光电保护栅"是否复位，光电开关、接近开光是否正常，托盘架是否正常，生产区域是否有人或工具。

（2）接通托盘输送装置、包装箱输送装置。

（3）检查参数设置是否与需生产瓶垛相一致。

（4）打开操作台电源。

（5）按复位按钮复位。

（6）手动操作试运行机器，检查各部分运行是否正常。

（7）打开自动开关，进行正常生产。

5．卸垛过程中的检查

（1）瓶垛是否破损、歪斜。为避免瓶损，不整齐的瓶垛、有倒瓶的瓶垛、垛板坏的瓶垛都不得上线，需整理后方能用于生产。

（2）检查每一垛的外包装收缩薄膜是否有破损。

（3）叉车所放瓶垛是否在正确位置。

（4）瓶垛上的塑料收缩薄膜应及时清理干净，否则残留的薄膜挡住光电开关将影响卸垛机的正常工作。

（5）确保瓶垛输送带上的瓶垛足够生产，以免造成生产中断。

（6）检查垛板输送带运转是否顺畅。

（7）分层垫是否被集中收集，空垛板堆放是否整齐。

（8）倒下或摔在地上的瓶是否及时清除或处理。

（9）瓶输送带上任何倒下的瓶都不能立即回用，应放入指定的容器内待洗净后使用。

（10）出瓶输送带上的遮蔽装置必须处于遮蔽的工作状态，以防虫蝇的进入。

（11）定时监控链条润滑剂的浓度。

6. 卸垛结束后的操作

（1）未用完的瓶子，需要用缠绕膜缠好，从电柜里手动操作，将瓶子退至上瓶处。

（2）瓶垛卸完和托盘走空，设备转到起始位置。

（3）关闭操作台电源。

（4）关闭电柜总电源。

（5）打开操作台紧急开关，及时做好卸垛机区域的卫生。

（6）分层板整理好，由叉车叉至指定位置。

7. 换线

（1）打开电柜总电源和操作台电源。

（2）用＋/－键选择所需的程序，一般可选大瓶和小瓶两个程序，选定后按"ENT"键。

（3）根据瓶子洁净程度，卸垛机后链带的分道处需要安装切换护栏，新瓶走冲瓶机，比较脏的瓶走洗瓶机。

（4）卸垛机后链带的切换，由灌酒机操作人员在操作面板上选择。

8. 卸垛操作注意事项

（1）卸垛机工作场所内，叉车运行频繁，过往人员应做到：一停、二看、三通过，避免造成伤害。

（2）叉车司机上垛时不得将链条顶掉。

（3）机器运转时，严禁进入机器。

（4）对进垛链条保洁时，必须将槽内碎玻璃等杂物清理干净。

（5）瓶垛进到机头下面时，应观察瓶垛是否位于正中间，防止将夹瓶侧板撞变形。

（6）正常生产时，严禁短接光电。

（7）做清洁时，严禁用水冲机器，机器内只允许用抹布擦。

（8）生产过程中若停机超过半小时，需通知灌酒机人员将前面链带停掉，待恢复生产时，再开启。

9. 常见故障及解决措施

（1）卸垛机无法复位

① 任何一个光电不亮。根据操作面板上出现的故障的序号提示，找出不亮的光电，调整光电位置，直至光电亮，即可复位。

② 有人进入或触及保护区域。如有人进入，必须让人先出来，再按复位按

钮复位。

③ 急停开关被按下。确保无紧急情况后旋开或拔出紧急开关，即可复位。

（2）马达过载

请电工维修，注意在故障未解决之前不得重新开机。

（3）老虎夹夹不住

① 检查老虎夹的螺丝是否松动。

② 检查分层垫是否过软；夹老虎夹的位置分层垫损坏；分层垫是否放反。

③ 检查夹老虎夹位置的瓶子是否没有拿掉。

④ 检查瓶垛是否歪斜，老虎夹能否夹到。

⑤ 检查压缩空气压力是否达到要求。

（4）分层板吸不住

① 检查滤网是否堵塞。

② 检查吸盘是否破损。

③ 检查分层板上是否有水，分层板是否变形。

④ 检查吸盘架上的感应光电是否损坏。

⑤ 检查压缩空气压力是否达到要求。

10. 异常情况及处理

（1）瓶垛在链带上脱轨

① 用铁棍作导向，再启动机器，使垛板慢慢回到链带上。

② 用叉车直接从链带上叉下来。

③ 垛板坏的、整垛瓶里有大量倒瓶的，不得使用。

（2）生产新瓶时发现脏瓶　由当班主任或机台长通知技术人员到现场确认，确定如何处理。

（3）设备出现异常声音或现象　及时通知维修人员来现场观察。

三、卸箱

1. 卸箱机的结构与工作流程

装满空瓶的塑箱由进箱输送带输送进入卸箱机，阻箱器弹起将塑箱定位在工作位置。机头向下运行至最低位置，抓头将瓶头完全罩住时抓头开始充气，抓头内的气囊变形将瓶子牢牢夹住。机头向上运动，瓶子被抓头夹住一起向上运行，与塑箱脱离并运行到走瓶输送平台位置上时，抓头放气，瓶子与抓头分离并平稳地落在走瓶输送平台上，机头离开，走瓶输送平台将空瓶送入输送带。与此同时，阻箱器落下，卸完空瓶的空塑箱由走箱输送带输出卸箱机，同时装满空瓶的塑箱进入，阻箱器弹起将塑箱定位，机头向下运行进入下一个工作循环。

2. 材料要求

（1）塑箱　目前常用两种规格的塑箱：24 瓶的大塑箱和 12 瓶的小塑箱，如

图 9-3 所示。要求塑箱没有破损、变形，规格尺寸一致。

24瓶大塑箱　12瓶小塑箱

图 9-3　装啤酒瓶的塑箱

（2）空瓶　所有回收的空瓶的瓶型与生产计划相符；无批量特脏瓶。

（3）压缩空气　供气压力大于 0.45MPa，干燥不带水。

（4）设备要求

① 电源要求 360V，空压保持在 0.45MPa 以上。

② 使用的原材料必须符合要求。

③ 生产结束后，必须对机器进行清洁保养，使设备保持良好的工作状态。

3. 启动前的检查和准备

（1）检查设备的换线工作是否完成。

（2）检查设备上是否有维修工作正在进行，有无警示牌。

（3）检查是否有物品及工具遗留在链条和机器上。

（4）检查设备电源开关是否打开。

（5）检查各光电开关及接近开关是否处于正常工作状态。

（6）检查有无压缩空气，若没有则打开压缩空气总阀，并调节压力至 0.45MPa 以上。

（7）检查空气服务器上气水分离器中是否有积水，若有则旋松气水分离器底部的旋钮，将多余水分排完后旋紧旋钮。

（8）按要求给设备各保养点加黄油润滑。

4. 启动

（1）检查各抓头的气囊是否变形严重，抓头是否漏气。如抓头变形或漏气，应更换新的气囊。

（2）调整抓头空气压力在 0.1～0.15MPa。

（3）在灌酒机面板上打开 TK、TA 输送带，同时打开 TK 和 TA 的润滑。

（4）检查输送带的润滑系统是否正常，输送带的运行是否正常。

（5）检查出瓶输送带上预喷淋装置的水阀是否打开，喷淋是否正常。

（6）检查瓶台输送带处的过桥板是否运行良好，瓶子过渡是否平稳。

（7）检查并确保有足够的塑箱供应，空瓶种类是否与生产计划一致。

（8）检查进、出箱处的过渡辊运行是否顺畅，有无卡箱现象。

（9）手动操作抓瓶一次，检查卸箱是否能正常进行。

5. 操作过程监控

（1）检查进箱、出箱部分是否正常工作，有无异响。

（2）检查主驱动部分是否工作正常，有无异响。

（3）检查各光电开关是否正常工作。

（4）检查瓶台输送带运行是否平稳，过桥板过渡空瓶是否平稳，有无倒瓶现象。

（5）检查抓头的压缩空气压力是否在 0.08～0.15MPa，若不符则停机调整。

（6）随时检查使用的瓶型是否与生产品种一致；有无批量异形瓶上线。

（7）检查瓶源是否正常，有无批量特脏瓶上线。

（8）要求全部拣出空箱内漏抓瓶，并集中装在塑箱内重新上线使用。

6. 结束生产

（1）手动操作设备抓完现场剩余塑箱内的空瓶，并将瓶台输送带上的空瓶全部送到 TA 输送带上，直到洗瓶机进口。

（2）关闭卸箱机到洗瓶机进口的 TA 输送带。

（3）关闭洗箱机前 TK 输送带。

（4）手动操作将机头停在瓶台输送带上方，关闭压缩空气、设备电源。

（5）将现场坏的塑箱集中码放到卸垛处垛板上，由叉车叉走。

7. 换线

卸箱机的换线分为高低瓶型换线和大小塑箱换线两种：

（1）高低瓶型换线

① 准备好下一品种的空瓶 4 大塑箱。

② 调整抓头部分的 4 个高度调节螺杆到品种对应高度，用钢尺检测确认高度。

③ 把准备好的空瓶放在进行部分，打开自动进箱，将塑箱停在卸瓶区域，点动机头至最低位置，拍下紧急开关，检查抓头四周的高度是否合适（所有空瓶应被抓头压紧 5mm）。

④ 锁紧抓头部分高度调节螺杆上的固定螺母。

⑤ 准备生产。

（2）大小塑箱换线

① 将机头降至最低位置，拍下紧急开关。

② 将机头中间进气、出气的压缩空气管对换。

③ 手动进箱后调整阻箱器位置，使其与抓头间距合适。

8. 注意事项

（1）操作人员在工作过程中须穿好工作服、劳保鞋，戴好防护手套、劳保眼镜、耳塞。

（2）操作人员处理故障时，必须按下机器紧急开关。如停机时间过长，则要挂上安全标识。

（3）禁止进入运转的机器中处理故障，禁止将手伸入运转的机器中取瓶。

（4）严禁短接安全保护光电。如特殊原因需短接，必须采取相应保护措施，确保区域内人身安全。

（5）操作人员应站姿端正，站在操作面板处，面向卸箱机卸箱区域，监控卸箱机运行情况，对各种突发事件及时做出反应。

（6）及时将空箱中漏抓的空瓶取出，集中放在塑箱内，并及时放回生产线使用。

9. 异常情况处理

（1）故障显示灯处于闪烁状态　检查紧急开关是否被按下，光电开关是否被切断，压缩空气压力是否不够。

（2）设备处于自动状态下不卸箱　检查出口光电是否被遮蔽，进口箱子是否足够，瓶台输送带上的瓶子是否已经堵满。

（3）漏抓　检查抓头是否水平，高度是否合适，抓头位置是否与箱子很好地配合，气囊是否漏气，塑格有无严重变形，抓头的气管是否脱落，压缩空气压力是否不够。

（4）抓头被抬起　检查机头光电是否存在故障，是否有异物挡住机头光电，是否有抓杆没有在正确位置。

（5）过桥板有异响或卡住瓶台输送带　立即关闭设备，通知机修工处理。

（6）进箱输送带、定箱输送带、出箱输送带脱轨　立即关闭设备，检查有无异物卡住或输送带变形。

四、洗瓶

1. 洗瓶目的与要求

（1）洗掉瓶子内外的灰尘、污渍。如果是带商标的回收瓶，还要求完全去除商标。

（2）消毒、杀菌。无大肠菌落，细菌菌落不超过 2 个。

（3）使瓶子内外壁洁净、光亮、无异味。

（4）瓶内无积水，且水为中性。一般要求容量为 500mL 以上的瓶子内积水少于 3 滴，500mL 以下的瓶内积水少于 2 滴。生产现场操作工可用酚酞试纸检测积水是否为中性。

（5）保持最低的瓶子破损率。

2. 影响清洗效果的因素

（1）浸泡　瓶子表面污物的分离与脱落需要一定的浸泡时间和溶解时间。一般浸泡时间为 8～10min。

（2）喷冲　洗瓶机一般都设置组合浸泡槽及紧随其后的喷冲清洗站。

（3）温度　较高的清洗温度能加速污物的溶解与脱离。一般有效处理温度在70～85℃。

（4）清洗剂　清洗剂一般为碱性，除具有灭菌作用外，还需要达到如下基本要求：

① 渗透性强，对有机物溶解性强，对洗涤物有很好的亲和力。

② 可乳化油脂，不易附着在瓶的表面，且能全溶于水。

③ 不易产生膜状物，起泡性小，无毒，不产生有毒废水。

④ 能在高硬度的水中使用，不结垢，价格低廉，易于添加、计量。

（5）添加剂

① 浓缩增效剂　添加浓缩增效剂可显著改善清洗效果。生产上使用的NaOH 浓度一般为 1%～2%，如果在 NaOH 溶液中添加 0.06%～2% 的增效剂，可抑制或消除碱液中的泡沫，软化水质，避免形成水垢。

② 表面活性剂　配合苛性钠使用的不含磷表面活性剂，具有良好的污垢溶解能力，还能促进瓶子表面的水滑落，使瓶子有光泽。

3. 洗瓶机的分类

（1）按结构分类　可分为单端式和双端式。

单端式是指进出瓶均在洗瓶机的同一端，双端式是指进瓶与出瓶分别在洗瓶机的前后两端。单端式洗瓶机如图 9-4 所示，其优点是操作方便，使用人工少，机器的长度和占地面积较小。其缺点是脏瓶的进口与洗净瓶的出口在洗瓶机的同一端，卫生条件稍差。

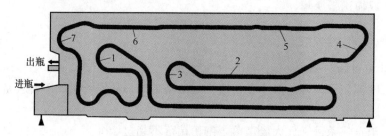

图 9-4　典型的单端式洗瓶机

1—回收喷淋水预浸　2—碱液（洗涤液）预浸　3—倒空水

4—碱液（洗涤液）喷淋　5—循环水喷淋　6—清水喷淋　7—倒立淋干

双端式洗瓶机的进瓶口与出瓶口分别位于洗瓶机的两端，如图 9-5 所示。其优点是脏瓶的进口与洗净瓶的出口分别设在洗瓶机的两端，卫生条件好。其缺点是操作和控制较麻烦，使用人工多，机器的长度和占地面积大，制造成本高。

（2）按运行方式分类　可分为间歇式和连续式。

（3）按洗瓶方式分类　可分为喷冲式和刷洗式。

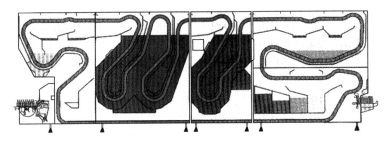

图 9-5　典型的双端式洗瓶机

（4）按瓶盒材料分类　可分为全塑型、半塑型和全铁型。

（5）按洗瓶操作方式分类　可分为刷洗式、冲洗式和浸泡加喷冲组合式。

浸泡加喷冲组合式洗瓶机是通过对瓶子的浸泡和喷冲来达到洗瓶和消毒的目的。清洗效果好，新瓶、旧瓶都适用，自动化程度和生产效率高，其基本流程为：瓶子经过进瓶输送带送入瓶台的前端，再由进瓶装置推进瓶盒；瓶子随着链盒装置运行，进入预浸泡槽，使瓶子预热和预浸洗，水温一般为35℃左右；瓶子通过预热、预浸进入浸泡工序，进行杀菌、除污和去标浸泡的碱液；瓶子从浸泡工序出来后，通过喷淋装置对瓶子的内壁、外壁进行喷冲，喷淋液从一浸槽中吸取；喷淋后进入第二浸泡，再次进行杀菌、除污和去标，温度一般为60～70℃；瓶子从第二次浸泡出来后，通过喷淋装置对瓶子的内壁、外壁依次进行热水、温水、清水压力喷淋，把瓶壁上的碱液冲净；进过两次喷淋后，瓶子被出瓶装置送至出口处的输送带，送入下一道工序。

4. 浸泡加喷冲组合式洗瓶机的结构和原理

浸泡加喷冲组合式洗瓶机主要包括：进瓶和出瓶装置、链盒装置、预浸槽、后浸槽、喷冲站、除标签装置、碱液储槽及储水罐等。

（1）进瓶和出瓶装置　进瓶和出瓶要求瓶子进入和输出时应平滑过渡，噪声小，瓶子不能倒状，破碎玻璃渣不能影响正常运行。

① 进瓶装置：脏瓶由传送带送至洗瓶机的进瓶口，将瓶子导入洗瓶机的进瓶机构，使其并排立于进瓶装置旁，如图 9-6 所示。然后由进瓶推进装置成排地将酒瓶同步推入载瓶架上的一排瓶盒内。进瓶通过一个塑料的旋转装置进行，瓶子旋转90°，然后被喂进瓶盒。一排瓶喂入后，紧跟着的一排瓶停留在滑道前，

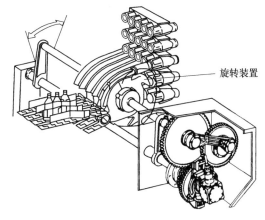

旋转装置

图 9-6　进瓶装置系统

295

然后由进瓶拨杆缓缓地推上滑道，再顺着滑道推入瓶盒。

一个齿轮驱动曲柄可将瓶一步喂入瓶盒不需附加任何喂瓶装置，如图9-7所示。

② 出瓶装置：常见的出瓶装置为缓冲滑落系统，如图9-8所示。出瓶装置1通过一个塑胶旋轮2出瓶。每卸一排瓶，旋轮转半圈。瓶子低速动作，凸轮接瓶后放到输瓶带上等动作均应轻缓地完成，保证低噪声生产。通过同步运行，瓶子可从瓶盒轻轻地落在旋轮上面。旋轮接到瓶后稍停片刻，以确保安全，稳妥运行。当换其他型号的瓶子时，此装置无须调整。旋轮与其他部件同步运作，按照既定顺序，安全运行，洗净的瓶子传到出瓶输送带上。宽的、低速运行的不锈钢出瓶输送带3可确保出瓶顺利及低噪声生产。

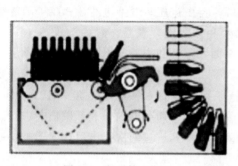

图 9-7 瓶子推入瓶盒

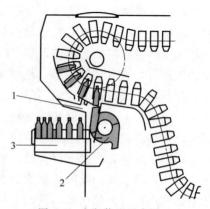

图 9-8 出瓶装置示意图

1—出瓶装置 2—塑胶旋轮 3—出瓶输送带

（2）链盒装置 洗瓶机中连续运动的瓶盒携带瓶子依次通过冲洗、浸泡、加热、冷却区域，达到洗瓶目的。链盒装置由带耳的套筒滚子链及瓶盒组成，两端固定于两根主传动链条上，并随链条而运动。瓶盒组件有上百排甚至几百排，每排瓶盒组件有10～70个瓶盒，其作用是将瓶子从进瓶端输送至出瓶端，在喷冲洗区使瓶子与喷嘴对冲，保证水流能顺畅地清洗到瓶子的内、外表面，使浸泡下来的标签容易除去。

（3）浸泡装置 瓶子在洗瓶机内首先要经过预浸泡处理，目的是除去瓶内残液，清除瓶子外表易于脱落的污垢，使瓶子得到预洗，并使瓶子得到预热。洗瓶机大多设有2～3个预浸槽。瓶子经过预浸后，进入碱液槽继续浸泡，接下来瓶子再次用该槽碱液喷淋，借此将已脱落但仍残留在瓶盒内的标签冲刷出来。

（4）喷冲装置 经碱液浸泡后，瓶子被送到洗瓶机的上部，瓶口朝下。这时通过喷嘴对瓶子的内部和外表面进行多次喷冲。它们依次是：热碱液喷冲；热水中间喷冲，回水收集并送入预浸泡槽；温水喷冲，逐步降温；冷水喷冲，最终清洗，继续降温；清水喷冲，保证瓶子无菌，完成降温。所有的喷嘴全部采用旋转、低故障率的喷嘴，以便保证瓶子内部得到强有力的清洗。

洗瓶机最好配备碱液、洗瓶添加剂及防垢剂添加配比站。

为了保证洗瓶机机头部分无菌，必须配备洗瓶机出口端的蒸汽排除装置及出口端设备四壁的自动蒸汽和消毒系统。

洗瓶机的用水必须有相应的检测，尤其是硬度、pH。洗瓶机热水区的温度比较适合水垢的形成，一旦形成水垢，容易成为微生物繁殖的理想场所，对洗瓶质量造成影响。当喷淋管由于水垢原因被堵塞后，洗瓶机容易炸瓶。所以，必须将防垢作为日常工艺管理的重点来监控，可通过在线添加防垢剂来防止洗瓶机的结垢。防垢剂添加浓度与水的硬度关系见表 9-2。

表 9-2　　　　　　　　　　水的硬度与防垢剂添加浓度

水的硬度/°d	添加浓度/(mg/L)	水的硬度/°d	添加浓度/(mg/L)
3	10	5	14
4	12	6	16

5. 洗瓶过程

洗瓶机洗瓶过程如下：

　　　　　　　　　　　NaOH　添加剂　除泡剂
　　　　　　　　　　　　↓　　　↓　　　↓
预热（35～40℃）→预碱洗（55～60℃）→第一次碱洗（75～85℃）→第二次碱洗（60～70℃）→温水Ⅰ（35～40℃）→温水Ⅱ（20～25℃）→冷水（10～15℃）→净水
　　　　　　　　↑　　　　　　　↑
　　　　　　防垢剂　　　　　消毒剂

（1）预浸　瓶子由进瓶装置进入洗瓶机后先用温水浸泡，水温为 35～40℃，浸泡时间约 1min。为了节约用水和蒸汽，预浸用水可使用温水喷洗后的水。

（2）碱液浸泡　用于浸泡的碱液为"碱液Ⅰ"，碱一般采用固体氢氧化钠，添加方便安全。碱液浓度的高低应根据瓶子的污染程度进行适当的调整，不同的啤酒瓶洗瓶时的碱液浓度参考表 9-3。

表 9-3　　　　　　　　不同啤酒瓶洗瓶时的碱液浓度

啤酒瓶	碱液浓度/%(体积分数)	啤酒瓶	碱液浓度/%(体积分数)
新瓶	1.0±0.2	洗标后的旧瓶	1.4±0.2
带商标旧瓶	2.2±0.2		

浸泡温度约 80℃，浸泡时间约 6min。用碱液处理酒瓶分两步：先用 80℃碱液Ⅰ浸泡，再用 85℃碱液Ⅱ喷洗。

根据上线瓶子的脏净程度，可以适当使用洗瓶添加剂。一般情况下，只有在清洗回用的旧瓶时才使用添加剂。

（3）碱液喷洗　用于喷洗的碱液为"碱液Ⅱ"，浓度低于"碱液Ⅰ"，并加少量磷酸盐。喷洗分两步：第一步喷洗温度为70℃，第二步为60℃。第一步喷洗后约70℃的碱液与冷水在蛇管式换热器中换热，碱液被冷却到60℃，用于第二步碱液喷洗，冷水被加热到40℃，用于前面的预浸和后面的温水喷洗。

（4）水喷洗　先用上述加热到40℃的温水喷洗，再用28℃的冷水喷洗，最后用自来水喷洗后出瓶。

在喷洗过程中，要保证水压在0.1MPa以上，喷淋管路和喷头都要保持通畅，使水喷到瓶子上保持一定的压力。另外，瓶子从碱液槽出来后，要逐步降温，以免炸瓶。

6. 洗瓶操作要点

（1）送电及送气

① 确保配电柜上的总电源打开，即将主旋钮的旋转开关顺时针旋转至ON的位置，如图9-9所示。

② 确保压缩空气阀已打开，调整压力至0.45MPa，气水分离器内无残留。

图9-9　送电送气装置

（2）开机前准备

① 确保无人在危险区域之内。

② 确保所有的排污阀及清洗口都已关闭。

③ 用钥匙使电源开关处在"ON"位，白色"控制电压"灯亮。

（3）碱液的准备

① 确保所有排污阀门、人孔门都已关闭。

② 打开洗瓶机主碱槽进碱阀门。

③ 打开回收碱罐阀门。

④ 打开1、7、5三个阀，关闭其他阀门，打开碱泵开始打碱，如图9-10所示。

⑤ 打开碱泵往主碱槽加碱直至设定液位，如图9-11所示。

图 9-10 碱泵装置

图 9-11 碱液位置

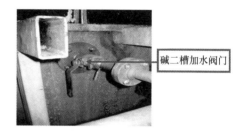

图 9-12 碱二槽装置

（4）加水

① 打开加水阀门往喷冲槽、预浸槽加水直到有水流出。

② 打开主碱槽液位显示仪上小阀门往碱二槽加水直到加满为止，如图 9-12 所示。

（5）升温 主碱槽注满后，需加热至 85～92℃。升温操作步骤如下：

① 启动除标系统 除标筛网运行的目的是带出主碱槽的杂物。

② 启动主碱泵 按下"冲洗泵"按钮，白色灯亮。

③ 缓慢且全部打开蒸汽阀 缓慢旋开蒸汽阀至 0.3～0.4MPa，然后回旋半圈，如图 9-13 所示。同时确保冷凝水回收系统工作正常。

图 9-13 蒸汽阀的操作

图 9-14 温度调节装置

④ 将碱加热循环管道上的调节阀旋至最大，如图 9-14 所示。

⑤ 加大碱液换热速度，使碱液快速升温。

⑥ 加大碱液喷冲压力，有利于洗瓶。

⑦ 喷冲区槽的加热。

⑧ 主碱槽加热时，有热量辐射给喷冲区槽。

⑨ 开动机器，主机可以在进瓶前大约 5min 时启动。

⑩ 预浸区槽的加热，由喷冲区槽的溢流液加热。

五、验瓶

1. 验瓶目的

验瓶的主要目的是去除不合格的瓶子，不合格的瓶子包括：

（1）未洗净的瓶子　如有污物、商标屑、碱液或瓶内有残液等。

（2）瓶子本身存在瑕疵　如破口，瓶身上有炸纹、气泡，瓶颈内凸等。

（3）规格不符合要求的瓶子。

2. 验瓶方法

（1）人工验瓶　人工验瓶比较灵活，可根据瓶子的实际情况进行判断。但长时间精力难以集中，高速灌装线单依靠人工肉眼检验空瓶十分困难。

（2）机器验瓶　自动验瓶机是应用光学照相成影原理，从不同角度成影，找出有瑕疵的瓶子。机器验瓶比人工验瓶可节省大量的劳动力，效率高。机器使用前要认真调试，使验瓶机既能保证瓶子质量又能降低瓶损。

3. 直线形验瓶机的结构及特点

高速灌装机生产线都配备的验瓶机主要由瓶底检测站、瓶口检测站、两个残液检测站、备用检测站（可安装其他设备如瓶壁检测站）及不同瓶型简捷转换部件等组成，此外还配有生产数据系统接口、电子检测系统及试验瓶程序等，以确保不合格的瓶子不进行灌装。

（1）瓶底检测站　采用电子摄像机采集瓶底图像并转换成数字信号，反馈给独立的评估系统，并立即对数字信号进行分析。若确认瓶子不合格，此瓶会被执行器立即从输送链带上剔除。

（2）瓶口检测站　在瓶子的上部安装弧顶状红外线发光二极管，通过照射瓶口，即可检测出瓶口上极其微小的裂痕，执行机构将瓶口破损的瓶子剔除。

（3）残液检测站　分别用红外线检测装置和高频辐射装置检测瓶子中的残液。

① 红外线检测装置：采用以红外光为主的光源，由上而下垂直地穿透瓶子，由红外光传感器接收透光，并测定其强度。由于液体具有较强的吸光性，根据透射光强度的变化，将不合格的瓶子自动排出。

② 高频辐射检测装置：应用高频电磁波发射-接收技术，由发射头发出的电

磁波沿瓶底面横向穿透瓶子到达接收器，若瓶内有残余碱液（少于 5mL），那么穿过碱液和与穿过空气和玻璃到达接收器的信号完全不同，由此可识别含有碱液的瓶子，并通过输出控制信号，最终将不合格瓶子自动排出。

（4）瓶壁检测站　在瓶壁检验装置中，电子摄像机能够采集到整个瓶壁图像。通过折镜系统的折射，能得到 4 个图像，然后传送给评估系统进行评估。所有的空瓶检验设备都装有精密的机械装置和气动装置，磨损较严重的瓶子将很容易被排除掉。

（5）生产转换部件　啤酒厂会生产不同瓶型的啤酒，所以验瓶机也要与此相适应。直线形验瓶机选择不同按钮就选择了相应瓶型，与之相关的摄像机的位置、检测光栅等外部探头均可以根据不同瓶高进行调整。直线形验瓶机既有坚固的结构，又有性能良好的电子检测系统，所有生产数据可输入、可存储，并能显示出现的故障，自动化程度高。

4. 直线形验瓶机的结构及特点（图 9-15）

（1）瓶底检测站　采用电子摄像机采集瓶底图像并转换成数字信号，反馈给独立的评估系统，并立即对数字信号进行分析。

（2）瓶口检测站　在瓶子上部安装弧顶状红外线发光二极管，通过照射瓶口，可检出瓶口上极其微小的裂痕，执行机构将瓶口破损的瓶子剔除。

（3）残液检测站　分别用红外线检测装置和高频辐射装置检测瓶中残液。

（4）瓶壁检测站　电子摄像机能够采集到整个瓶壁图像。所有的空瓶检验设备都装有精密的机械装置和气动装置，磨损较严重的瓶子将被排除。

（5）生产转换部件　生产不同瓶型的啤酒，验瓶机也要与此相适应。

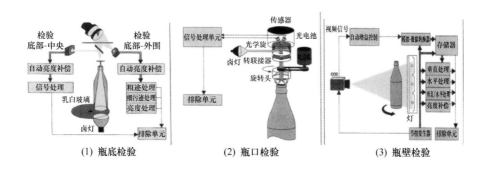

图 9-15　验瓶机的工作原理

六、灌装

灌装是啤酒包装过程中的关键工序，决定着啤酒的纯净、无菌、二氧化碳含量及溶解氧等重要指标。啤酒灌装应满足其物理特性、化学特性及卫生要求，并保持灌装前后质量变化不大。

1. 啤酒灌装要求

（1）尽可能与空气隔绝　即使是微量的氧也会影响啤酒的质量。因此要求灌装过程中的吸氧量不得超过 0.02～0.04mg/L。

（2）始终保持一定的压力　否则二氧化碳逸出，会影响啤酒的质量。

（3）保持卫生　灌装设备结构复杂，不仅要清洗与啤酒直接接触的部位，还要清洗全部设备。

2. 灌装机的结构

灌装机的结构比较复杂，主要包括酒液分配器、储酒室、导酒管和装酒阀等。国产 FDC32T8 型灌装机如图 9-16 所示，该机的主要部件有传动系统、输送瓶结构、升降瓶结构、液位控制和灌装阀等。

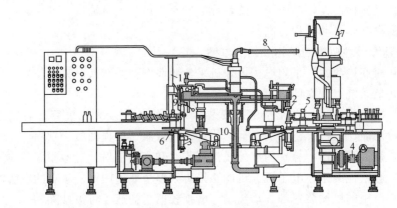

图 9-16　FDC32T8 型灌装机结构示意图

1—灌装缸　2—灌装阀　3—提升气缸　4—驱动装置　5—输瓶有关零件　6—机身　7—压盖机
8—CIP 循环用配管　9—破瓶自动分离结构　10—中间自由分离结构

（1）传动系统　采用圆柱螺旋减速箱带动各星轮转动。交流电机配以变频调速器，经减速器带动出瓶星轮，同时经齿轮和蜗轮带动压盖机主轴，再经减速器带动中间星轮、灌装机转盘、进瓶星轮，最后经圆锥齿轮变向带动进瓶螺旋，实现整个灌装机和压盖机的运转。

（2）瓶子输送部分

① 进出瓶输送带：将待灌的空瓶送至进瓶螺旋，由进瓶星轮送进灌装机，等瓶子被灌装压盖后，再由出瓶星轮将压盖后的瓶子送至出瓶系统。

② 进瓶控制装置：当灌装机发生故障需暂停或来自洗瓶机的空瓶较少时，阻止瓶子前进。

（3）定距分隔机构　将输瓶系统送来的瓶子进行调整，按要求的距离排列，再逐个进入进瓶星轮从而恰当地进行灌装。螺旋式定距分隔机构的螺距沿瓶子的运动方向由小变大，等加速度传送瓶子，当瓶子到达螺旋末端时，瓶子的间隔距离及其线速度均与进瓶星轮的间距和线速度相等，因而传送的稳定性较好，结构如图 9-17 所示。

（4）星轮机构　一般由星轮和导板组成。星轮槽形半径与瓶子直径有关。星轮由上、下两片组成，其间距由瓶子的高度决定。

（5）托瓶部分　主要是由托瓶盘和托瓶气缸组成。在灌装过程中，瓶子与灌装阀是按需要结合或离开的。托瓶气缸是垂直安装的，其上面是托瓶盘，托瓶气缸以压缩空气为动力。瓶子先被定位于托瓶盘上，把空气导入托瓶气缸，并驱动活塞升高，从而使瓶子同灌装阀准确地压合在一起。瓶子的下降则通过与托瓶盘

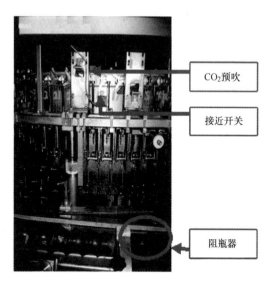

图 9-17　灌装机定距分隔机构

联动的辊轮及相应的固定安装的曲轨来实现，气缸内的空气反送回压缩空气管道。

（6）酒缸　啤酒灌装机的酒缸通常是环形结构，其作用是存储待灌装的啤酒。

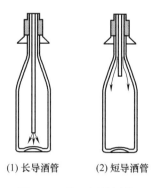

(1) 长导酒管　　(2) 短导酒管

图 9-18　长、短导酒管

（7）导酒管　常用的导酒管为定位式，定位式导酒管又分为长导酒管、短回风管和电磁阀短管三种。长、短导酒管如图 9-18 所示。

（8）灌装阀

① 长管灌装阀：导酒管的下口接近瓶底处，啤酒几乎是从瓶底由下而上缓慢地灌入瓶中的。这种灌装方式可避免过多地接触瓶中空气。

② 短管灌装阀：啤酒沿着瓶子的内壁进入瓶中。除去回气管占据的一小部分外，几乎整个瓶口截面都是啤酒流入的通道。

灌装阀各部件如图 9-19 所示。

3. 灌装机工作原理

螺旋式啤酒灌装机的灌装阀多为 100～200 个。瓶子由进瓶输送带进入灌装机，通过进瓶螺旋（定距分隔机构）将瓶子按一定的距离分开，并经由进瓶星轮

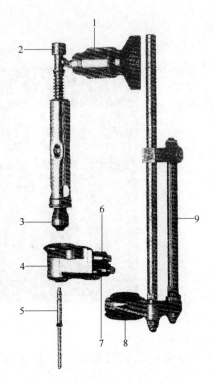

图 9-19　装酒阀

1—阀调节柄　2—充气针　3—液体阀　4—阀底部　5—回风管
6—卸压阀　7—抽真空阀　8—导向杯/COP 阀　9—导向杆

进入可做升降运动的托瓶盘上，使瓶子在灌装机下方定位，并完成灌装操作。

4. 灌装过程

空瓶在进瓶链带上，经过阻瓶器进入进瓶蜗杆并被送到进瓶星轮，经过进瓶星轮后移到瓶托上，由梅花形定心罩固定在正确的位置，空瓶经过两次抽真空、背压、灌酒、卸压、引沫等操作后，灌有酒的瓶子由出瓶星轮运至压盖机。灌装机的灌装机构如图 9-20 所示。

图 9-20　灌装机的灌装机构

由于啤酒在等压条件下进行灌装，可避免起沫和 CO_2 损失。装酒前瓶子抽真空后充 CO_2，当瓶内压力与酒缸内压力相等时，啤酒罐入瓶内，气体通过回风管返回储酒室。两次抽真空和 CO_2 洗涤、背压的装酒过程如图 9-21 所示。

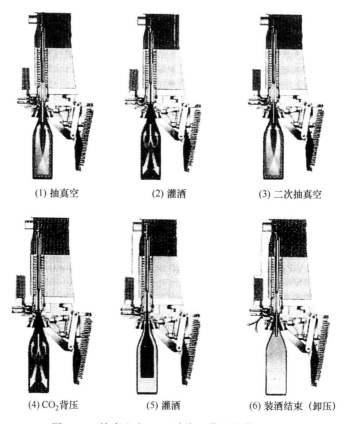

(1) 抽真空　　　　(2) 灌酒　　　　(3) 二次抽真空

(4) CO_2 背压　　　(5) 灌酒　　　(6) 装酒结束（卸压）

图 9-21　抽真空和 CO_2 洗涤、背压的装酒过程

（1）第一次抽真　瓶子、对中罩一起气密地压接到灌装阀上，真空阀由固定的挡块顶开。在很短的时间内，瓶中真空度可达 90%。被对中罩顶起的真空保护阀用于防止无进瓶情况下真空系统吸入过量空气而引起真空度降低。

（2）中间 CO_2 背压　通过操作滚轮阀柄，短时开启 CO_2 气体阀，让 CO_2 由酒缸导入瓶中。此过程十分短暂，滚轮阀柄复位即结束，此时瓶内压力升至接近大气压。

（3）第二次抽真空　重复第一步过程，再次得到约 90% 的真空度，由于此次被吸取的是上次抽真空后残留的空气和 CO_2 混合气，所以瓶子中仅剩约 1% 的空气。

（4）CO_2 背压　重复第二步过程。由于 CO_2 的充入，瓶中 CO_2 的浓度很高，最终瓶内的压力与酒缸内压力达到平衡。

（5）灌酒　当酒缸内压力与瓶内压力平衡时，滚轮阀柄借助弹簧使啤酒阀密封件抬起，酒液向下经伞形分散帽沿瓶壁呈薄膜状流入瓶内。同时瓶内的 CO_2 气体通过回风管返回酒缸中。

（6）灌酒结束　当啤酒的液面达到回气管的管口时，瓶中液面仍会上升，但瓶中所剩气体已无法排出，此时灌装结束。

（7）液位校正　为了达到准确的灌装高度，可通过滚轮阀柄的动作关闭啤酒阀，但气阀仍处于开启状态，然后通过固定安装的曲线挡块顶开侧向安装的 CO_2 附加阀，将压力略高的 CO_2 气体由附加槽导入瓶内。由于压差的缘故，超过回气管端口的那部分啤酒将通过回气管被压回酒缸。

（8）卸压　通过滚轮阀柄的操作使气阀关闭，再通过一个固定安装的挡块顶开侧装的卸压阀，使瓶子与节流嘴连通，瓶内压力由于节流排气而渐渐趋于大气压，可避免压力突变而导致啤酒起泡。

（9）CIP 清洗　将清洗帽安装于酒阀下，借助对中罩将其紧压在灌装阀上。整个系统可通过清洗介质循环得到充分清洗。

5. 灌装机的工作流程

啤酒灌装机的工作流程如图 9-22 所示。

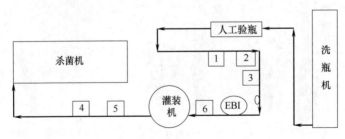

图 9-22　灌装机的工作流程

（1）接近开关 1　当其被释放时，灌酒机的速度降至最低。

（2）接近开关 2　当其与接近开关 1 同时被释放时，阻瓶器自动关闭，瓶子停止进入灌装机。

（3）光电开关 3　应保证光电开关与其反光镜对位。若瓶子被卡住或中途有倒瓶而切断光电开关与反光镜的联系信号，阻瓶器自动关闭，瓶子停止进入灌装机。

（4）接近开关 4　当其被挤压时，灌酒机的速度降至最低。

（5）接近开关 5　当其与接近开关 4 同时被挤压时，灌装机的阻瓶器自动关闭，瓶子停止进入灌装机。

（6）光电开关 6　当进入灌装机的瓶子之间有空隙（有可能是因为倒瓶、破瓶），这时操作面板上的故障灯亮起。必须在排除故障后，按灭故障灯，然后重新启动灌装机。

6. 控制要点

（1）保证啤酒纯净、无菌灌装。

（2）CIP 刷洗频次、刷洗力度、刷洗液浓度、刷洗温度和刷洗时间达到要求。

（3）灌装机前的输酒管路上加装袋式捕集器，以免刷洗液带进泥沙、锈渍或酒液带有大颗粒的悬浮物。

（4）酒缸采用 CO_2 背压，尽量不用压缩空气背压。可采用发酵过程中产生的 CO_2 进行背压。

（5）真空泵每次抽真空能达到 80% 以上的真空度，瓶内压力低于 $-0.8MPa$。

（6）灌酒阀的密封性一定要好，否则瓶中的空气含氧量会很高。

（7）灌装结束后进行高压激沫。用高压喷嘴将热水喷入瓶中，同时产生细碎的泡沫冲出瓶口，并将瓶颈空气带出，以降低酒中的氧含量。水温 85℃ 左右，硬度低于 4°d，压力 1000kPa。

（8）保证啤酒的定量、稳定灌装，容量过低或过高都不符合标准。

（9）控制酒温在 $-1\sim8℃$，酒温过高会引起 CO_2 逸散。

（10）根据清酒罐、送酒泵及灌装机之间的距离，合理控制稳定的送酒压力，保持灌装机酒缸内液面平稳。

（11）根据酒管或酒针的不同，准确控制瓶内啤酒的液面高度。

七、压盖

灌装结束后，为了保证啤酒的无菌、新鲜、二氧化碳无损失，应立即进行压盖。

1. 皇冠盖压盖

广泛使用的皇冠盖压盖机多是回转式压盖机，该机主要由托瓶转台、压盖滑道、压盖模、高度调节装置、料斗、滑盖槽等组成。其封口方式如图 9-23 所示。

皇冠盖一般有 21 个齿，内衬有高弹性的 PVC 塑料密封垫，密封性能好，制造容易，成本低，在啤酒行业广泛使用。

滑落槽是连接料斗和压盖头的通道，瓶盖在料斗经分拣后进入滑落槽，所有进入压盖头的瓶盖应顺利、畅通。滑落槽带有瓶盖定向装置——直筒式正盖器，通过正盖器将所有的瓶盖按同一方向排列。反向的盖子在下滑过程中经过正盖器的导槽被翻转 180°，从而达到正确的位置状态，为压盖过程做好准备。

皇冠盖在送至压盖头的过程中，需要动

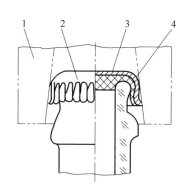

图 9-23　皇冠盖压盖封口
1—压盖模　2—皇冠盖
3—密封垫片　4—瓶口

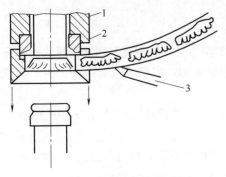

图 9-24　皇冠盖气动输送
1—压杆　2—压盖头　3—喷气嘴

力进行输送，输送方式有两种：一是气动方式，二是机械/磁吸方式。气动输送如图 9-24 所示，盖子借助压缩的无菌空气送至压盖头的锥体下；而采用机械/磁吸方式时，盖子通过一个输送星轮过渡到压盖顶杆下面，然后由压盖机端部的磁体牢牢吸持住。

2. 压盖工艺过程

压盖头做上下往复运动，当向下动作时向下施加压力，对瓶子进行封盖操作。压盖工艺过程可分为四步，如图 9-25 所示。

（1）送盖　瓶盖从料斗中按预定的方位通过正盖器和瓶盖滑道送至压盖模处。

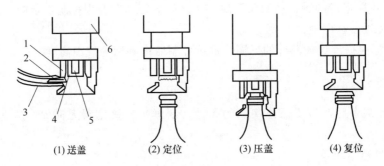

(1)送盖　　(2)定位　　(3)压盖　　(4)复位

图 9-25　压盖过程示意图
1—压盖模　2—皇冠盖　3—送盖滑槽　4—压头　5—磁铁　6—压盖头柱塞

（2）定位　瓶盖进入压盖头的压槽内定位，同时，装满啤酒的瓶子也输送到位，并对准压盖头的中心。

（3）压盖　压盖头下降，瓶盖在压盖模的作用下被压向瓶嘴，实现封口。

（4）复位　封口后，压盖头上升复位，弹簧的力量使被封口的瓶子离开压盖工位。

灌装压盖后，啤酒经出瓶星轮送出灌装机，并由输送带送入下一个工序。压盖机平面配置如图 9-26 所示。

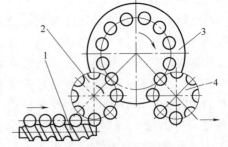

图 9-26　压盖机平面配置图
1—螺旋分隔限位器　2—进瓶星轮
3—压盖机转盘　4—出瓶星轮

3. 压盖过程控制要点

（1）密封性　压盖后要求瓶盖封口尺寸控制在 28.5～28.8mm，密封压力 ≥1.0MPa。

（2）瓶盖锈蚀程度　啤酒瓶盖的材料有多种，如镀锡或镀铬马口铁、铝合金及不锈钢等。后两种材料不存在生锈问题，但价格比较昂贵。马口铁瓶盖价格合适，但容易生锈。瓶盖锈蚀与压盖机、输送装备的状态关系很大，有的由于压盖机本身套头问题造成瓶盖漆膜脱落，露出马口铁，杀菌过后，瓶盖生锈。有的由于压盖机撸子或输送星轮等磨损，压盖时瓶盖与酒瓶不垂直而将瓶盖裙边磨损漏铁。

八、杀菌

1. 杀菌的目的与要求

啤酒杀菌的目的是杀死酒内的有害菌，保证啤酒的生物稳定性，有利于延长啤酒的保质期。啤酒杀菌要求在最低的杀菌温度和最短的时间内杀灭酒内可能存在的有害微生物。啤酒灌装前除菌常采用瞬时杀菌或膜过滤，灌装后杀菌多采用隧道式喷淋杀菌，设备为隧道式杀菌机。

2. 隧道式杀菌机的工作原理

啤酒在杀菌机隧道内被输送装置从隧道一端缓慢地运送到另一端，在输送过程中经过若干段不同温度水的喷淋，使酒瓶经过加热、保温、冷却三个阶段完成杀菌过程。隧道式喷淋杀菌机的结构有单层式和双层式。双层隧道式喷淋杀菌机的工作流程如图 9-27 所示。瓶酒进入槽内后，由输送带运载不断向前移动，直至出口。根据灭菌要求，分为几个温度区域，各区均可采用自动调温阀调节温度，并自动记录。各个区域都有相应温度的水槽，用不锈钢喷嘴将水喷成雾状喷淋到瓶子外壁，达到加热、杀菌和降温的作用。

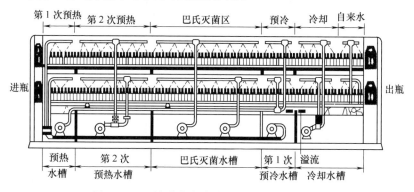

图 9-27　双层隧道式喷淋杀菌机的工作流程

3. 杀菌机的组成

（1）传动装置　传动装置分为链带式、链网式和步移式三种。前两种是连续运行方式，由于链带或链网和瓶酒都不断经过加热、保温、冷却的循环，热能损耗较大；后一种是栅床做升降运动，步移距离小，各部件温度变化不大，因此瓶酒传送平稳，耗能较低，但结构复杂。

（2）水的循环和喷淋系统　隧道式双层喷淋杀菌机设有多个温区，每个温区由水箱、过滤系统、泵及喷淋系统组成。利用各自独立的水循环系统对瓶酒进行加热和冷却。

4. 隧道式喷淋杀菌机的结构

隧道式喷淋双层杀菌机的外观如图9-28～图9-34所示。

图 9-28　双层隧道式喷淋式杀菌机外观（1）

图 9-29　双层隧道式喷淋式杀菌机外观（2）

图 9-30　双层隧道式喷淋式杀菌机外观（3）

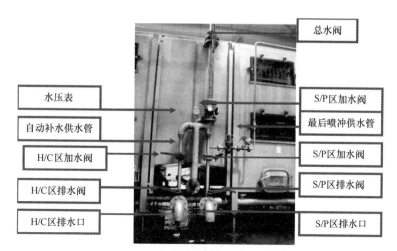

图 9-31　双层隧道式喷淋式杀菌机外观（4）

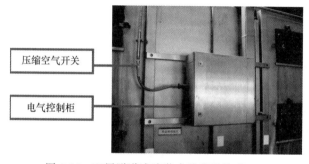

图 9-32　双层隧道式喷淋式杀菌机外观（5）

图 9-33　双层隧道式喷淋式杀菌机外观（6）

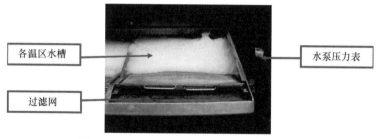

图 9-34　双层隧道式喷淋式杀菌机外观（7）

瓶酒先后经过以下各区域：

进口	H1→	H2	H3→	S1	P1→	C1	C2→	C3	出口

杀菌机进口—升温 1 区（H1）—升温 2 区（H2）—升温 3（H3）—过热区（S1）—杀菌区（P1）—降温 1 区（C1）—降温 2 区（C2）—降温 3 区（C3）—杀菌机出口。

压好盖的生啤酒通过进瓶输送带进入杀菌机，酒瓶分上下左右四个通道进入杀菌机的输送链网上，由四个主驱动电机驱动缓慢地向前运行；在运行过程中经过 H1/H2/H3/S1，在 30℃、40℃、50℃水的喷淋下，瓶内的酒被加温到 60℃左右，用时约 12min 到过热区；在过热区、杀菌区用时约 20min，喷淋水蒸气的作用使瓶内的酒充分受热，产生 PU 值，达到杀菌目的；最后进入降温 1～3 区，用时 12min，在喷淋水的作用下达到出酒温度（35℃以下）满足贴标需要，总运行时间约 44min。

5. 杀菌过程控制要点

（1）保证杀菌单位控制在合理范围内。根据微生物水平制订合适的杀菌单位，一般控制在 10～20PU。

（2）保证喷淋水正常喷淋。

① 瓶装啤酒在进入杀菌机前，用水喷洗瓶外残留的酒液，避免酒液进入杀菌机而产生"菌膜"。

② 定期进行检查、清理杀菌机水槽内的过滤网。

③ 每天检查喷淋效果，定期对杀菌机进行彻底刷洗和清理，避免菌膜等堵塞喷淋管。

④ 为防止"菌膜"和水垢的沉积，可在水中适当添加防腐剂和螯合剂。

（3）当杀菌机遇到意外停车时要及时降温处理，以保证杀菌量在要求范围内。一般情况下，杀菌机停车 5min 后，蒸汽会自动关闭。在经过 10min 后，须人工向高温区和杀菌槽内补充凉水降温。补充凉水时要注意水温降幅不能超过 22℃，以免引起爆瓶。

（4）定期检查空车 PU 值是否在要求范围内。杀菌机出口酒温度控制在 30℃以下（必须在露点之上），以保证啤酒口味新鲜。

（5）控制巴氏杀菌温度变化。玻璃瓶的加热和冷却都要逐步进行，温度变化控制在 2～3℃/min，以防爆瓶。隧道式杀菌机喷淋杀菌过程中温度变化线如图 9-35 所示。

九、验酒

1. 验酒的要求

（1）酒液清亮透明，无悬浮物和杂质。

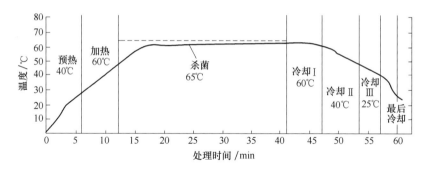

图 9-35　隧道式杀菌机喷淋杀菌过程中温度变化曲线

（2）瓶盖不漏气、不漏酒。

（3）瓶外部清洁，无不洁附着物。

（4）啤酒液位符合现行国标要求：≥500mL 标签容量的，液位要满足标签溶液量±10mL；≤500mL 标签容量的，液位要满足标签容量±8mL。

用人力验酒由于人的视力容易疲劳，难以达到理想的效果。现在多使用漏气检测仪和酒内微细物检测仪。

2. 检查漏气酒

漏气酒因瓶颈压力下降，可以从酒液面产生气泡检验出来。但轻微的漏气，有时用人力难以检查出来，可以在验酒的上线输送带下面安装超声波振荡器，促使酒液面产生多量气泡，以被自动检瓶仪检出排除之，如图 9-36 所示。

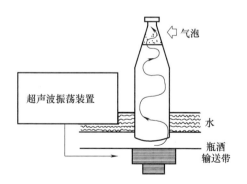

图 9-36　漏气检测仪

3. 酒内微细异物的检查

用人力从瓶外检查瓶酒内极微细的异物比较困难，特别是已经沉淀在瓶底的异物。当瓶酒灌装和压盖后，瓶中的异物会在酒瓶的高速运转中悬浮起来，然后用 CCD 摄影机在汞灯的照射下，含有异物的瓶酒被检出而自动排除，如图 9-37 所示。

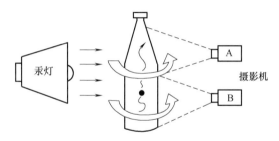

图 9-37　瓶酒异物检验系统

十、贴标

1. 贴标的目的

（1）使贴标后的瓶装酒美观。

（2）标明产品的名称、性能、原料配比等。

（3）引起消费者的消费欲望。

（4）提高啤酒的档次，提高产品市场竞争力。

2. 标签的内容

根据标签粘贴的位置和形状不同，瓶装啤酒的标签分为身标、肩标、背标、劲标（封顶标）、绑带标等。

标签的内容主要包括：生产厂家、包装商以及销售商的名称、通信地址、联系电话、保质期、酒精含量（体积分数，％）、净含量（mL）、原麦汁浓度、配料等。此外，还要在标签上标明啤酒的生产日期、灌装班次、批次、时间等。标签上所用的语言应该正确，且清晰、浅显易懂、易读，不产生误解。

3. 标签纸的要求

（1）标签纸表面光洁，印刷性能良好，印刷面耐摩擦。

（2）商标用纸具有一定的吸水性，且耐湿性好，但商标胶不能透过。吸水性太差会导致标签边缘翘起，而吸水性太强又会引起标签贴到瓶子以后打皱。一般以 $7\sim9g/m^2$ 为宜。标签通常采用不含木纤维的纸制成，并经机器压光处理。

（3）耐碱性能好易于被碱液渗透，有利于洗瓶时浸泡除标。

（4）商标的冲切质量要高，边缘光滑；外形尺寸精度高，允许误差 $\pm0.25mm$。

（5）标签纸的抗拉强度高，弯曲刚度小。湿态抗拉强度应足够大，不低于干态的 30％。

（6）商标胶的凝固时间要短。

（7）标签的存放条件。相对湿度 60％～70％，温度为 20～25℃，以保证标签的平整性。

4. 贴标的基本要求

（1）商标整齐美观。紧贴瓶壁，不得歪斜、翘起、鼓起、透背、破裂或脱落。

（2）贴标位置正确。圆形商标的下端距瓶底为 2.7～3.0cm；方形商标的下端距瓶底为 3.7～4.0cm；小瓶商标的下端距瓶底为 1.7～1.9cm。

（3）尽可能选用耐碱性的纸张。

（4）有选择地使用黏着剂。一般采用糊精、酪素或醋酸聚乙酯乳液。

5. 贴标机的结构

广泛使用的回转式贴标机的结构如图 9-38 所示。其特点：贴标过程连续，速度高，性能稳定，操作方便，可以同时贴多种商标。

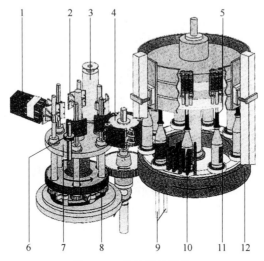

图 9-38　贴标机的结构

1—标签配送台　2—加胶棘爪　3—胶辊　4—加紧轧辊　5—定心铃　6—喷码

7—在油缸中运转的棘爪齿　8—控制凸轮　9—瓶台润滑油　10—刷子　11—瓶板　12—瓶台

回转式贴标机主要由标签盒、夹标转鼓和取标板等组成。

（1）标签盒　标签盒如图 9-39 所示，其作用是装载标签，并对标签施加持续而稳定的推力。标签盒前端设置可调的持标爪以防标签脱落。

图 9-39　标签盒

（2）夹标转鼓　夹标转鼓如图 9-40 所示，其作用是夹取涂了胶的标签，并转贴到瓶子上。此过程既可采用真空方式，也可采用机械夹持方式实现。夹标转鼓具有多个抓标钩，抓标钩的夹与松的动作是借助凸轮实现的。通过夹标转鼓上的几个抓标钩及止挡条的作用，可夹持住标签的未涂标处，标签是从与夹标转鼓同步转动的取标板上揭下来的。标签两侧边缘有未涂胶的小块区域，这是由于胶掌边缘的凹槽所致。揭下来的标签平靠在贴标海绵块上，然后由于抓标钩松开而被贴到随主转台回转而经过的瓶子上。

（3）取标板　均匀分布在标签台中心转盘上的各个取标板在动力的驱使下绕

图 9-40　夹标转鼓

盘心转动，胶辊及夹标转鼓同步转动，取标板受标签台内不动的凸轮曲线控制，各自能够在各个位置按所需的角度摆动。单个取标板运行到胶辊处，按一定的摆动规律与胶辊作纯滚动，使取标板在离开胶辊位置时，其弧面各处与胶辊接触一次。由于有胶水不断从胶水桶抽吸至胶辊，并在胶水刮刀的帮助下，使胶辊表面刮出一层薄的胶水膜，取标板与胶辊滚动时便于表面粘上胶水。

取标板粘胶水后转至标盒位置时，经过自身摆动、变向，其一侧首先与标签纸的一侧接触粘住标签纸。随着转动的继续，取标板粘起这一侧标签纸，并使其脱离抓标钩的约束。取标板的运动规律是弧面各点与标签纸面作切向滚动。当取标板另一侧运动到标签纸的另一侧时，整张标签纸已经被取标板粘住。取标贴标机构如图 9-41 所示。

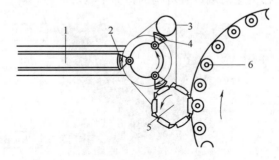

图 9-41　取标贴标

1—标签配送台　2—加胶棘爪　3—胶辊　4—加紧轧辊　5—商标　6—瓶子

6. 贴标机的工作原理

回转式贴标机的工作包括瓶子运行、标签纸运行、胶水供给三大部分，如图 9-42 所示。

瓶子由输送带送至止瓶星轮时，被锁住的止瓶星轮卡住，此时输送带不断运行，被挡着的瓶子增多，瓶子不能前进，只能向输送带两侧排列，输送带两侧有傍板，其上装有感应开关，当瓶子增多压向傍板并触动感应开关时，即产生电信号使电磁阀打开通气，压缩空气使锁着止瓶星轮的气缸开锁，止瓶星轮与傍板联合作用允许单列通过，并进入进瓶螺旋。

进瓶螺旋是一条变距螺旋，其作用是将排列紧凑的瓶子分隔并定距，使其顺利进入进瓶星轮的卡位。螺杆每转一周，从螺杆入口导入一个瓶子。螺旋槽中的容器前进一个螺距，螺杆出口端排出一个瓶子进入进瓶星轮。螺杆的转速与进瓶星轮的转速之间保持一定的传动比，从而实现定时供给瓶子的要求。

进瓶星轮与中心导板配合，改变瓶子运行方向并等距离地将

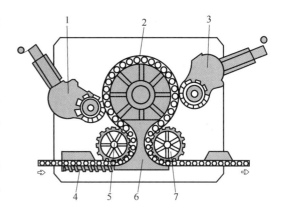

图 9-42　贴标机的工作原理
1—箔标、身标和肩标贴标站　2—辐条轮式转台
3—背标贴标站　4—进瓶螺杆　5—进瓶星轮
6—中心导框　7—出瓶星轮

瓶子送进托转塔。托瓶转塔主要由托瓶台和定瓶组件两部分组成。当瓶子进入托瓶台上的托瓶盘时，定瓶组件的压瓶头在压瓶凸轮的作用下，刚好压着瓶子顶部，并随托瓶盘一起同心转动将瓶子送到贴标工位。

托瓶盘与夹标转鼓位置相切，瓶子在此位置粘贴上标签纸，粘贴面积仅仅是一小部分，而且标签位于托瓶台的切线方向，随着托瓶台的转动，瓶子在托瓶盘上和压瓶头一起顺时针自转 90°，使标签纸的未粘贴部分通过刷标工位。毛刷能顺利地把标签纸刷在瓶子壁上。

贴标后的瓶子将要到达出瓶星轮时，压瓶头在升降凸轮的作用下升起，解除对瓶子的压力，使瓶子在出瓶星轮与中心导板配合下，改变运行方向送出贴标机。

7. 贴标机的工作步骤

（1）上胶　取标板经过涂胶机构涂上液体黏合剂。

（2）取标　通过取标板从表盒中取出标签，每次只取一张，无瓶时不取标。

（3）传标　由夹标转鼓把取出的标签传送到粘贴位置。

（4）贴标　涂好胶的标签到达粘贴位置，瓶子也应同时到达该位置。

（5）滚压、熨平　使标签纸贴牢，避免起皱、鼓泡、翘曲、卷边等。

8. 贴标操作注意事项

（1）胶水使用温度　胶水使用温度太低会导致胶水黏度太高，商标不易被转鼓从标掌上取下，而被撕破，铝箔则更为严重；如胶水使用温度太高，胶水黏度太低，贴标时易发生甩胶现象而污染标掌、标盒、转鼓，标掌边缘结余的胶水产生额外的黏性从标盒内一次取两张标，或者标从转鼓上被传递到瓶身上后又由于推标海绵上的胶水作用被转鼓带回。酪素胶的使用温度为 25～30℃。

（2）胶水的加水标准　在搅拌胶水时，根据胶水不同制定合适的加水标准。

（3）设备检查准备工作　贴标故障多发生在开班时或者换线后。应认真做好设备检查准备工作。检查"转鼓"的标纸内、压条上有无异物及损坏，可放一张标拉一拉，查看标指与压条之间的配合是否良好海绵是否损坏，转鼓的松紧程度是否一致，表面是否正常；检查"标盒"的导杆是否干净，拉一拉推标的钢皮是否力量一致，导杆的拉力是否一致、有力；摸一摸标爪内有无胶水残留，量一量标爪的长度是否一致。

（4）做好设备的清洁、润滑工作。

9. 常见故障及解决措施

常见故障类型、原因及解决方法见表9-4。

表 9-4　　　　　　　　　　常见故障类型、原因及解决方法

故障种类	原因	解决方法
标歪斜	标盒歪斜	调节标盒到水平位置
	胶膜太厚或太薄	调节胶膜厚薄
	贴标单元的左右、进出位置不好	调节贴标单元的左右、进出位置
	转鼓海绵磨损或脱落	由机修工更换
	转鼓标指松标时太快或太慢	由机修工调节
	转鼓标指太松	调节标指松紧度
	标刷太松或太紧	点动检查各个位置标刷的松紧
漏标（破标）	标盒的推标力量太大或太小	调整标盒的推标力量大小
	标盒进出、左右的位置不好	参数见设备要求
	胶膜太厚或太薄	调节胶膜厚薄
	转鼓从标掌上取标太快或太慢	由机修工调节
	标盒、标掌、转鼓太脏	清洁
	转鼓标指太松	由机修工调节
	刮刀处有标纸	清除
	没有胶水	续胶、检查胶泵是否损坏
掉瓶	压杆压偏	机修工调节定位星轮的位置
	压杆压力太小	按要求将机头放低
	瓶托损坏	更换瓶托
	贴标单元推进太多	按要求将贴标单元拉回
标张开（松）	胶水太少	胶膜调厚
	没有胶水	续胶或检查胶泵工作情况
	刮刀内有异物	将刮刀拉开清洁
	标掌错位或磨损	由机修工调节或更换
	标刷太松或太脏，位置不好	清洁或调节

十一、装箱

贴商标后的瓶装啤酒需要进行外包装，如装箱、装筐或塑封等，常见的规格 [瓶装体积（mL）×瓶数] 有 355×24、355×12、500×12、600×12、640×12 等几种，筐装以 $500/600/640\times12$ 规格居多，塑封以 $500/600/640\times9$ 或 $500/600/640\times6$ 为主。

箱装啤酒对瓦楞纸箱有一定的质量要求，其强度指标按照国标 GB/T 6543—2008《运输包装用单瓦楞纸箱和双瓦楞纸箱》执行。塑封啤酒对塑封膜要求按国标 GB/T 13519—2016《包装用聚乙烯热收缩薄膜》执行。

常用的装箱设备有装纸箱机、装塑料周转箱机、装托盘外加收缩膜的包装机、装箱与卸箱两用机等。

1. 机械装箱过程

灌装好的瓶子在装箱前须经过整队通道编排队形，通过瓶流疏导器将瓶子分流成多个单路纵队进入抓取台，通过抓瓶头抓取一定数目的瓶子开始装箱。机械装箱过程如图 9-43 所示。抓瓶时通过导入压缩空气使夹瓶帽内的皮碗膨胀，将酒瓶牢牢地夹紧并提起，然后抓瓶头通过水平回转或在垂直平面内回转而实现装箱。

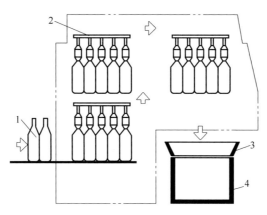

图 9-43　机械装箱过程
1—酒瓶　2—气夹头组　3—导向器　4—箱子

2. 装箱机的结构及工作原理

装箱机的结构如图 9-44 所示。

空的塑箱由进箱输送带输送进入装箱机，阻箱器钩起将塑箱定位在工作位置。此时机头向上运行至最低位置，抓头将平台上的瓶头完全罩住时，抓头开始充气，抓头内的气囊变形将瓶子牢牢夹住。机头向下运动，瓶子被抓头夹住向下一起运行，将瓶子完全放入塑箱内，抓头放气，阻箱器放开，机头离开，走箱输送带将装满酒的塑箱送入 TK 输送带。与此同时，平台输送带开始运转，同时空

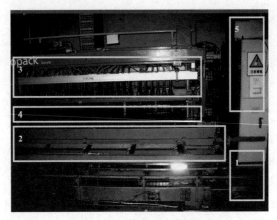

图 9-44　装箱机的结构

1—进箱输送带　2—定箱区域　3—机头（抓头）　4—瓶台输送带　5—电器控制柜

塑箱进入，阻箱器钩起将塑箱定位，机头向下运行进入下一个工作循环。

3. 设备及材料要求

（1）塑箱　塑箱没有破损，塑格没有明显变形，规格尺寸一致。一般使用 24 瓶装的大塑箱、12 瓶装的小塑箱两种规格。

（2）成品酒　成品酒及瓶型应与生产计划相符。

（3）压缩空气　供气压力大于 0.45MPa，干燥不带水。

（4）设备要求　电源要求 360V，空压保持在 0.45MPa 以上。

4. 装箱操作要点

（1）启动前的检查与准备

① 检查设备的换线工作是否完成。

② 检查设备上是否有维修工作正在进行，有无警示牌。

③ 检查是否有工具遗留在链条和机器上。

④ 检查设备电源开关是否打开。

⑤ 检查各光电开关及接近开关是否处于正常工作状态。

⑥ 打开压缩空气总阀，并调节压力至 0.45MPa 以上。

⑦ 检查空气服务器上气水分离器中是否有积水。旋松气水分离器底部的旋钮，将多余水分排完后，旋紧旋钮。

⑧ 给设备各保养点加黄油润滑。

（2）启动

① 检查各个抓头的气囊有无变形，是否漏气。

② 调整抓头空气压力在 0.1～0.5MPa。

③ 打开 TK、TB 输送带，同时打开 TK 和 TB 的润滑。

④ 输送带的运行是否正常。

⑤ 检查瓶子过渡是否平稳。

⑥ 检查并确保有足够的塑箱供应。

⑦ 检查进、出箱处的过渡辊运行是否顺畅，有无卡箱现象。

⑧ 手动操作抓瓶一次，检查装箱是否能正常进行。

（3）装箱操作过程监控

① 检查进箱、出箱运行是否正常。

② 检查主驱动部分是否工作正常。

③ 检查各光电开关是否正常工作。

④ 检查瓶台输送带运行是否平稳。

⑤ 检查抓头的压缩空气压力是否合适。

⑥ 随时检查成品酒的瓶型、瓶盖、商标是否与生产品种一致。

5．结束生产

① 手动操作设备抓完现场剩余平台上的成品酒，并将出箱输送带上的成品全部送到 TK 输送带上，直到堆垛机进口。

② 关闭装箱机到码垛机进口的 TK 输送带。

③ 将机头手动停在瓶台输送带上方，关闭压缩空气及设备电源。

④ 把现场的不合格的酒集中拉至验酒处将其倒掉，空瓶堆放在可回用垛板上。

十二、码垛

码垛是指装箱后的啤酒为了便于存放和运输，按一定的高度堆码到铁框底托盘上。有人工码垛和机械码垛两种方式。码垛设备的主要部件及功能如下。

（1）提升装置　垛板提升与下降。

（2）集箱门、夹板　将箱子排列、夹紧，使之保持整齐。

（3）箱推进器　将箱子推到工作终端位置。

（4）进箱输送带　控制并输送进箱。

（5）垛板机　供应垛板，完成换垛板工作，如图 9-45 所示。

图 9-45　垛板机的结构

（6）出垛链条　整垛输送到叉车待叉位置。

任务二

罐装熟啤酒的包装

罐装啤酒酒体轻，储运、携带和开启方便，深受广大消费者的青睐，已具有和瓶装啤酒并驾齐驱的地位。

一、罐装啤酒包装工序

送罐→无菌水冲罐→装酒→封盖→杀菌→液位检查→打印日期→装箱及收缩包装

（1）送罐　罐体不合格者必须剔除；空罐要经紫外线灭菌。

（2）无菌水冲罐　装酒前将空罐倒立，以 0.35～0.4MPa 的无菌水喷洗数秒钟，洗净后悬空倒立排水，再以压缩空气吹干。

（3）装酒　罐装啤酒在灌装过程中没有抽真空过程，为了降低溶解氧水平，酒缸一般采用 CO_2 背压，向罐内充 CO_2 后，进行等压灌装；酒缸顶温应在 4℃以下；保证酒阀不漏气，酒管畅通；灌装啤酒应清亮透明，酒液高度一致，酒容量（355±8）mL。

（4）封盖　灌装后，使用蒸汽或 CO_2 引沫到灌口，迅速封盖；封口后，易拉罐应不变形，不泄漏，保持产品正常外观；封盖后的易拉罐要定时做卷封检测，查看封盖是否严密。

（5）杀菌　装罐封口后，罐倒置进入巴氏杀菌机进行。喷淋水要充足，保证达到灭菌效果所需 15～30PU；不得出现胖罐和罐底发黑；杀菌温度一般为 61～62℃，时间 10min 以上；杀菌后，由鼓风机吹除罐底及罐身的残水。

（6）液位检查　由于易拉罐是不透明的，一般采用 X-射线或 γ-射线液位检测仪检测液位，检测啤酒容量是否达到标准。当液位低于 347mL 时，接收机收集信息经计算机处理后，传到拒收系统，被橡胶棒弹出而剔除。使用时要注意安全，防止辐射。

（7）打印日期　自动喷墨机在易拉罐底部喷上生产日期或批号。打印后，罐装啤酒倒正然后装箱。

（8）装箱及收缩包装　装箱用包装机或手工进行，将 24 个易拉罐正置于纸箱中；也可采用加热收缩薄膜密封捆装机，压缩空气工作压力为 0.6MPa，热收缩薄膜温度为 140℃左右，捆装热收缩后，薄膜覆盖整洁，封口牢固。

二、易拉罐及其质量要求

目前市场上普遍采用的是铝制易拉罐。易拉罐铝材厚度为 0.28～0.29mm，易拉盖铝材厚度为 0.17～0.28mm。强度指标和内涂层完整性按国标 GB/T 9106.1—2009《包装容器　铝易开盖铝两片罐》执行。

任务三

桶装生啤酒的包装

桶装啤酒一般为未经杀菌的鲜啤酒，口味清爽，但保质期不长，适于当地产当地销。若用桶装熟啤酒，一般采取先瞬间杀菌后灌装的办法。

桶装较瓶装或易拉罐包装啤酒成本低，可节省 30% 以上的费用，极具竞争力。目前世界桶装啤酒产量已占啤酒总产量的 20% 左右，欧洲国家的桶装啤酒比例更高，如英国的桶装酒占 80% 左右。包装形式有木桶、金属桶、塑料桶、不锈钢卧式罐等，木桶的处理比较烦琐，不易清洗，灭菌不耐压，修理不方便，除在欧洲少数国家尚有使用者外，在国内已不采用。目前各国普遍采用不锈钢桶。桶装啤酒的规格主要有 30L 和 50L，也有 10L 及 5L 的小包装。

一、桶装啤酒的包装

1. 不锈钢桶的性质和特点

（1）对啤酒质量（风味、色泽、泡沫以及非生物稳定性等）无影响。

（2）桶面光洁，反射能力强，不易很快吸热而使酒温上升。

（3）结构简单，光洁的内壁很易清洗，用热水、蒸汽或碱水杀菌均可。

（4）不需涂料，很少修理，易于流通。

（5）质量轻，运费低。

（6）配有特殊结构的桶口阀，保证清洗及灌装在密封条件下进行，密封性好，CO_2 损失少。

（7）耐压，一般工作压力可达 0.3MPa。

（8）装桶后如需杀菌也比较容易。

（9）卫生条件好，不易染菌。

（10）容易实现清洗和灌装程序控制，有安全监视系统，全自动操作。

2. 桶装啤酒操作要点

桶装啤酒有半自动清洗-灌装线和全自动清洗-灌装线两种。操作如下。

（1）预清洗　酒桶使用后回收，需先进行预清洗备用。预清洗包括：压力检验、排除残酒、碱液/酸液清洗、热水清洗、蒸汽灭菌等。

（2）清洗灌装

① 半自动清洗灌装：包括 4 个桶自动处理工位（2 个清洗工位，1 个杀菌

工位，1个灌装工位），每个工位的转换需由操作者协助将桶旋转90°，采用CO_2背压灌装。整个清洗、杀菌和灌装过程均实行程序控制。生产能力为30～50桶/h。

② 全自动清洗灌装：包括6个工位（4个清洗工位，1个杀菌工位，1个CO_2背压工位），清洗包括冷水清洗、碱液/酸液清洗及热水清洗。采用二级脉冲清洗，确保内壁清洗干净。灌装采用CO_2背压灌装。整个清洗、杀菌和灌装过程实行程序控制。生产能力为50～120桶/h。典型流程如图9-46所示。

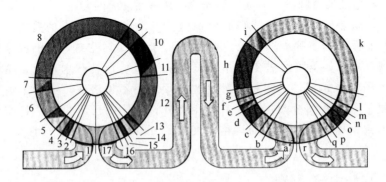

图 9-46　桶装啤酒在线洗涤、灌装流程

1—上线　2—压紧　3—检验　4、13—卸压　5—排残　6—水冲洗　7—空水
8—碱冲洗　9—空碱　10—热水冲洗　11—蒸汽吹出残余热水
12—通蒸汽　14—充CO_2　15—酒帽卸压　16—松开　17—下线

3. 桶装啤酒的技术要求

桶装啤酒的技术要求是：温度≤6℃；压力0.25～0.3MPa；CO_2含量≤5.5g/L。

二、大容量啤酒的包装

将不锈钢制的卧式罐安装在汽车上，附有CO_2钢瓶及流量计，罐容量2～7t，内装鲜啤酒或杀菌啤酒，利用汽车输送至各点。其技术要求如下。

（1）酒罐倾斜度1：20。

（2）酒罐工作压力0.3MPa。

（3）以CO_2为背压，装低温冷却的啤酒。

（4）罐壁绝缘良好，啤酒在长途运输中不至于升温过高。

（5）槽车用酒罐必须注意清洁灭菌，每次使用时，先用清水洗净，再用0.02％有效氯的漂白粉消毒灭菌，然后冲洗干净，要保证不黏滑，无霉味。经常抽查卫生指标，要求大肠菌群及细菌总数符合卫生指标要求。

三、桶装啤酒灌装注意事项

1. 保证洁净

（1）包装容器的洁净　所使用的包装容器必须经过清洗和严格检查，不能使包装后的啤酒受到污染。

（2）灌装设备的洁净　对灌装设备尤其是灌装机的酒阀、酒槽要进行刷洗和灭菌，灌酒结束后每班应走水，加入消毒液杀菌，每周要对酒阀、酒槽、酒管进行刷洗和灭菌，凡与啤酒接触的部分都不能有积垢、酒石和杂菌。灌酒设备最好与其他设备隔绝，灌装机的润滑部分与灌酒部分应防止交叉污染，输送带的润滑要用专用的肥皂水或润滑油。

（3）管道的洁净　一切管道都要保持洁净，每天要走水，每周要刷洗，每次要灭菌。

（4）压缩空气或 CO_2 的洁净　用于加压的压缩空气或 CO_2 都要进行净化，对无油空压机送出的压缩空气要进行脱臭、干燥或气水分离，要经常清理空气过滤器，及时更换脱臭过滤介质，排除气水分离器中的积水。对 CO_2 要进行净化、干燥处理，保证 CO_2 纯度达 99.5% 以上。

（5）环境的洁净　保持灌酒间环境的清洁卫生，每班进行清洁、灭菌。

2. 防止氧的进入

（1）适当降低灌装压力或适当提高灌装温度，减少氧的溶解。要求采用净化的 CO_2 作抗压气源，或用抽真空充 CO_2 的方法进行灌装。

（2）加强对瓶颈空气的排除。啤酒灌装后，压盖之前采用对瓶敲击、喷射高压水或 CO_2、滴入啤酒或超声波振荡等，使瓶内啤酒释放出 CO_2 形成细密的泡沫向上涌出瓶口，以排除瓶颈空气，该操作称为"激沫"。

（3）灌装机尽可能靠近清酒罐，以降低酒输送中的空气压力，或采用泵送的办法，减少氧的溶解。

（4）灌装前要用水充满管道和灌装机酒槽，以排除其中的空气，再以酒顶水，减少酒与空气的接触。

（5）清酒中添加抗氧化剂如维生素 C（或其钠盐）、亚硫酸氢盐等。

3. 低温灌装

低温灌装是啤酒灌装的基本要求。啤酒温度低时 CO_2 不易散失，泡沫产生量少，有利于啤酒的灌装。

（1）啤酒灌装温度在 2℃左右，不得超过 4℃。若酒温高，应降温后再灌装。

（2）每次灌装前（尤其在气温高时），应使用 1～2℃ 的水将输酒管道和灌装机酒槽温度降下来。

4. 灭菌

桶装熟啤酒的灭菌是保证啤酒生物稳定性的重要手段，必须控制好灭菌温度和灭菌时间。同时，要避免灭菌温度过高或灭菌时间过长，以减少啤酒的氧化。灭菌后的啤酒要尽快冷却到一定温度以下（一般要求 35℃以下）。

任务四

纯生啤酒的包装

生啤酒（或称纯生啤酒）不经巴氏杀菌，而是在灌装前通过微孔膜过滤除菌，保留了啤酒原有风味和营养成分。但啤酒中还存有部分活性微生物和一定量的有活性的酶，所以保质期也较熟啤酒短，一般为 25～30d。对于啤酒厂包装车间来讲，生产纯生啤酒需要突破两大技术难关，即低温膜过滤和无菌灌装。

一、生产车间的环境要求

（一）地面
包装车间地面分为不锈钢地面和环氧树脂地面两部分。

1. 不锈钢地面

（1）灌装机区域　由于这部分地面卫生要求比较高，而且由于工艺原因经常存水，所以最好采用不锈钢地面。

（2）洗瓶机地面　洗瓶机地面比较潮湿，卫生要求也比较高，最好采用不锈钢地面。

（3）杀菌机地面　由于杀菌机要经常热刷洗，若采用环氧树脂地坪，由于温度变化太大，容易热胀冷缩，地面容易产生爆裂，在生产中容易形成微生物死角，最好采用不锈钢地面。

2. 环氧树脂地面

对于包装线的其他区域，应该采用"无缝"的环氧树脂石英地面，具有很好的耐磨性，能够有效地防止微生物滋生和繁殖。在啤酒包装过程中，应将产生的碎玻璃及时清理，运送垃圾以及副品酒的小车轮子应该有弹性，以免损失地面。

（二）水沟、地漏

1. 水沟

对洗瓶机、杀菌机以及灌装机区域的下水，最好采用明沟排水，并且全部采用不锈钢结构，维修费用低、便于清洁消毒。所有的边角处应该进行圆弧处理，在与环氧树脂地面交接处的缝隙要进行仔细处理，否则由于热胀冷缩系数不同，在使用过程中容易开裂而形成微生物死角。

2. 地漏

应设计为水封结构，水封以上的部位能够方便拆卸和进行日常清洁。地面应该有一定的坡度，使地面不积水。

（三）厂房的设计

厂房最好采用南北方向，宽敞明亮，通风良好，便于空气对流，有效降低空气的相对湿度，保证生产在干燥的环境中进行。

二、纯生啤酒包装设备及工艺控制

纯生啤酒包装的设备配置与普通啤酒区别在于洗瓶、装酒系统在设备设计和工艺控制上的差异及杀菌温度控制的不同。

（一）洗瓶机

纯生啤酒的生产除满足熟啤酒生产对洗瓶机的要求外，还要满足无菌要求。

1. 结构要求

采用双端、连续、喷冲、半塑型的洗瓶机，以满足控制微生物的要求。在回收瓶内大都还有一定的残酒。根据经验，约 40% 的啤酒感染起因于残酒。在生产纯生啤酒时，不能使用回收瓶，因此洗瓶机的设计不必考虑除标网带。

2. 卫生要求

每日洗瓶结束后要对洗瓶机进行刷洗。把洗瓶机各个水箱中的水排出并冲洗干净，再把各个水箱加满水，在水箱中加入专用消毒液，消毒后再将各个水箱排空。洗瓶机出口部分也要用消毒液灭菌。同时用泡沫消毒剂对洗瓶机地面进行消毒后，用专用拖把擦一遍。

将洗瓶机进口清理干净，并将其余的设备、地面的污物清理干净，最后将洗瓶机地沟、地漏清理干净。

在每日生产前，要将洗瓶机出口端用蒸汽消毒 240s，以保证出口端的无菌环境。

洗瓶机的工艺卫生控制部位及控制要点见表 9-5，其中洗瓶机进、出口是重点控制部位。

表 9-5　　　　　　　　洗瓶机的工艺卫生控制部位和控制要点

项目	控制部位	控制要点
洗瓶机	水槽滤网	刷洗干净，无碎玻璃及其他杂质
	接水盘	
	排水沟	刷洗干净，无菌膜、异味，无碎玻璃及其他杂质
	洗瓶机进口	
	喷淋管	刷洗后喷淋管喷头无堵塞
	洗瓶机地面	地面干净，无碎玻璃及其他杂质
	各水槽及门窗	刷洗干净，无碎玻璃及其他杂质
洗瓶机至灌装机链条	接水盘	刷洗干净，无菌膜、异味，无碎玻璃及其他杂质
	链条	
	护栏及支撑	
	验瓶机	

（二）灌装机系统

为实现纯生啤酒的无菌灌装，必须提供无菌酒液、无菌啤酒瓶盖、无菌灌装设备及无菌灌装环境，并对所有设备及操作过程进行严格的管理。

1. 灌装机

生产纯生啤酒的灌装机须安装在无菌车间，无菌车间的卫生要求一般为 10 万级，温度为 15℃，相对湿度为 65%，通风系统设有无菌过滤装置。在纯生啤酒生产过程中，包装车间的重点应该是防止二次污染，保持无菌的灌装环境。

（1）灌装机类型　一般采用无刷洗死角的电子阀灌装。电子阀灌装主要有两个系列，分别由德国的 KHS 公司与 KRONES 公司生产。KHS 纯生啤酒灌装机的配置一般为热水冲瓶机加灌装机。热水冲瓶机的作用是在啤酒瓶进入灌装机之前对啤酒瓶进行清洗与消毒，并对啤酒瓶预热，以减少灌装机进行蒸汽背压时由于温差太大而造成的爆瓶。热水温度一般为 60℃ 左右。

KHS 灌装机采用三次抽真空、两次蒸汽背压技术，能够将酒液中溶解氧的控制在很低的水平。背压蒸汽压力为 $3.0 \times 10^5 Pa$，作用时间为 160ms，对酒阀及啤酒瓶进行灭菌。KHS 灌装机对啤酒瓶的质量要求较高，在灌装过程中还必须对外灌装机部进行 2h 一次的 85℃ 热水喷冲，以对设备外部进行消毒。

KRONES 灌装机与 KHS 灌装机的主要区别：

① KRONES 冲瓶机采用的喷冲介质为 $2.5 \times 10^5 Pa$ 的蒸汽，喷冲时间 300ms 左右，经过沥干后，用 $2.0 \times 10^5 Pa$ 的无菌空气吹干 600ms。

② KRONES 灌装机采用两次抽真空、一次 CO_2 背压。由于灌装过程中没有蒸汽背压，而设计了灌装阀热水喷冲装置对灌酒阀进行热水杀菌，对无菌条件要求较高。

（2）灌酒过程

① 启始位置：瓶子升高，通过对中罩使灌装阀对中插入瓶中。

② 第一次抽真空：抽真空阀打开，按设定的时间进行抽真空。

③ 中间 CO_2 背压：第一次抽真空后，CO_2 背压阀打开，酒缸内的 CO_2 进入啤酒瓶中。

④ 第二次抽真空：再次得到 90% 以上的真空度。由于这一次被抽取的是上次抽真空后残留的空气与 CO_2 的混合气，所以二次抽真空后啤酒瓶中剩余的空气仅为 1% 左右。

⑤ CO_2 背压：CO_2 背压阀打开，进行 CO_2 背压，并使啤酒瓶内的 CO_2 压力和酒缸内 CO_2 压力一致。

⑥ 灌酒　灌酒阀全部打开，当灌装到一定时间后，快速关闭灌酒阀，开始慢速灌装。当酒液接触到酒针上的瓷环时，计算机通过感应电导率的变化，慢速灌装结束。

⑦ 卸压　先将酒阀卸压阀打开，卸压通道直接与真空通道相连，将灌装阀

体内的残酒抽入真空通道。然后酒阀卸压通道打开，进行卸压，卸压后的残酒统一回收进卸压管路，排放到灌装机系统外部。在进行原位清洗时，将卸压通道一并刷洗消毒。

（3）灌装机用水控制

① 真空泵用水：由于真空泵用水不接触灌装机，可直接用自来水。

② 洗刷用水：包括灌装机爆瓶喷淋用水、灌装机出口冲洗啤酒瓶外部残酒用水、灌装机外部润滑水、无菌间清理卫生用水、灌装机刷洗水等。

（4）CO_2、无菌空气控制　与酒液接触的 CO_2 主要用于灌装机和膜过滤。CO_2 膜过滤系统应配备在线蒸汽杀菌系统，对过滤器及相应管路进行蒸汽杀菌。气体膜过滤系统应该每 1～2 周杀菌一次。气体膜过滤芯应该每半年更换一次，以防损坏。

无菌空气系统与 CO_2 一样，主要用于压盖机瓶盖下盖、冲瓶机吹瓶、膜过滤系统排放等，其设备配置和系统杀菌与 CO_2 系统一样。

2. 压盖机

纯生啤酒生产过程中，二次污染往往发生在压盖环节。KHS 的压盖机有自清洗系统，在灌装机进行原位自动清洗时，也可以对压盖头进行清洗；KRONES 压盖机利用外部泡沫清洗系统可轻松地对压盖头进行清洗。

为了保证瓶盖无菌，一般配有紫外线杀菌装置，安装在瓶盖输送带上或者压盖机下盖轨道上。由于杀菌时间较短，所以生产上主要还是采用无菌瓶盖。

为了保证瓶盖在输送过程中不受污染，应该对瓶盖输送系统进行定期的消毒。工作结束后应该将剩余瓶盖无菌封存。另外，紫外线对输送皮带的长期作用也能起到很好的抑菌作用。

3. 灌装机外部和内部自动清洗系统

纯生啤酒灌装机的外部清洗系统和内部 CIP 系统在纯生啤酒生产过程中起着关键作用。纯生啤酒包装的关键区域如图 9-47 所示。

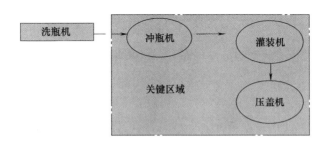

图 9-47　纯生啤酒包装关键区域

为实现对关键区域的有效清洗、消毒，一般配备两种清洗系统：泡沫清洗系统和灌装机外部热水喷冲系统。泡沫清洗的特点：泡沫具有一定的附着性，与被处理表面接触时间较长；泡沫具有一定的流动性，清洗剂与消毒剂能渗透到非光滑的缝隙内，可消除卫生死角；大大节约人力及化学品；在较短的时间内可完成大面积的清洁卫生工作。一般啤酒厂的泡沫清洗消毒分为以下几个部位。

（1）输送部分　关键区域的输送可以分为洗瓶机至灌装机输瓶链道系统和压盖出口至杀菌机进口链道系统。其中压盖机出口至杀菌机进口链道系统间接与灌装机接触，并且长期接触酒液，很容易滋生菌膜，间接造成灌装机二次污染。如图 9-48 所示。为了有效地保证输送部分的卫生，在输送过程中可利用喷嘴进行泡沫清洗。

图 9-48　灌装机的输送系统

（2）冲洗机、灌装机、压盖机

这些设备除了配备泡沫清洗系统外，还配备热水喷冲系统，可实现对灌装机系统的入口螺旋、星轮、灌酒阀外部、防爆器、灌酒平台、压盖机、防护罩等的热水消毒。泡沫清洗及热水喷冲喷头布置如图 9-49 所示。

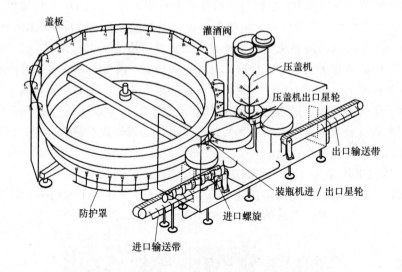

图 9-49　泡沫清洗和热水喷冲喷头布置

泡沫清洗和热水喷冲是分区域进行的，清洗顺序为：星轮和螺旋、灌酒阀外部和压盖机、外部防护罩。

纯生啤酒生产线的灌装机都有自带的 CIP 系统，也可与膜过滤共用一套 CIP 系统。CIP 系统一般设冷水罐、热水罐和碱罐，有的厂家还配消毒剂罐。刷洗程序为：冷水冲洗、生产后热水清洗、生产后碱液清洗、生产前热水杀菌。每次生产完毕都要进行碱液清洗，以保证系统的无菌。

4. 暖瓶机的控制

暖瓶机一方面可以对啤酒有害菌起到杀灭作用，另一方面也可保证贴标机的正常工作。不同啤酒生产厂家的暖瓶温度各不相同，有的为45℃，有的为52℃，最高为60℃。最佳暖瓶温度为52～54℃，既可对啤酒有害菌进行有效杀灭，又可使部分酶失活，保证啤酒中形成泡沫的框架蛋白不会很快被分解为低分子的二肽和氨基酸，提高纯生啤酒的泡持性，且不破坏啤酒的口味。若暖瓶温度过低，将直接影响啤酒的泡沫，使泡持性衰减较快。

三、纯生啤酒生产过程中的微生物控制

纯生啤酒包装的最大问题是二次污染，必须采取有效措施加以控制。

1. 二次污染的形成过程

（1）由于清洗不够，醋酸菌繁殖，产生黏稠液。

（2）黏稠液结块，形成菌囊，产生厌氧环境。

（3）有害菌开始繁殖。

（4）菌床上的有害菌增多，形成适宜环境。

（5）形成二次污染。

2. 二次污染点

（1）直接接触点　洗瓶机出瓶台、顶部空间、滴液薄片、温水清水槽；验瓶机传送带；灌装机星轮、导板、灌酒阀、对中罩、防护板、电缆线等；压盖机星轮及导板、压头、瓶托、下盖系统等。

（2）间接接触点　输送系统、灌装机的外部环境、洗瓶机产生的蒸汽及冷凝水等。

3. 二次污染的检测

（1）取样　二次污染的鉴定常采用擦拭实验法，即在灌装区的直接和间接接触点取样。取样应每周进行两次，一次在清洗之后，一次在清洗过程中。取样应从洗瓶机开始至灌装机，取样数量为30个左右。

（2）培养　所取样品用装有10mL NBB-B培养基的小玻璃管在20～28℃进行好气培养3d。

（3）结果判定　当<30%呈阳性时（黄色），表明没有污染，混合色可不计数，这是因为添加了放线菌酮（10mg/L）的NBB-B培养基抑制了啤酒酵母的生长，但不妨碍野生酵母的生长。

4. 二次污染防治措施

（1）建立良好的工艺卫生控制体系。

（2）建立规范的日制洗及周刷洗制度。

（3）在日常清理卫生过程中，要将自动清洗与人工清洗相结合，不留清洗死角。

（4）杀菌过程应将物理作用与化学作用相结合。

习题▶

一、解释题

CIP 巴氏杀菌 纯生啤酒 等压灌装 PU 单端式洗瓶机 商标

二、填空题

1. 啤酒的包装形式主要有_____、_____、_____等。

2. 新的啤酒瓶按照_____标准执行。

3. 啤酒包装生产性主要由_____、_____、_____、_____、_____、_____等设备组成。

4. 按照洗瓶操作方式不同，洗瓶机可分为_____、_____、_____等。

5. 验瓶方法主要有_____、_____两种。

6. 啤酒灌装机主要由_____、_____、_____、_____等组成。

7. 回转式贴标机主要由_____、_____、_____等组成，其操作过程主要包括_____、_____、_____三部分。

8. 皇冠盖压盖机压盖工艺过程分为_____、_____、_____、_____四个步骤。

三、判断题

1. 只要啤酒瓶没有明显缺陷，就可以反复使用，没有年限限制。（ ）

2. 瓶装熟啤酒一般采用真空灌装。（ ）

3. 瓶装熟啤酒多采用先灌装、后杀菌工艺。（ ）

4. 纯生啤酒多采用先杀（除）菌、后灌装工艺。（ ）

四、选择题

1. 保鲜桶一般用于（ ）啤酒的包装。

　A. 鲜啤酒　　　B. 熟啤酒　　　C. 嫩啤酒　　　D. 纯生啤酒

2. 回收啤酒瓶的使用期限一般为（ ）年。

　A. 1　　　　　B. 2　　　　　C. 3　　　　　D. 4

3. 用易拉罐灌装啤酒时，一般采用（ ）方法检测啤酒容量（液位）。

　A. 肉眼　　　　B. 摄像机　　　C. X射线　　　D. 漏气检测仪

4. 用槽车装运啤酒时，必须以（ ）背压。

　A. O_2　　　　B. N_2　　　　C. CO_2　　　　D. 无菌空气

5. 啤酒灌装属于（ ）灌装。

　A. 真空　　　　B. 等压　　　　C. 加压　　　　D. 常压

6. 普通瓶装啤酒杀菌过程一般位于贴标过程（ ）。

　A. 之前　　　　B. 之后　　　　C. 同时　　　　D. 前后均可

五、问答题

1. 简述啤酒瓶的性能要求。

2. 简述洗瓶的目的及要求。

3. 影响洗瓶效果的主要因素有哪些？试简要分析。

4. 啤酒灌装应遵循哪些原则？

5. 简述验酒的目的及要求。

6. 试分析啤酒灌装时瓶内液位过高或过低的原因。

7. 简述贴标操作要点及有关注意事项。

8. 试述纯生啤酒灌装车间的技术装备要求。

9. 结合生产实际说明洗瓶机洗瓶过程及技术要点。

10. 结合生产实际说明隧道式杀菌机喷淋杀菌过程中的温度变化。

项目十

▼

啤酒清洁生产与副产物综合利用

教学目标

【知识目标】清洁生产的内涵；啤酒清洁生产标准及相关规定；啤酒生产过程中污染物的形成及排放情况；啤酒酿造企业清洁生产的方法和措施；啤酒生产副产物的利用。

【技能目标】分析啤酒生产企业能耗及废水、废渣、废气的产生原因及形成量；对啤酒生产每一环节提出清洁生产措施；对啤酒生产中的废水及麦糟、废酵母、CO_2 等副产物加以回收和利用。

【课前思考】我国啤酒工业清洁生产的现状；啤酒酿造企业如何实现清洁生产。

【认知解读】清洁生产就是用清洁的能源和原材料、清洁工艺及无污染或少污染的生产方式、科学而严格的管理措施，生产清洁的产品和提供清洁的服务。清洁生产是相对于传统的末端治理提出来的，注重于防止，从产生污染的源头开始，全方位、多角度地进行生产过程控制，以减少污染物的产生和排放。

任务一

清洁生产基本要求

一、清洁生产的内涵

清洁生产是环境保护战略由被动治理向主动预防的一种转变，《中华人民共和国清洁生产促进法》第二条称：清洁生产是指不断采取改进设计、使用清洁的能源和原料、采用先进的工艺技术与设备、改善管理、综合利用等措施，从源头削减污染，提高资源利用效率，减少或者避免生产、服务和产品使用过程中污染物的产生和排放，以减轻或者消除对人类健康和环境的危害。

概括起来讲，清洁生产就是用清洁的能源和原材料、清洁生产工艺及无污染或少污染的生产方式、科学而严格的管理措施，生产清洁的产品和提供清洁的服务，实现"节能、降耗、减污、增效"的目的，达到经济和环境的可持续发展。

清洁生产是相对于传统的末端治理提出来的，它与末端治理的根本区别在于：清洁生产体现出预防污染的思想，传统的末端治理侧重于"治理"，即先污染后治理。清洁生产注重于防止，从产生污染的源头开始，对生产全过程进行控制，强调将污染物消除或减少在生产过程中，尽可能减少污染物排放量，再对最终产生的污染物进行必要的治理，因此清洁生产是最佳的污染控制方式。

总之，清洁生产从全方位、多角度进行生产过程控制，它与末端治理相比，具有十分丰富的内涵。

二、我国啤酒清洁生产的有关标准及相关规定

2003 年 1 月《中华人民共和国清洁生产促进法》颁布实施。2006 年 10 月我国批准 HJ/T 183—2006 啤酒制造业清洁生产标准，本标准适用于啤酒生产企业（不包括麦芽生产过程和生活消耗）的清洁生产、审核、清洁生产绩效评定和清洁生产绩效公告制度。本标准分为生产工艺与装备要求、资源能源利用指标、产品指标、污染物产生指标（末端处理前）、废物回收利用指标、环境管理要求六大项和 30 子项，对啤酒企业的清洁生产提出了具体要求，各项指标都有明确的规定，并提出了相关标准，包括啤酒制造业取水定额标准、啤酒工业污染物排放标准、大气污染物排放标准（主要指锅炉）。

三、我国啤酒工业清洁生产现状

我国自 1993 年正式开展清洁生产工作以来，已经在政策、法规、机构建设、宣传教育、企业审核等方面取得了巨大成绩。啤酒行业也一样，特别是 2006 年 10 月啤酒制造业清洁生产标准实施以后，开展了清洁生产审核，啤酒企业的清洁生产状况大大改善，啤酒的产量大幅度提高，能源和消耗大大降低，成绩非常显著。但与发达国家相比，还存在一定差距。

（一）企业规模发展不平衡

2005 年我国啤酒生产企业 307 个，其中年产量 10 万吨以上的企业 44 个，产量占全国总产量 80％以上。2006 年我国啤酒生产企业 295 个，其中 10 万吨以上的企业 51 个，产量占全国总产量 84％以上。多数企业规模小，部分啤酒生产厂家的设备、工艺还比较落后，这对与国外大型啤酒集团竞争带来很大困难。

（二）能源和资源消耗差距较大

1. 企业间存在差距

在生产过程中，企业之间在能源和资源的消耗等方面均存在较大的差距，生产千吨啤酒水耗为 4～28m³/kL，粮耗为 130～185kg/kL，电耗为 50～160kW·h/kL，煤耗 50～250kg/kL、酒损 3％～15％。从上述数字看，企业间技术经济指标差距较大。

2. 与国外企业存在差距

我国啤酒行业的实际技术经济指标与国外企业的差距见表10-1。

表 10-1　　　　　　　　　　啤酒行业技术经济指标比较表

项　目	我国指标	国外指标
水耗/（t/kL）	4～28	5.3～7.0
粮耗/（kg/kL）	130～185	—
煤耗/（kg/kL）	50～160	43.1～52.3
电耗/（kW·h/kL）	50～250	78.2～105.2
酒损/％	3～15	—

从上述比较表看，我国啤酒行业的实际技术经济指标与国外企业有一定差距。

（三）环境治理任务重

啤酒生产中的污染物主要有废水、废气、固体废弃物等。

1. 废水

《啤酒工业污染物排放标准》GB 19821—2005 中规定，啤酒生产企业水污染物排放最高允许限值为：pH6～9、COD_{cr} 80mg/L、BOD_5 20mg/L、SS70mg/L。而目前我国啤酒废水浓度一般为 pH4.0～9.5，COD1000～1500mg/L、BOD900mg/L、SS650mg/L，与国家允许排放标准相差甚远。

2. 废渣

啤酒生产中的废渣主要有酒糟、废酵母、废硅藻土、废包装材料、炉渣，其中酒糟量最大，每生产 1t 啤酒约产生湿麦糟 170kg（含水 75％～80％）。

3. 废气

啤酒生产中的废气主要有锅炉废气、CO_2，每生产 1t 啤酒产生 30～50kg 的 CO_2。

从上述看，啤酒生产废水浓度高，排放量大，废渣、废气产生量也随啤酒产量增长而增多，因此治理任务十分繁重。

任务二

啤酒酿造过程的清洁生产

在啤酒生产过程中，从产生污染的源头开始，采取各种措施，利用先进的工艺和技术，强化管理，对全过程实行监控，尽可能减少废物和废气的产生，最大限度地控制废水排放量，实现啤酒酿造全过程的清洁生产。

一、原辅材料的采购和储存

采购是减少生产过程中废物产生的第一步，也是关键环节。储存管理是减少废物产生的重要方面。

（一）废物产生的原因

（1）采购含杂质多的大米等辅料，筛选出废物多。

（2）采购的麦芽质量差，造成出酒率低，单位产品产生更多的麦糟。

（3）采购的回收酒瓶破损大，不仅酒损大，还会污染水。

（4）库房存放存在死角，原辅材料不能及时出库，造成储存变质。

（5）包装袋破损，厂内装卸、运输原辅材料出现散落现象。

（二）清洁生产的措施

（1）提高采购人员的环保意识，在签订合同第一步把好质量关。

（2）对采购进厂的大麦、大米等原辅料进行严格检验。

（3）建立完善的进出库制度，加强原料入厂等全过程管理。

（4）采用优质原料，适度增大辅料大米用量的比例。

（5）原辅材料采购量适当，保证储存条件，做到先进先出，避免储存变质和霉变或化品失效。

（6）采购较结实的包装，杜绝破袋入厂，严禁野蛮装卸。

二、原料粉碎

（一）粉尘产生原因

干法粉碎时，粉碎机陈旧，密封不严。

（二）清洁生产的措施

（1）加强设备检修，确保粉尘不外泄。

（2）采用湿法或回潮粉碎工艺。

三、麦汁制备

（一）废水

1. 产生原因

糊化锅、糖化锅、过滤槽及煮沸锅使用后，用水清洗产生废水。清洗是不可缺少的步骤，但应尽可能减少有机废水的产生。

2. 清洁生产措施

（1）使用高压喷嘴的水管冲洗设备，减少用水量。

（2）提高员工节水意识，减少产生有机废水的量。

（3）用水定额管理，实行奖励和惩罚制度。

（4）回收有机废水，并用于生产或冲洗糖化锅等，冲洗水可以回收用作投料加水之用。

（二）酒糟

1. 产生原因

麦汁过滤后产生酒糟，是糖化过程不可避免的废弃物。

2. 清洁生产措施

采用板框压滤机代替过滤槽，过滤麦汁快，麦汁与酒糟很快分离，压滤后的干酒糟送加工车间制成颗粒饲料，可减少排污水量和 COD 的排放量。

（三）二次蒸汽

1. 产生原因

糖化锅、糊化锅、煮沸锅使用直接蒸汽加热过程中产生二次蒸汽。

2. 清洁生产措施

采用热泵供热技术。使用热泵供热，糖化锅、糊化锅、煮沸锅均不再直接耗用新鲜蒸汽，由糖化锅等排出的冷凝水进入高效闪蒸罐进行汽水分离和闪蒸，利用蒸汽减压的能量差作为热泵动力，将闪蒸罐出来的二次蒸汽增压后，再分别供给糖化锅、糊化锅和煮沸锅使用，经过闪蒸后的冷凝水通过压差疏水器，再进入换热器加热热水箱用水，降温后的冷凝水最后由水泵送回锅炉房。

四、麦汁冷却

（一）产生冷却水的原因

采用较落后的两段冷却工艺，即先用自来水或井水冷却，再用 20% 酒精水或盐水冷却，就形成大量冷却水，这样不仅产生热损失，还造成水的浪费。

（二）清洁生产措施

采用麦汁一段冷却技术。一段冷却工艺，以糖化用水为载体，将常温水降至 3～4℃，储存于冰水罐中，然后与 96～98℃ 的热麦汁进行热交换，一次将麦汁冷却至 7～8℃，而水则被麦汁加热到 78～80℃，作糖化配料水回用。这样既可充分利用废热，又没有冷却水排出。

五、啤酒发酵

（一）CO_2

1. 产生原因

发酵罐中的冷麦汁在酵母的作用下，产生酒精和 CO_2。

2. 清洁生产措施

低压法收集二氧化碳。

（二）废水

1. 产生原因

啤酒发酵结束出罐后，发酵罐清洗产生废水，这是工艺过程不可缺少的程序，但应最大限度减少用水量。

2. 清洁生产措施

（1）使用 CIP 自动清洁系统，它是高效节水清洗设备。

（2）提高操作人员的节水环保意识。

（3）强化管理，制定节水的奖惩办法。

六、啤酒过滤

（一）产生酵母泥和酒损的原因

发酵排出啤酒的同时，也排出酵母泥。由于酵母泥残存较多啤酒，它造成啤酒的损失占产量 $1\% \sim 2\%$。

（二）清洁生产措施

增设酵母回收系统及从其中回收啤酒的装置。

七、啤酒包装

（一）酒损

1. 产生原因

（1）灌酒机的啤酒温度和压力不合适，出现啤酒溢出。

（2）啤酒含 CO_2 过高，巴氏灭菌温度过高等原因，使巴氏灭菌机内或包装过程中出现酒瓶爆炸造成啤酒损失。

2. 清洁生产措施

（1）采取工艺措施，降低灌酒温度和压力。

（2）加强对啤酒理化指标的控制，解决 CO_2 含量过高等问题。

（二）废水

1. 产生原因

洗瓶机和灭菌机的废水未加回收和再利用。

2. 清洁生产措施

（1）将洗瓶机冲瓶用水全部回收利用。

（2）灭菌机采用闭路冷却循环系统。

在这个系统中，水经过冷却塔或与中央制冷车间连接的冷却器再冷却，然后返回喷淋灭菌机。

因水的损耗仅限于蒸发和外流，故灭菌机的新鲜水消耗大大降低。为避免该系统的藻类和微生物的繁殖，应适量添加药品，这一系统可使喷淋灭菌机的水耗减少 80%。

任务三

啤酒生产废水的处理

随着啤酒产量的增大，生产过程中所产生的废水量也随之增加。据统计，每生产1t啤酒约产生废水15t，这些废水若不经处理，直接排放，生物需氧量（BOD值）相当于14000人生活污水的BOD值，悬浮固体（SS值）相当于8000人生活污水的SS值，其污染程度是相当严重的，必须加以处理。

一、啤酒生产废水的产生

（一）酿造过程废水

（1）麦汁制造过程废水　包括顶醪水、排糟水、排渣水和洗涤水等。

（2）发酵过程废水　包括洗酵母水、洗罐水、冲洗水等。

（3）储酒过程废水　储酒操作过程中产生的废水。

（4）滤酒过程废水　包括过滤机水、各种洗涤水等。

（二）灌装过程废水

（1）洗瓶废水　包括浸瓶水，浸泡池的溢流水和冲洗瓶身、瓶内的冲瓶水。

（2）杀菌机溢流水　杀菌机在调节温度时补充冷水或热水，或每天排水洗糟（换水）造成溢流废水或排放废水。

除此之外，还有冲洗设备和地面的污水等。

二、啤酒生产废水的性质

啤酒厂排出的废水，具有高浓度的有机物污染和一定浓度的悬浮固体。

（1）比较清洁的废水　主要是大量的冷却用水，洗瓶最后的冲洗水，氨压缩机、空气压缩机的冷却水及其他未被污染的水。

（2）含有大量有机物的废水　主要来自酿造车间，废水中含废麦糟、废酵母、冷热凝固物等。

（3）含有无机物的废水　主要来自包装车间。

三、啤酒生产废水的处理方法

啤酒生产废水一般采用微生物处理，方法分为厌氧与好氧两种。厌氧生物处理是在无氧条件下，利用兼性菌和厌氧菌分解有机物的一种生物处理法。好氧生物处理是在供给游离氧的前提下，以好氧微生物为主，使有机物降解的一种处理方法。

啤酒生产废水含有大量的有机物，处理方法大都采用好气性生物处理系统，利用细菌充分分解有机物而减轻污染。采用好气性生物处理方法，对环境、生态和经济最为有利，因此在国内外得到广泛应用，主要有活性污泥法、生物滤池法和氧化塘法等。

（一）活性污泥法

活性污泥法是处理高强度废水比较成功的方法，处理工艺流程为：废水经过杂物筛分池、平衡槽、氧化池、澄清池处理后排放。但此法受有机负荷变动影响比较大，产生污泥量大，处理比较麻烦，投资费用和运行费用较高。

（二）生物滤池法

生物滤池法是将有机废水流经固定生长在惰性岩石或沙砾上的细菌和其他微生物所形成的滤床进行排污的方法，处理工艺流程为：废水经过杂物筛分池、平衡槽、生物滤池、澄清池处理后排放。此法技术管理比较简单，运行费用低，产生污泥少，但占地面积大，易产生臭气。

（三）氧化塘法

氧化塘法是活性污泥法延长通风过程的变革法。处理工艺流程为：废水在1m左右的浅池塘中，利用鼓风搅拌器使塘水流动，最后经静置池使水与污泥分离，沉降污泥定期排除，用作肥料。此法对COD去除率比较高，费用较普通活性污泥法降低 $1/3 \sim 1/2$，其投资和运行费用均较活性污泥法低。

任务四

啤酒生产副产物的综合利用

啤酒生产副产物主要有湿麦糟、酵母泥、CO_2、热凝固物、硅藻土等，其中湿麦糟量最大。为了避免和减少环境污染，使宝贵的资源得到充分利用，必须把这些副产物加以回收，将其开发加工成有价值的产品。

一、麦糟

啤酒生产的麦糟含水 $75\% \sim 80\%$，粗蛋白质 5%，可消化蛋白 3.5%，脂肪 2%，粗纤维 5%，是利用价值很高的饲料原料。

（一）制备干麦糟（蛋白饲料）

将湿麦糟先进行机械脱水，使含水率降低到 $60\% \sim 65\%$，再将其松散后送入流化床干燥机，经过气流干燥使物料含水量降到 13% 以下，经冷却、粉碎、打包后作为产品出厂，其技术指标为含水率 $\leqslant 13\%$，蛋白质含量 $22\% \sim 28\%$。

（二）制备混合饲料

将麦糟脱水与废硅藻土、废酵母泥混合干燥后，配入粉碎后的小粒麦和麦根粉，经充分混合，再压制成粒，冷却、包装，制得混合颗粒饲料，其产品粗蛋白

≥14％，粗纤维≤17％。

（三）制备单细胞蛋白质饲料

将麦糟脱水处理后，经霉菌、酵母等多菌种混合发酵，后经干燥、粉碎、包装等过程。麦糟经处理后，不仅蛋白含量高，还含有酶、有机酸、维生素、氨基酸、生物活性物质及生长调节剂等，成为营养丰富，易被动物吸收的生物活性蛋白饲料。

二、CO_2 的回收

CO_2 是啤酒发酵过程最主要的副产物，在主发酵过程中排放的 CO_2，不仅量大，而且质量好。

（一）回收 CO_2 流程

收集→洗涤→压缩→净化→干燥→冷却→液化→储存或装瓶。

（二）CO_2 利用

1. 在啤酒厂的利用

（1）用于制备稀释用水　作为高浓度酿造啤酒的稀释用水。

（2）用 CO_2 洗涤啤酒　在啤酒发酵后期，在发酵罐底部通入 CO_2 洗涤啤酒，可加速啤酒成熟，缩短储酒期。

（3）用 CO_2 作背压　在储酒、滤酒、灌装时，用 CO_2 背压，可提高啤酒的风味稳定性和啤酒质量。

2. 外销 CO_2 的利用

（1）制作汽水、汽酒及其他含气饮料。

（2）制造灭火剂和尿素。

（3）制成固态干冰，用作冷冻剂等。

三、废酵母的利用

废酵母是啤酒生产重要的副产物，现代大罐发酵，每生产 1t 啤酒可得到含水 82％的湿酵母泥 20kg（3.6kg 干物质）或 3.9kg 干酵母，其含 50％左右的蛋白质。

（一）制备干酵母粉

酵母泥经加热、自溶及干燥后制得酵母粉，可直接作为商品出售，也可作饲料添加剂。

（二）制备酵母浸膏

酵母泥经自溶、分离、去苦、蒸发得到酵母浸膏，作为食品或用于微生物培养基的制备。

（三）生产营养酱油

废酵母处理后，加入食盐水，经加温、加蛋白酶、升温、冷却、静置得上清液，再进行配料、杀菌、冷却、灌装。

（四）其他应用

（1）制备酵母抽提物。

（2）生产食品添加剂。

（3）制取核酸、核苷酸、核苷类等药物。

习题 ▶

一、解释题

清洁生产 BOD COD SS 厌氧生物处理 好氧生物处理 氧化塘法

二、填空题

1. 啤酒生产中的污染物主要有_____、_____、_____等。

2. 啤酒生产中的废渣主要有_____、_____、_____、_____，其中_____量最大。

3. 啤酒生产副产物主要有_____、_____、_____、_____等，其中_____量最大。

4. 啤酒生产废水的处理方法主要有_____、_____、_____等。

5. _____是啤酒发酵过程最主要的副产物。

三、选择题

1. 下列哪一项不属于酿造过程中产生的废水。（   ）

    A. 排糟水   B. 冲洗水   C. 洗涤水   D. 洗瓶废水

2. 下列（   ）处理方法不属于好气性生物处理方法。

    A. 活性污泥法 B. 生物膜法   C. 生物滤池法 D. 氧化塘法

3. 啤酒生产的麦糟作为一种利用率很高的饲料原料，其中麦糟含水量大约在（   ）。

    A. 50%～75% B. 15%～30% C. 75%～80% D. 80%～90%

4. 啤酒发酵后期，在发酵罐底部通入（   ）洗涤啤酒，可加速啤酒成熟，缩短储酒期。

    A. CO_2 B. SO_2 C. Cl_2 D. O_2

四、判断题

1. 清洁生产是环境保护战略由被动治理向主动预防的重要转变。（   ）

2. 清洁生产侧重于"治理"，即先污染后治理。（   ）

3. 将啤酒糟压滤后制成颗粒饲料，可增加排污水量和COD的排放量。（   ）

4. 糖化锅、糊化锅、煮沸锅使用直接蒸汽加热过程中产生二次蒸汽。（   ）

5. 麦汁制造过程废水包括顶醪水、排糟水、排渣水和冲洗水等。（   ）

6. 发酵罐中的冷麦汁在酵母的作用下，产生酒精和CO_2。（   ）

五、问答题

1. 何谓清洁生产？有何意义？

2. 为什么在啤酒生产原辅材料采购及储存过程中会产生废弃物？

3. 如何对糖化工序产生的二次蒸汽加以利用？

4. 麦汁冷却工序如何实现清洁生产？

5. 啤酒生产回收的 CO_2 有哪些利用途径？

6. 如何对啤酒废酵母加以综合利用？

7. 啤酒包装工序如何实现清洁生产？

参考文献

［1］　管敦仪. 啤酒工业手册. 北京：中国轻工业出版社，1998

［2］　周广田. 啤酒生物化学. 北京：化学工业出版社，2008

［3］　逯家富. 啤酒生产技术. 北京：科学出版社，2004

［4］　黄亚东. 生物工程设备及操作技术. 北京：中国轻工业出版社，2014

［5］　顾国贤. 酿造酒工艺学. 北京：中国轻工业出版社，2006

［6］　康明官. 特种啤酒酿造技术. 北京：中国轻工业出版社，1999

［7］　徐同兴. 啤酒生产. 上海：上海科学普及出版社，1988

［8］　周广田. 现代啤酒工艺技术. 北京：化学工业出版社，2007

［9］　丁峰. 中国啤酒工业发展研究报告. 北京：中国轻工业出版社，2008

［10］　程殿林. 啤酒生产技术. 北京：化学工业出版社，2005

［11］　田洪涛. 啤酒生产问答. 北京：化学工业出版社，2007

［12］　徐斌. 啤酒生产问答. 北京：中国轻工业出版社，1989

［13］　王文甫. 啤酒生产工艺. 北京：中国轻工业出版社，1997